中等职业学校计算机系列教材
zhongdeng zhiye xuexiao jisuanji xilie jiaocai

计算机辅助设计 AutoCAD 2002（第2版）

姜勇 主编 董万全 律薇薇 副主编

人民邮电出版社
北京

图书在版编目（CIP）数据

计算机辅助设计AutoCAD 2002 / 姜勇主编. —2版. —北京：人民邮电出版社，2010.4
(中等职业学校计算机系列教材)
ISBN 978-7-115-20533-9

I. 计… II. 姜… III. 计算机辅助设计－应用软件，AutoCAD 2002－专业学校－教材 IV. TP391.72

中国版本图书馆CIP数据核字（2009）第114703号

内 容 提 要

全书共有 11 章，主要内容包括 AutoCAD 用户界面及基本操作、二维基本对象的创建、图形编辑、图层设置及图形显示控制、文字书写及尺寸标注、图形信息查询、图块及外部参照的应用、画机械图的方法和技巧、画建筑图的方法和技巧、图形输出等。

本书结合实例讲解 AutoCAD 绘图知识，重点培养学生利用 AutoCAD 进行绘图的技能，提高学生解决实际问题的能力。

本书可作为中等职业学校机械、建筑、电子、工业设计等专业的“计算机辅助设计与绘图”课程的教材，也可作为广大工程技术人员及计算机爱好者的自学参考书。

中等职业学校计算机系列教材

计算机辅助设计 AutoCAD 2002（第 2 版）

◆ 主　　编　姜　勇
　副 主 编　董万全　律薇薇
　责任编辑　王　平

◆ 人民邮电出版社出版发行　　北京市崇文区夕照寺街 14 号
　邮编　100061　　电子函件　315@ptpress.com.cn
　网址　http://www.ptpress.com.cn
　北京华正印刷有限公司印刷

◆ 开本：787×1092　1/16
　印张：15.75
　字数：387 千字　　　　2010 年 4 月第 2 版
　印数：1－3 000 册　　　2010 年 4 月北京第 1 次印刷

ISBN 978-7-115-20533-9

定价：26.00 元

读者服务热线：(010)67170985　印装质量热线：(010)67129223
反盗版热线：(010)67171154

中等职业学校计算机系列教材编委会

序

中等职业教育是我国职业教育的重要组成部分，中等职业教育的培养目标定位于具有综合职业能力，在生产、服务、技术和管理第一线工作的高素质的劳动者。

中等职业教育课程改革是为了适应市场经济发展的需要，是为了适应实行一纲多本，满足不同学制、不同专业和不同办学条件的需要。

为了适应中等职业教育课程改革的发展，我们组织编写了本套教材。本套教材在编写过程中，参照了教育部职业教育与成人教育司制订的《中等职业学校计算机及应用专业教学指导方案》及职业技能鉴定中心制订的《全国计算机信息高新技术考试技能培训和鉴定标准》，仔细研究了已出版的中职教材，去粗取精，全面兼顾了中职学生就业和考级的需要。

本套教材注重中职学校的授课情况及学生的认知特点，在内容上加大了与实际应用相结合案例的编写比例，突出基础知识、基本技能，软件版本均采用最新中文版。为了满足不同学校的教学要求，本套教材采用了两种编写风格。

- “任务驱动、项目教学”的编写方式，目的是提高学生的学习兴趣，使学生在积极主动地解决问题的过程中掌握就业岗位技能。
- “传统教材+典型案例”的编写方式，力求在理论知识“够用为度”的基础上，使学生学到实用的基础知识和技能。

为了方便教学，我们免费为选用本套教材的老师提供教学辅助资源，包括内容如下。

- 电子课件。
- 老师备课用的素材，包括本书目录的电子文档，各章（各项目）“学习目标”、“功能简介”、“案例小结”等电子文档。
- 按章（项目）提供教材上所有的习题答案。
- 按章（项目）提供所有实例制作过程中用到的素材。书中需要引用这些素材时会有相应的叙述文字，如“打开教学辅助资源中的图片‘4-2.jpg’”。
- 按章（项目）提供所有实例的制作结果，包括程序源代码。
- 提供两套模拟测试题及答案，供老师安排学生考试使用。

老师可登录人民邮电出版社教学服务与资源网（http://www.ptpedu.com.cn ）下载相关教学辅助资源，在教材使用中有什么意见或建议，均可直接与我们联系，电子邮件地址是fujiao@ptpress.com.cn，wangping@ptpress.com.cn。

中等职业学校计算机系列教材编委会

2008年8月

前　言

微型计算机的诞生和快速发展，在很大程度上改变了传统工程设计领域的境况。计算机技术与工程设计技术的结合，产生了极具生命力的新兴交叉技术——CAD 技术。AutoCAD 是 CAD 技术领域中一个基础性的应用软件包，是由美国 Autodesk 公司研制开发的，其丰富的绘图功能及简便易学的优点，受到了广大工程技术人员的普遍欢迎。目前，AutoCAD 已广泛应用于机械、电子、建筑、服装、船舶等工程设计领域，极大地提高了设计人员的工作效率。

本书是《计算机辅助设计 AutoCAD 2002》一书的第 2 版，根据目前教学的特点，在前一版经典案例基础上，补充了一些来源于生产实际的案例，使学生所学知识与企业岗位要求接轨，同时修正了前一版本中的错误和不足之处。

本书根据教育部职业教育与成人教育司组织制订的《中等职业学校计算机及应用专业教学指导方案》的要求及《全国计算机信息高新技术考试技能培训和鉴定标准》中“职业技能四级”（操作员）的知识点而编写的。学生通过学习本书，能够掌握 AutoCAD 的基本操作和实用技巧，并能顺利通过相关的职业技能考核。

本书实用性强，具有以下特色。

- 以“案例教学”为出发点，充分考虑了中等职业学校教师和学生的实际需求，通过一个个具体实例讲解，使相关内容的阐述及学生的学习均有很强的目的性，极大地增强了学生的学习兴趣。
- 在内容的组织上突出了易懂、实用原则，精心选取 AutoCAD 的一些常用功能及与工程绘图密切相关的知识构成全书主要内容。本书是围绕循序渐进地讲解绘图技能这个核心来组织内容的，各章的基本目标是教会读者灵活使用 AutoCAD。
- 本书专门安排两章介绍用 AutoCAD 绘制机械图和建筑图的方法。通过这两章的学习，使读者了解用 AutoCAD 绘制工程图的特点，并掌握一些实用作图技巧，从而提高解决实际问题的能力。

建议本课程教学时间 72 学时，教师可用 32 个课时来讲解本教材内容，同时结合《计算机辅助设计 AutoCAD 2002 上机指导与练习》一书，配以 40 个学时的上机时间，即可较好地完成教学任务。全书分为 11 章，主要内容介绍如下。

- 第 1 ~ 2 章：介绍 CAD 技术基本概念及 AutoCAD 的基本操作方法。
- 第 3 ~ 4 章：主要介绍画线、圆及圆弧连接、椭圆、矩形等基本几何图形的方法。
- 第 5 章：介绍常用的图形编辑方法。
- 第 6 章：介绍图层、线型及颜色的设置，通过实例说明绘制复杂图形的方法。
- 第 7 章：介绍如何书写文字及标注尺寸。
- 第 8 章：介绍如何查询图形信息及图块和外部参照的用法。
- 第 9 章：通过实例说明绘制机械图的方法和技巧。
- 第 10 章：通过实例说明绘制建筑图的方法和技巧。
- 第 11 章：介绍怎样打印输出图形。

本书由姜勇主编，董万全、律薇薇任副主编，参加本书编写工作的还有沈精虎、黄业清、宋一兵、谭雪松、向先波、冯辉、郭英文、计晓明、滕玲、董彩霞、郝庆文、田晓芳等。由于编者水平有限，书中难免存在错误和不妥之处，恳切希望广大读者批评指正。

编　者

2009 年 5 月

目 录

第1章 绪论

本章主要介绍CAD的基础知识及AutoCAD的发展历史和基本功能。

通过本章的学习，使学生了解CAD技术的内涵、发展过程及系统组成，熟悉AutoCAD软件的特点及主要功能。

本章学习目标

- CAD基本概念、CAD技术发展历程及CAD系统组成。
- AutoCAD的发展历史及软件特点。
- AutoCAD的主要功能。

1.1 CAD技术简介

计算机辅助设计（Computer Aided Design，CAD）是电子计算机技术应用于工程领域产品设计的新兴交叉技术。其定义为CAD是计算机系统在工程和产品设计的整个过程中，为设计人员提供各种有效工具和手段，加速设计过程，优化设计结果，从而达到最佳设计效果的一种技术。

计算机辅助设计包含的内容很多，如概念设计、工程绘图、三维设计、优化设计、有限元分析、数控加工、计算机仿真、产品数据管理等。在工程设计中，复杂的数学和力学计算、多种方案的综合分析与比较、绘制工程图、整理生产信息等，均可借助计算机来完成。设计人员则可对处理的中间结果作出判断和修改，以便更有效地完成设计工作。一个好的计算机辅助设计系统要既能很好地利用计算机高速分析计算的能力，又能充分发挥人的创造性作用，即要找到人和计算机的最佳结合点。

1. CAD技术发展历程

CAD技术起始于20世纪50年代后期，进入60年代，随着绘图在计算机屏幕上变为可行而开始迅猛发展。早期的CAD技术主要体现为二维计算机辅助绘图，人们借助此项技术来摆脱烦琐、费时的手工绘图。这种情况一直持续到70年代末，此后计算机辅助绘图作为CAD技术的一个分支而相对独立、平稳地发展。进入80年代以来，32位微机工作站和微型计算机的发展和普及，再加上功能强大的外围设备，如大型图形显示器、绘图仪、激光打印机的问世，极大地推动了CAD技术的发展。与此同时，CAD技术理论也经历了几次重大的创新，形成了曲面造型、实体造型、参数化设计、变量化设计等系统。CAD软件已做到设计与制造过程的集成，不仅可进行产品的设计计算和绘图，而且能实现自由曲面设计、工程造型、有限元分析、机构仿真、模具设计制造等各种工程应用。现在，CAD技术已全面进入实用化阶段，广泛服务于机械、建筑、电子、宇航、纺织等领域的产品总体设计、造型设计、结构设计、工艺过程设计等各环节。

2. CAD系统组成

CAD系统由硬件和软件组成，要充分发挥CAD的作用，就要有高性能的硬件和功能强大的软件。

硬件是CAD系统的基础，由计算机及其外围设备组成。计算机分为大型机、工程工作站

及高档微机。目前应用较多的是 CAD 工作站及微机系统。外围设备包括鼠标、键盘、数字化仪、扫描仪等输入设备和显示器、打印机、绘图仪等输出设备。

软件是 CAD 系统的核心，分为系统软件和应用软件。系统软件包括操作系统、计算机语言、网络通信软件、数据库管理软件等。应用软件包括 CAD 支撑软件和用户开发的 CAD 专用软件，如常用数学方法库、常规设计计算方法库、优化设计方法库、产品设计软件包、机械零件设计计算库等。

3. 典型的 CAD 软件

目前，CAD 软件主要运行在工作站及微机平台上。工作站虽然性能优越，图形处理速度快，但价格却十分昂贵，这在一定程度上限制了 CAD 技术的推广。随着 Pentium 芯片和 Windows 系统的流行，以前只能运行在工作站上的著名 CAD 软件（如 UG、CATIA、Pro/ENGINEER 等）现在也可以运行在微机上了。

20 世纪 80 年代以来，国际上推出了一大批通用 CAD 集成软件，表 1-1 所示为几款比较著名的 CAD 软件情况介绍。

表 1-1　　著名 CAD 软件情况介绍

软件名称	厂家	主要功能
Unigraphics（UG）	UG 软件起源于美国麦道飞机公司，于 1991 年加入世界上最大的软件公司——EDS 公司，随后以 Unigraphics Solutions 公司（简称 UGS）运作。UGS 是全球著名的 CAD/CAE/CAM 供应商，主要为汽车、航空航天、通用机械等领域 CAD/CAE/CAM 提供完整的解决方案。其主要的 CAD 产品是 UG。美国通用汽车公司是 UG 软件的最大用户	基于 UNIX 和 Windows 操作系统 参数化和变量化建模技术相结合 全套工程分析、装配设计等强大功能 三维模型自动生成二维图档 曲面造型、数控加工等方面有一定的特色 在航空及汽车工业应用广泛
Pro/ENGINEER	美国 PTC 公司，1985 年成立于波士顿，是全球 CAD/CAE/CAM 领域最具代表性的著名软件公司，同时也是世界最大 CAD/CAE/CAM 软件公司之一	基于 UNIX 和 Windows 操作系统 基于特征的参数化建模 强大的装配设计 三维模型自动生成二维图档 曲面造型、数控加工编程 真正的全相关性，任何地方的修改都会自动反映到所有相关地方 有限元分析
SolidWorks	美国 SolidWorks 公司，成立于 1993 年，是全世界最早将三维参数化造型功能发展到微型计算机上的公司。该公司主要从事三维机械设计、工程分析及产品数据管理等软件的开发和营销	基于 Windows 平台 参数化造型 包含装配设计、零件设计、工程图和钣金等模块 图形界面友好，操作简便
AutoCAD	Autodesk 公司是世界最大 PC 软件公司之一，成立于 1982 年。在 CAD 领域内，该公司拥有全球最多的用户量，它也是全球规模最大的基于 PC 平台的 CAD、动画及可视化软件企业	基于 Windows 平台，是当今最流行的二维绘图软件 强大的二维绘图和编辑功能 三维实体造型 具有很强的定制和二次开发功能

1.2 AutoCAD 的发展及特点

AutoCAD 是美国 Autodesk 公司开发研制的一种通用计算机辅助设计软件包，它在设计、绘图和相互协作方面展示了强大的技术实力。由于其具有易于学习、使用方便、体系结构开放等优点，因而深受广大工程技术人员的喜爱。

Autodesk 公司在 1982 年推出了 AutoCAD 的第一个版本 V1.0，随后经由 V2.6、R9、R10、R12、R13、R14 等典型版本，发展到目前普遍使用的 AutoCAD 2002 版。在这 20 多年的时间里，AutoCAD 产品在不断适应计算机软硬件发展的同时，自身功能也日益增强且趋于完善。早期的版本只是绘制二维图的简单工具，画图过程也非常慢，但现在它已经集平面作图、三维造型、数据库管理、渲染着色、连接互联网等功能于一体，并提供了丰富的工具集。所有这些都使用户能够轻松快捷地进行设计工作，还能方便地复用各种已有的数据，从而极大地提高了设计效率。如今，AutoCAD 在机械、建筑、电子、纺织、地理、航空等领域得到了广泛的使用。AutoCAD 在全世界 150 多个国家和地区广为流行，其 CAD 市场占有率世界第一。此外，全球现有 1 500 多家 AutoCAD 授权培训中心，有 3 000 家左右独立的增值开发商，以及 5 000 多种基于 AutoCAD 的各类专业应用软件。可以这样说，AutoCAD 已经成为微机 CAD 系统的标准，而 DWG 格式文件已是工程设计人员交流思想的公共语言。

AutoCAD 与其他 CAD 产品相比，具有如下特点。

- 直观的用户界面、下拉菜单、图标、易于使用的对话框等。
- 丰富的二维绘图、编辑命令以及建模方式新颖的三维造型功能。
- 多样的绘图方式，可以通过交互方式绘图，也可通过编程自动绘图。
- 能够对光栅图像和矢量图形进行混合编辑。
- 产生具有照片真实感（Phone 或 Gourand 光照模型）的着色，且渲染速度快、质量高。
- 多行文字编辑器与标准的 Windows 系统下的文字处理软件工作方式相同，并支持 Windows 系统的 TrueType 字体。
- 数据库操作方便且功能完善。
- 强大的文件兼容性，可以通过标准的或专用的数据格式与其他 CAD、CAM 系统交换数据。
- 提供了许多 Internet 工具，用户可通过 AutoCAD 在 Web 上打开、插入或保存图形。
- 开放的体系结构，为其他开发商提供了多元化的开发工具。

1.2.1 AutoCAD 的基本功能

AutoCAD 是当今最流行的二维绘图软件，以下介绍其基本功能。

- 平面绘图。能以多种方式创建直线、圆、椭圆、多边形、样条曲线等基本图形对象。
- 绘图辅助工具。AutoCAD 提供了正交、对象捕捉、极轴追踪、捕捉追踪等绘图辅助工具。正交功能使用户可以很方便地绘制水平、竖直直线，对象捕捉可帮助拾取几何对象上的特殊点，而追踪功能使画斜线及沿不同方向定位点变得更加容易。

- 编辑图形。AutoCAD 具有强大的编辑功能，可以移动、复制、旋转、阵列、拉伸、延长、修剪、缩放对象等。
- 标注尺寸。可以创建多种类型尺寸，标注外观可以自行设定。
- 书写文字。能轻易在图形的任何位置、沿任何方向书写文字，可设定文字字体、倾斜角度、宽度缩放比例等属性。
- 图层管理功能。图形对象都位于某一图层上，可设定图层颜色、线型、线宽等特性。
- 三维绘图。可创建 3D 实体及表面模型，能对实体本身进行编辑。
- 网络功能。可将图形在网络上发布，或是通过网络访问 AutoCAD 资源。
- 数据交换。AutoCAD 提供了多种图形图像数据交换格式及相应命令。
- 二次开发。AutoCAD 允许用户定制菜单和工具栏，并能利用内嵌语言 Autolisp、Visual Lisp、VBA、ADS、ARX 等进行二次开发。

1.2.2 系统配置要求

CAD 系统配置包括硬件和软件配置。要充分发挥 AutoCAD 2002 的功能，系统必须满足以下基本配置。

- Intel Pentium 233 微处理器或更高版本，也可是功能相当的其他兼容产品。若微处理器性能过低，AutoCAD 将运行得十分缓慢。
- 操作系统为 Windows NT 4.0、Windows 2000、Windows 2003 等。
- 至少 64 MB 内存，内存容量加大将提高 AutoCAD 的运行速度。
- 至少需要 160 MB 磁盘空间。
- 800 × 600 VGA 或更高分辨率的显示器，建议采用 1024 × 768 VGA 显示器。
- CD-ROM 驱动器。

1.3 学习 AutoCAD 的方法

许多读者在学习 AutoCAD 时，往往有这样的经历：当掌握了软件的一些基本命令后，就开始上机绘图，但此时却发现绘图效率很低，有时甚至不知如何下手。出现这种情况的原因主要有两个：第一是对 AutoCAD 基本功能及操作了解得不透彻；第二是没有掌握用 AutoCAD 进行工程设计的一般方法和技巧。

下面就如何学习及深入掌握 AutoCAD 谈几点建议。

1. 熟悉 AutoCAD 操作环境，切实掌握 AutoCAD 基本命令

AutoCAD 的操作环境包括程序界面、多文档操作环境等，要顺利地和 AutoCAD 交流，首先必须熟悉其操作环境，其次是要掌握常用的一些基本操作。

常用的基本命令主要有【绘图】及【修改】工具栏中包含的命令，如果用户要绘制三维图形，则还应掌握【实体】、【实体编辑】工具栏中的命令。由于工程设计中这些命令的使用频繁，因而熟练且灵活地使用这些命令是提高作图效率的基础。

2. 跟随实例上机演练，巩固所学知识，提高应用水平

了解 AutoCAD 的基本功能、学习 AutoCAD 的基本命令后，接下来就应参照实例进行练习，在实战中发现问题、解决问题，掌握 AutoCAD 的精髓，达到得心应手的水平。本书第 2 章

至第 11 章提供了大量的练习题，并总结了许多绘图技巧，非常适合 AutoCAD 初学者学习。

3. 结合专业，学习 AutoCAD 实用技巧，提高解决实际问题的能力

AutoCAD 是一个高效的设计工具，在不同的工程领域中，人们使用 AutoCAD 进行设计的方法常常不同，并且还形成了一些特殊的绘图技巧。只有掌握了这方面的知识，用户才能在某个领域中充分发挥 AutoCAD 的强大功能。

本书第 9 章至第 10 章讲述了用 AutoCAD 绘制机械图和建筑图的一些方法与技巧。

1.4 小结

本章主要内容总结如下。

- CAD 基本概念。CAD 是随着计算机及其外围设备和软件的迅速发展而形成的一门新兴技术，是计算机技术与工程设计技术相结合的结晶。CAD 技术现已广泛应用于机械、航空、电子、汽车、船舶、轻工、纺织、建筑等各个领域，成为提高产品质量、降低消耗、缩短产品开发周期、大幅提高劳动生产率的重要手段。
- CAD 技术的发展历程。CAD 作为一门学科始于 20 世纪 60 年代初，一直到 70 年代，由于受到计算机技术的限制，其发展很缓慢。进入 80 年代以后，计算机技术的突飞猛进，软件技术的不断创新，极大地推动了 CAD 技术的发展。目前，CAD 技术正向着开放、集成、智能和标准化的方向发展。
- CAD 系统组成。CAD 系统由硬件和软件两部分组成，高性能的硬件和功能强大的软件是充分发挥 CAD 作用的前提。
- AutoCAD 是美国 Autodesk 公司为开发的一个交互式绘图软件，它基本上是一个二维工程绘图软件，具有较强的绘图及编辑功能，也具备部分三维造型功能。此外，它还提供了多种二次开发工具。目前，该软件是世界上应用最广泛的 CAD 软件。

1.5 习题

1. 什么是计算机辅助设计？
2. 简要叙述 CAD 技术的发展历程。
3. CAD 系统的组成是什么？
4. CAD 的系统软件主要有哪些？
5. AutoCAD 的主要功能有哪些？

第2章　AutoCAD 用户界面及基本操作

要想掌握 AutoCAD 并顺利地用其进行工程设计，应首先学会怎样与绘图程序对话，即如何下达命令及产生错误后怎样处理等；其次要熟悉 AutoCAD 窗口界面，了解组成 AutoCAD 窗口每一部分的功能。

本章将介绍与 AutoCAD 交流时的一些基本操作及 AutoCAD 用户界面。

通过本章的学习，学生可以了解 AutoCAD 工作界面的组成及各组成部分的功能，并掌握一些常用基本操作。

本章学习目标

- 调用 AutoCAD 命令的方法。
- 选择对象的常用方法。
- 快速缩放及移动图形、全部缩放图形。
- 重复命令、取消已执行的操作。
- 新建、打开及保存文件。
- AutoCAD 用户界面。

2.1 学习 AutoCAD 基本操作

本节介绍用 AutoCAD 绘制图形的基本过程，并讲解常用的基本操作。

2.1.1 绘制一个简单图形

【例2-1】 请跟随以下提示一步步练习，这个练习的目的是使大家了解用 AutoCAD 绘图的基本过程。

(1) 启动 AutoCAD。

(2) 选择菜单命令【文件】/【新建】，打开【AutoCAD 2002 今日】对话框，进入【创建图形】选项卡，在该选项卡的【选择如何开始】下拉列表中选择“默认设置”，然后选择【公制】选项开始新图形，如图 2-1 所示。

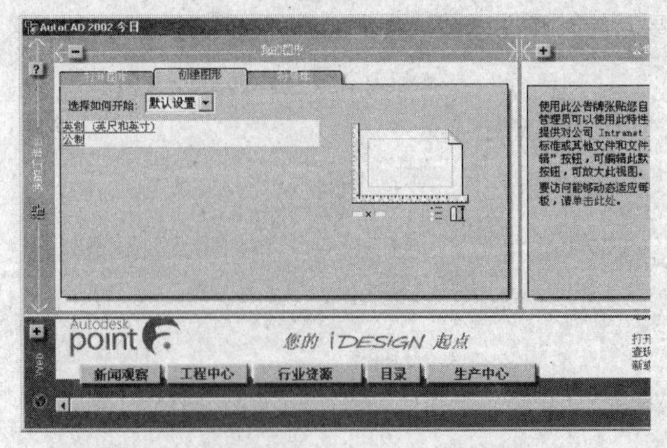

图2-1　【AutoCAD 2002 今日】对话框

(3) 按下程序窗口底部的正交按钮，打开正交状态。

(4) 单击程序窗口左边工具栏上的 / 按钮，AutoCAD 提示如下。

命令：_line 指定第一点：　　　　　　　　//单击 *A* 点，如图 2-2 所示

指定下一点或 [放弃(U)]：　　　　　　　　//单击 *B* 点

指定下一点或 [放弃(U)]：　　　　　　　　//单击 *C* 点

指定下一点或 [闭合(C)/放弃(U)]：　　　　//单击 *D* 点

指定下一点或 [闭合(C)/放弃(U)]：　　　　//单击 *E* 点

指定下一点或 [闭合(C)/放弃(U)]：　　　　//按 Enter 键结束命令

结果如图 2-2 所示。

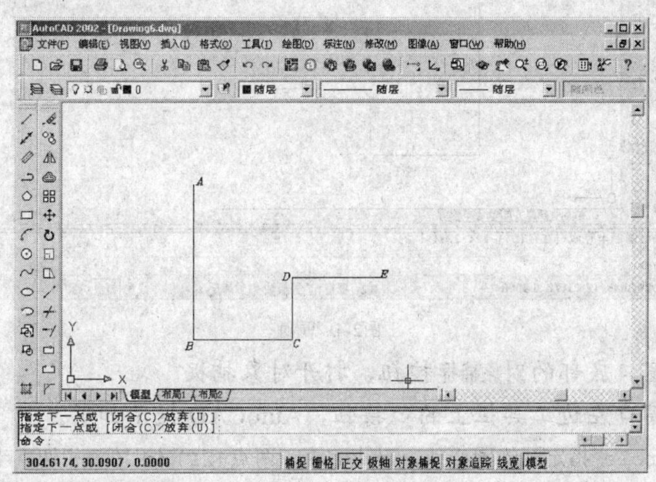

图2-2　画线

(5) 按 Enter 键重复画线命令，画线段 *FG*，如图 2-3 所示。

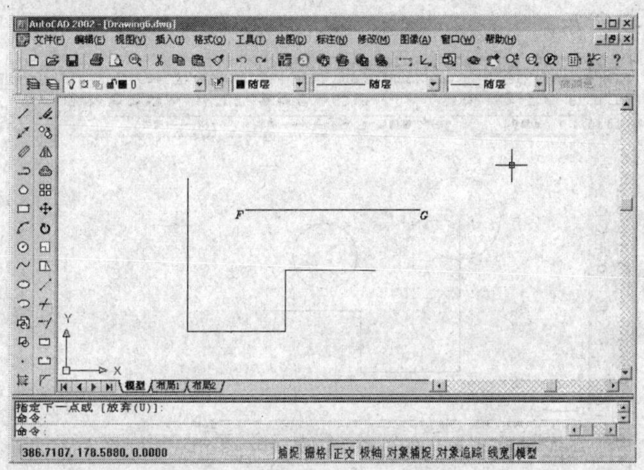

图2-3　画线段 *FG*

(6) 单击程序窗口上部的 ↶ 按钮，线段 *FG* 消失，再单击该按钮，连续折线也消失。单击 ↷ 按钮，连续折线又显示出来，继续单击该按钮，线段 *FG* 并不显示出来。

(7) 输入画圆命令全称 CIRCLE 或简称 C，AutoCAD 提示如下。

命令：CIRCLE　　　　　　　　　　　　//输入命令，按 Enter 键确认

指定圆的圆心或 [三点(3P)/两点(2P)/相切、相切、半径(T)]:

//单击 *H* 点，指定圆心，如图 2-4 所示

指定圆的半径或 [直径(D)] <24.3734>: 24　　//输入圆半径，按 Enter 键确认

结果如图 2-4 所示。

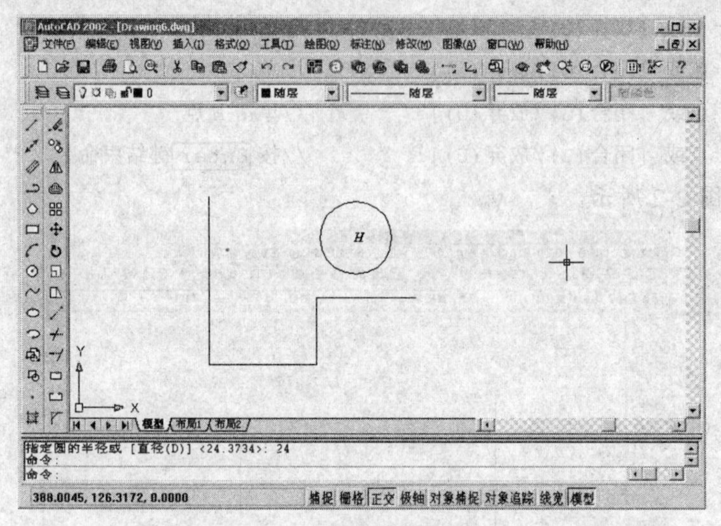

图2-4　画圆

(8) 按下程序窗口底部的对象捕捉按钮，打开对象捕捉。

(9) 单击程序窗口左边工具栏上的⊙按钮，AutoCAD 提示如下。

命令: _circle 指定圆的圆心或 [三点(3P)/两点(2P)/相切、相切、半径(T)]:

//将鼠标指针移动到端点 *G* 处，AutoCAD 自动捕捉该点，再单击鼠标左键确认，如图 2-5 所示

指定圆的半径或 [直径(D)] <24.0000>: 30　　//输入圆半径，按 Enter 键

结果如图 2-5 所示。

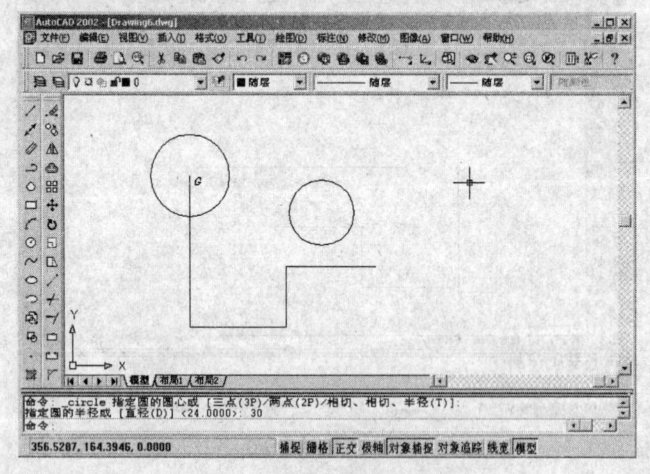

图2-5　画圆

(10) 单击程序窗口上部的按钮，鼠标指针变成手的形状。按住鼠标左键向右拖动，直至图形不可见为止。按 Esc 键或 Enter 键退出。

(11) 按下程序窗口上部的按钮，弹出一个工具栏，继续按住鼠标左键并向下拖动至该工具栏上的按钮上松开，图形又全部显示在窗口中，如图 2-6 所示。

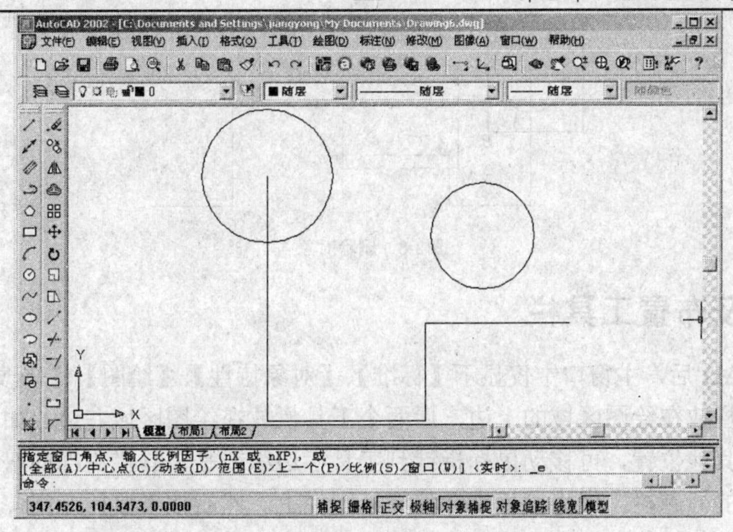

图2-6 全部显示图形

(12) 单击程序窗口上部的按钮，鼠标指针变成放大镜形状，此时按住鼠标左键向下拖动则缩小图形，如图 2-7 所示。按Esc键或Enter键退出。

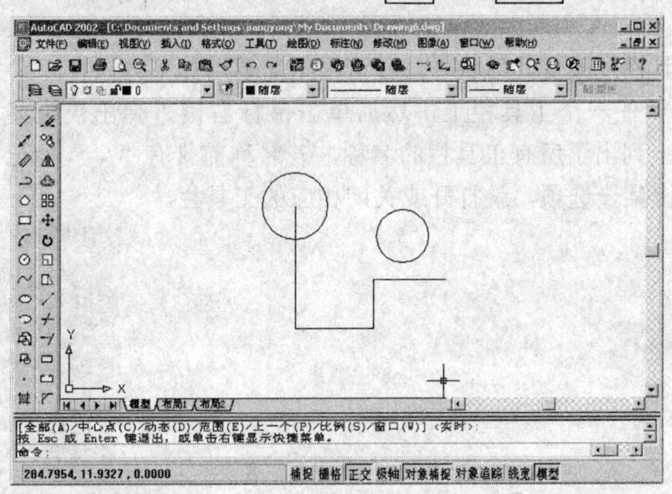

图2-7 缩小图形

(13) 单击程序窗口左边的按钮（删除对象），AutoCAD 提示如下。

命令：_erase

选择对象：　　　　　　　　　//单击 A 点，如图 2-8 左图所示

指定对角点：找到 1 个　　　　//向右下方拖动鼠标指针，出现一个实线矩形窗口

//在 B 点处单击一点，矩形窗口内的圆被选中，被选对象变为虚线

选择对象：　　　　　　　　　//按Enter键删除圆

命令:ERASE　　　　　　　　 //按Enter键重复命令

选择对象：　　　　　　　　　//单击 D 点

指定对角点：找到 3 个　　　　//向左下方拖动鼠标指针，出现一个虚线矩形窗口

//在 C 点处单击一点，矩形窗口内及与该窗口相交的所有对象都被选中

选择对象：　　　　　　　　　//按Enter键删除圆和线段

结果如图 2-8 右图所示。

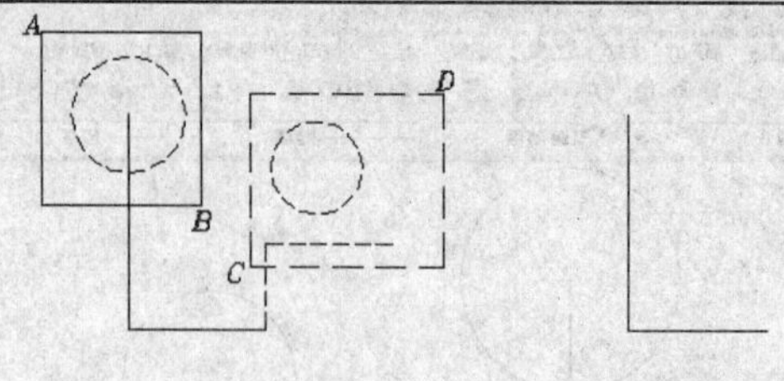

图2-8 删除对象

2.1.2 打开及布置工具栏

启动 AutoCAD 后，主窗口中仅显示【标准】、【对象特性】、【绘图】、【修改】4 个工具栏，其中前两个工具栏放在绘图区域的上边，后两个工具栏放在绘图区域左边。如果用户想将工具栏移动到窗口的其他位置，可移动鼠标指针到工具栏边缘或是工具栏头部的双线条上；若工具栏已显示出蓝色的标题栏，就将鼠标指针移至标题栏上。然后按下鼠标左键，此时工具栏边缘将出现一个灰色矩形框，继续按住左键并移动鼠标，工具栏就随鼠标指针移动。此外，也可以改变工具栏的形状，将鼠标指针放置在工具栏的上或下边缘，此时鼠标指针变成双面箭头，按住鼠标左键拖动，工具栏形状就会发生变化，图 2-9 中所示为【绘图】工具栏移动并改变形状后的情形。

除了可移动工具栏及改变其形状外，还可根据需要用如下方法打开或关闭工具栏。

移动鼠标指针到任一个工具栏上，然后单击鼠标右键，弹出快捷菜单，如图 2-10 所示。在此快捷菜单上列出了所有工具栏的名称，若名称前带有“√”标记，则表示该工具栏已打开。选择菜单上某一选项，就打开或关闭相应的工具栏。

图2-9 移动并改变形状

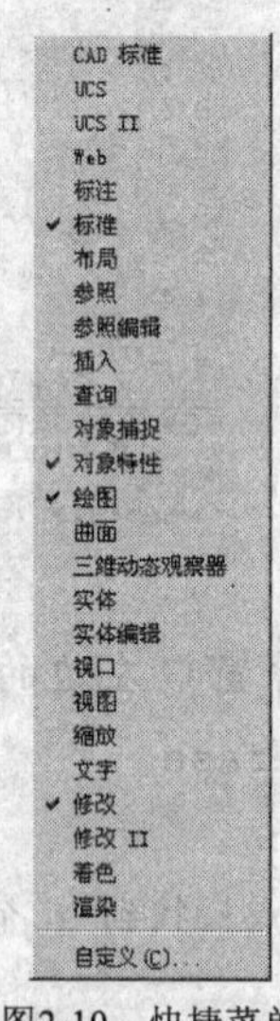

图2-10 快捷菜单

2.1.3 调用命令

启动 AutoCAD 命令的方法一般有两种，一种是在命令行中输入命令全称或简称，另一种是用鼠标选择一个菜单项或单击工具栏中的命令按钮。

1. 使用键盘发出命令

在命令行中输入命令全称或简称就可以使 AutoCAD 执行相应命令。

一个典型的命令执行过程如下。

```
命令: circle        //输入命令全称Circle或简称C，按Enter键
指定圆的圆心或 [三点(3P)/两点(2P)/相切、相切、半径(T)]: 90,100
                                        //输入圆心坐标，按Enter键
指定圆的半径或 [直径(D)] <50.7720>: 70             //输入圆半径，按Enter键
```

- 方括弧“[ ]”中以“/”隔开的内容表示各种选项，若要选择某个选项，则需输入圆括号中的字母，可以是大写或小写形式。例如，想通过三点画圆，就输入“3P”。
- 尖括号“<>”中的内容是当前默认值。

AutoCAD 的命令执行过程是交互式的，当用户输入命令后，需按 Enter 键确认，系统才执行该命令。而执行过程中，AutoCAD 有时要等待用户输入必要的绘图参数，如输入命令选项、点的坐标或其他几何数据等，输入完成后，也要按 Enter 键，AutoCAD 才继续执行下一步操作。

为简化文字表述，在以后的操作练习里，对命令运行过程中的许多“按 Enter 键”操作将略去说明。

当使用某一命令时按 F1 键，AutoCAD 将显示这个命令的详细解释。

2. 利用鼠标发出命令

用鼠标选择一个菜单项或单击工具栏上的按钮，AutoCAD 就执行相应的命令。利用 AutoCAD 绘图时，多数情况下，用户是通过鼠标发出命令的，鼠标各键定义如下。

- 鼠标左键：拾取键，用于单击工具栏按钮、选取菜单选项以发出命令，也可在绘图过程中指定点、选择图形对象等。
- 鼠标右键：单击鼠标右键相当于回车，或是弹出快捷菜单。命令执行完成后，单击鼠标右键，常弹出快捷菜单，该菜单上有【确认】选项，可以结束命令。鼠标右键的功能是可以设定的，选择菜单命令【工具】/【选项】，打开【选项】对话框，如图 2-11 所示，在此对话框【用户系统配置】选项卡中的【Windows 标准】分组框中可以自定义鼠标右键的功能。例如，可以设置鼠标右键仅仅相当于回车键。
- 滚轮：转动滚轮，将放大或缩小图形，默认情况下，缩放量为 10%。按住滚轮并拖动鼠标指针，则平移图形。

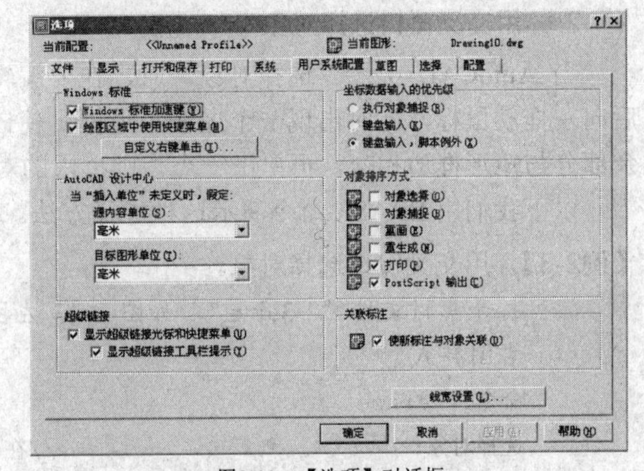

图2-11　【选项】对话框

工具栏中的按钮有些是单一型的，有些是嵌套型的。嵌套型按钮右下角带有小黑三角形，按下此类按钮，将弹出一按钮列表。

2.1.4 选择对象的常用方法

使用编辑命令时，需要选择对象，被选对象构成一个选择集。AutoCAD 提供了多种构造选集的方法。默认情况下，用户能够逐个地拾取对象，或是利用矩形、交叉窗口一次选取多个对象。

1. 用矩形窗口选择对象

当 AutoCAD 提示选择要编辑的对象时，用户在图形元素左上角或左下角单击一点，然后向右拖动鼠标指针，AutoCAD 显示一个实线矩形窗口，让此窗口完全包含要编辑的图形实体，再单击一点，矩形窗口中所有对象（不包括与矩形边相交的对象）被选中，被选中的对象将以虚线形式表示出来。

下面通过 ERASE 命令演示这种选择方法。

【例2-2】 用矩形窗口选择对象。

打开素材文件“2-2.dwg”，如图 2-12 左图所示。用 ERASE 命令将左图修改为右图样式。

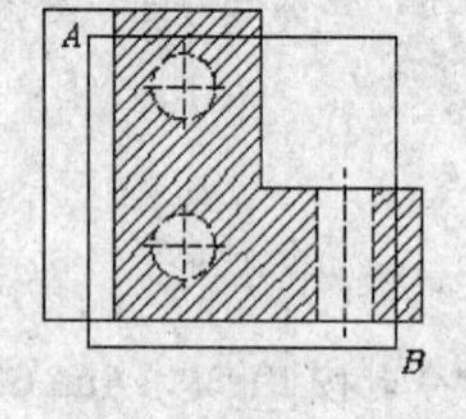

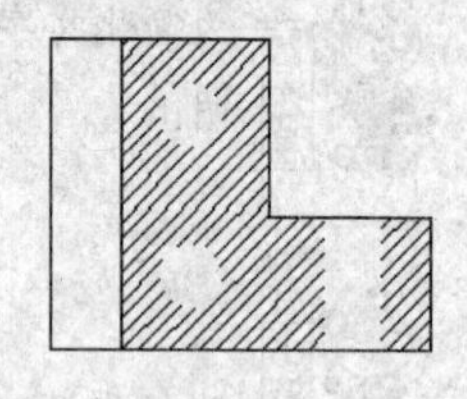

图2-12　用矩形窗口选择对象

```
命令:_erase
选择对象:                    //在 A 点处单击一点，如图 2-12 左图所示
指定对角点: 找到 9 个        //在 B 点处单击一点
选择对象:                    //按 Enter 键结束
```

结果如图 2-12 右图所示。

当 HIGHLIGHT 系统变量处于打开状态时（等于 1），AutoCAD 才以高亮度形式显示被选择的对象。

2. 用交叉窗口选择对象

当 AutoCAD 提示“选择对象”时，在要编辑的图形元素右上角或右下角单击一点，然后向左拖动鼠标，此时出现一个虚线矩形框，使该矩形框包含被编辑对象的一部分，而让其余部分与矩形框边相交，再单击一点，则框内的对象及与框边相交的对象全部被选中。

以下我们用 ERASE 命令演示这种选择方法。

【例2-3】 用交叉窗口选择对象。

打开素材文件“2-3.dwg”，如图 2-13 左图所示。用 ERASE 命令将左图修改为右图样式。

```
命令: _erase
选择对象:                    //在 C 点处单击一点，如图 2-13 左图所示
指定对角点: 找到 14 个       //在 D 点处单击一点
选择对象:                    //按 Enter 键结束
```

结果如图 2-13 右图所示。

3. 给选择集添加或去除对象

编辑过程中，用户构造选择集常常不能一次就完成，需向选择集中加入或删除对象。在添加对象时，可直接选取或利用矩形窗口、交叉窗口选择要加入的图形元素；若要删除对象，可先按住 Shift 键，再从选择集中选择要清除的图形元素。

以下通过 ERASE 命令演示修改选择集的方法。

【例2-4】 修改选择集。

打开素材文件“2-4.dwg”，如图 2-14 左图所示。用 ERASE 命令将左图修改为右图样式。

```
命令: _erase
选择对象:                                    //在C点处单击一点，如图2-14左图所示
指定对角点: 找到 8 个                         //在D点处单击一点
选择对象: 找到 1 个，删除 1 个，总计 7 个
                        //按住Shift键，选取矩形A，该矩形从选择集中被去除
选择对象: 找到 1 个，总计 8 个                 //选择圆B
选择对象:                                    //按Enter键结束
```

结果如图 2-14 所示。

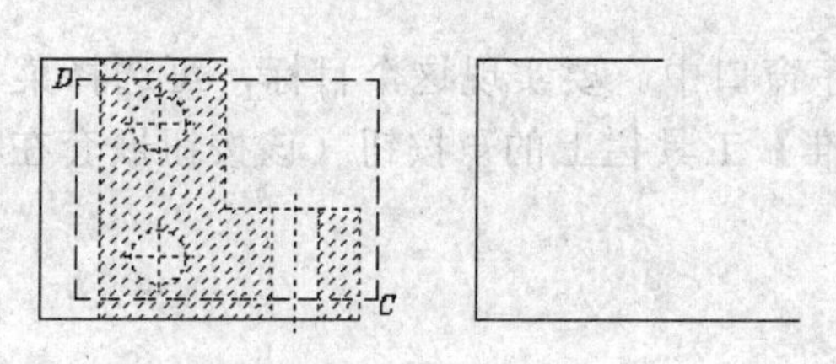

图2-13 用交叉窗口选择对象

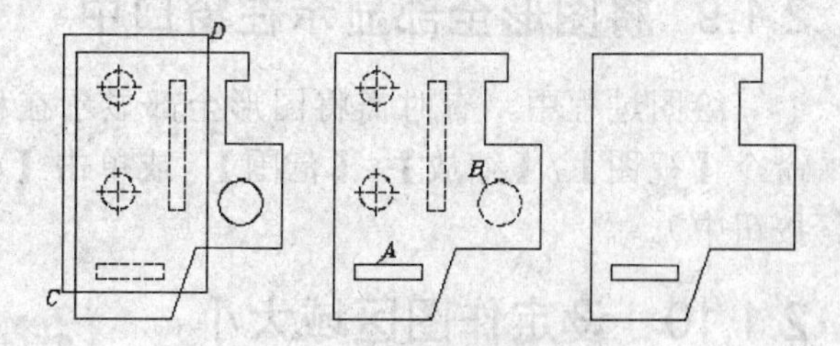

图2-14 修改选择集

2.1.5 删除对象

ERASE 命令用来删除图形对象，该命令没有任何选项。要删除一个对象，用户可以用鼠标先选择该对象，然后单击【修改】工具栏上的按钮，或输入命令 ERASE（命令简称 E）。也可先发出删除命令，再选择要删除的对象。

2.1.6 重复及撤销命令

绘图过程中，经常重复使用命令，重复刚使用过命令的方法是直接按 Enter 键。若发出某个命令后，又想终止该命令，则可按 Esc 键，此时，AutoCAD 又返回到命令行。

一个经常遇到的情况是，在图形区域内偶然选择了图形对象，该对象上出现了一些高亮的小框，这些小框被称为关键点，可用于编辑对象（在 5.4 节中将详细介绍），要取消这些关键点，按 Esc 键即可。

2.1.7 取消已执行的操作

在使用 AutoCAD 绘图的过程中，不可避免地会出现各种各样的错误。要修正这些错误

可使用 UNDO 命令或单击【标准】工具栏上的按钮。如果想要取消前面执行的多个操作，可反复使用 UNDO 命令或反复单击按钮。当取消一个或多个操作后，若又想重复某个操作，可使用 REDO 命令或单击【标准】工具栏上的按钮，但 AutoCAD 仅能恢复最后一次 UNDO 的操作。

2.1.8 快速缩放及移动图形

AutoCAD 的图形缩放及移动功能是很完备的，使用起来也很方便。绘图时，经常通过【标准】工具栏上的、按钮来完成这两项功能。

1. 通过按钮缩放图形

单击按钮，AutoCAD 进入实时缩放状态，鼠标指针变成放大镜形状，此时按住鼠标左键向上拖动，就可以放大视图，向下拖动鼠标，可以缩小视图。要退出实时缩放状态，可按 Esc 键、Enter 键或单击鼠标右键打开快捷菜单，然后选择【退出】命令。

2. 通过按钮平移图形

单击按钮，AutoCAD 进入实时平移状态，鼠标指针变成手的形状，此时按住鼠标左键并拖动，就可以平移视图。要退出实时平移状态，可按 Esc 键、Enter 键或单击鼠标右键，打开快捷菜单，然后选择【退出】命令。

2.1.9 将图形全部显示在窗口中

绘图过程中，有时需将图形全部显示在程序窗口中。要实现这个目标，可选择菜单命令【视图】/【缩放】/【范围】，或单击【标准】工具栏上的按钮（该按钮嵌套在按钮中）。

2.1.10 设定作图区域大小

AutoCAD 的绘图空间是无限大的，但用户可以设定程序窗口中显示出的绘图区域大小。作图时，事先对绘图区大小进行设定将有助于用户了解图形分布的范围。当然，也可在绘图过程中随时缩放（使用按钮）图形以控制其在屏幕上显示的效果。

设定绘图区域大小有以下两种方法。

- 将一个圆充满整个程序窗口显示出来，依据圆的尺寸就能轻易地估计出当前绘图区大小了。

【例2-5】 设定绘图区域大小。

(1) 单击程序窗口左边工具栏上的按钮，AutoCAD 提示如下。

```
命令: _circle 指定圆的圆心或 [三点(3P)/两点(2P)/相切、相切、半径(T)]:
                                        //在屏幕的适当位置单击一点
指定圆的半径或 [直径(D)]: 50             //输入圆半径
```

(2) 选择菜单命令【视图】/【缩放】/【范围】，直径为 100 的圆充满整个程序窗口显示出来，如图 2-15 所示。

- 用 LIMITS 命令设定作图区大小。该命令可以改变栅格的长宽尺寸及位置。所谓栅格是点在矩形区域中按行、列形式分布形成的图案，如图 2-16 所示。当栅格在程序窗口中显示出来后，用户就可根据栅格分布的范围估算出当前作图区的大小了。

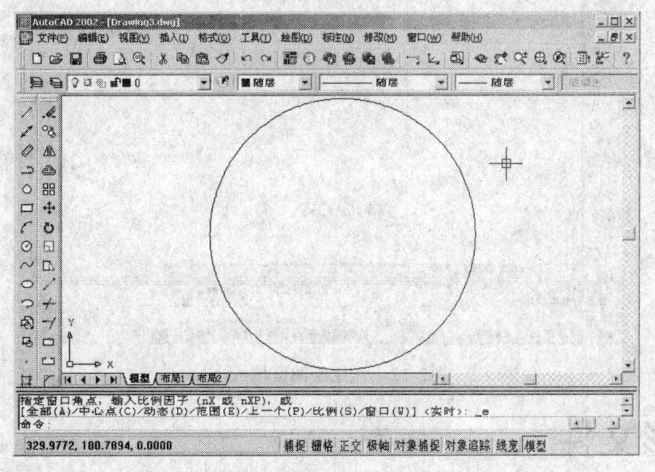

图2-15　设定绘图区域大小

【例2-6】 用 LIMITS 命令设定作图区大小。

(1) 选择菜单命令【格式】/【图形界限】，AutoCAD 提示如下。

命令: '_limits

指定左下角点或 [开(ON)/关(OFF)] <128.1859,66.4459>:

//单击一点 A，如图 2-16 所示

指定右上角点 <278.1859,366.4459>: @150,200

//输入 B 点相对于 A 点的坐标，按 Enter 键（在 3.1.3 小节中将介绍相对坐标）

(2) 单击程序窗口下边的栅格按钮，栅格显示出来，该栅格的长宽尺寸为 150×200，如图 2-16 所示。

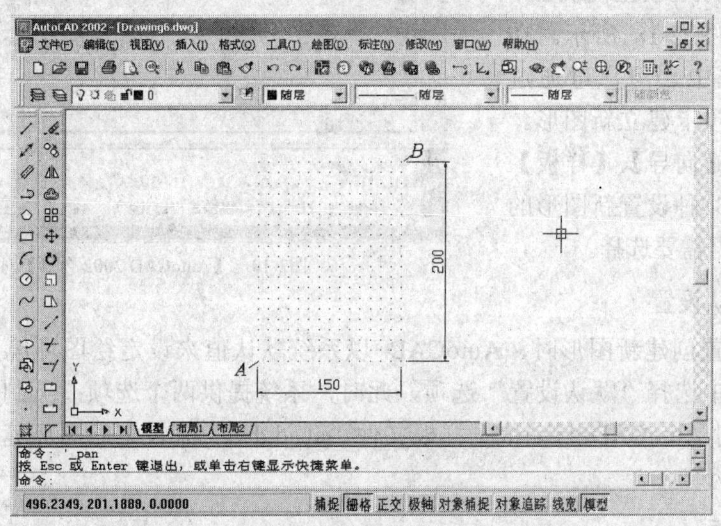

图2-16　显示栅格

(3) 选择菜单命令【视图】/【缩放】/【范围】，矩形栅格充满整个程序窗口显示出来，如图 2-17 所示。

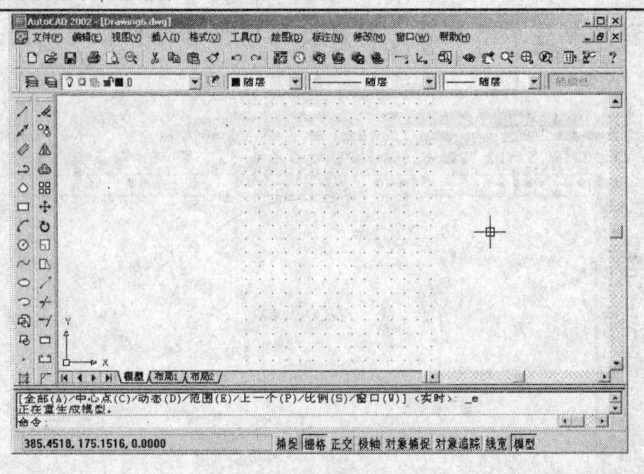

图2-17　设定绘图区域大小

2.2 管理图形文件

管理图形文件主要包括创建新文件、打开已有的图形文件、保存文件等，以下分别进行介绍。

2.2.1 新建图形文件

命令启动方法

- 下拉菜单：【文件】/【新建】。
- 工具栏：【标准】工具栏上的□按钮。
- 命令：NEW。

启动新建图形命令后，AutoCAD 打开【AutoCAD 2002 今日】对话框，如图 2-18 所示。在【我的图形】框中，用户可通过【创建图形】选项卡建立新图形。该选项卡提供了【向导】、【样板】及【默认设置】3 种设置新图形的方式，用户可根据需要选择。

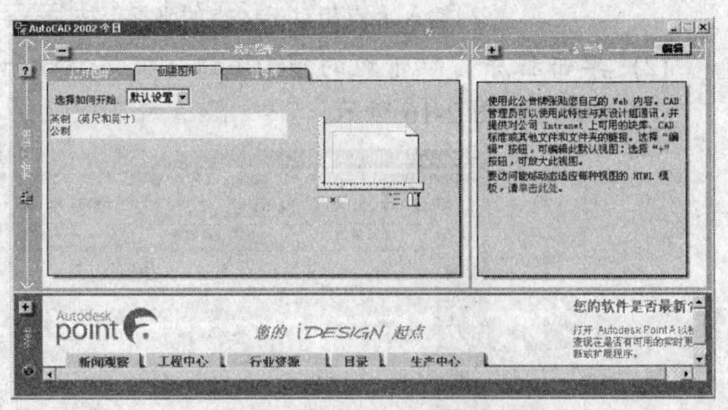

图2-18　【AutoCAD 2002 今日】对话框

1. 使用默认设置

采用默认设置创建新图形时，AutoCAD 以系统默认值来设定绘图环境。在【选择如何开始】下拉列表中选择“默认设置”选项，此时，系统提供两个选项：英制及公制。若用户选择“英制”，则 AutoCAD 自动依据样板文件“acad.dwt”来设定绘图环境，否则，将使用文件“acadiso.dwt”。

2. 使用样板

具体设计工作中，为使图纸统一，许多项目都需要设定为相同标准，如字体、标注样式、图层、标题栏等。建立标准绘图环境的有效方法是使用样板图，在样板图中已经保存了各种标准设置，这样每当建立新图时，就能以样板文件为原型图，将它的设置复制到当前图样中，使新图具有与样板图相同的作图环境。

AutoCAD 中有许多标准的样板文件，它们都保存在 AutoCAD 安装目录中的“Template”文件夹中，扩展名是“.dwt”。用户也可根据需要建立自己的标准样板。

在【选择如何开始】下拉列表中选择“样板”选项，则 AutoCAD 弹出样板文件列表供用户选择，如图 2-19 所示。这些文件分为 6 大类，分别对应不同的制图标准。

- A：ANSI 标准。
- D：DIN 标准。
- G：GB 标准。
- I：ISO 标准。
- J：JIS 标准。
- M：公制标准。

将鼠标指针放在某个样板文件上，AutoCAD 即显示该文件的预览图片，单击就以该样板创建新图。如果所需的样板文件未在当前样板列表中，用户可单击 浏览... 按钮以查找更多的样板文件。

3. 使用向导

若在【选择如何开始】下拉列表中选择“向导”选项，则可通过 AutoCAD 的引导来创建新图形。此时，系统将一步步提示用户设置绘图单位、作图区域大小、角度测量方向等项目。如图 2-20 所示，AutoCAD 提供了两种“向导”，即快速设置和高级设置。

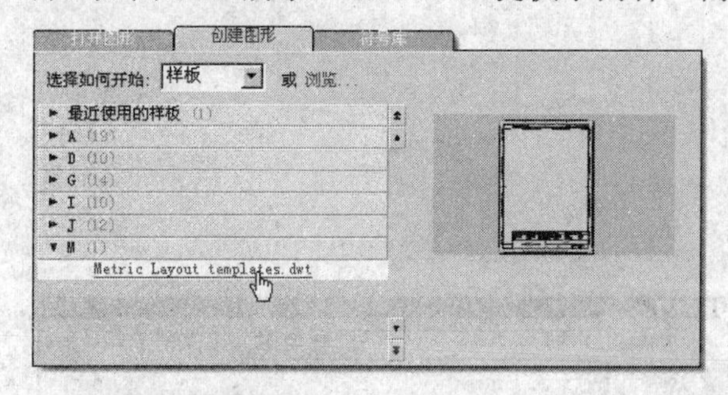

图2-19 利用样板创建新图形

图2-20 使用向导创建新图形

(1) 快速设置

在图 2-20 中选择【快速设置】选项，弹出如图 2-21 所示的【快速设置】对话框。该对话框中提供了两项设置内容。

- 单位：用户可选择的单位有 5 种格式。
- 区域：设定绘图区域的宽度和高度。

理论上说，AutoCAD 作图区域是无穷的。用户设定绘图区尺寸后，AutoCAD 仅仅是调整当前屏幕大小，使其与设定值近似吻合。

当选择某种单位后，单击 下一步(N) > 按钮，打开新对话框。在该对话框中输入作图区长、宽的数值，最后单击 完成(F) 按钮，退出对话框，进入 AutoCAD 绘图界面，同时系统将根据所做设定自动调整文字高度、尺寸标注、线型等设置。

(2) 高级设置

在图 2-20 中选择【高级设置】选项，弹出如图 2-22 所示的【高级设置】对话框。该对

话框中提供了 5 项设置内容。

- 单位：给出了 5 种长度单位格式，还能设定单位精度。
- 角度：给出了 5 种角度单位格式，并能设置角度单位精度。
- 角度测量：用于设置测量角度的起始方向。
- 角度方向：指定角度值的正方向。
- 区域：设定绘图区域长、宽尺寸。

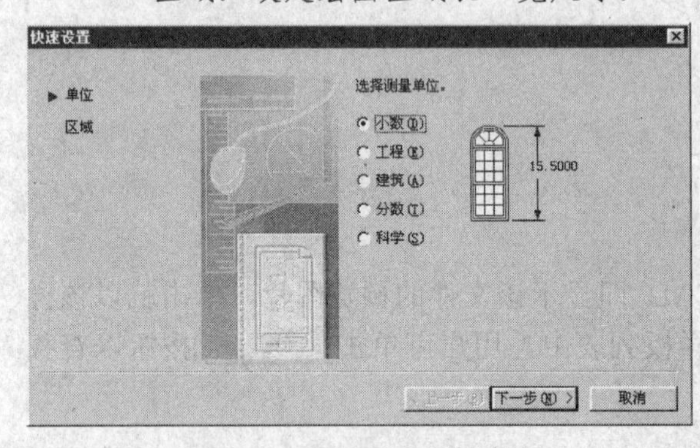

图2-21　【快速设置】对话框

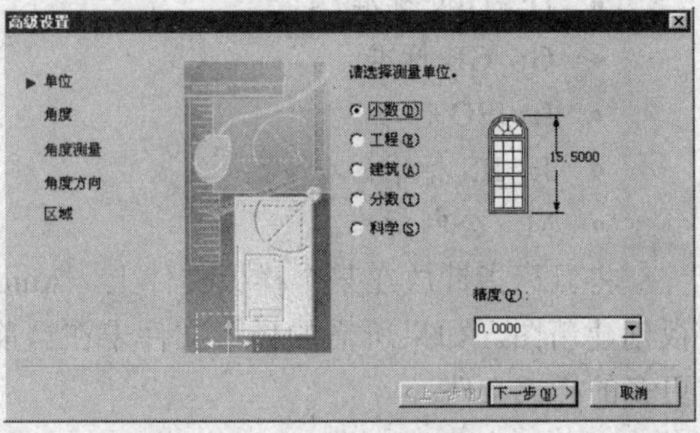

图2-22　【高级设置】对话框

当完成一个项目的设置后，单击下一步(N) >按钮，进入下一个项目的设置，最后单击完成(F)按钮，退出【高级设置】对话框。AutoCAD 将根据用户所做设定自动调整文字、尺寸标注、线型等对象的缩放比例。

2.2.2 打开图形文件

命令启动方法

- 下拉菜单：【文件】/【打开】。
- 工具栏：【标准】工具栏上的按钮。
- 命令：OPEN。

启动打开图形命令后，AutoCAD 弹出【选择文件】对话框，如图 2-23 所示。该对话框与微软公司 Office 2000 中相应对话框的样式及操作方式类似。用户可直接在对话框中选择要打开的文件，或是在【文件名】文本框中输入要打开文件的名称（可以包含路径）。该对话框顶部有【搜索】下拉列表，左边有文件位置列表，可利用它们确定要打开文件的位置并打开它。

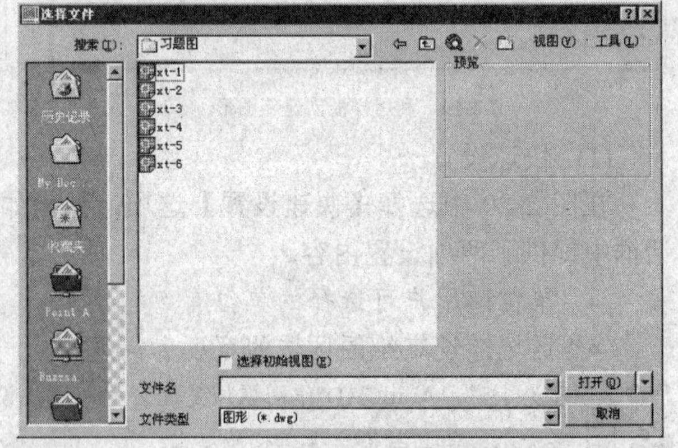

图2-23　【选择文件】对话框

2.2.3 保存图形

将图形文件存入磁盘时，一般采取两种方式，一种是以当前文件名保存图形，另一种是指定新文件名存储图形。

1. 快速保存

命令启动方法

- 下拉菜单:【文件】/【保存】。
- 工具栏:【标准】工具栏上的按钮。
- 命令:QSAVE。

发出快速保存命令后，系统将当前图形文件以原文件名直接存入磁盘，而不会给用户任何提示。若当前图形文件名是默认文件名而且是第一次存储文件，则 AutoCAD 弹出【图形另存为】对话框，如图 2-24 所示，在此对话框中用户可指定文件存储位置、文件类型及输入新文件名。

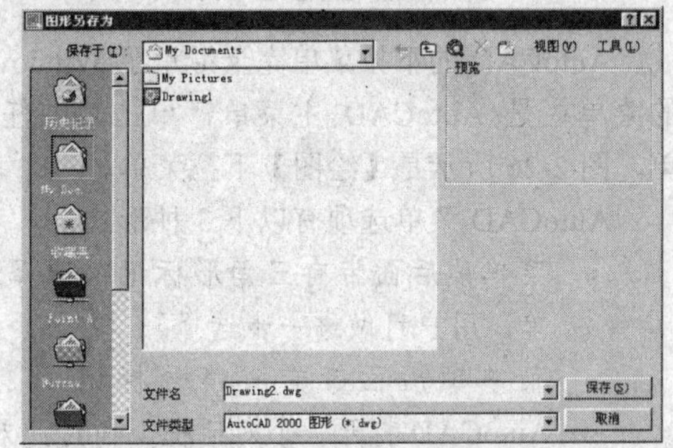

图2-24　【图形另存为】对话框

2. 换名存盘

命令启动方法

- 下拉菜单:【文件】/【另存为】。
- 命令:SAVEAS。

启动换名保存命令后，AutoCAD 弹出【图形另存为】对话框，如图 2-24 所示。用户在该对话框的“文件名”栏中输入新文件名，并可在【保存于】及【文件类型】下拉列表中分别设定文件的存储目录和类型。

2.3 AutoCAD 2002 工作界面详解

启动 AutoCAD 2002 后，程序首先打开【AutoCAD 2002 今日】对话框，在此对话框中用户可进行绘图单位、图形界限等项目的设置，也可直接关闭该对话框，随后进入如图 2-25 所示的工作界面。

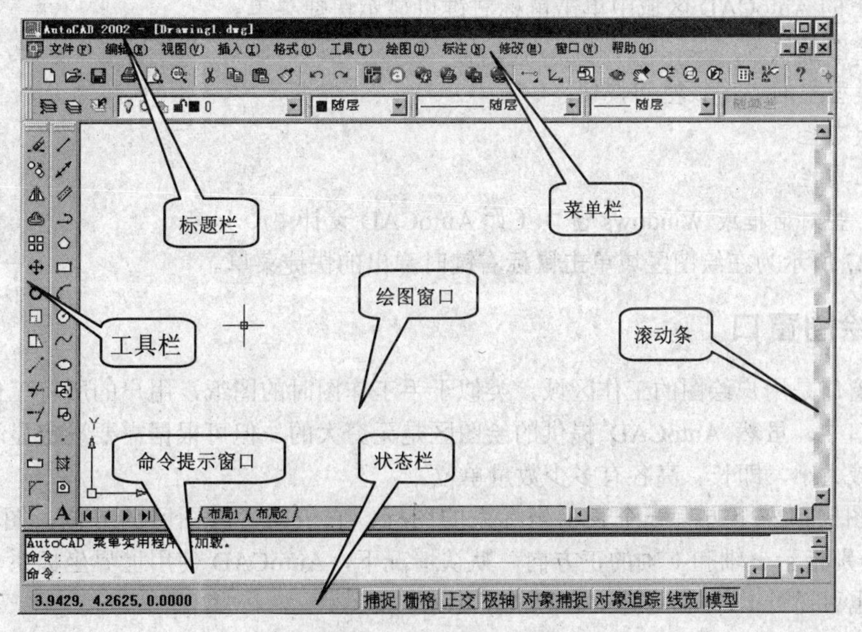

图2-25　AutoCAD 工作界面

工作界面主要由标题栏、菜单栏、绘图窗口、工具栏、命令提示窗口、滚动条、状态栏等部分组成，下面分别介绍各部分功能。

2.3.1 标题栏

标题栏在程序窗口的最上方，在它上面显示了 AutoCAD 程序图标及当前所操作的图形文件名称及路径。和一般 Windows 应用程序相似，用户可通过标题栏最右边的 3 个按钮使 AutoCAD 最小化、最大化或关闭 AutoCAD。

2.3.2 下拉菜单及快捷菜单

AutoCAD 的下拉菜单完全继承了 Windows 系统的风格，图 2-25 所示的菜单栏是 AutoCAD 主菜单，单击其中任一项都会弹出相应的下拉菜单，图 2-26 所示是【绘图】下拉菜单。

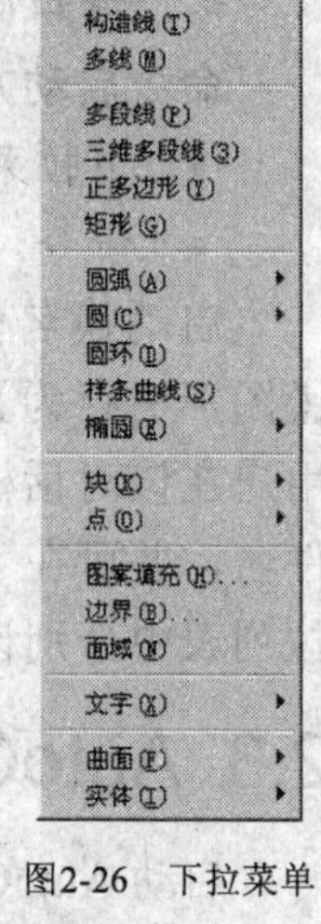

图2-26 下拉菜单

AutoCAD 菜单选项有以下 3 种形式。

- 菜单项后面带有三角形标记。选择这种菜单项后，将弹出新菜单，用户可做进一步选择。
- 菜单项后面带有省略号标记“...”。选择这种菜单项后，AutoCAD 打开一个对话框，通过此对话框用户可进一步操作。
- 单独的菜单项。

另一种形式的菜单是快捷菜单，当单击鼠标右键时，在鼠标指针的位置上将出现快捷菜单。快捷菜单提供的命令选项与鼠标指针的位置及 AutoCAD 的当前状态有关。例如，将鼠标指针放在作图区域或工具栏上再单击鼠标右键，打开的快捷菜单是不一样的。此外，如果 AutoCAD 正在执行某一命令或者用户事先选取了任意实体对象，也将显示不同的快捷菜单。

在以下的 AutoCAD 区域中单击鼠标右键可显示快捷菜单。

- 绘图区域。
- 模型空间或图纸空间按钮。
- 状态栏。
- 工具栏。
- 一些对话框或 Windows 窗口（如 AutoCAD 设计中心）。

图 2-27 所示为在绘图区域单击鼠标右键时弹出的快捷菜单。

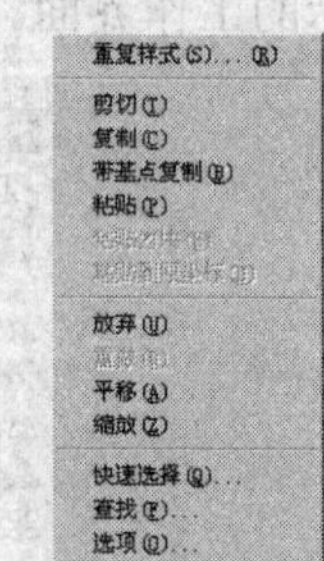

图2-27 快捷菜单

2.3.3 绘图窗口

绘图窗口是用户绘图的工作区域，类似于手工作图时的图纸，用户的所有工作结果都反映在此窗口中。虽然 AutoCAD 提供的绘图区是无穷大的，但可根据需要设定显示在屏幕上的绘图区域大小，即长、高各有多少数量单位。

在绘图窗口左下方有一个表示坐标系的图标，它表明了绘图区的方位，图标中“*X*、*Y*”字母分别指示 x 轴和 y 轴的正方向。默认情况下，AutoCAD 使用世界坐标系，如果有必要，用户也可通过 UCS 命令建立自己的坐标系。

若在绘图区没有发现坐标系图标，可用 UCSICON 命令的“ON”选项打开图标显示。

将鼠标指针移至绘图区域时，就出现“十”字形光标。光标中心有一个小的矩形框，该框称为拾取框，当使用编辑命令时，可用拾取框选择对象。

当在绘图区移动鼠标时，其中的“十”字形光标会跟随移动，与此同时在绘图区底部的状态栏上将显示出光标点的坐标读数。坐标读数的显示方式有以下 3 种。

- 坐标读数随光标移动而变化——动态显示，坐标值显示形式是“*x,y,z*”。
- 仅仅显示用户指定点的坐标——静态显示，坐标值显示形式是“*x,y,z*”。
- 坐标读数以极坐标形式（距离<角度）显示，这种方式只在 AutoCAD 提示“拾取一个点”时才能得到。

如果想改变坐标显示方式，可利用 F6 键来实现。连续按下此键，AutoCAD 就在以上 3 种显示形式之间切换。

绘图窗口包含了两种作图环境，一种称为模型空间，另一种称为图纸空间。在此窗口底部有 3 个选项卡 模型 布局1 布局2 ，默认情况下，【模型】选项卡是按下的，表明当前作图环境是模型空间，用户在这里一般按实际尺寸绘制二维或三维图形。当单击【布局 1】或【布局 2】选项卡时，就切换至图纸空间。大家可以将图纸空间想象成一张图纸（AutoCAD 提供的模拟图纸），用户可在这张图纸上将模型空间的图样按不同缩放比例布置在图纸上，有关这方面的内容还将在 11.5 节中介绍。

绘图窗口的图标在图纸和模型空间中有不同的形状，请读者自己试一试。

2.3.4 工具栏

工具栏提供了访问 AutoCAD 命令的快捷方式，它包含了许多命令按钮，只需单击某个按钮，AutoCAD 就会执行相应命令，图 2-28 所示为【绘图】工具栏。

图2-28　【绘图】工具栏

工具栏中的按钮有些是单一型的，有些是嵌套型的。嵌套型按钮的右下角带有小黑三角形，按下此类按钮，将弹出一按钮列表。【绘图】工具栏中的按钮就是嵌套型的。

AutoCAD 2002 提供了 26 个工具栏，默认状态下，AutoCAD 仅显示【标准】、【对象特性】、【绘图】和【修改】4 个工具栏。用户可以根据需要打开或关闭某个工具栏，还可以移动工具栏，将它们放置在适当的位置。除了 AutoCAD 本身提供的工具栏外，用户也可以定制自己的工具栏，如可将经常使用的命令按钮放置在一起形成新工具栏。

2.3.5 命令提示窗口

命令提示窗口位于 AutoCAD 程序窗口的底部，用户从键盘输入的命令、AutoCAD 的提示及相关信息都反映在此窗口中，该窗口是用户与 AutoCAD 进行命令交互的窗口。默认情况下，命令提示窗口仅显示 3 行，但用户也可根据需要改变它的大小。将鼠标指针放在命令提示窗口的上边缘使其变成双向箭头，按住鼠标左键向上拖动就可以增加命令提示窗口显示的行数。此外，也可在【选项】对话框的【显示】选项卡中设置此窗口要显示的行数。选择菜单命令【工具】/【选项】，就能打开【选项】对话框。

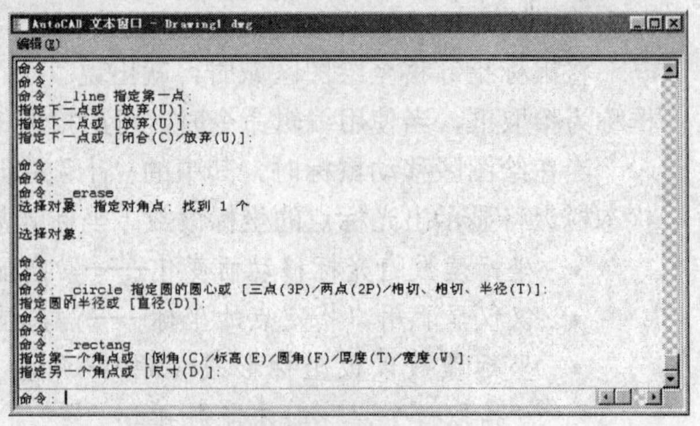

图2-29　命令提示窗口

用户应特别注意命令提示窗口中显示的文字，因为它是 AutoCAD 与用户的对话，这些信息记录了 AutoCAD 与用户的交流过程。如果要详细了解这些信息，可以通过窗口右边的滚动条来阅读，或是按 F2 键打开命令提示窗口，如图 2-29 所示。在此窗口中将显示更多的历史命令，再次按 F2 键又可关闭此窗口。

2.3.6 滚动条

绘图窗口底边和右边有滚动条，用于控制图形沿水平及竖直方向的移动，当拖动滚动条上的滑块或单击两端的箭头时，绘图窗口中的图形就沿水平或垂直方向滚动显示。

2.3.7 状态栏

绘图过程中的许多信息将在状态栏中显示出来，例如，“十”字形光标的坐标值，一些提示文字等。另外，状态栏中还含有 8 个控制按钮，各按钮的功能如下。

- 捕捉：单击此按钮能控制是否使用捕捉功能。当打开这种模式时，鼠标指针只能沿 *x* 轴或 *y* 轴移动，每次位移的距离可在【草图设置】对话框中设定。在捕捉按钮上单击鼠标右键，弹出快捷菜单，选择【设置】选项，打开【草图设置】对话框，如图 2-30 所示，在【捕捉和栅格】选项卡中就可以设置移动距离。
- 栅格：通过这个按钮可打开或关闭栅格显示。当显示栅格时，屏幕上将出现小点。这些点分布在矩形区域中，矩形的长、宽尺寸可利用菜单命令【格式】/【图形界限】来设定。而点和点间沿 *x*、*y* 轴方向的距离则通过【草图设置】对话框的【捕捉和栅格】选项卡设置，如图 2-30 所示。当绘图区域中没有任何图形对象时，单击【标准】工具栏上的按钮，矩形栅格将充满整个图形窗口。

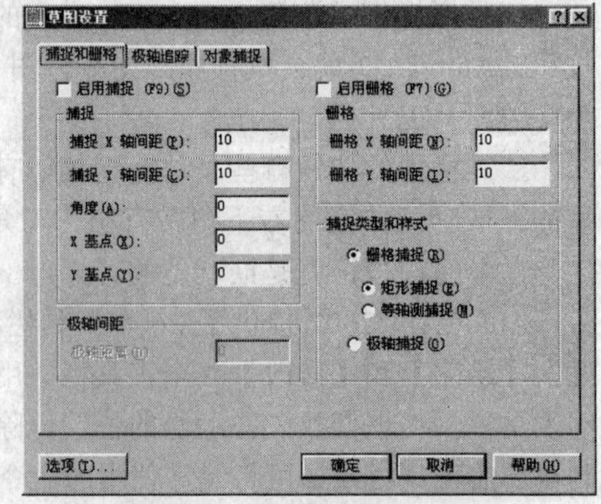

图2-30　【草图设置】对话框

- 正交：利用该按钮来控制是否以正交方式绘图。如果打开此模式，就只能绘制出水平或竖直线。
- 极轴：打开或关闭极坐标捕捉模式，详细内容见第 3 章。
- 对象捕捉：打开或关闭自动捕捉实体模式。如果打开此模式，则在绘图过程中，AutoCAD 将自动捕捉圆心、端点、中点等几何点。可在【草图设置】对话框的【对象捕捉】选项卡中设定自动捕捉方式。

- 对象追踪：控制是否使用捕捉追踪功能，详细内容见第 3 章。
- 线宽：控制是否在图形中显示线条的宽度。
- 模型：当处于模型空间时，单击此按钮就切换到图纸空间，按钮也变为图纸，再次单击它，就进入浮动模型视口。浮动模型视口是指在图纸空间的模拟图纸上创建的可移动视口，通过该视口就可观察到模型空间的图形，并能进行绘图及编辑操作。用户可以改变浮动模型视口的大小，还可将其复制到图纸的其他地方。进入图纸空间后，AutoCAD 将自动创建一个浮动模型视口，若要激活它，可以单击图纸按钮。

一些控制按钮的打开或关闭可通过相应的快捷键来实现，控制按钮及相应快捷键如表 2-1 所示。

表 2-1　控制按钮及相应的快捷键

按钮	快捷键	按钮	快捷键
捕捉	F9	极轴	F10
栅格	F7	对象捕捉	F3
正交	F8	对象追踪	F11

正交和极轴按钮是互斥的，若打开其中一个按钮，则另一个自动关闭。

2.4 AutoCAD 多文档设计环境

AutoCAD 从 2000 版起开始支持多文档环境，在此环境下，用户可同时打开多个图形文件。图 2-31 所示为打开 4 个图形文件时的程序界面。

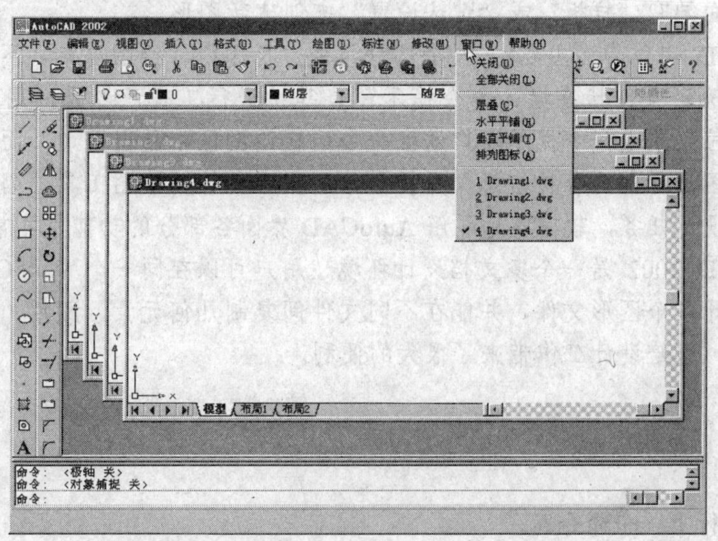

图2-31　多文档设计环境

虽然可同时打开多个图形文件，但当前激活的文件只有一个。用户只需在某个文件窗口内单击一点就可激活该文件。此外，也可通过图 2-31 中所示的【窗口】下拉菜单在各文件间切换。该下拉菜单列出了所有已打开的图形文件，文件名前带符号“√”的文件是当前文件。若用户想激活其他文件，选择它即可。

利用【窗口】下拉菜单还可控制多个图形文件的显示方式，如将它们以层叠、水平排列或竖直排列等形式布置在主窗口中。

连续按 Ctrl+F6 组合键，AutoCAD 就依次在所有打开的图形文件间切换。

处于多文档设计环境时，用户可以在不同图形文件间执行无中断、多任务操作，从而使工作变得更加灵活方便。例如，设计者正在图形文件 A 中进行操作，当需要进入另一图形文件 B 中作图时，无论 AutoCAD 当前是否正在执行命令，都可以激活另一个窗口进行绘制或编辑，在完成操作并返回图形文件 A 中时，AutoCAD 将继续以前的操作命令。

多文档设计环境具有 Windows 窗口的剪切、复制、粘贴等功能，因而可以快捷地在各个图形文件间复制、移动对象。此外，也可直接选择图形实体，然后按住鼠标左键将它拖放到其他图形中去使用。如果考虑到复制的对象需要在其他的图形中准确定位，还可在复制对象的同时指定基准点，这样在执行粘贴操作时就可根据基准点将图元复制在正确的位置。

2.5 小结

本章主要内容总结如下。

- 调用 AutoCAD 命令的方法。在命令行中输入命令全称或简称，也可选择一个菜单项或单击工具栏中的命令按钮。
- 按 Enter 键重复命令、按 Esc 键终止命令、单击↶按钮取消已执行的操作。
- 选择对象的常用方法。利用鼠标逐个选取对象，或是通过矩形窗口、交叉窗口一次选取多个对象。
- 采用“向导”、“样板”或“默认设置”来创建新图形。
- AutoCAD 工作界面主要由 7 个部分组成：标题栏、绘图窗口、下拉菜单、工具栏、滚动条、状态栏、命令提示窗口等。进行工程设计时，用户通过工具栏、下拉菜单或命令提示窗口发出命令，在绘图区中画出图形，而状态栏则显示出作图过程中的各种信息，并提供给用户各种辅助绘图工具。因此，要顺利地完成设计任务，较完整地了解 AutoCAD 界面各部分的功能是非常必要的。
- AutoCAD 2002 是一个多文档设计环境，用户可以在同一个 AutoCAD 窗口中同时打开多个图形文件，并能在不同文件间复制几何元素、颜色、图层、线型等信息，这给设计工作带来了很大的便利。

2.6 习题

一、 思考题

1. 怎样快速执行上一个命令？
2. 如何取消正在执行的命令？

3. 如何打开、关闭及移动工具栏？
4. 如果用户想了解命令执行的详细过程，应怎么办？
5. AutoCAD 用户界面主要由哪几部分组成？
6. 绘图窗口包含哪几种作图环境？如何在它们之间切换？
7. 请说明状态栏中 8 个控制按钮的主要功能，这些按钮可通过哪些快捷键来打开或关闭？
8. 利用【标准】工具栏上的哪些按钮可以快速缩放及移动图形？
9. 要将图形全部显示在图形窗口中应如何操作？

二、 操作题

1. 启动 AutoCAD 2002，将用户界面重新布置，如图 2-32 所示。

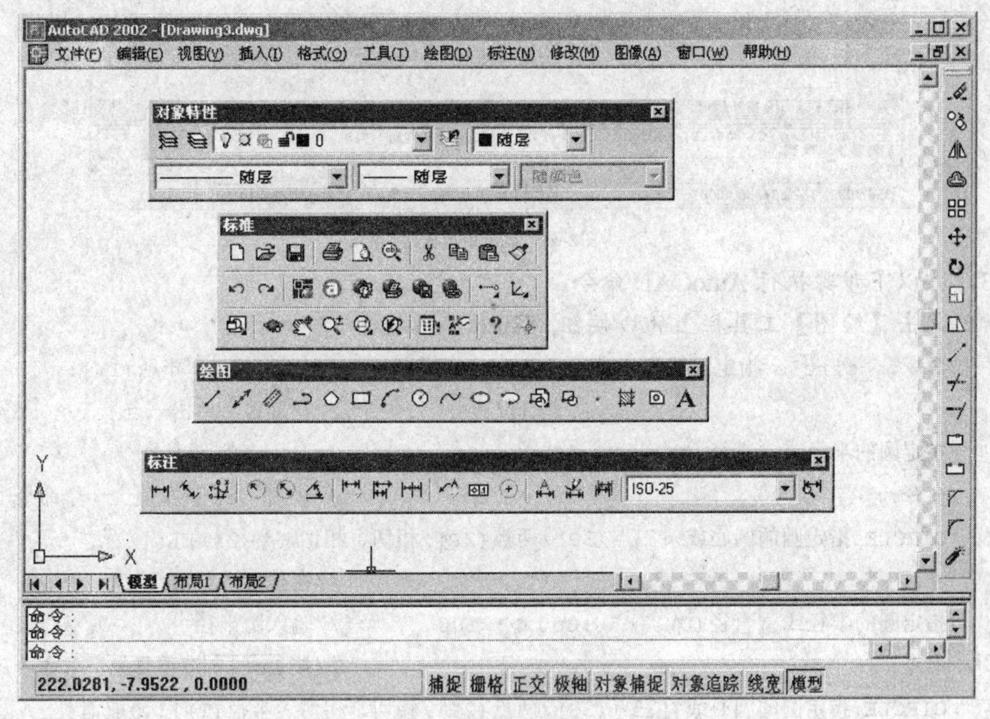

图2-32　重新布置用户界面

2. 以下的练习内容包括创建及存储图形文件、熟悉 AutoCAD 命令执行过程、快速查看图形。

(1) 利用【AutoCAD 2002 今日】对话框的“高级设置”选项建立新文件，并做以下设置。

① 长度及角度测量单位是十进制，精度为 0.00。

② 角度测量的起始方向是 30°。

③ 角度正方向是顺时针方向。

④ 绘图区域大小为 300 × 200。

(2) 单击状态栏上的栅格按钮，显示矩形栅格，该矩形的长、宽尺寸为 300 × 200。再单击【标准】工具栏上的按钮，矩形栅格将充满整个图形窗口，如图 2-33 所示。

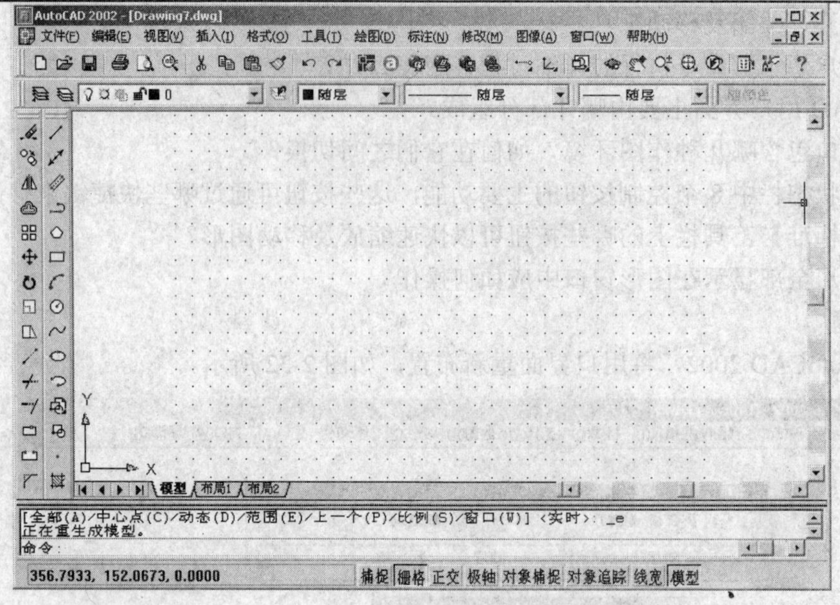

图2-33　显示矩形栅格

(3) 按以下步骤执行 AutoCAD 命令。

单击【绘图】工具栏上的⊙按钮，AutoCAD 提示如下。

命令: _circle 指定圆的圆心或 [三点(3P)/两点(2P)/相切、相切、半径(T)]:

//在屏幕上单击一点

指定圆的半径或 [直径(D)] <30.0000>: 50　　　　//输入圆半径

命令:　　　　//按 Enter 键重复上一个命令

CIRCLE 指定圆的圆心或 [三点(3P)/两点(2P)/相切、相切、半径(T)]:

//在屏幕上单击一点

指定圆的半径或 [直径(D)] <50.0000>: 100　　　　//输入圆半径

命令:　　　　//按 Enter 键重复上一个命令

CIRCLE 指定圆的圆心或 [三点(3P)/两点(2P)/相切、相切、半径(T)]: *取消*

//按 Esc 键取消命令

(4) 利用【标准】工具栏上的 、 按钮移动和缩放图形。

(5) 保存图形文件。

第3章　绘制直线、圆及简单平面图形

构成平面图形的主要图形元素常常是直线和圆弧，学会这些图元的绘制方法并掌握相应作图技巧是高效设计的基础，本章将主要介绍这些方面的内容。

通过本章的学习，学生可以掌握 LINE、CIRCLE、OFFSET、LENGTHEN、TRIM、XLINE、FILLET、CHAMFER 等命令的用法，并且能够灵活运用这些命令绘制简单图形。

本章学习目标

- 输入线段端点的坐标画线。
- 打开正交模式画水平及竖直线段。
- 使用对象捕捉、极轴追踪及捕捉追踪功能画线。
- 画平行线及垂线。
- 调整线条长度及延伸线条。
- 修剪多余线条。
- 画圆、圆弧连接及圆的切线。
- 倒圆角和倒斜角。

3.1 画直线构成的平面图形（一）

本节介绍如何输入点的坐标画线及怎样捕捉几何对象上的特殊点。

3.1.1 绘图任务

【例3-1】 按以下的作图步骤，绘制如图 3-1 所示的平面图形。

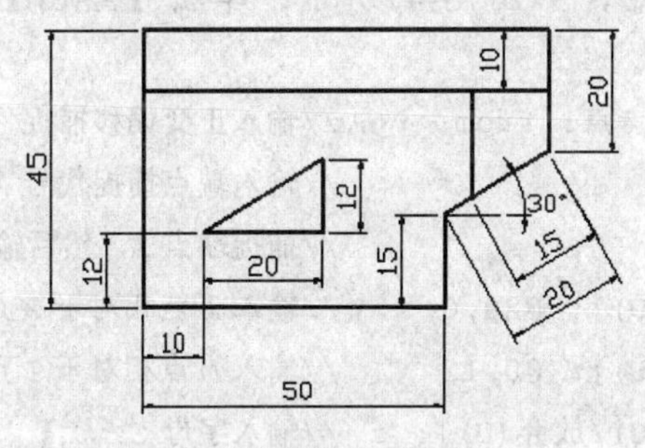

图3-1　画线段构成的平面图形

(1) 画线段 *AB*、*BC*、*CD* 等，如图 3-2 所示。单击【绘图】工具栏上的按钮，AutoCAD 提示如下。

```
命令: _line 指定第一点:                         //在屏幕的适当位置单击一点 A，如图 3-2 所示
指定下一点或 [放弃(U)]: @50,0                          //输入 B 点相对于 A 点的坐标
指定下一点或 [放弃(U)]: @0,15                          //输入 C 点相对于 B 点的坐标
指定下一点或 [闭合(C)/放弃(U)]: @20<30                 //输入 D 点相对于 C 点的坐标
指定下一点或 [闭合(C)/放弃(U)]: @0,20                  //输入 E 点相对于 D 点的坐标
指定下一点或 [闭合(C)/放弃(U)]:                        //按 Enter 键结束
```

命令：　　　　　　　　　　　　　　//按 Enter 键重复命令
LINE 指定第一点：end　　　　　　　//输入端点捕捉代号“END”并按 Enter 键
于　//将鼠标指针移动到 A 点附近，AutoCAD 自动捕捉 A 点，单击鼠标左键确认
指定下一点或 [放弃(U)]：@0,45　　　//输入 F 点相对于 A 点的坐标
指定下一点或 [放弃(U)]：end　　　　//输入端点捕捉代号“END”并按 Enter 键
于　//将鼠标指针移动到 E 点附近，AutoCAD 自动捕捉 E 点，单击鼠标左键确认
指定下一点或 [闭合(C)/放弃(U)]：　　//按 Enter 键结束

结果如图 3-2 所示。

(2) 画线段 *GH*、*IJ*，如图 3-3 所示。单击【绘图】工具栏上的 按钮，AutoCAD 提示如下。

命令：_line 指定第一点：mid　　　　//输入中点捕捉代号“MID” 并按 Enter 键
于 //使鼠标指针中间的拾取框与线段 DE 相交，AutoCAD 自动捕捉中点 G，单击鼠标左键确认
指定下一点或 [放弃(U)]：per　　　　//输入垂足捕捉代号“PER”并按 Enter 键
到 //使鼠标指针中间的拾取框与线段 AF 相交，AutoCAD 自动捕捉垂足 H，单击鼠标左键确认
指定下一点或 [放弃(U)]：　　　　　 //按 Enter 键结束
命令：　　　　　　　　　　　　　　//重复命令
LINE 指定第一点：ext　　　　　　　//输入延伸点捕捉代号“EXT”并按 Enter 键
于 15　　　//将鼠标指针移动到 D 点附近，AutoCAD 自动沿线段进行追踪
　　　　　　　　　　　　　　　　　//输入追踪点 I 与端点 D 的距离
指定下一点或 [放弃(U)]：per　　　　//输入垂足捕捉代号“PER”并按 Enter 键
到 //使鼠标指针中间的拾取框与线段 HG 相交，AutoCAD 自动捕捉垂足 J，单击鼠标左键确认
指定下一点或 [放弃(U)]：　　　　　 //按 Enter 键结束

结果如图 3-3 所示。

(3) 画线段 *KL*、*LM* 等，如图 3-4 所示。单击【绘图】工具栏上的 按钮，AutoCAD 提示如下。

命令：_line 指定第一点：from　　//输入正交偏移捕捉代号“FROM” 并按 Enter 键
基点：end　　　　　　　　　　　//输入端点捕捉代号“END”并按 Enter 键
于 <偏移>：@10,12　　　　　　//捕捉端点 A，然后输入 K 点相对于 A 点的坐标
指定下一点或 [放弃(U)]：@20,0　//输入 L 点相对于 K 点的坐标
指定下一点或 [放弃(U)]：@0,12　//输入 M 点相对于 L 点的坐标
指定下一点或 [闭合(C)/放弃(U)]：c //输入字母 C

结果如图 3-4 所示。

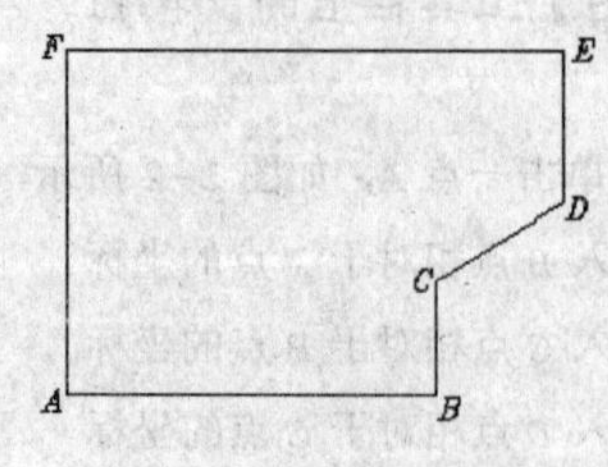

图3-2　画线段 AB、BC 等

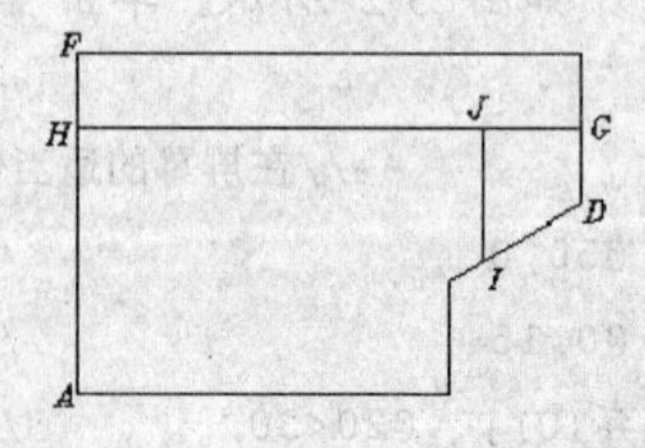

图3-3　画线段 GH、IJ 等

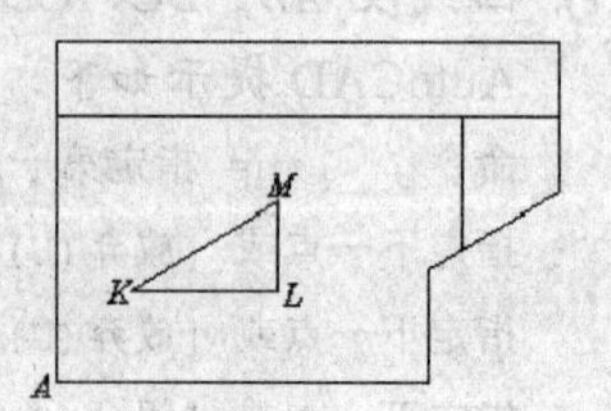

图3-4　画线段 KL、LM 等

3.1.2 画直线

LINE 命令可在二维或三维空间中创建直线，发出命令后，用户通过鼠标指定线的端点或利用键盘输入端点坐标，AutoCAD 就将这些点连接成直线。LINE 命令可生成单条直线，也可生成连续折线。不过，由该命令生成的连续折线并非单独一个对象，折线中每条直线都是独立对象，可以对每条直线进行编辑操作。

1. 命令启动方法

- 下拉菜单:【绘图】/【直线】。
- 工具栏:【绘图】工具栏 按钮。
- 命令: LINE 或简写 L。

【例3-2】 练习 LINE 命令的使用。

```
命令: _line 指定第一点:                        //单击 A 点，如图 3-5 所示
指定下一点或 [放弃(U)]:                        //单击 B 点
指定下一点或 [放弃(U)]:                        //单击 C 点
指定下一点或 [闭合(C)/放弃(U)]:                //单击 D 点
指定下一点或 [闭合(C)/放弃(U)]: U              //放弃 D 点
指定下一点或 [闭合(C)/放弃(U)]:                //单击 E 点
指定下一点或 [闭合(C)/放弃(U)]: C              //使线框闭合
```

结果如图 3-5 所示。

2. 命令选项

- 指定第一点：在此提示下，用户需指定线段的起始点，若此时按 Enter 键，AutoCAD 将以上一次所画线段或圆弧的终点作为新线段的起点。
- 指定下一点：在此提示下，输入线段的端点，按 Enter 键后，AutoCAD 继续提示“指定下一点”，用户可输入下一个端点。若在“指定下一点”提示下按 Enter 键，则命令结束。

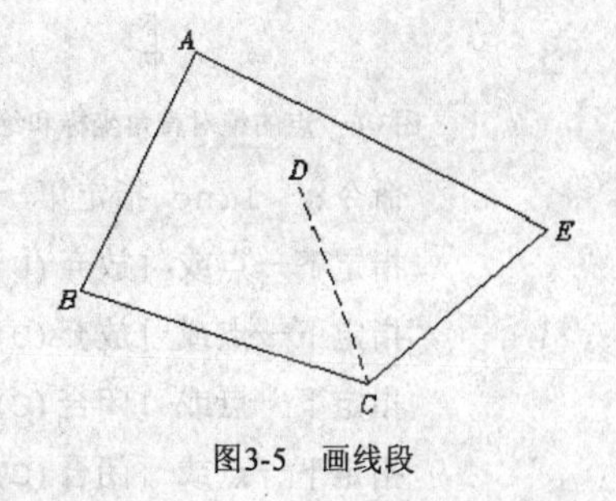

图3-5　画线段

- 放弃(U)：在“指定下一点”提示下，输入字母“U”，将删除上一条线段，多次输入 U，则会删除多条线段，该选项可以及时纠正绘图过程中的错误。
- 闭合(C)：在“指定下一点”提示下，输入字母“C”，AutoCAD 将使连续折线自动封闭。

3.1.3 输入点的坐标画线

启动画线命令后，AutoCAD 提示用户指定直线的端点。指定端点的一种方法是输入点的坐标值。常用的点的坐标表示方式有 4 种：绝对直角坐标、绝对极坐标、相对直角坐标和相对极坐标。绝对坐标值是相对于原点的坐标值，而相对坐标值则是相对于另一个几何点的坐标值。下面我们来说明如何输入点的绝对或相对坐标。

1. 输入点的绝对直角坐标和绝对极坐标

绝对直角坐标的输入格式为“*X,Y*”。*X* 表示点的 *x* 坐标值，*Y* 表示点的 *y* 坐标值。两坐标值之间用“,”号分隔开。例如：（－50,20）、（40,60）分别表示图 3-6 中的 *A*、*B* 点。

绝对极坐标的输入格式为“*R*<*α*”。*R* 表示点到原点的距离，*α*表示极轴方向与 *x* 轴正向间的夹角。若从 *x* 轴正向逆时针旋转到极轴方向，则*α*角为正，否则，*α*角为负。例如，（60<120）、（45<－30）分别表示图 3-6 所示的 *C*、*D* 点。

2. 输入点的相对直角坐标和相对极坐标

当知道某点与其他点的相对位置关系时，可使用相对坐标。相对坐标与绝对坐标相比，仅仅是在坐标值前增加了一个符号“@”。

相对直角坐标的输入形式为“@*X,Y*”。

相对极坐标的输入形式为“@*R*<*α*”。

【例3-3】 已知 *A* 点的绝对坐标及图形尺寸，如图 3-7 所示，现用 LINE 命令绘制此图形。

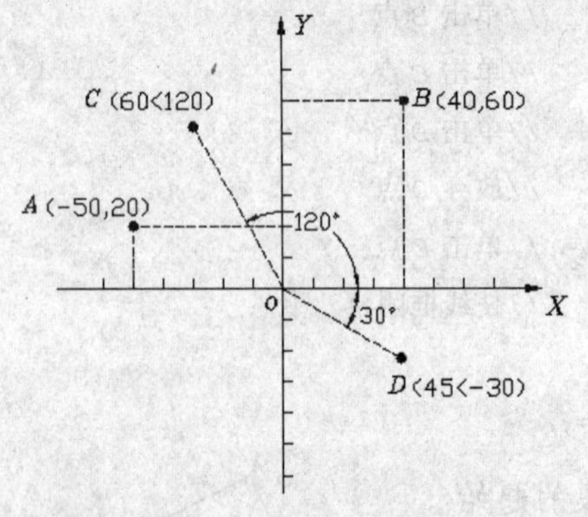

图3-6 点的绝对直角坐标和绝对极坐标

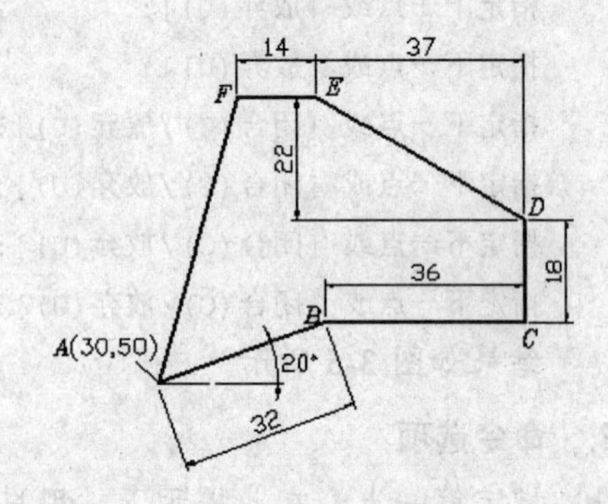

图3-7 输入点的坐标画线

```
命令: _line 指定第一点: 30,50                  //输入 A 点的绝对直角坐标，如图 3-7 所示
指定下一点或 [放弃(U)]: @32<20                 //输入 B 点的相对极坐标
指定下一点或 [放弃(U)]: @36,0                  //输入 C 点的相对直角坐标
指定下一点或 [闭合(C)/放弃(U)]: @0,18          //输入 D 点的相对直角坐标
指定下一点或 [闭合(C)/放弃(U)]: @-37,22        //输入 E 点的相对直角坐标
指定下一点或 [闭合(C)/放弃(U)]: @-14,0         //输入 F 点的相对直角坐标
指定下一点或 [闭合(C)/放弃(U)]: 30,50          //输入 A 点的绝对直角坐标
指定下一点或 [闭合(C)/放弃(U)]:                //按 Enter 键结束
```

3.1.4 使用对象捕捉精确画线

绘图过程中，常常需要在一些特殊几何点间连线，如过圆心、线段的中点或端点画线等。在这种情况下，若不借助辅助工具，是很难直接拾取这些点的。当然，用户可以在命令行中输入点的坐标值来精确地定位点，但有些点的坐标值是很难计算出来的。为帮助用户快速、准确地拾取特殊几何点，AutoCAD 提供了一系列不同方式的对象捕捉工具，这些工具包含在图 3-8 所示的【对象捕捉】工具栏里。

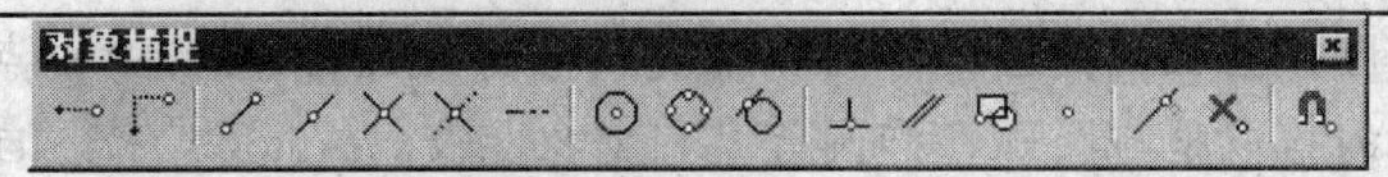

图3-8 【对象捕捉】工具栏

对象捕捉功能仅在 AutoCAD 命令运行过程中才有效。启动命令后，当 AutoCAD 提示输入点时，用户可用对象捕捉指定一个点。若是直接在命令行发出对象捕捉命令，系统将提示错误。

1. 常用对象捕捉方式的功能

- ：捕捉直线、圆弧等几何对象的端点，捕捉代号为 END。启动端点捕捉后，将鼠标指针移动到目标点的附近，AutoCAD 就自动捕捉该点，单击鼠标左键确认。
- ：捕捉线段、圆弧等几何对象的中点，捕捉代号为 MID。启动中点捕捉后，使鼠标指针的拾取框与线段、圆弧等几何对象相交，AutoCAD 就自动捕捉这些对象的中点，单击鼠标左键确认。
- ：捕捉几何对象间真实的或延伸的交点，捕捉代号为 INT。启动交点捕捉后，将鼠标指针移动到目标点的附近，AutoCAD 就自动捕捉该点，单击鼠标左键确认。若两个对象没有直接相交，可先将鼠标指针的拾取框放在其中一个对象上，单击鼠标左键，然后把拾取框移到另一对象上，再单击鼠标左键，AutoCAD 就捕捉到交点。
- ：在二维空间中与功能相同，该捕捉方式还可在三维空间中捕捉两个对象的视图交点（在投影视图中显示相交，但实际上并不一定相交），捕捉代号为 APP。
- ：捕捉延伸点，捕捉代号为 EXT。用户把鼠标指针从几何对象端点开始移动，此时系统沿该对象显示出捕捉辅助线及捕捉点的相对极坐标，如图 3-9 所示。输入捕捉距离后，AutoCAD 定位一个新点。
- ：正交偏移捕捉，该捕捉方式可以使用户相对于一个已知点定位另一点，捕捉代号为 FRO。下面的例子说明偏移捕捉的用法：已经绘制出一个矩形，现在想从 *B* 点开始画线，*B* 点与 *A* 点的关系如图 3-10 所示。

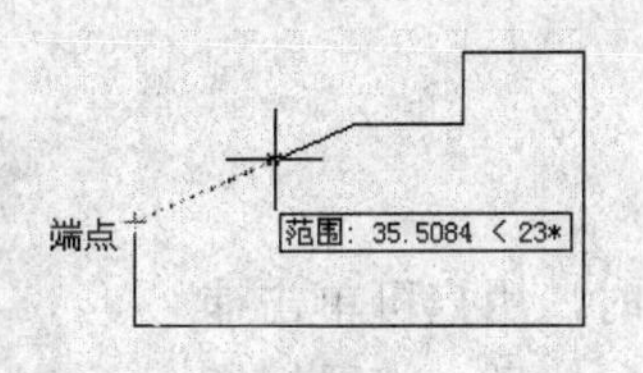

图3-9 捕捉延伸点

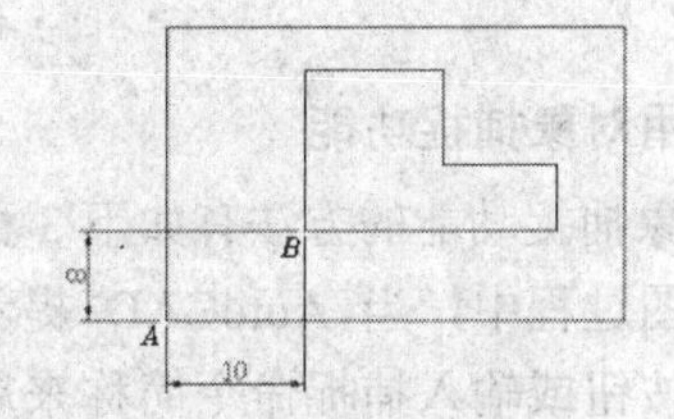

图3-10 正交偏移捕捉

```
命令: _line 指定第一点: _from 基点: _int 于
                                    //先单击按钮，再单击按钮
                                    //单击按钮，移动鼠标指针到A点处，单击鼠标左键
<偏移>: @10,8                       //输入B点对于A点的相对坐标
指定下一点或 [放弃(U)]:              //拾取下一个端点
指定下一点或 [放弃(U)]:              //按Enter键结束
```

- ◎：捕捉圆、圆弧、椭圆的中心，捕捉代号为 CEN。启动中心点捕捉后，使鼠标指针的拾取框与圆弧、椭圆等几何对象相交，AutoCAD 就自动捕捉这些对象的中心点，单击鼠标左键确认。
- ◇：捕捉圆、圆弧、椭圆的 0°、90°、180° 或 270° 处的点（象限点），捕捉代号为 QUA。启动象限点捕捉后，使鼠标指针的拾取框与圆弧、椭圆等几何对象相交，AutoCAD 就显示出与拾取框最近的象限点，单击鼠标左键确认。
- ○：在绘制相切的几何关系时，该捕捉方式使用户可以捕捉切点，捕捉代号为 TAN。启动切点捕捉后，使鼠标指针的拾取框与圆弧、椭圆等几何对象相交，AutoCAD 就显示出相切点，单击鼠标左键确认。
- ⊥：在绘制垂直的几何关系时，该捕捉方式使用户可以捕捉垂足，捕捉代号为 PER。启动垂足捕捉后，使鼠标指针的拾取框与线段、圆弧等几何对象相交，AutoCAD 就自动捕捉垂足点，单击鼠标左键确认。
- ∥：平行捕捉，可用于绘制平行线，捕捉代号为 PAR。如图 3-11 所示，用 LINE 命令绘制鼠标 *AB* 的平行线 *CD*。发出 LINE 命令后，首先指定直线的起点 *C*，然后选择“平行捕捉”。移动鼠标指针到线段 *AB* 上，随后该线段上出现小的平行线符号，表示线段 *AB* 已被选定。再移动鼠标指针到即将创建平行线的位置，此时 AutoCAD 显示出平行线，输入该线长度或单击一点，就绘制出平行线。
- ◦：捕捉 POINT 命令创建的点对象，捕捉代号为 NOD。操作方法与端点捕捉类似。
- ↗：捕捉距离鼠标指针中心最近的几何对象上的点，捕捉代号为 NEA。操作方法与端点捕捉类似。

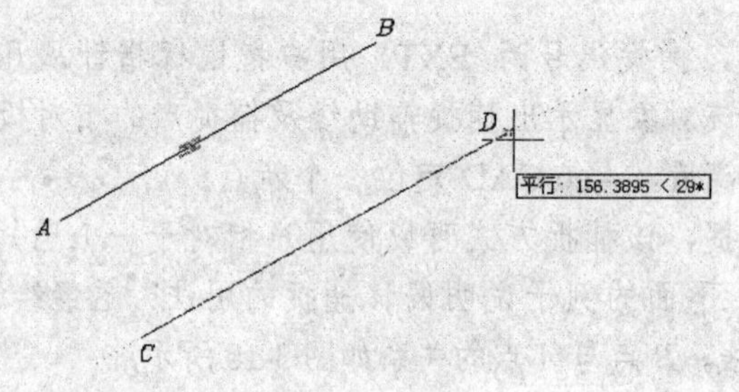

图3-12　平行捕捉

2. 调用对象捕捉功能

调用对象捕捉功能的方法有如下 3 种。

(1) 绘图过程中，当 AutoCAD 提示输入一个点时，用户可单击捕捉按钮或输入捕捉命令简称来启动对象捕捉。然后，将鼠标指针移动到要捕捉的特征点附近，AutoCAD 就自动捕捉该点。

(2) 启动对象捕捉的另一种方法是利用快捷菜单。发出 AutoCAD 命令后，按下 Shift 键并单击鼠标右键，弹出快捷菜单，如图 3-12 所示，通过此菜单用户可选择捕捉何种类型的点。

(3) 前面所述的捕捉方式仅对当前操作有效，命令结束后，捕捉模式自动关闭，这种捕捉方式称为覆盖捕捉方式。除此之外，用

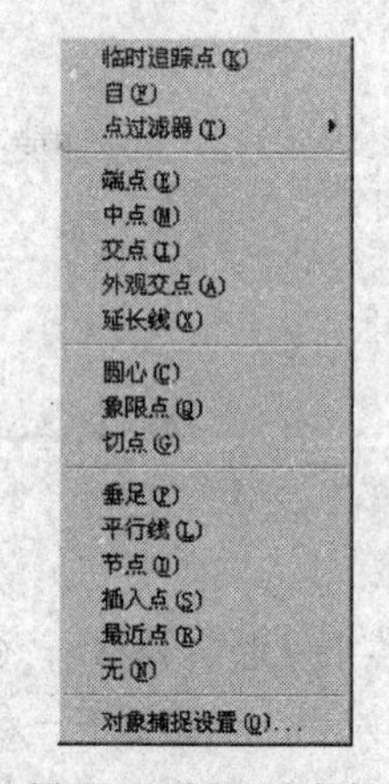

图3-11　设置对象捕捉

户可以采用自动捕捉方式来定位点，当打开这种方式时，AutoCAD 将根据事先设定的捕捉类型自动寻找几何对象上相应的点。

【例3-4】 设置自动捕捉方式。

(1) 用鼠标右键单击状态栏上的对象捕捉按钮，弹出快捷菜单，选择【设置】命令，打开【草图设置】对话框，在此对话框的【对象捕捉】选项卡中设置捕捉点的类型，如图 3-13 所示。

(2) 单击 确定 按钮，关闭对话框，然后单击对象捕捉按钮，打开自动捕捉方式。

【例3-5】 打开素材文件“3-5.dwg”，如图 3-14 左图所示，使用 LINE 命令将左图修改为右图样式。本例是练习对象捕捉的运用。

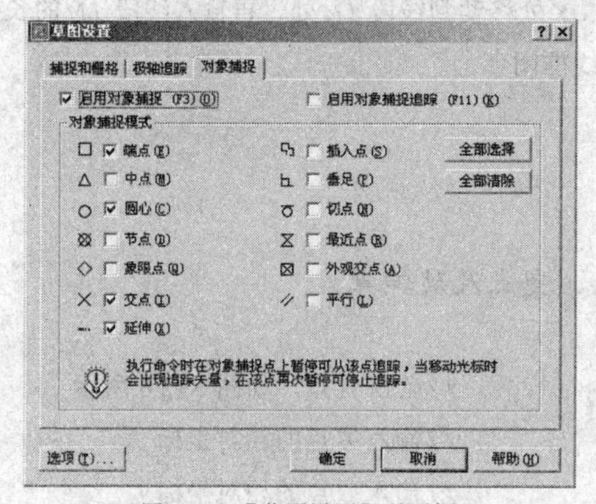

图3-13　【草图设置】对话框

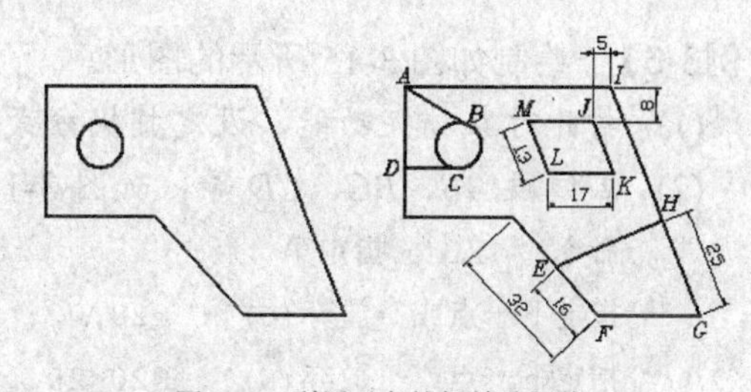

图3-14　利用对象捕捉精确画线

```
命令: _line 指定第一点: int 于          //输入交点代号“INT”并按 Enter 键
                          //将鼠标指针移动到 A 点处，单击鼠标左键，如图 3-14 右图所示
指定下一点或 [放弃(U)]: tan 到          //输入切点代号“TAN”并按 Enter 键
                                        //将鼠标指针移动到 B 点附近，单击鼠标左键
指定下一点或 [放弃(U)]:                 //按 Enter 键结束
命令:                                   //重复命令
LINE 指定第一点: qua 于                 //输入象限点代号“QUA”并按 Enter 键
                                        //将鼠标指针移动到 C 点附近，单击鼠标左键
指定下一点或 [放弃(U)]: per 到          //输入垂足代号“PER”并按 Enter 键
              //使鼠标指针拾取框与线段 AD 相交，AutoCAD 显示垂足 D，单击鼠标左键
指定下一点或 [放弃(U)]:                 //按 Enter 键结束
命令:                                   //重复命令
LINE 指定第一点: mid 于                 //输入中点代号“MID”并按 Enter 键
              //使鼠标指针拾取框与线段 EF 相交，AutoCAD 显示中点 E，单击鼠标左键
指定下一点或 [放弃(U)]: ext 于          //输入延伸点代号“EXT”并按 Enter 键
25                        //将鼠标指针移动到 G 点附近，AutoCAD 自动沿线段进行追踪
                                        //输入 H 点与 G 点的距离
指定下一点或 [放弃(U)]:                 //按 Enter 键结束
命令:                                   //重复命令
```

```
LINE 指定第一点: from 基点:              //输入正交偏移捕捉代号"FROM"并按[Enter]键
end 于                                  //输入端点代号"END"并按[Enter]键
                                        //将鼠标指针移动到 I 点处，单击鼠标左键
<偏移>: @-5,-8                          //输入 J 点相对于 I 点的坐标
指定下一点或 [放弃(U)]: par 到           //输入平行偏移捕捉代号"PAR"并按[Enter]键
13                            //将鼠标指针从线段 HG 处移动到 JK 处，再输入线段 JK 的长度
指定下一点或 [放弃(U)]: par 到           //输入平行偏移捕捉代号"PAR"并按[Enter]键
17                            //将鼠标指针从线段 AI 处移动到线段 KL 处，再输入线段 KL 的长度
指定下一点或 [闭合(C)/放弃(U)]: par 到
                                        //输入平行偏移捕捉代号"PAR"并按[Enter]键
13                            //将鼠标指针从线段 JK 处移动到线段 LM 处，再输入线段 LM 的长度
指定下一点或 [闭合(C)/放弃(U)]: c  //使线框闭合
```

3.1.5 实战提高

【例3-6】 绘制如图 3-15 所示的图形。

(1) 打开对象捕捉功能，设定捕捉方式为端点、交点及延伸点。

(2) 画线段 AB、BC、CD 等，如图 3-16 所示。

```
命令: _line 指定第一点:                           //单击 A 点，如图 3-16 所示
指定下一点或 [放弃(U)]: @28,0                     //输入 B 点的相对坐标
指定下一点或 [放弃(U)]: @20<20                    //输入 C 点的相对坐标
指定下一点或 [闭合(C)/放弃(U)]: @22<-51           //输入 D 点的相对坐标
指定下一点或 [闭合(C)/放弃(U)]: @18,0             //输入 E 点的相对坐标
指定下一点或 [闭合(C)/放弃(U)]: @0,70             //输入 F 点的相对坐标
指定下一点或 [闭合(C)/放弃(U)]:                   //按[Enter]键结束
命令:                                             //重复命令
LINE 指定第一点:                                  //捕捉端点 A
指定下一点或 [放弃(U)]: @0,48                     //输入 G 点的相对坐标
指定下一点或 [放弃(U)]:                           //捕捉端点 F
指定下一点或 [闭合(C)/放弃(U)]:                   //按[Enter]键结束
```

结果如图 3-16 所示。

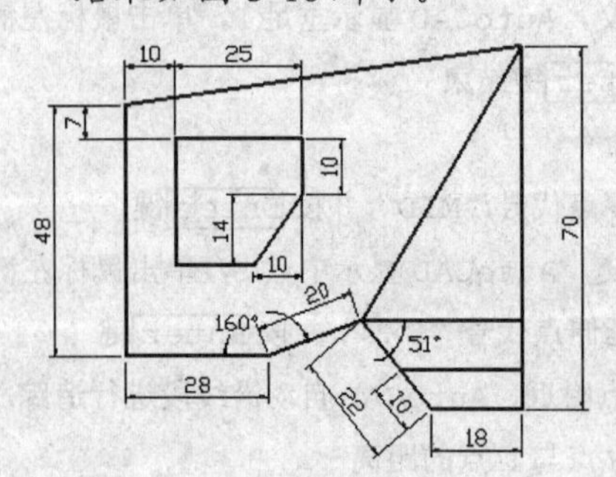

图3-15 画简单平面图形

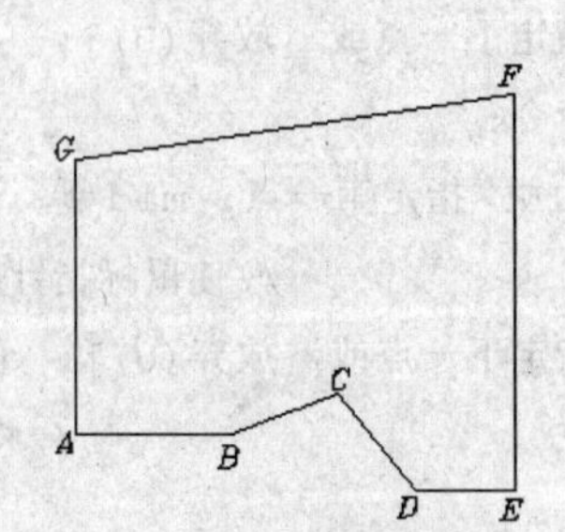

图3-16 画线段 AB、BC 等

(3) 画线段 CF、CJ、HI，如图 3-17 所示。

```
命令: _line 指定第一点:                          //捕捉交点 C，如图 3-17 所示
指定下一点或 [放弃(U)]:                          //捕捉交点 F
指定下一点或 [放弃(U)]:                          //按 Enter 键结束
命令:                                            //重复命令
LINE 指定第一点:                                 //捕捉交点 C
指定下一点或 [放弃(U)]: per 到                   //捕捉垂足 J
指定下一点或 [放弃(U)]:                          //按 Enter 键结束
命令:                                            //重复命令
LINE 指定第一点: 10                              //捕捉延伸点 H
指定下一点或 [放弃(U)]: per 到                   //捕捉垂足 I
指定下一点或 [放弃(U)]:                          //按 Enter 键结束
```

结果如图 3-17 所示。

(4) 画闭合线框 *K*，如图 3-18 所示。

```
命令: _line 指定第一点: from                     //输入正交偏移捕捉代号“FROM”
基点:                                            //捕捉端点 A
<偏移>: @10,-7                                   //输入 B 点的相对坐标
指定下一点或 [放弃(U)]: @25,0                    //输入 C 点的相对坐标
指定下一点或 [放弃(U)]: @0,-10                   //输入 D 点的相对坐标
指定下一点或 [闭合(C)/放弃(U)]: @-10,-14         //输入 E 点的相对坐标
指定下一点或 [闭合(C)/放弃(U)]: @-15,0           //输入 F 点的相对坐标
指定下一点或 [闭合(C)/放弃(U)]: c                //使线框闭合
```

结果如图 3-18 所示。

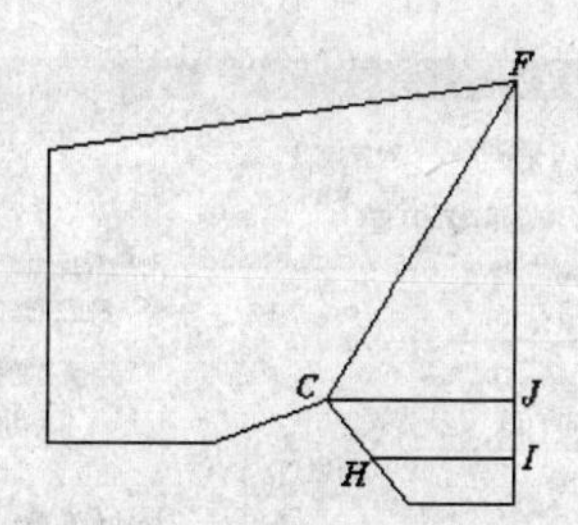

图3-17　画线段 *CF*、*CJ* 等

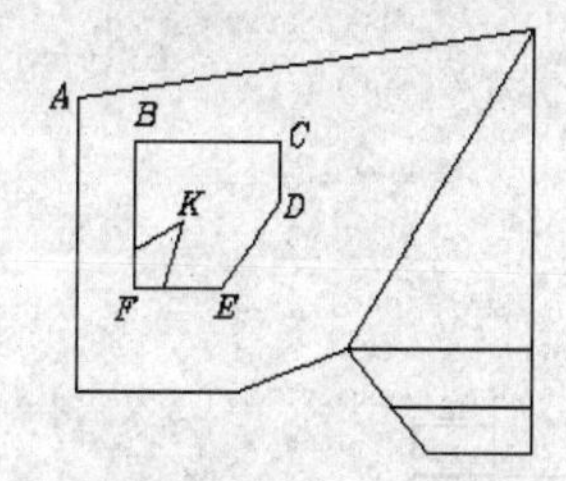

图3-18　画闭合线框

【例3-7】 已知图形左下角点的绝对坐标，输入点的绝对坐标及相对坐标画线，如图 3-19 所示。

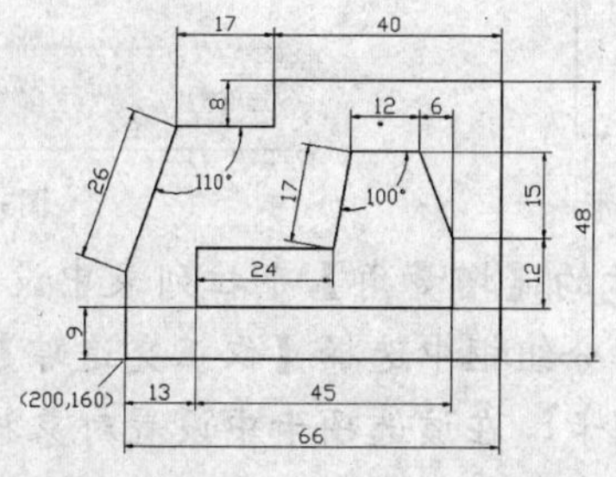

图3-19　输入绝对坐标及相对坐标画线

【例3-8】 输入点的相对坐标画线，如图 3-20 所示。

【例3-9】 输入点的相对坐标画线，如图 3-21 所示。

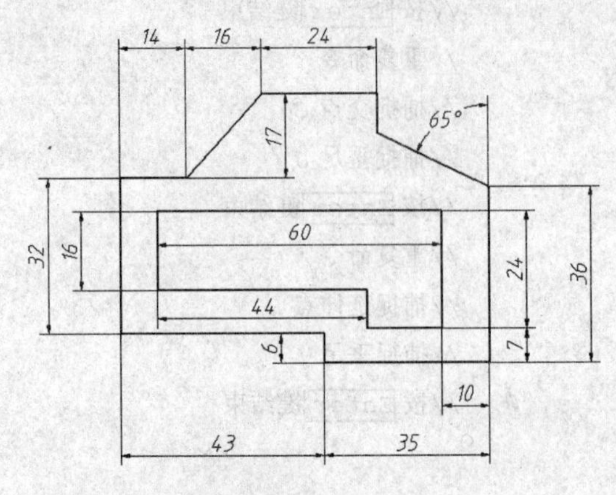

图3-20 输入相对坐标画线（1）

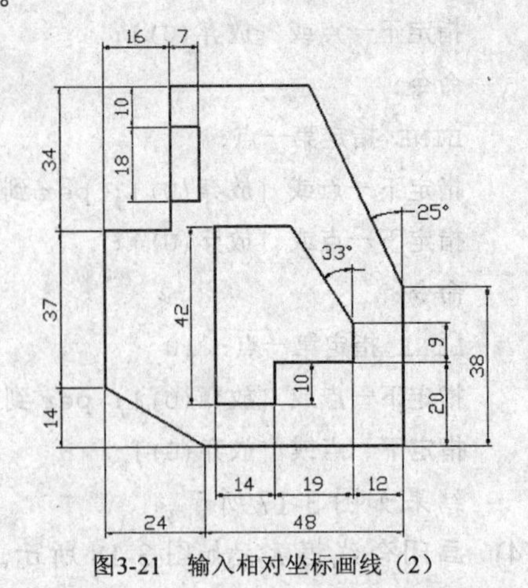

图3-21 输入相对坐标画线（2）

3.2 画直线构成的平面图形（二）

AutoCAD 的辅助画线工具包括正交、极轴追踪及对象捕捉追踪等，利用这些工具，用户可以高效地绘制直线。

3.2.1 绘图任务

【例3-10】 按以下的作图步骤，绘制如图 3-22 所示的平面图形。

(1) 在状态栏中的极轴按钮上单击鼠标右键，弹出快捷菜单，选择【设置】命令，打开【草图设置】对话框，如图 3-23 所示。

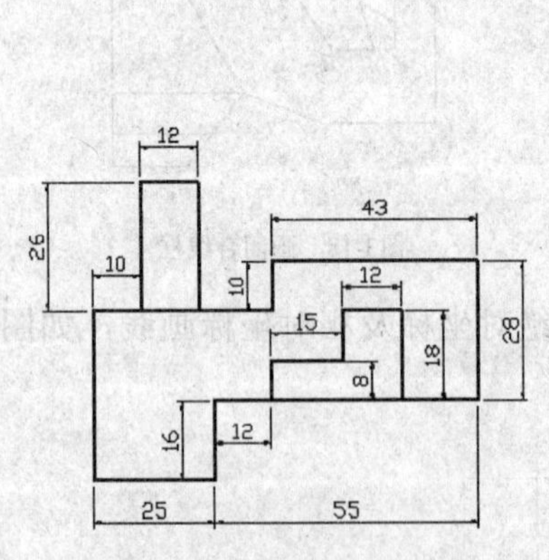

图3-22 画直线构成的平面图形

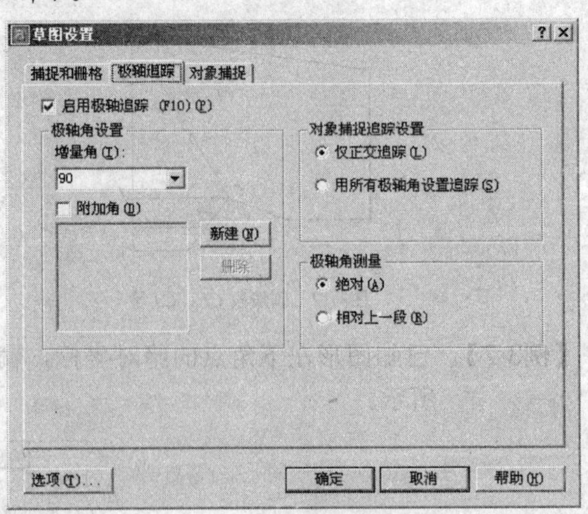

图3-23 【草图设置】对话框

(2) 在【极轴追踪】选项卡的【增量角】下拉列表中设定极轴角增量为 90°。在【对象捕捉追踪设置】分组框中选择【仅正交追踪】单选项。

(3) 进入【对象捕捉】选项卡，在该选项卡中设置对象捕捉方式为端点、交点。

(4) 单击 确定 按钮关闭【草图设置】对话框；单击状态栏上的极轴、对象捕捉和对象追踪按钮，打开极轴追踪、对象捕捉及对象捕捉追踪功能。

(5) 画线段 *AB*、*BC*、*CD* 等，如图 3-24 所示。单击【绘图】工具栏上的 ⁄ 按钮，AutoCAD 提示如下。

```
命令: _line 指定第一点:                      //单击 A 点，如图 3-24 所示
                              //向右移动鼠标，AutoCAD 显示追踪辅助线
指定下一点或 [放弃(U)]: 25                   //输入追踪距离
指定下一点或 [放弃(U)]: 16                   //从 B 点向上追踪并输入追踪距离
指定下一点或 [闭合(C)/放弃(U)]: 55           //从 C 点向右追踪并输入追踪距离
指定下一点或 [闭合(C)/放弃(U)]: 28           //从 D 点向上追踪并输入追踪距离
指定下一点或 [闭合(C)/放弃(U)]: 43           //从 E 点向左追踪并输入追踪距离
指定下一点或 [闭合(C)/放弃(U)]: 10           //从 F 点向下追踪并输入追踪距离
                    //从 A 点向上移动鼠标，AutoCAD 从该点显示竖直追踪辅助线
                    //当鼠标指针与 G 点平齐时，AutoCAD 从该点显示水平追踪辅助线
指定下一点或 [闭合(C)/放弃(U)]:              //在两条追踪辅助线的交点处单击一点 H
指定下一点或 [闭合(C)/放弃(U)]:              //捕捉 A 点
指定下一点或 [闭合(C)/放弃(U)]:              //按 Enter 键结束
```

结果如图 3-24 所示。

(6) 画线段 *IJ*、*JK*、*KL* 等，如图 3-25 所示。

```
命令: _line 指定第一点: 12                   //从 C 点向右追踪并输入追踪距离
指定下一点或 [放弃(U)]: 8                    //从 I 点向上追踪并输入追踪距离
指定下一点或 [放弃(U)]: 15                   //从 J 点向右追踪并输入追踪距离
指定下一点或 [闭合(C)/放弃(U)]: 10           //从 K 点向上追踪并输入追踪距离
指定下一点或 [闭合(C)/放弃(U)]: 12           //从 L 点向右追踪并输入追踪距离
指定下一点或 [闭合(C)/放弃(U)]:              //从 M 点向下追踪并捕捉交点 N
指定下一点或 [闭合(C)/放弃(U)]:              //按 Enter 键结束
```

结果如图 3-25 所示。

(7) 画线段 *BC*、*CD*、*DE*，如图 3-26 所示。

```
命令: _line 指定第一点: 10                   //从 A 点向右追踪并输入追踪距离
指定下一点或 [放弃(U)]: 26                   //从 B 点向上追踪并输入追踪距离
指定下一点或 [放弃(U)]: 12                   //从 C 点向右追踪并输入追踪距离
指定下一点或 [闭合(C)/放弃(U)]:              //从 D 点向下追踪并捕捉交点 E
指定下一点或 [闭合(C)/放弃(U)]:              //按 Enter 键结束
```

结果如图 3-26 所示。

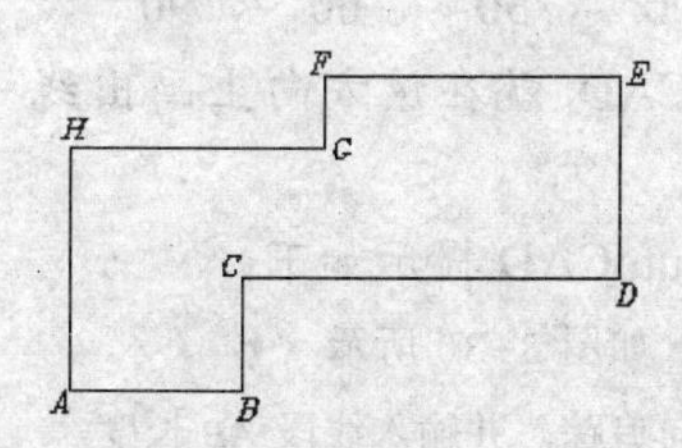

图3-24　画闭合线框

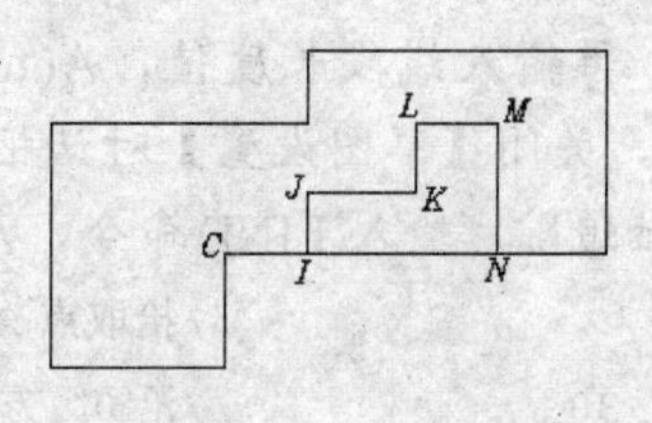

图3-25　画线段 *IJ*、*JK*、*KL* 等

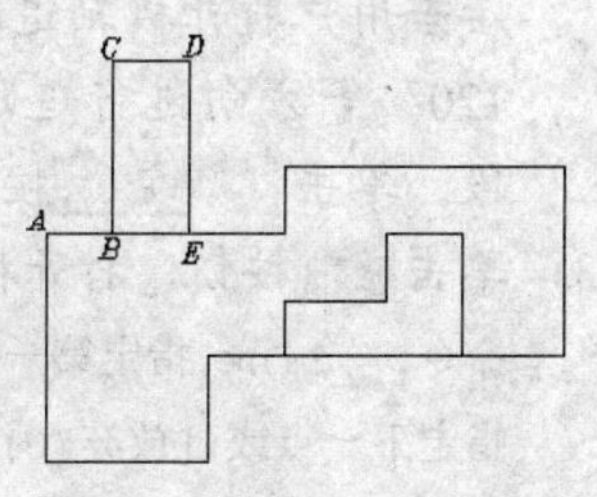

图3-26　画线段 *BC*、*CD*、*DE*

3.2.2 利用正交模式辅助画线

单击状态栏上的正交按钮，打开正交模式。在正交模式下鼠标指针只能沿水平或竖直方向移动。画线时，若同时打开该模式，则只需输入线段的长度值，AutoCAD 就自动画出水平或竖直直线。

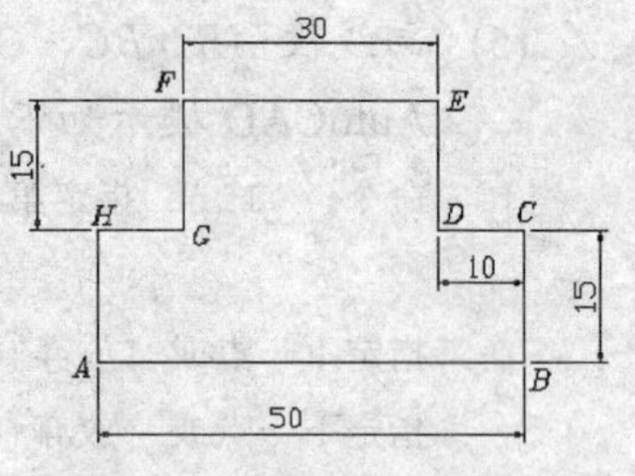

图3-27 打开正交模式画线

【例3-11】 在下面的练习中，使用 LINE 命令并结合正交模式画线，如图 3-27 所示。

```
命令: _line 指定第一点:<正交 开>    //拾取点 A 并打开正交模式，向右移动一定距离
指定下一点或 [放弃(U)]: 50                      //输入线段 AB 的长度
指定下一点或 [放弃(U)]: 15                      //输入线段 BC 的长度
指定下一点或 [闭合(C)/放弃(U)]: 10              //输入线段 CD 的长度
指定下一点或 [闭合(C)/放弃(U)]: 15              //输入线段 DE 的长度
指定下一点或 [闭合(C)/放弃(U)]: 30              //输入线段 EF 的长度
指定下一点或 [闭合(C)/放弃(U)]: 15              //输入线段 FG 的长度
指定下一点或 [闭合(C)/放弃(U)]: 10              //输入线段 GH 的长度
指定下一点或 [闭合(C)/放弃(U)]: C               //使连续线闭合
```

3.2.3 使用极轴追踪画线

打开极轴追踪功能后，鼠标指针就可按用户设定的极轴方向移动，AutoCAD 将在该方向上显示一条追踪辅助线及光标点的极坐标值，如图 3-28 所示。

【例3-12】 练习使用极轴追踪功能。

(1) 在状态栏上的极轴按钮单击鼠标右键，弹出快捷菜单，选择【设置】命令，打开【草图设置】对话框，如图 3-29 所示。

【极轴追踪】选项卡中与极轴追踪有关的选项功能如下。

- 【增量角】：在此下拉列表中可选择极轴角变化的增量值，也可以输入新的增量值。
- 【附加角】：除了根据极轴增量角进行追踪外，用户还能通过该选项添加其他的追踪角度。
- 【绝对】：以当前坐标系的 x 轴作为计算极轴角的基准线。
- 【相对上一段】：以最后创建的对象为基准线计算极轴角度。

(2) 在【极轴追踪】选项卡的【增量角】下拉列表中设定极轴角增量为 30°。此后若用户打开极轴追踪画线，则鼠标指针将自动沿 0°、30°、60°、90°、120° 等方向进行追踪，再输入线段长度值，AutoCAD 就在该方向上画出线段。单击 确定 按钮，关闭【草图设置】对话框。

(3) 单击极轴按钮，打开极轴追踪。输入 LINE 命令，AutoCAD 提示如下。

```
命令: _line 指定第一点:                //拾取点 A，如图 3-30 所示
指定下一点或 [放弃(U)]: 30             //沿 0° 方向追踪，并输入线段 AB 长度
指定下一点或 [放弃(U)]: 10             //沿 120° 方向追踪，并输入线段 BC 长度
```

指定下一点或 [闭合(C)/放弃(U)]: 15　　　　//沿 30° 方向追踪，并输入线段 *CD* 长度

指定下一点或 [闭合(C)/放弃(U)]: 10　　　　//沿 300° 方向追踪，并输入线段 *DE* 长度

指定下一点或 [闭合(C)/放弃(U)]: 20　　　　//沿 90° 方向追踪，并输入线段 *EF* 长度

指定下一点或 [闭合(C)/放弃(U)]: 43　　　　//沿 180° 方向追踪，并输入线段 *FG* 长度

指定下一点或 [闭合(C)/放弃(U)]: C　　　　//使连续折线闭合

结果如图 3-30 所示。

图3-28　极轴追踪

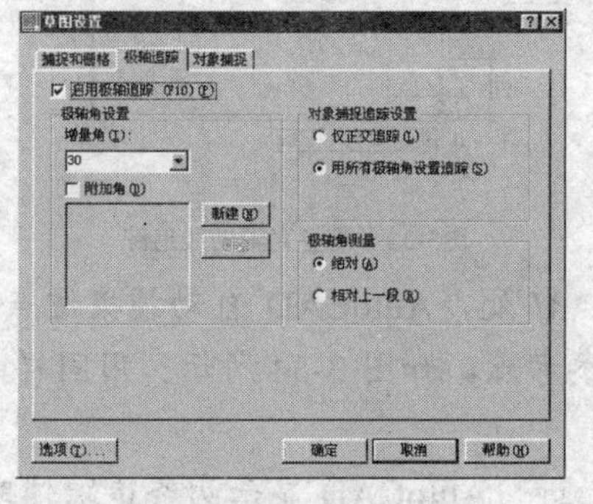

图3-29　【草图设置】对话框

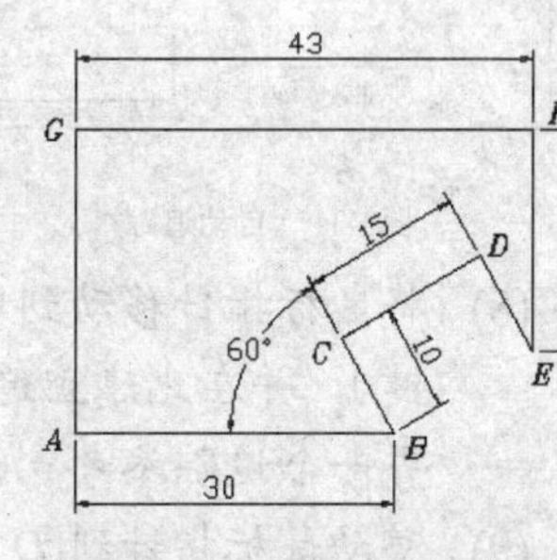

图3-30　使用极轴追踪画线

如果直线的倾斜角度不在极轴追踪的范围内，则可使用角度覆盖方式画线。方法是：当 AutoCAD 提示“指定下一点或 [闭合(C)/放弃(U)]:”时，按照“<角度”形式输入直线的倾角，这样 AutoCAD 将暂时沿设置的角度画线。

3.2.4　使用对象捕捉追踪画线

使用对象捕捉追踪功能时，必须打开对象捕捉。AutoCAD 首先捕捉一个几何点作为追踪参考点，然后按水平、竖直方向或设定的极轴方向进行追踪，如图 3-31 所示。建立追踪参考点时，不能单击鼠标左键，否则 AutoCAD 就直接捕捉参考点了。

从追踪参考点开始的追踪方向可通过【极轴追踪】选项卡中的两个选项进行设定，这两个选项是【仅正交追踪】及【用所有极轴角设置追踪】，如图 3-29 所示，它们的功能如下。

- 【仅正交追踪】：当自动追踪打开时，仅在追踪参考点处显示水平或竖直的追踪路径。
- 【用所有极轴角设置追踪】：如果自动追踪功能打开，则当指定点时，AutoCAD 将在追踪参考点处沿任何极轴角方向显示追踪路径。

【例3-13】练习使用对象捕捉追踪功能。

(1) 打开素材文件“3-13.dwg”，如图 3-32 所示。

(2) 在【草图设置】对话框中设置对象捕捉方式为交点、中点。

(3) 单击状态栏上的对象捕捉和对象追踪按钮，打开对象捕捉及捕捉追踪功能。

(4) 输入 LINE 命令。

(5) 将鼠标指针放置在 *A* 点附近，AutoCAD 自动捕捉 *A* 点（注意不要单击鼠标左键），并在此建立追踪参考点，同时显示出追踪辅助线，如图 3-32 所示。

AutoCAD 把追踪参考点用符号“×”标记出来，当用户再次移动鼠标到这个符号的位置时，符号“×”将消失。

(6) 向上移动鼠标，鼠标指针将沿竖直辅助线运动，输入距离值“10”并按 Enter 键，则 AutoCAD 追踪到 *B* 点，该点是线段的起始点。

(7) 再次在 *A* 点建立追踪参考点，并向右追踪，然后输入距离值“15”并按 Enter 键，此时 AutoCAD 追踪到 *C* 点，如图 3-33 所示。

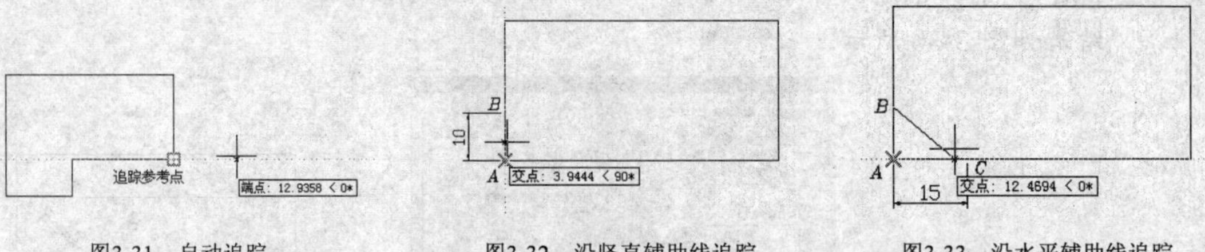

图3-31　自动追踪　　图3-32　沿竖直辅助线追踪　　图3-33　沿水平辅助线追踪

(8) 将鼠标指针移动到中点 *M* 处，AutoCAD 自动捕捉该点（注意不要单击鼠标左键），并在此建立追踪参考点，如图 3-34 所示。用同样的方法在中点 *N* 处建立另一个追踪参考点。

(9) 移动鼠标指针到 *D* 点附近，AutoCAD 显示两条追踪辅助线，如图 3-34 所示。在两条辅助线的交点处单击鼠标左键，则 AutoCAD 绘制出线段 *CD*。

(10) 以 *F* 点为追踪参考点，向左或向上追踪就可以确定 *E*、*G* 点，结果如图 3-35 所示。

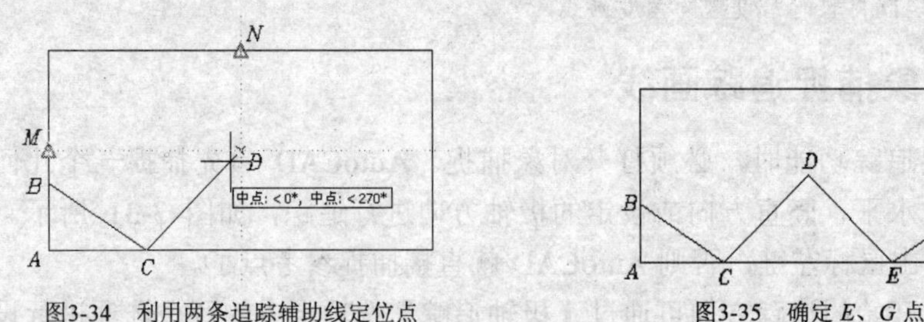

图3-34　利用两条追踪辅助线定位点　　图3-35　确定 *E*、*G* 点

上述例子中 AutoCAD 仅沿水平或竖直方向追踪，若想使 AutoCAD 沿设定的极轴角方向追踪，可在【草图设置】对话框的【对象捕捉追踪设置】分组框中选择【用所有极轴角设置追踪】单选项。

以上通过例子说明了极轴追踪及对象捕捉追踪功能的用法。在实际绘图过程中，常将这两项功能结合起来使用，这样就则能方便地沿极轴方向画线，又能轻易地沿极轴方向定位点。

【例3-14】　使用 LINE 命令并结合极轴追踪、捕捉追踪功能，将图 3-36 所示的左图修改为右图样式。

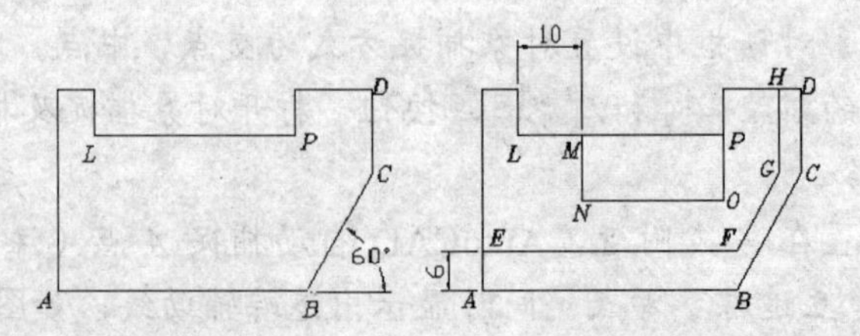

图3-36　结合极轴追踪、自动追踪功能绘制图形

(1) 打开素材文件“3-14.dwg”。

(2) 打开极轴追踪、对象捕捉及捕捉追踪功能。设置极轴追踪角度增量为 30°；

设定对象捕捉方式为端点、交点；设置沿所有极轴角进行捕捉追踪。

(3) 输入 LINE 命令，AutoCAD 提示如下。

命令: _line 指定第一点: 6 //以 *A* 点为追踪参考点向上追踪，输入追踪距离并按 Enter 键
指定下一点或 [放弃(U)]: //从 *E* 点向右追踪，再在 *B* 点建立追踪参考点以确定 *F* 点
指定下一点或 [放弃(U)]: //从 *F* 点沿 60° 方向追踪，再在 *C* 点建立参考点以确定 *G* 点
指定下一点或 [闭合(C)/放弃(U)]: //从 *G* 点向上追踪并捕捉交点 *H*
指定下一点或 [闭合(C)/放弃(U)]: //按 Enter 键结束
命令: //按 Enter 键重复命令
LINE 指定第一点: 10 //从基点 *L* 向右追踪，输入追踪距离并按 Enter 键
指定下一点或 [放弃(U)]: 10 //从 *M* 点向下追踪，输入追踪距离并按 Enter 键
指定下一点或 [放弃(U)]: //从 *N* 点向右追踪，再在 *P* 点建立追踪参考点以确定 *O* 点
指定下一点或 [闭合(C)/放弃(U)]: //从 *O* 点向上追踪并捕捉交点 *P*
指定下一点或 [闭合(C)/放弃(U)]: //按 Enter 键结束

结果如图 3-36 右图所示。

3.2.5 实战提高

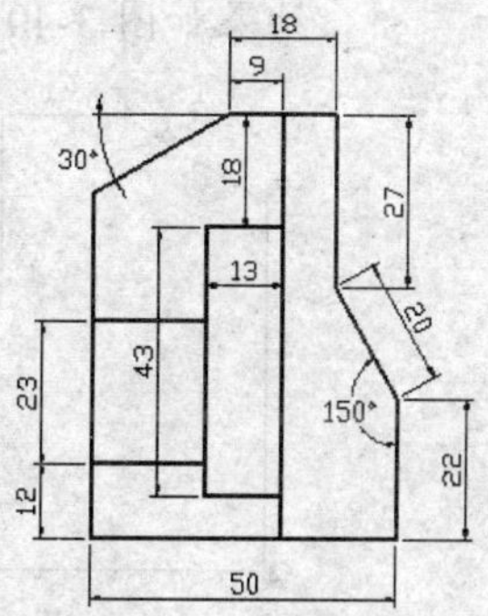

【例3-15】 绘制如图 3-37 所示的图形。

图3-37 画简单平面图形

(1) 打开极轴追踪、对象捕捉及捕捉追踪功能。设置极轴追踪角度增量为 30°；设定对象捕捉方式为端点、交点；设置沿所有极轴角进行捕捉追踪。

(2) 画线段 *AB*、*BC*、*CD* 等，如图 3-38 所示。

命令: _line 指定第一点: //单击 *A* 点，如图 3-38 所示
指定下一点或 [放弃(U)]: 50 //从 *A* 点向右追踪并输入追踪距离
指定下一点或 [放弃(U)]: 22 //从 *B* 点向上追踪并输入追踪距离
指定下一点或 [闭合(C)/放弃(U)]: 20 //从 *C* 点沿 120° 方向追踪并输入追踪距离
指定下一点或 [闭合(C)/放弃(U)]: 27 //从 *D* 点向上追踪并输入追踪距离
指定下一点或 [闭合(C)/放弃(U)]: 18 //从 *E* 点向左追踪并输入追踪距离
//从 *A* 点向上移动鼠标，系统显示竖直追踪线
//当鼠标指针移动到某一位置时，系统显示 210° 方向追踪线
指定下一点或 [闭合(C)/放弃(U)]: //在两条追踪线的交点处单击一点 *G*
指定下一点或 [闭合(C)/放弃(U)]: //捕捉 *A* 点
指定下一点或 [闭合(C)/放弃(U)]: //按 Enter 键结束

结果如图 3-38 所示。

(3) 画线段 *HI*、*JK*、*KL* 等，如图 3-39 所示。

命令: _line 指定第一点: 9 //从 *F* 点向右追踪并输入追踪距离
指定下一点或 [放弃(U)]: //从 *H* 点向下追踪并捕捉交点 *I*
指定下一点或 [放弃(U)]: //按 Enter 键结束
命令: //重复命令
LINE 指定第一点: 18 //从 *H* 点向下追踪并输入追踪距离

```
指定下一点或 [放弃(U)]: 13                    //从 J 点向左追踪并输入追踪距离
指定下一点或 [放弃(U)]: 43                    //从 K 点向下追踪并输入追踪距离
指定下一点或 [闭合(C)/放弃(U)]:               //从 L 点向右追踪并捕捉交点 M
指定下一点或 [闭合(C)/放弃(U)]:               //按 Enter 键结束
```

结果如图 3-39 所示。

(4) 画线段 *BC*、*DE*，如图 3-40 所示。

```
命令: _line 指定第一点: 12                    //从 A 点向上追踪并输入追踪距离
指定下一点或 [放弃(U)]:                       //从 B 点向右追踪并捕捉交点 C
指定下一点或 [放弃(Up)]:                      //按 Enter 键结束
命令:                                         //重复命令
LINE 指定第一点: 23                           //从 B 点向上追踪并输入追踪距离
指定下一点或 [放弃(U)]:                       //从 D 点向右追踪并捕捉交点 E
指定下一点或 [放弃(U)]:                       //按 Enter 键结束
```

结果如图 3-40 所示。

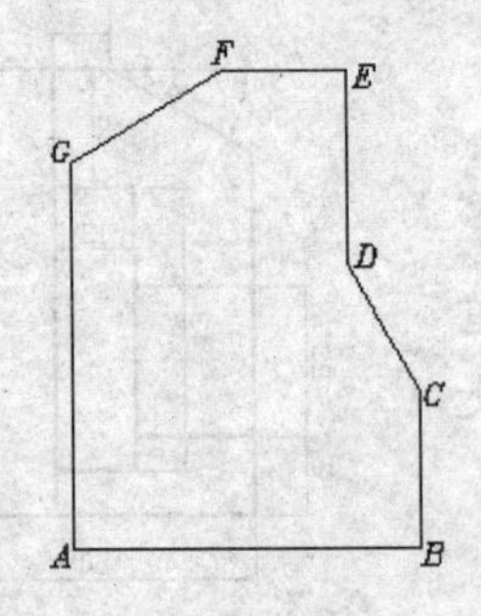

图3-38　画闭合线框

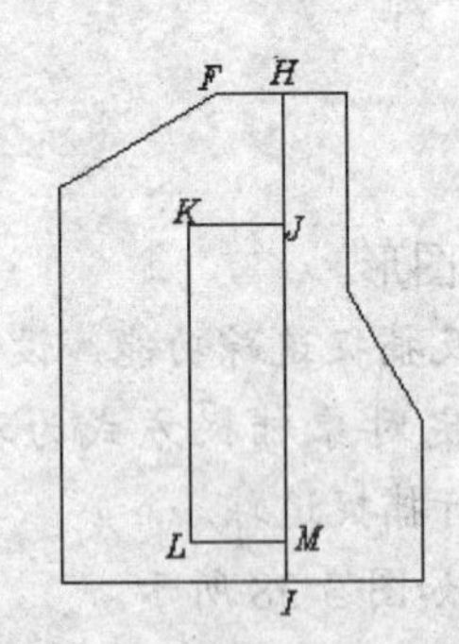

图3-39　画线段 *HI*、*JK*、*KL* 等

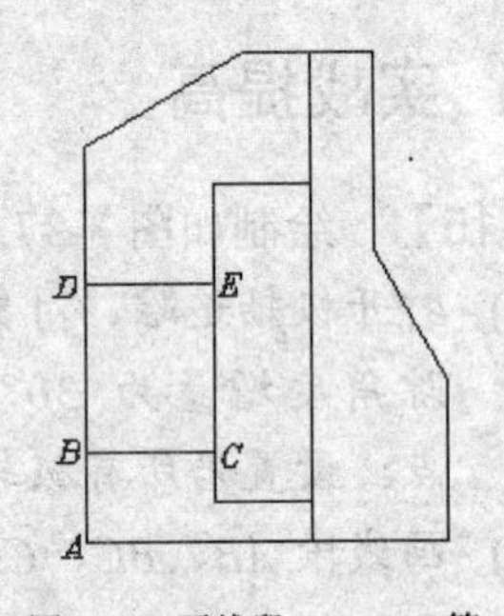

图3-40　画线段 *BC*、*DE* 等

【例3-16】　利用极轴追踪、对象捕捉及捕捉追踪功能画线，如图 3-41 所示。

【例3-17】　利用极轴追踪、对象捕捉及捕捉追踪功能画线，如图 3-42 所示。

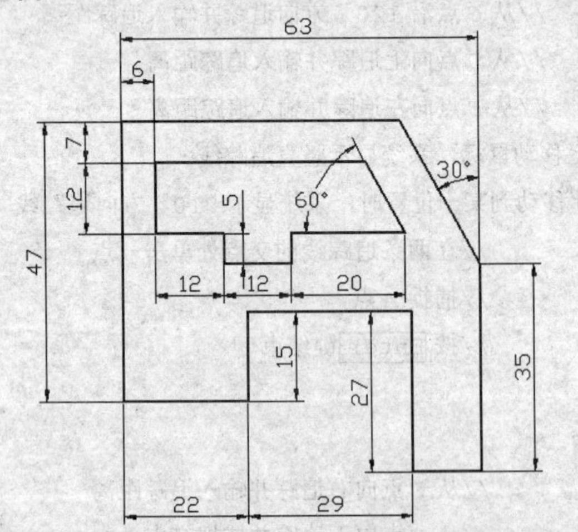

图3-41　利用极轴追踪、对象捕捉及捕捉追踪功能画线（1）

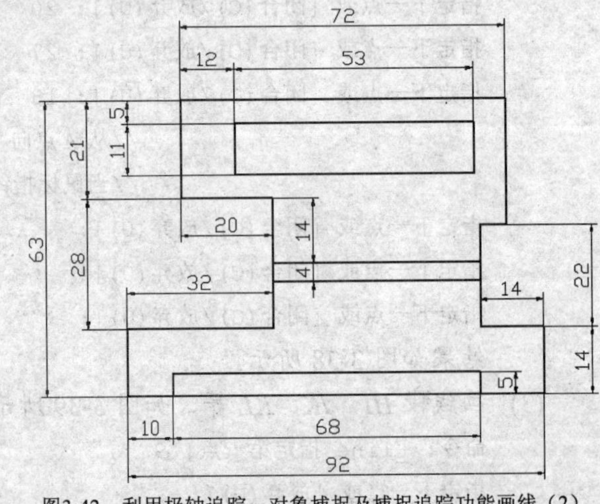

图3-42　利用极轴追踪、对象捕捉及捕捉追踪功能画线（2）

【例3-18】　使用 LINE 命令并结合极轴追踪、对象捕捉及捕捉追踪功能画线，如图 3-43 所示。

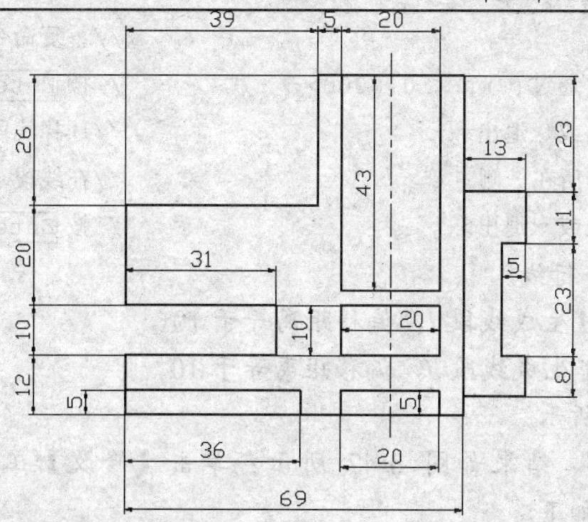

图3-43　利用极轴追踪、对象捕捉及捕捉追踪功能画线（3）

3.3 画直线构成的平面图形（三）

本节主要介绍平行线、垂线及任意角度斜线的画法。

3.3.1 绘图任务

【例3-19】 打开素材文件“3-19.dwg”，如图 3-44 左图所示。请跟随下面的操作步骤，将左图修改为右图样式。

(1) 延伸线段 *AB*，如图 3-45 所示。单击【修改】工具栏上的 按钮，AutoCAD 提示如下。

```
命令: _extend
选择对象: 找到 1 个                                   //选择线段 CD
选择对象:                                              //按 Enter 键
选择要延伸的对象[投影(P)/边(E)/放弃(U)]:              //选择线段 AB
选择要延伸的对象[投影(P)/边(E)/放弃(U)]:              //按 Enter 键结束
```

结果如图 3-45 右图所示。

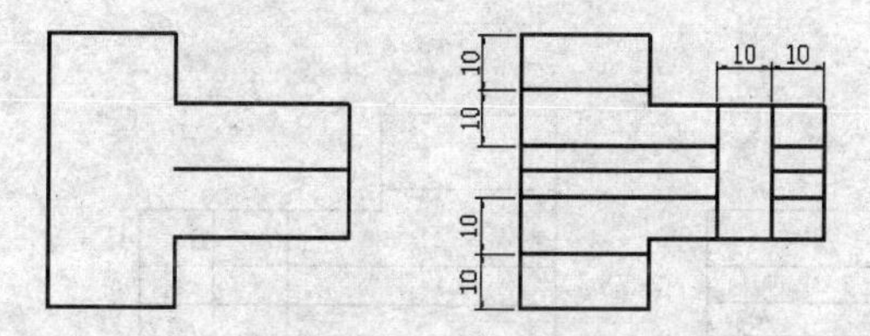

图3-44　画简单平面图形

D
A
B
C

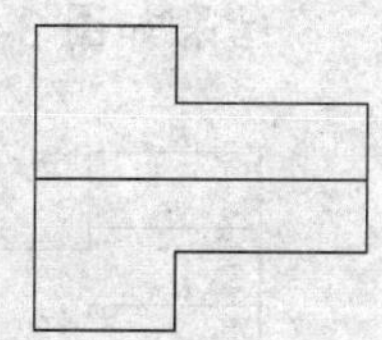

图3-45　延伸线段

(2) 绘制平行线 *H*、*I*、*J*、*K*，如图 3-46 所示。单击【修改】工具栏上的 按钮，AutoCAD 提示如下。

```
命令: _offset
指定偏移距离或 [通过(T)] <12.0000>: 10          //输入平移的距离
选择要偏移的对象或 <退出>:                      //选择线段 E
指定点以确定偏移所在一侧:                        //在线段 E 的下边单击一点
选择要偏移的对象或 <退出>:                      //按 Enter 键结束
```

命令:OFFSET //重复命令

指定偏移距离或 [通过(T)] <10.0000>: //按 Enter 键，使用默认值

选择要偏移的对象或 <退出>: //选择线段 F

指定点以确定偏移所在一侧: //在线段 F 的上边单击一点

选择要偏移的对象或 <退出>: //按 Enter 键结束

继续绘制以下平行线。

① 向下偏移线段 H 生成线段 I，偏移距离等于 10。

② 向上偏移线段 K 生成线段 J，偏移距离等于 10。

结果如图 3-46 所示。

(3) 延伸线段 I、J，结果如图 3-47 所示。单击【修改】工具栏上的按钮，AutoCAD 提示如下。

命令: _extend

选择对象: 找到 1 个 //选择线段 L，如图 3-47 所示

选择对象: //按 Enter 键

选择要延伸的对象[投影(P)/边(E)/放弃(U)]: //选择线段 I

选择要延伸的对象[投影(P)/边(E)/放弃(U)]: //选择线段 J

选择要延伸的对象[投影(P)/边(E)/放弃(U)]: //按 Enter 键结束

结果如图 3-47 所示。

(4) 画平行线 B、C，如图 3-48 所示。单击【修改】工具栏上的按钮，AutoCAD 提示如下。

命令: _offset

指定偏移距离或 [通过(T)] <12.0000>: 10 //输入平移的距离

选择要偏移的对象或 <退出>: //选择线段 A

指定点以确定偏移所在一侧: //在线段 A 的左边单击一点

选择要偏移的对象或 <退出>: //选择线段 B

指定点以确定偏移所在一侧: //在线段 B 的左边单击一点

选择要偏移的对象或 <退出>: //按 Enter 键结束

结果如图 3-48 所示。

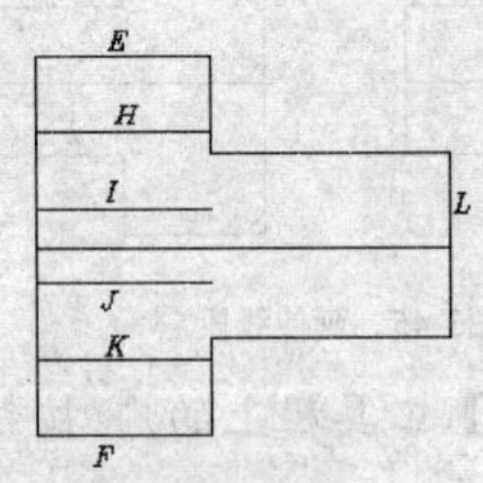

图3-46 画平行线 H、I、J、K

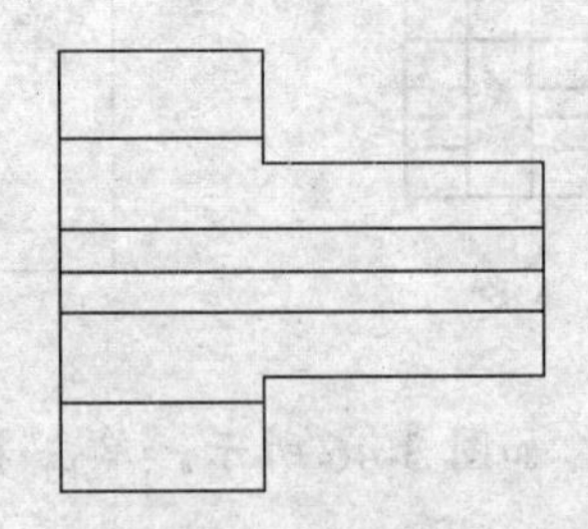

图3-47 延伸线段 I、J

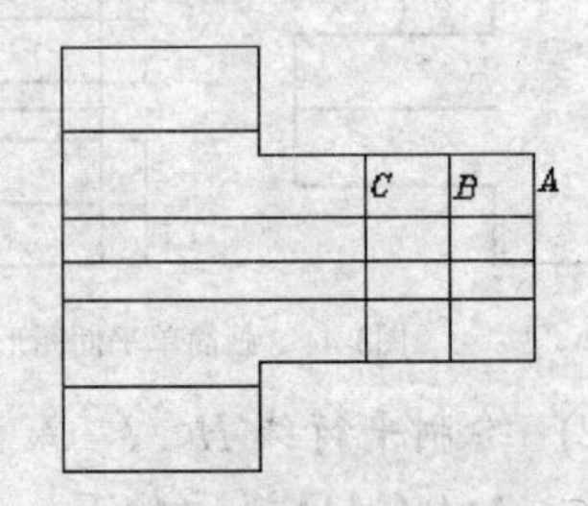

图3-48 画平行线 B、C

(5) 修剪多余线条。单击【修改】工具栏上的按钮，AutoCAD 提示如下。

命令: _trim

选择对象: 找到 1 个 //选择线段 B，如图 3-49 左图所示

选择对象: 找到 1 个，总计 2 个 //选择线段 C

```
选择对象:                                        //按 Enter 键
选择要修剪的对象[投影(P)/边(E)/放弃(U)]:         //在 D 点处选择对象
选择要修剪的对象[投影(P)/边(E)/放弃(U)]:         //在 E 点处选择对象
选择要修剪的对象[投影(P)/边(E)/放弃(U)]:         //在 F 点处选择对象
选择要修剪的对象[投影(P)/边(E)/放弃(U)]:         //按 Enter 键结束
```

结果如图 3-49 右图所示。

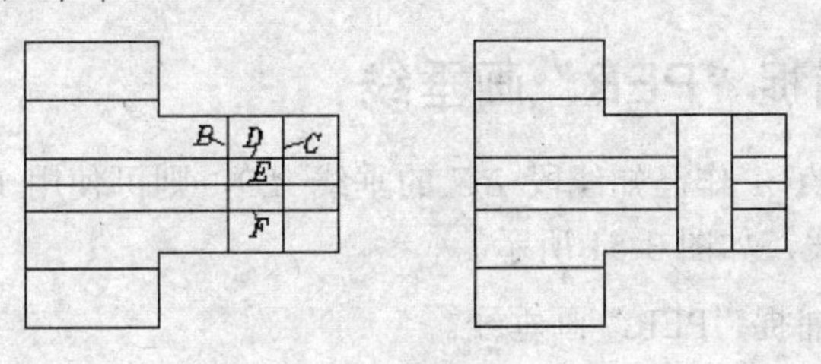

图3-49　修剪线条

3.3.2　画平行线

OFFSET 命令可将对象平移指定的距离，创建一个与源对象类似的新对象，它可操作的图元包括直线、圆、圆弧、多段线、椭圆、构造线、样条曲线等。当平移一个圆时，可创建同心圆。当平移一条闭合的多段线时，也可建立一个与原对象形状相同的闭合图形。

使用 OFFSET 命令时，用户可以通过两种方式创建新线段，一种是输入平行线间的距离；另一种是指定新平行线通过的点。

1.　命令启动方法

- 下拉菜单:【修改】/【偏移】。
- 工具栏:【修改】工具栏上的按钮。
- 命令: OFFSET 或简写 O。

【例3-20】　练习 OFFSET 命令的使用。

打开素材文件“3-20.dwg”，如图 3-50 左图所示。下面用 OFFSET 命令将左图修改为右图样式。

```
命令: _offset                                //绘制与 AB 平行的线段 CD，如图 3-50 所示
指定偏移距离或 [通过(T)] <通过>: 10           //输入平行线间的距离
选择要偏移的对象或 <退出>:                    //选择线段 AB
指定点以确定偏移所在一侧:                     //在线段 AB 的右边单击一点
选择要偏移的对象或 <退出>:                    //按 Enter 键结束
命令: _offset                                //过 K 点画线段 EF 的平行线 GH
指定偏移距离或 [通过(T)] <10.0000>: t         //选取“通过(T)”选项
选择要偏移的对象或 <退出>:                    //选择线段 EF
指定通过点:                                   //捕捉平行线通过的点 K
选择要偏移的对象或 <退出>:                    //按 Enter 键结束
```

结果如图 3-50 右图所示。

2. 命令选项

- 指定偏移距离：用户输入平移距离值，AutoCAD 根据此数值偏移原始对象产生新对象。
- 通过(T)：通过指定点创建新的偏移对象。

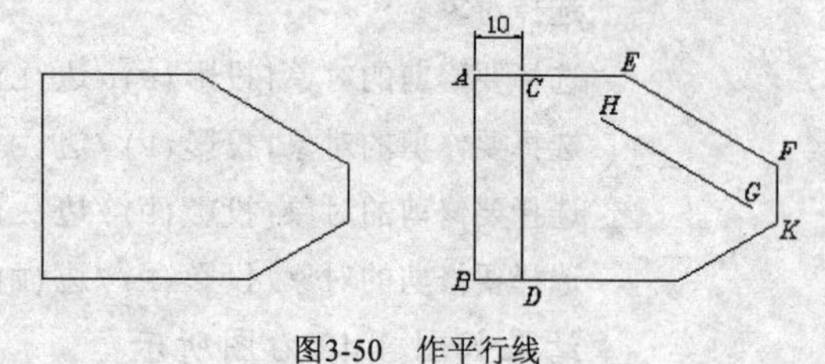

图3-50　作平行线

3.3.3 利用垂足捕捉“PER”画垂线

若是过线段外的一点 *A* 作已知线段 *BC* 的垂线 *AD*，则可使用 LINE 命令并结合垂足捕捉“PER”绘制该条垂线，如图 3-51 所示。

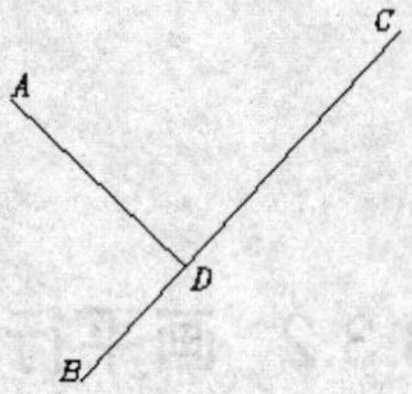

【例3-21】　利用垂足捕捉“PER”画垂线。

```
命令: _line 指定第一点:            //拾取 A 点，如图 3-51 所示
指定下一点或 [放弃(U)]: per 到 //利用“PER”捕捉垂足 D
指定下一点或 [放弃(U)]:            //按 Enter 键结束
```

结果如图 3-51 所示。

图3-51　画垂线

3.3.4 利用角度覆盖方式画垂线及倾斜直线

如果要沿某一方向画任意长度线段，用户可在 AutoCAD 提示输入点时，输入一个小于号“<”及角度值，该角度表明了画线的方向，AutoCAD 将把鼠标指针锁定在此方向上。移动鼠标指针线段的长度就发生变化，获取适当长度后，单击鼠标左键结束，这种画线方式称为角度覆盖。

【例3-22】　画垂线及倾斜直线。

打开素材文件“3-22.dwg”，如图 3-52 所示。利用角度覆盖方式画垂线 *BC* 及倾斜线段 *DE*。

```
命令: _line 指定第一点: ext     //输入延伸捕捉代号“EXT”
于 20                            //输入 B 点与 A 点的距离
指定下一点或 [放弃(U)]: <120     //指定线段 BC 的方向
指定下一点或 [放弃(U)]:          //在 C 点处单击一点
指定下一点或 [放弃(U)]:          //按 Enter 键结束
命令:                            //重复命令
LINE 指定第一点: ext             //输入延伸捕捉代号“EXT”
于 50                            //输入 D 点与 A 点的距离
指定下一点或 [放弃(U)]: <130     //指定线段 DE 的方向
指定下一点或 [放弃(U)]:          //在 E 点处单击一点
指定下一点或 [放弃(U)]:          //按 Enter 键结束
```

结果如图 3-52 所示。

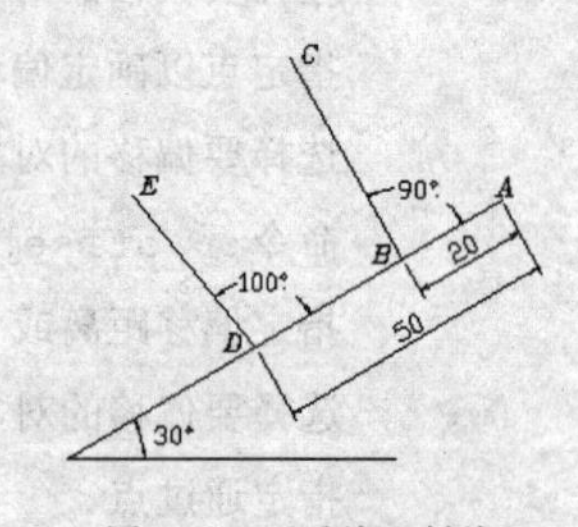

图3-52　画垂线及斜线

3.3.5 用 XLINE 命令画水平、竖直及倾斜直线

XLINE 命令可以画无限长的构造线，利用它能直接画出水平方向、竖直方向、倾斜方

向及平行关系的直线，作图过程中采用此命令画定位线或绘图辅助线是很方便的。

1. **命令启动方法**

- 下拉菜单：【绘图】/【构造线】。
- 工具栏：【绘图】工具栏上的按钮。
- 命令：XLINE 或简写 XL。

【例3-23】 练习 XLINE 命令的使用。

打开素材文件"3-23.dwg"，如图 3-53 左图所示。下面用 XLINE 命令将左图修改为右图样式。

```
命令: _xline 指定点或 [水平(H)/垂直(V)/角度(A)/二等分(B)/偏移(O)]: v
                                        //使用"垂直(V)"选项
指定通过点: ext                          //使用延伸捕捉
于 12                                   //输入 B 点与 A 点的距离，如图 3-53 右图所示
指定通过点:                              //按 Enter 键结束
命令:                                    //重复命令
XLINE 指定点或 [水平(H)/垂直(V)/角度(A)/二等分(B)/偏移(O)]: a
                                        //使用"角度(A)"选项
输入构造线角度 (0) 或 [参照(R)]: r        //使用"参照(R)"选项
选择直线对象:                            //选择线段 AC
输入构造线角度 <0>: -50                  //输入角度值
指定通过点: ext                          //使用延伸捕捉
于 10                                   //输入 D 点与 C 点的距离
指定通过点:                              //按 Enter 键结束
```

结果如图 3-53 右图所示。

2. **命令选项**

- 指定点：通过两点绘制直线。
- 水平(H)：画水平方向直线。
- 垂直(V)：画竖直方向直线。
- 角度(A)：通过某点画一个与已知直线成一定角度的直线。

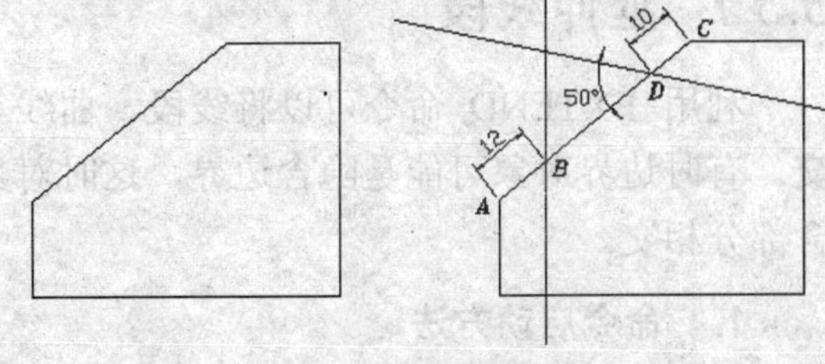

图3-53　画构造线

- 二等分(B)：绘制一条平分已知角度的直线。
- 偏移(O)：可输入一个平移距离绘制平行线，或指定线段通过的点来创建新平行线。

3.3.6 调整线段的长度

利用 LENGTHEN 命令可以改变线段、圆弧、椭圆弧、样条曲线等的长度，使用此命令时，经常采用的是"动态(DY)"选项，即直观地拖动对象来改变其长度。

1. **命令启动方法**

- 下拉菜单：【修改】/【拉长】。

- 工具栏：【修改】工具栏上的按钮。
- 命令：LENGTHEN 或简写 LEN。

【例3-24】 练习 LENGTHEN 命令的使用。

打开素材文件“3-24.dwg”，如图 3-54 左图所示。下面用 LENGTHEN 命令将左图修改为右图样式。

```
命令：_lengthen
选择对象或 [增量(DE)/百分数(P)/全部(T)/动态(DY)]: dy
                                        //使用“动态(DY)”选项
选择要修改的对象或 [放弃(U)]:             //选择线段 A 的上端，如图 3-54 左图所示
指定新端点:                              //调整线段端点到适当位置
选择要修改的对象或 [放弃(U)]:             //选择线段 B 的左端
指定新端点:                              //调整线段端点到适当位置
选择要修改的对象或 [放弃(U)]:             //按 Enter 键结束
```

结果如图 3-54 右图所示。

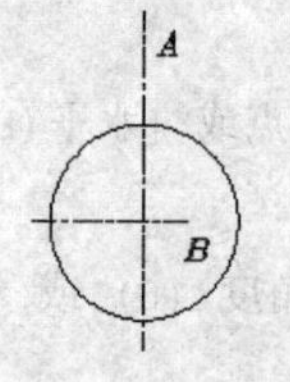

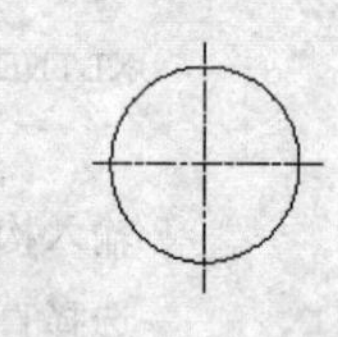

图3-54 改变对象长度

2. **命令选项**

- 增量(DE)：以指定的增量值改变线段或圆弧的长度。对于圆弧，还可通过设定角度增量改变其长度。
- 百分数(P)：以对象总长度的百分比形式改变对象长度。
- 全部(T)：通过指定线段或圆弧的新长度来改变对象总长。
- 动态(DY)：拖动鼠标就可以动态地改变对象长度。

3.3.7 延伸线段

利用 EXTEND 命令可以将线段、曲线等对象延伸到一个边界对象，使其与边界对象相交。有时边界对象可能是隐含边界，这时对象延伸后并不与实体直接相交，而是与边界的隐含部分相交。

1. **命令启动方法**

- 下拉菜单：【修改】/【延伸】。
- 工具栏：【修改】工具栏上的按钮。
- 命令：EXTEND 或简写 EX。

【例3-25】 练习 EXTEND 命令的使用。

打开素材文件“3-25.dwg”，如图 3-55 左图所示。用 EXTEND 命令将左图修改为右图样式。

```
命令：_extend
选择对象：找到 1 个                              //选择边界线段 C，如图 3-55 左图所示
选择对象:                                       //按 Enter 键确认
选择要延伸的对象或 [投影(P)/边(E)/放弃(U)]:       //选择要延伸的线段 A
```

选择要延伸的对象或 [投影(P)/边(E)/放弃(U)]: e　//利用“边(E)”选项将线段 *B* 延伸到隐含边界

输入隐含边延伸模式 [延伸(E)/不延伸(N)] <不延伸>: e　//指定“延伸(E)”选项

选择要延伸的对象或 [投影(P)/边(E)/放弃(U)]:　//选择线段 *B*

选择要延伸的对象或 [投影(P)/边(E)/放弃(U)]:　//按 Enter 键结束

结果如图 3-55 右图所示。

在延伸操作中，一个对象可同时被用作边界边及延伸对象。

2. **命令选项**

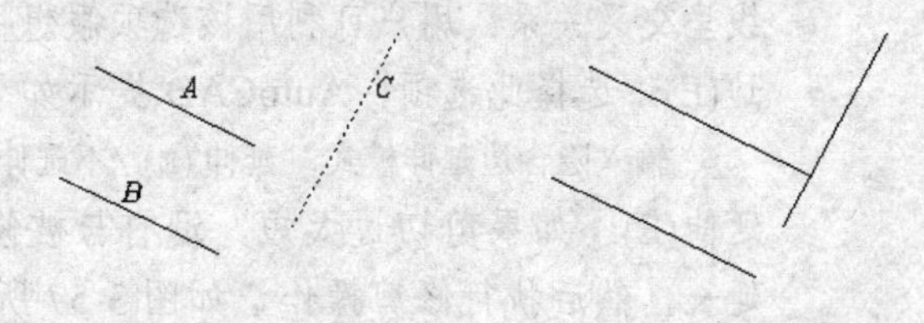

图3-55　延伸线段

- 投影(P)：该选项使用户可以指定延伸操作的空间。对于二维绘图来说，延伸操作是在当前用户坐标平面（*xy* 平面）内进行的。在三维空间作图时，用户可通过该选项将两个交叉对象投影到 *xy* 平面或当前视图平面内执行延伸操作。
- 边(E)：该选项控制是否把对象延伸到隐含边界。当边界边太短，延伸对象后不能与其直接相交时（如图 3-55 所示的边界边 *C*），就打开该选项，此时 AutoCAD 假想将边界边延长，然后使延伸边伸长到与边界相交的位置。
- 放弃(U)：取消上一次的操作。

3.3.8 剪断线条

绘图过程中，常有许多线条交织在一起，若想将线条的某一部分修剪掉，可使用 TRIM 命令。启动该命令后，AutoCAD 提示用户指定一个或几个对象作为剪切边（可以想象为剪刀），然后用户就可以选择被剪掉的部分。剪切边可以是直线、圆弧、样条曲线等对象，剪切边本身也可作为被修剪的对象。

1. **命令启动方法**

- 下拉菜单：【修改】/【删除】。
- 工具栏：【修改】工具栏上的 按钮。
- 命令：TRIM 或简写 TR。

【例3-26】 练习 TRIM 命令的使用。

打开素材文件“3-26.dwg”，如图 3-56 左图所示。用 TRIM 命令将左图修改为右图样式。

命令: _trim

选择对象: 找到 1 个　//选择剪切边 *AB*，如图 3-56 左图所示

选择对象: 找到 1 个，总计 2 个　//选择剪切边 *CD*

选择对象:　//按 Enter 键确认

选择要修剪的对象或 [投影(P)/边(E)/放弃(U)]：//选择被修剪的对象

选择要修剪的对象或 [投影(P)/边(E)/放弃(U)]：//选择其他被修剪的对象

选择要修剪的对象或 [投影(P)/边(E)/放弃(U)]：//按 Enter 键结束

结果如图 3-56 右图所示。

当修剪图形中某一区域的线条时，可直接把这个部分的所有图元都选中，这样图元之间就能进行相互修剪。用户接下来的任务仅仅是仔细地选择被剪切的对象。

2. 命令选项

- 投影(P)：该选项可以使用户指定执行修剪的空间。例如，若三维空间中两条直线呈交叉关系，用户可利用该选项假想将其投影到某一平面上执行修剪操作。
- 边(E)：选择此选项，AutoCAD 提示如下。

输入隐含边延伸模式 [延伸(E)/不延伸(N)] <不延伸>：

延伸(E)：如果剪切边太短，没有与被修剪对象相交，AutoCAD 假想将剪切边延长，然后执行修剪操作，如图 3-57 所示。

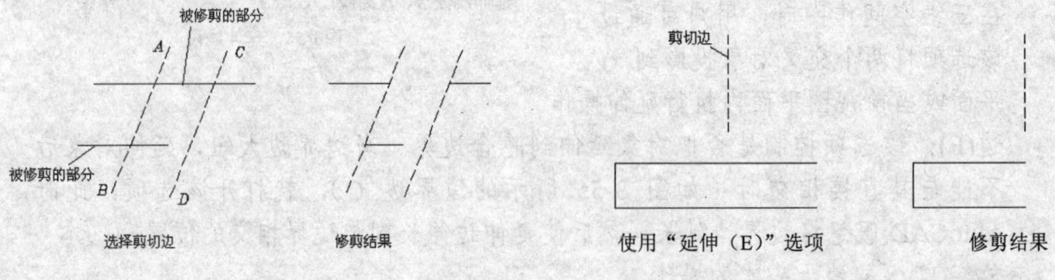

图3-56　修剪线段　　　　图3-57　使用“延伸（E）”选项完成修剪操作

- 不延伸(N)：只有当剪切边与被剪切对象实际相交时，才进行修剪。
- 放弃(U)：若修剪有误，可输入字母“U”撤销修剪。

3.3.9 实战提高

【例3-27】　绘制如图 3-58 所示的图形。

(1) 打开极轴追踪、对象捕捉及捕捉追踪功能。设置极轴追踪角度增量为 90°，设定对象捕捉方式为端点、交点，设置仅沿正交方向进行捕捉追踪。

(2) 画两条正交线段 *AB*、*CD*，如图 3-59 所示。*AB* 的长度约为 70，*CD* 的长度约为 80。

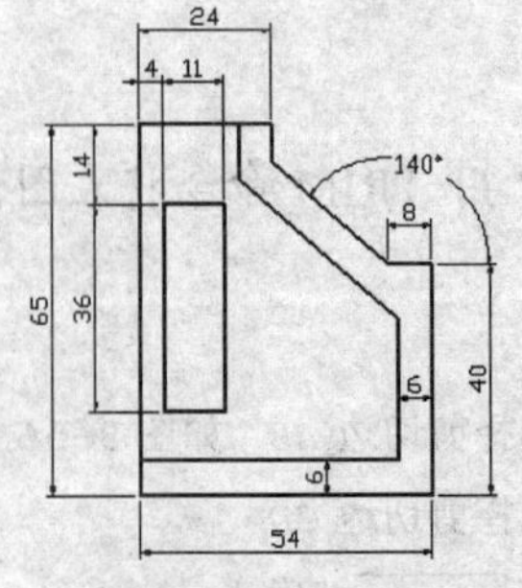

图3-58　画简单平面图形

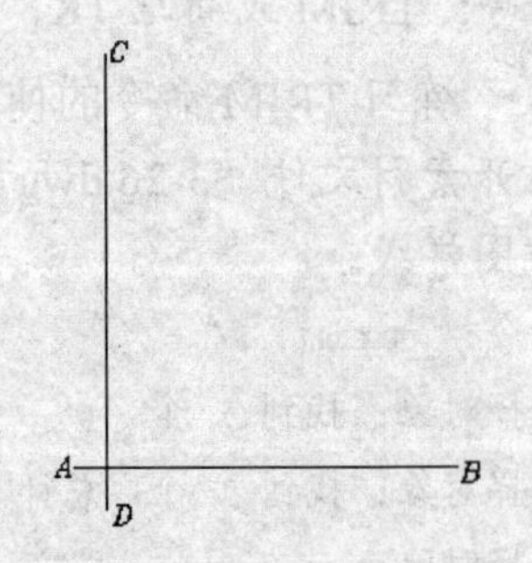

图3-59　画线段 *AB*、*CD*

(3) 画平行线 G、H、I、J，如图 3-60 所示。

命令: _offset

指定偏移距离或 [通过(T)] <12.0000>: 24　　//输入平移的距离

选择要偏移的对象或 <退出>:　　//选择线段 F

指定要偏移的那一侧上的点:　　//在线段 F 的右边单击一点

选择要偏移的对象或 <退出>:　　//按 Enter 键结束

继续绘制以下平行线。

① 向右偏移线段 F 生成线段 H，偏移距离等于 54。

② 向上偏移线段 E 生成线段 I，偏移距离等于 40。

③ 向上偏移线段 E 生成线段 J，偏移距离等于 65。

④ 结果如图 3-60 所示。修剪多余线条，结果如图 3-61 所示。

(4) 画平行线 L、M、O、P，如图 3-62 所示。

① 向右偏移线段 K 生成线段 L，偏移距离等于 4。

② 向右偏移线段 L 生成线段 M，偏移距离等于 11。

③ 向下偏移线段 N 生成线段 O，偏移距离等于 14。

④ 向下偏移线段 O 生成线段 P，偏移距离等于 36。

结果如图 3-62 所示。修剪多余线条，结果如图 3-63 所示。

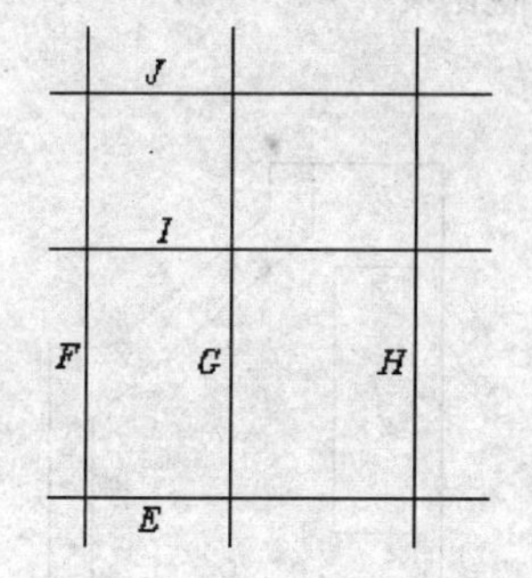

图3-60　画平行线 G、H、I、J

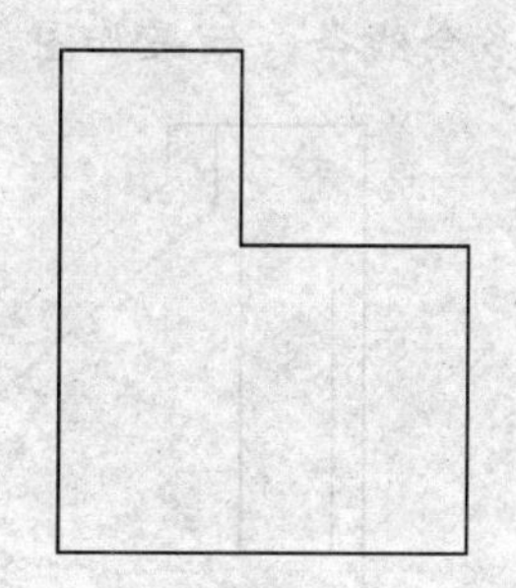

图3-61　修剪结果

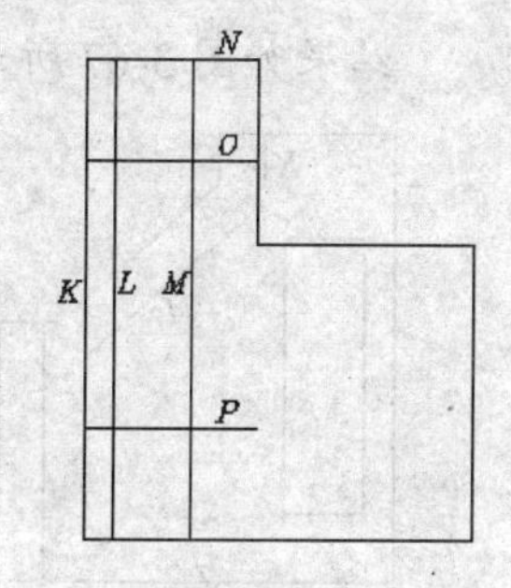

图3-62　画平行线 L、M、O、P

(5) 画斜线 BC，如图 3-64 所示。

命令: _xline 指定点或 [水平(H)/垂直(V)/角度(A)/二等分(B)/偏移(O)]: A

//使用选项“角度(A)”

输入构造线角度 (0) 或 [参照(R)]: 140　　//输入倾斜角度

指定通过点: 8　　//从 A 点向左追踪并输入追踪距离

指定通过点:　　//按 Enter 键结束

结果如图 3-64 所示。修剪多余线条，结果如图 3-65 所示。

(6) 画平行线 H、I、J、K，如图 3-66 所示。

向上偏移线段 D 生成线段 H，偏移距离等于 6。

向左偏移线段 E 生成线段 I，偏移距离等于 6。

向下偏移线段 F 生成线段 J，偏移距离等于 6。

向左偏移线段 G 生成线段 K，偏移距离等于 6。

结果如图 3-66 所示。

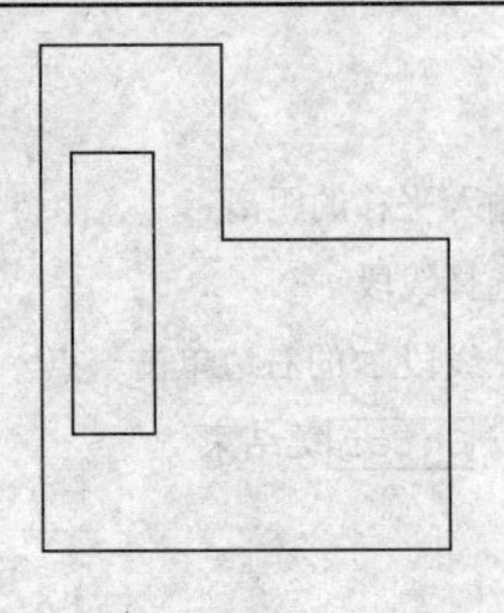

图3-63 修剪结果

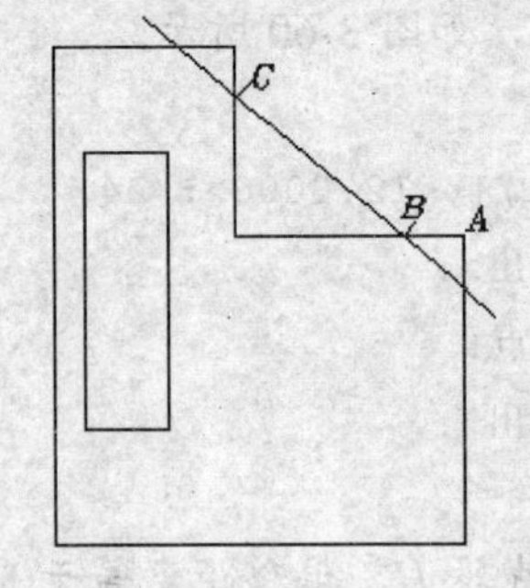

图3-64 画斜线 B、C

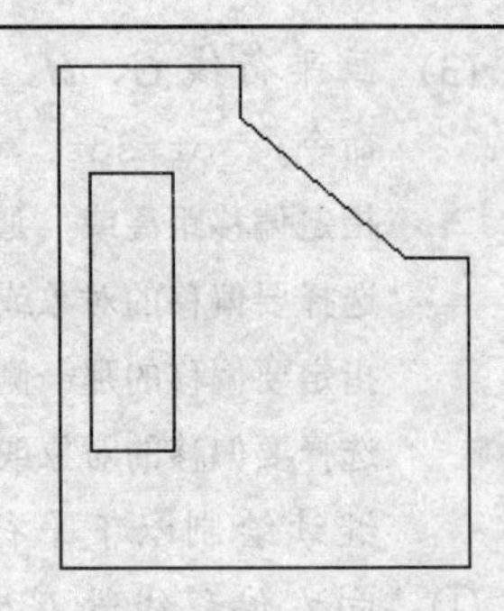

图3-65 修剪结果

(7) 延伸线条 J、K，结果如图 3-67 所示。

命令： _extend
选择对象：指定对角点：找到 2 个　　//选择线段 K、J，如图 3-67 所示
选择对象：找到 1 个，总计 3 个　　//选择线段 I
选择对象：　　//按 Enter 键
选择要延伸的对象[放弃(U)]：　　//向下延伸线段 K
选择要延伸的对象[放弃(U)]：　　//向左上方延伸线段 J
选择要延伸的对象[放弃(U)]：　　//向右下方延伸线段 J
选择要延伸的对象[放弃(U)]：　　//按 Enter 键结束

结果如图 3-67 所示。修剪多余线条，结果如图 3-68 所示。

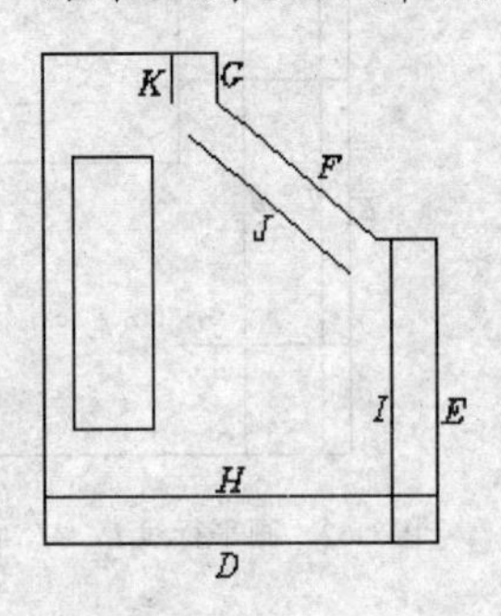

图3-66 画平行线 H、I、J、K

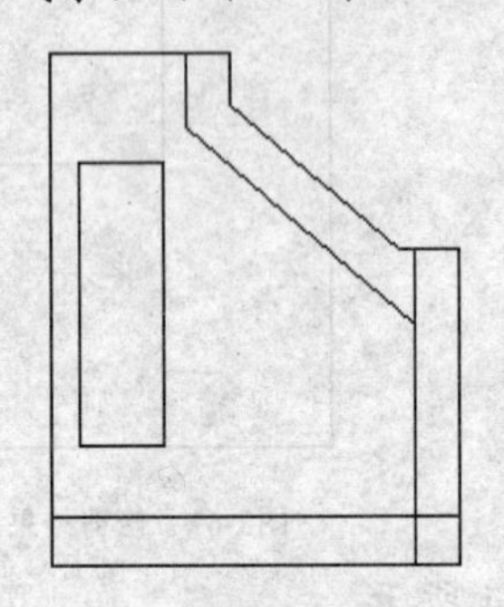

图3-67 延伸线段

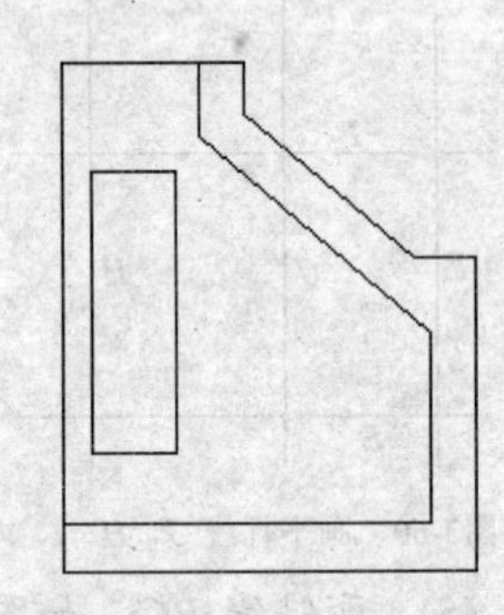

图3-68 修剪结果

【例3-28】 用 LINE、OFFSET、EXTEND、TRIM 等命令绘图，如图 3-69 所示。

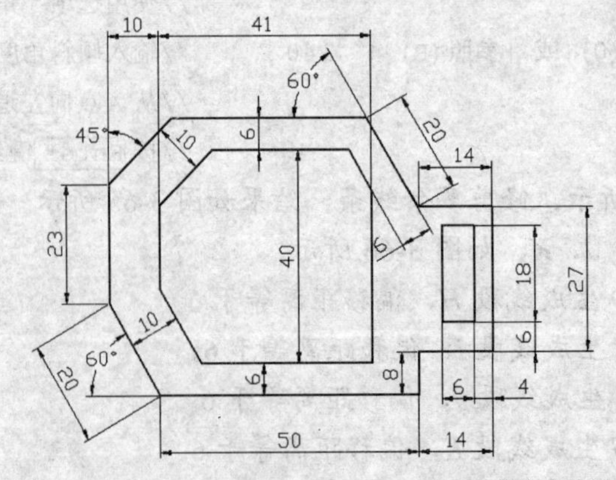

图3-69 用 LINE、OFFSET、EXTEND、TRIM 等命令绘图

【例3-29】 用 LINE、OFFSET、EXTEND、TRIM 等命令绘图，如图 3-70 所示。

【例3-30】　用 OFFSET、EXTEND、TRIM 等命令绘图，如图 3-71 所示。

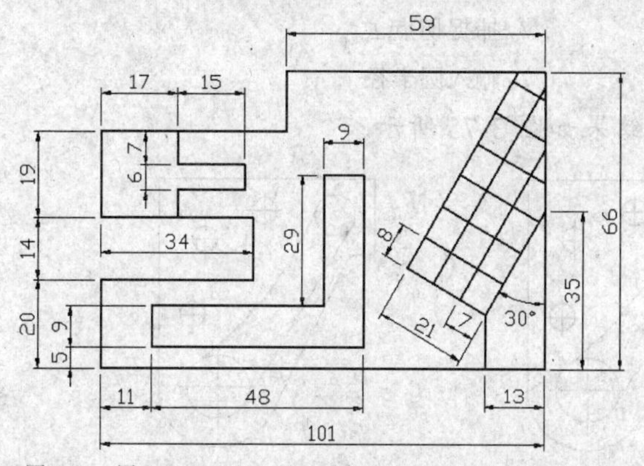

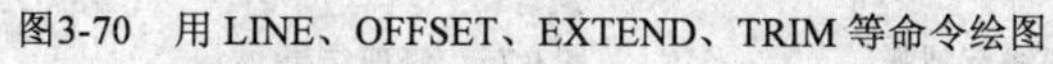

图3-70　用 LINE、OFFSET、EXTEND、TRIM 等命令绘图

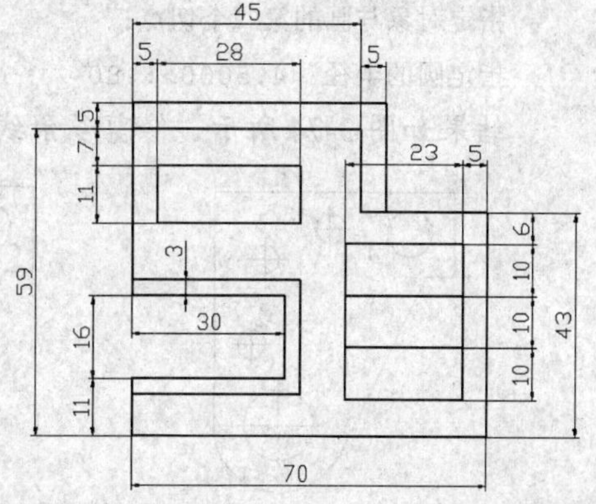

图3-71　用 OFFSET、EXTEND、TRIM 等命令绘图

3.4 画直线、圆及圆弧构成的平面图形

以下主要介绍圆及过渡圆弧的绘制方法。

3.4.1 绘图任务

【例3-31】　打开素材文件“3-31.dwg”，如图 3-72 左图所示。请将左图修改为右图样式。

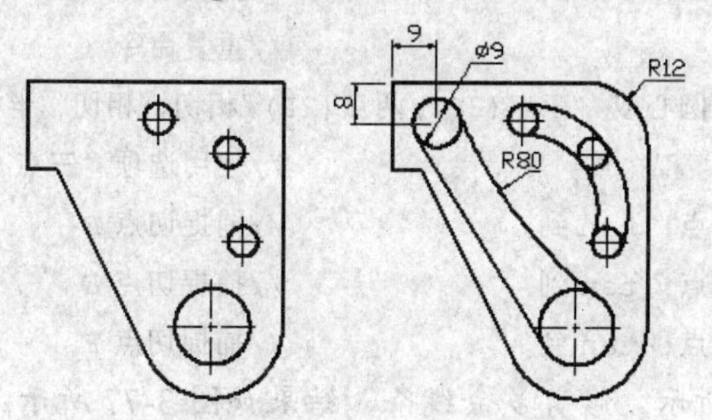

图3-72　画圆及过渡圆弧

(1) 画圆 *A*，如图 3-73 所示。单击【绘图】工具栏上的⊙按钮，AutoCAD 提示如下。

```
命令: _circle 指定圆的圆心或 [三点(3P)/两点(2P)/相切、相切、半径(T)]: from
                                                   //使用正交偏移捕捉
基点: end 于                                        //捕捉端点 B
<偏移>: @9,-8                                       //输入圆心的相对坐标
指定圆的半径或 [直径(D)] <19.5149>: 4.5             //输入圆半径
```

结果如图 3-73 所示。

(2) 画切线 *CD* 及圆弧 *EF*，如图 3-74 所示。

```
命令: _line 指定第一点: tan 到                      //捕捉切点 C
指定下一点或 [放弃(U)]: tan 到                      //捕捉切点 D
指定下一点或 [放弃(U)]:                             //按 Enter 键结束
命令: _circle 指定圆的圆心或 [三点(3P)/两点(2P)/相切、相切、半径(T)]: t
                                                   //使用“相切、相切、半径(T)”选项
```

指定对象与圆的第一个切点： //捕捉切点 *E*

指定对象与圆的第二个切点： //捕捉切点 *F*

指定圆的半径 <4.5000>: 80 //输入圆半径

结果如图 3-74 所示。修剪多余线条，结果如图 3-75 所示。

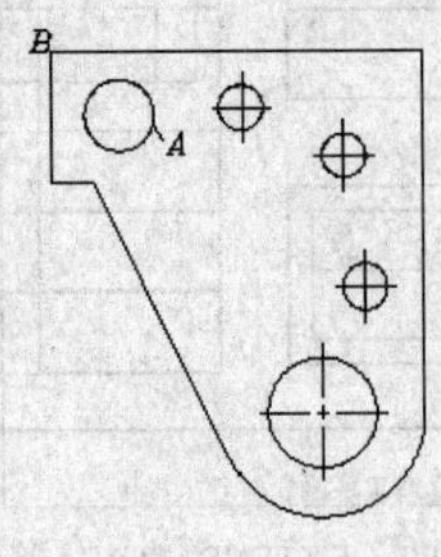

图3-73 画圆

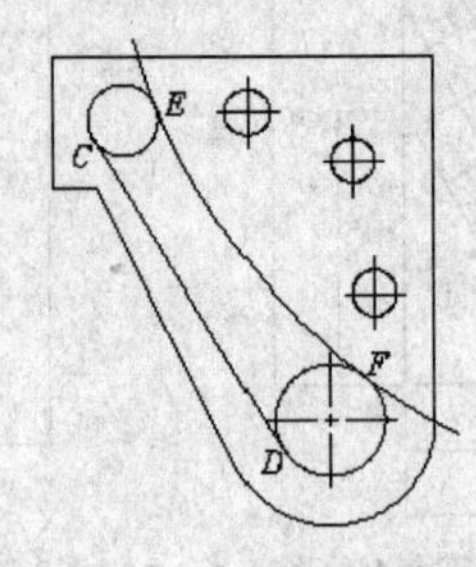

图3-74 画切线及圆弧

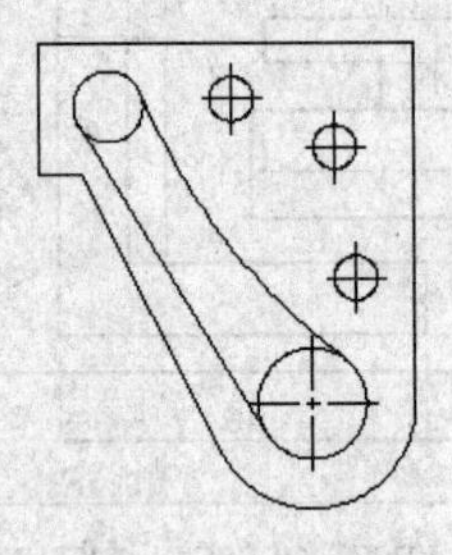

图3-75 修剪结果

(3) 画内切圆和外接圆，如图 3-76 所示。

命令: _circle 指定圆的圆心或 [三点(3P)/两点(2P)/相切、相切、半径(T)]: 3p

//使用 “三点(3P)” 选项

指定圆上的第一个点: tan 到 //捕捉切点 *A*

指定圆上的第二个点: tan 到 //捕捉切点 *B*

指定圆上的第三个点: tan 到 //捕捉切点 *C*

命令: //重复命令

CIRCLE 指定圆的圆心或 [三点(3P)/两点(2P)/相切、相切、半径(T)]: 3p

//使用选项“三点(3P)”

指定圆上的第一个点: tan 到 //捕捉切点 *D*

指定圆上的第二个点: tan 到 //捕捉切点 *E*

指定圆上的第三个点: tan 到 //捕捉切点 *F*

结果如图 3-76 所示。修剪多余线条，结果如图 3-77 所示。

(4) 倒圆角 *K*，如图 3-78 所示。

命令: _fillet

选择第一个对象或 [多段线(P)/半径(R)/修剪(T)]: r //使用选项“半径(R)”

指定圆角半径 <15.0000>: 12 //输入圆半径

选择第一个对象或 [多段线(P)/半径(R)/修剪(T)]: //选择线段 *I*

选择第二个对象: //选择线段 *J*

结果如图 3-78 所示。

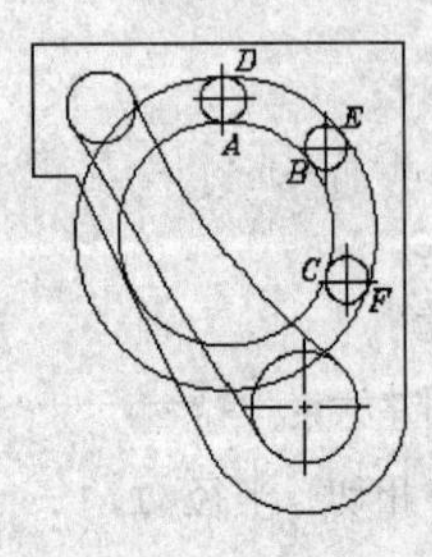

图3-76 画圆

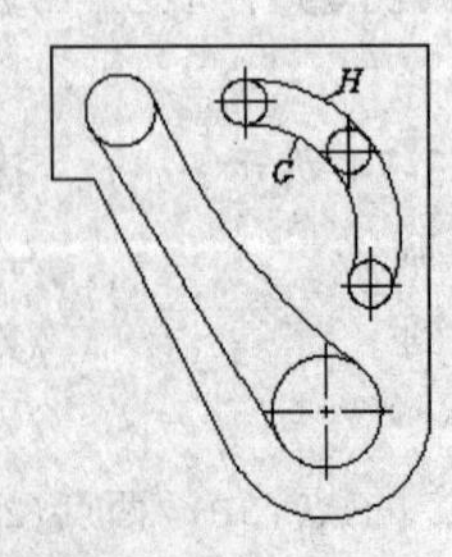

图3-77 修剪结果

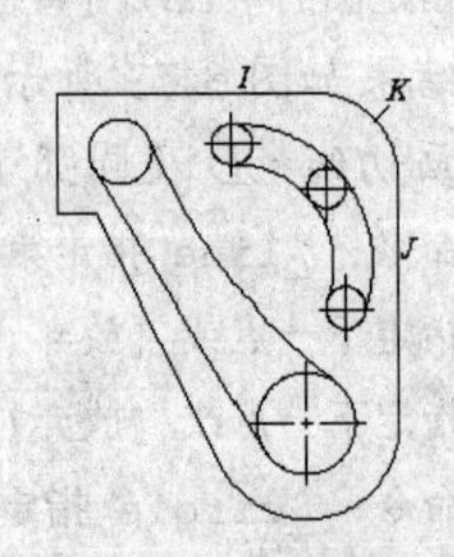

图3-78 倒圆角

3.4.2 画切线

画切线的情况一般有两种。

- 过圆外的一点作圆的切线。
- 绘制两个圆的公切线。

用户可利用 LINE 命令并结合切点捕捉“TAN”来绘制切线。

【例3-32】 画圆的切线。

打开素材文件“3-32.dwg”，如图 3-79 左图所示。用 LINE 命令将左图修改为右图样式。

```
命令: _line 指定第一点: end 于 //捕捉端点 A，如图 3-79 所示
指定下一点或 [放弃(U)]: tan 到 //捕捉切点 B
指定下一点或 [放弃(U)]:         //按 Enter 键结束
命令:                           //重复命令
LINE 指定第一点: end 于         //捕捉端点 C
指定下一点或 [放弃(U)]: tan 到 //捕捉切点 D
指定下一点或 [放弃(U)]:         //按 Enter 键结束
命令:                           //重复命令
LINE 指定第一点: tan 到         //捕捉切点 E
指定下一点或 [放弃(U)]: tan 到 //捕捉切点 F
指定下一点或 [放弃(U)]:         //按 Enter 键结束
命令:                           //重复命令
LINE 指定第一点: tan 到         //捕捉切点 G
指定下一点或 [放弃(U)]: tan 到 //捕捉切点 H
指定下一点或 [放弃(U)]:         //按 Enter 键结束
```

结果如图 3-79 右图所示。

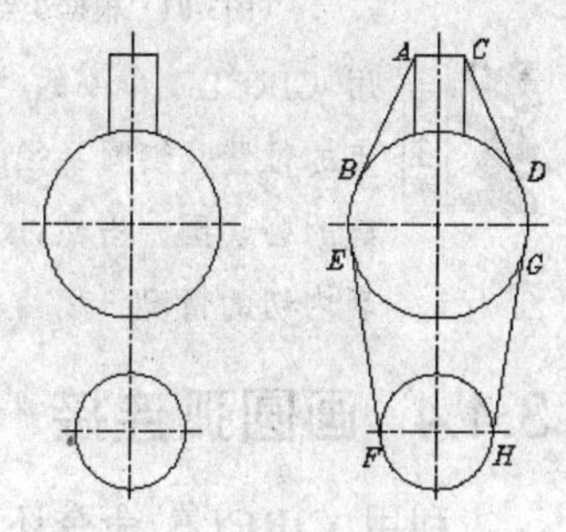

图3-79　画切线

3.4.3 画圆

用 CIRCLE 命令绘制圆，默认的画圆方法是指定圆心和半径。此外，还可通过两点或三点画圆。

1. 命令启动方法

- 下拉菜单:【绘图】/【圆】。
- 工具栏:【绘图】工具栏上的⊙按钮。
- 命令: CIRCLE 或简写 C。

【例3-33】 练习 CIRCLE 命令的使用。

```
命令: _circle 指定圆的圆心或 [三点(3P)/两点(2P)/相切、相切、半径(T)]:
                                                  //指定圆心，如图 3-80 所示
指定圆的半径或 [直径(D)] <16.1749>:20             //输入圆半径
```

结果如图 3-80 所示。

2. **命令选项**

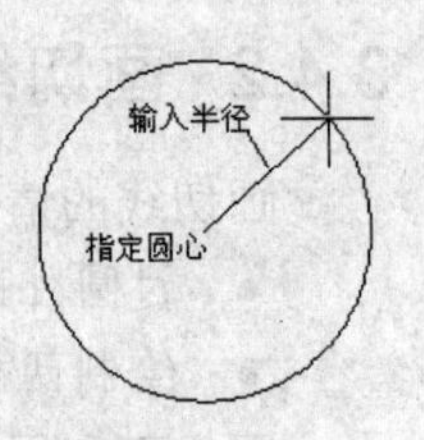

图3-80 画圆

- 指定圆的圆心：默认选项。输入圆心坐标或拾取圆心后，AutoCAD 提示输入圆半径或直径值。
- 三点(3P)：输入 3 个点绘制圆周，如图 3-81 所示。
- 两点(2P)：指定直径的两个端点画圆。
- 相切、相切、半径(T)：选取与圆相切的两个对象，然后输入圆半径，如图 3-82 所示。

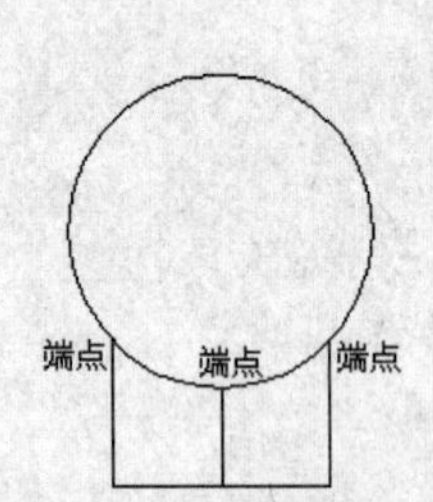

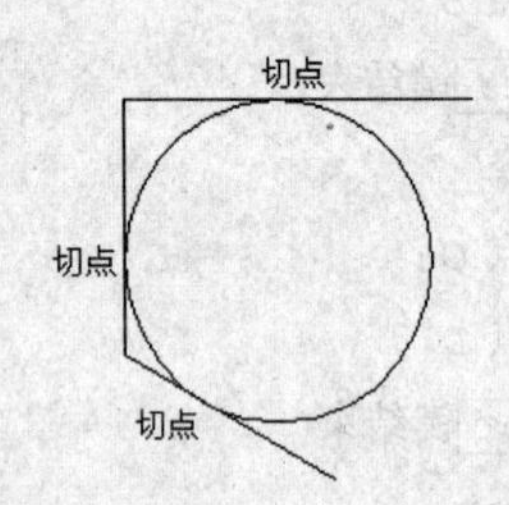

图3-81 根据 3 点画圆

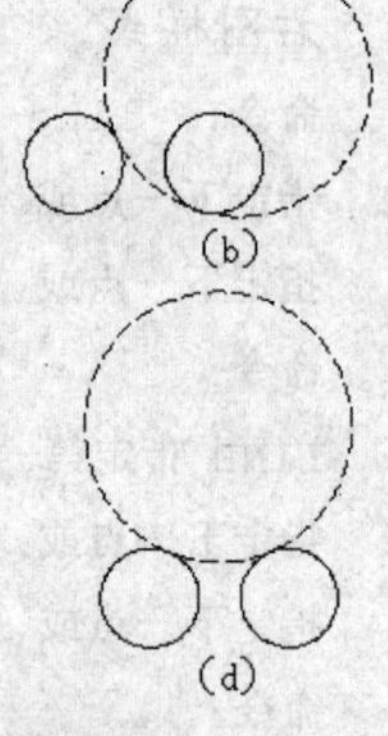

图3-82 绘制公切圆

用 CIRCLE 命令的“相切、相切、半径(T)”选项绘制公切圆时，相切的情况常常取决于所选切点的位置及切圆半径的大小。图 3-82 中的（a）、（b）、（d）图显示了在不同位置选择切点时所创建的公切圆。当然，对于图（a）、图（b）两种相切形式，公切圆半径不能太小，否则将不能出现内切的情况。

3.4.4 画圆弧连接

利用 CIRCLE 命令还可绘制各种圆弧连接，下面的练习将演示用 CIRCLE 命令绘制圆弧连接的方法。

【例3-34】 打开素材文件“3-34.dwg”，如图 3-83 左图所示。用 CIRCLE 命令将左图修改为右图样式。

```
命令: _circle 指定圆的圆心或 [三点(3P)/两点(2P)/相切、相切、半径(T)]: 3p
                                    //利用“3P”选项画圆 M，如图 3-83 所示
指定圆上的第一点: tan 到            //捕捉切点 A
指定圆上的第二点: tan 到            //捕捉切点 B
指定圆上的第三点: tan 到            //捕捉切点 C
命令:                               //重复命令
CIRCLE 指定圆的圆心或 [三点(3P)/两点(2P)/相切、相切、半径(T)]: t
                                    //利用“T”选项画圆 N
在对象上指定一点作圆的第一条切线:   //捕捉切点 D
在对象上指定一点作圆的第二条切线:   //捕捉切点 E
指定圆的半径 <10.8258>: 15          //输入圆半径
```

```
命令:                                            //重复命令
CIRCLE 指定圆的圆心或 [三点(3P)/两点(2P)/相切、相切、半径(T)]: t
                                                 //利用“T”选项画圆 O
在对象上指定一点作圆的第一条切线:                //捕捉切点 F
在对象上指定一点作圆的第二条切线:                //捕捉切点 G
指定圆的半径 <15.0000>: 30                       //输入圆半径
```

修剪多余线条，结果如图 3-83 右图所示。

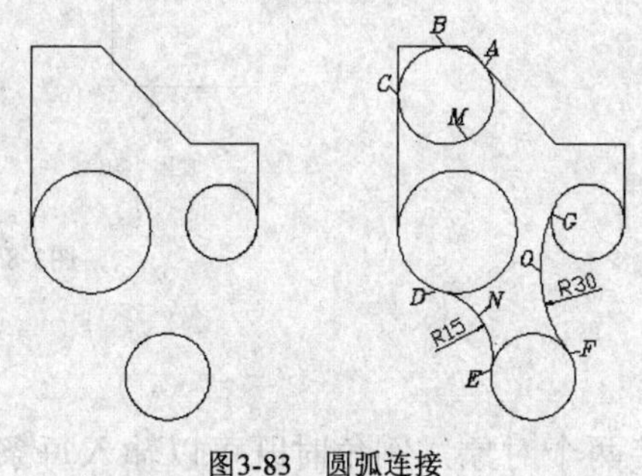

图3-83　圆弧连接

当绘制与两圆相切的圆弧时，在圆的不同位置拾取切点，将画出内切或外切的圆弧。

3.4.5 倒圆角

倒圆角是利用指定半径的圆弧光滑地连接两个对象，操作的对象包括直线、多段线、样条线、圆、圆弧等。对于多段线可一次将多段线的所有顶点都光滑地过渡（在第 6 章中将详细介绍多段线）。

1. 命令启动方法

- 下拉菜单：【修改】/【圆角】。
- 工具栏：【修改】工具栏上的按钮。
- 命令：FILLET 或简写 F。

【例3-35】　练习 FILLET 命令的使用。

打开素材文件“3-35.dwg”，如图 3-84 左图所示。下面用 FILLET 命令将左图修改为右图样式。

```
命令: _fillet
选择第一个对象或 [多段线(P)/半径(R)/修剪(T)]: r //设置圆角半径
指定圆角半径 <3.0000>: 5                        //输入圆角半径值
选择第一个对象或 [多段线(P)/半径(R)/修剪(T)]:   //选择要圆角的第一个对象，
                                                  如图 3-84 左图所示
选择第二个对象:                                 //选择要圆角的第 2 个对象
```

结果如图 3-84 右图所示。

2. 命令选项

- 多段线(P)：选择多段线后，AutoCAD 对多段线每个顶点进行倒圆角操作，如

图 3-85 左图所示。

- 半径(R)：设定圆角半径。若圆角半径为 0，则系统将使被修剪的两个对象交于一点。
- 修剪(T)：指定倒圆角操作后是否修剪对象，如图 3-85 右图所示。

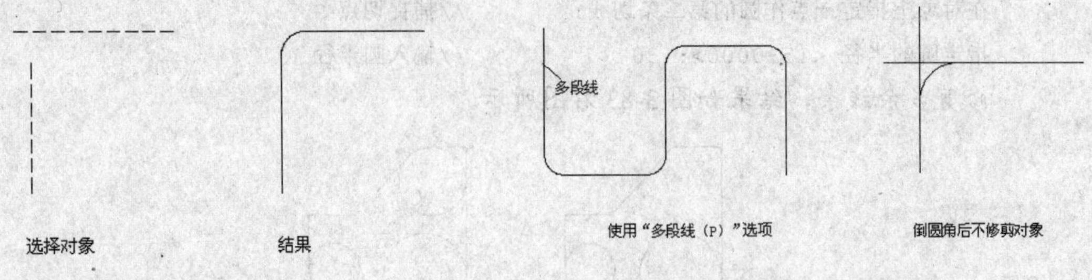

图3-84 倒圆角

图3-85 倒圆角的两种情况

3.4.6 倒斜角

倒斜角使用一条斜线连接两个对象，倒角时既可以输入每条边的倒角距离，也可以指定某条边上倒角的长度及与此边的夹角。使用 CHAMFER 命令时，还可以设定是否修剪被倒角的两个对象。

1. 命令启动方法

- 下拉菜单：【修改】/【倒角】。
- 工具栏：【修改】工具栏上的按钮。
- 命令：CHAMFER 或简写 CHA。

【例3-36】 练习 CHAMFER 命令的使用。

打开素材文件“3-36.dwg”，如图 3-86 左图所示。下面用 CHAMFER 命令将左图修改为右图样式。

```
命令: _chamfer
选择第一条直线或 [多段线(P)/距离(D)/角度(A)/修剪(T)/方法(M)]: d
                                          //设置倒角距离
指定第一个倒角距离 <10.0000>: 5              //输入第一个边的倒角距离
指定第二个倒角距离 <5.0000>: 8               //输入第二个边的倒角距离
选择第一条直线或 [多段线(P)/距离(D)/角度(A)/修剪(T)/方法(M)]:
                                          //选择第一个倒角边，如图 3-86 左图所示
选择第二条直线:                              //选择第二个倒角边
```

结果如图 3-86 右图所示。

2. 命令选项

- 多段线(P)：选择多段线后，AutoCAD 将对多段线每个顶点执行倒斜角操作，如图 3-87 左图所示。
- 距离(D)：设定倒角距离。若倒角距离为 0，则系统将使被倒角的两个对象交于一点。
- 角度(A)：指定倒角角度，如图 3-87 右图所示。

- 修剪(T)：设置倒斜角时是否修剪对象。该选项与 FILLET 命令的"修剪(T)"选项相同。
- 方法(M)：设置使用两个倒角距离，还是一个距离一个角度来创建倒角，如图 3-87 右图所示。

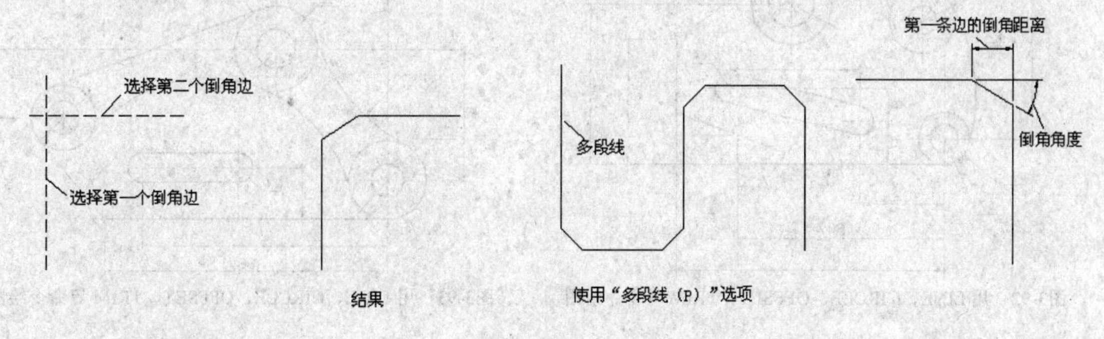

图3-86　倒斜角　　　　图3-87　倒斜角的两种情况

3.4.7 实战提高

【例3-37】 绘制如图 3-88 所示的图形。

(1) 画圆 *A*、*B*、*C*、*D*，如图 3-89 所示。圆 *B*、*D* 的圆心可利用正交偏移捕捉（FROM）确定。

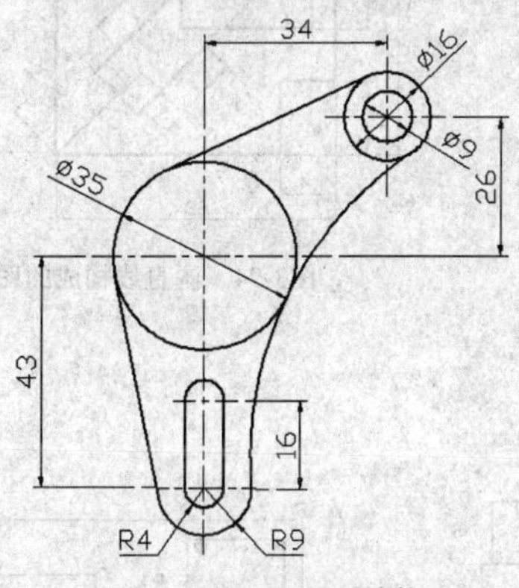

图3-88　画圆及圆弧连接

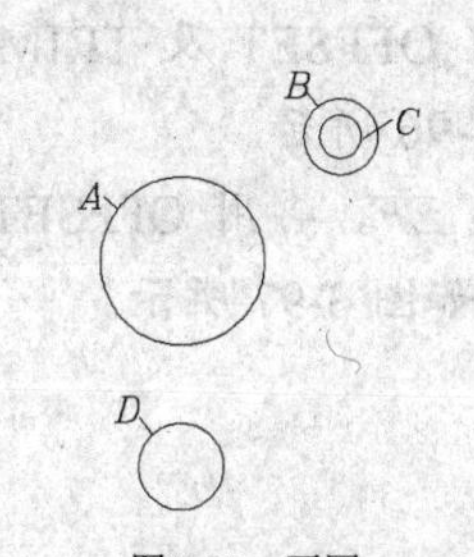

图3-89　画圆

(2) 画切线 *E*、*F* 及过渡圆弧，如图 3-90 左图所示。修剪多余线条，结果如图 3-90 右图所示。

(3) 画圆 *G*、*H* 及两圆的切线，如图 3-91 左图所示。修剪多余线条，结果如图 3-91 右图所示。

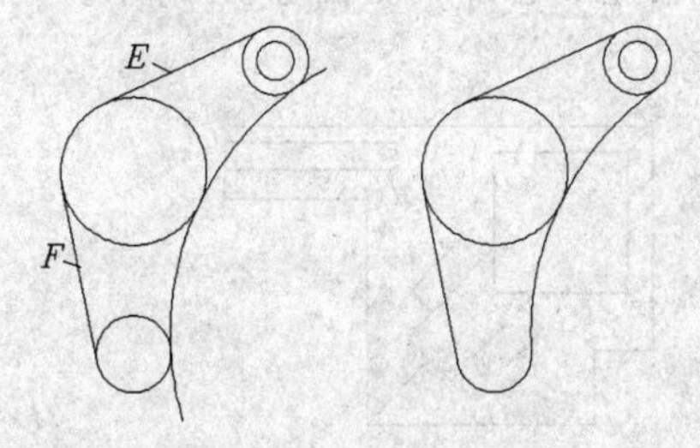

图3-90　画切线及过渡圆弧

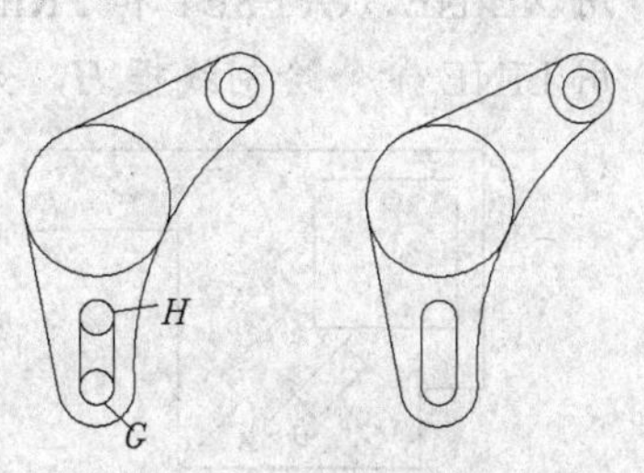

图3-91　画圆及切线

【例3-38】 用 LINE、CIRCLE、OFFSET、TRIM 等命令绘制图形，如图 3-92 所示。

【例3-39】 用 LINE、CIRCLE、OFFSET、TRIM 等命令绘制图形，如图 3-93 所示。

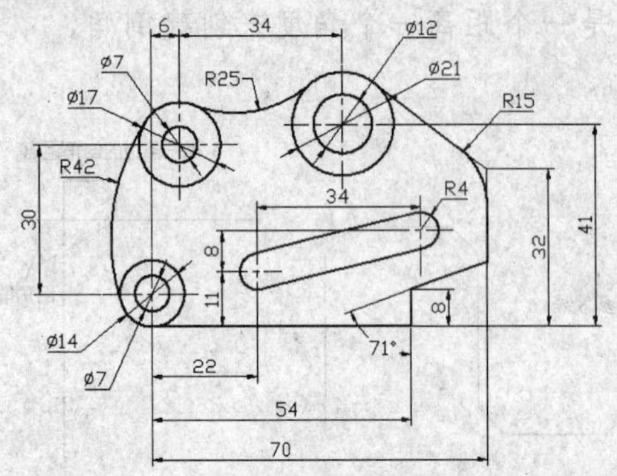

图3-92 用 LINE、CIRCLE、OFFSET、TRIM 等命令绘图

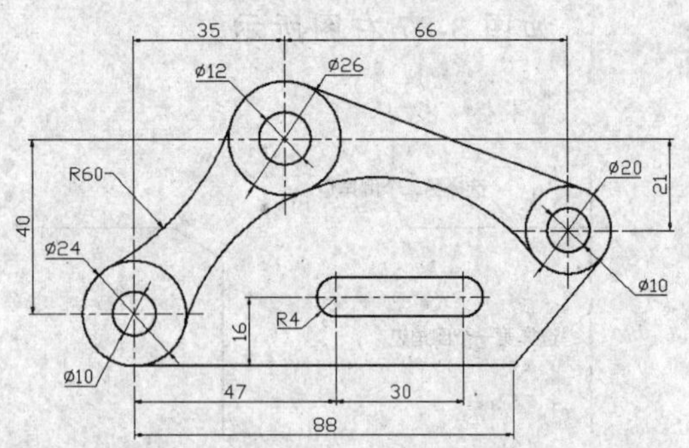

图3-93 用 LINE、CIRCLE、OFFSET、TRIM 等命令绘图

3.5 综合练习 1——画直线及圆弧构成的图形

【例3-40】 绘制如图 3-94 所示的图形。

(1) 打开极轴追踪、对象捕捉及捕捉追踪功能。设置极轴追踪角度增量为 90°；设定对象捕捉方式为端点、交点；设置仅沿正交方向进行捕捉追踪。

(2) 画两条水平及竖直的作图基准线 *A*、*B*，如图 3-95 所示。

(3) 使用 OFFSET 及 TRIM 命令绘制线框 *C*，如图 3-96 所示。

(4) 连线 *EF*，再用 OFFSET 及 TRIM 命令画线框 *G*，如图 3-97 所示。

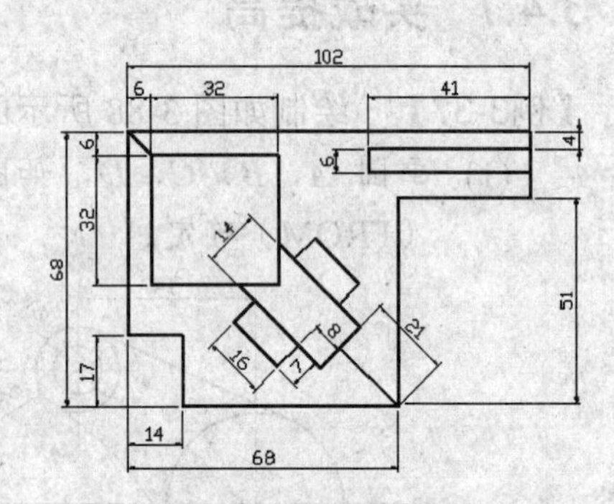

图3-94 画直线构成的图形

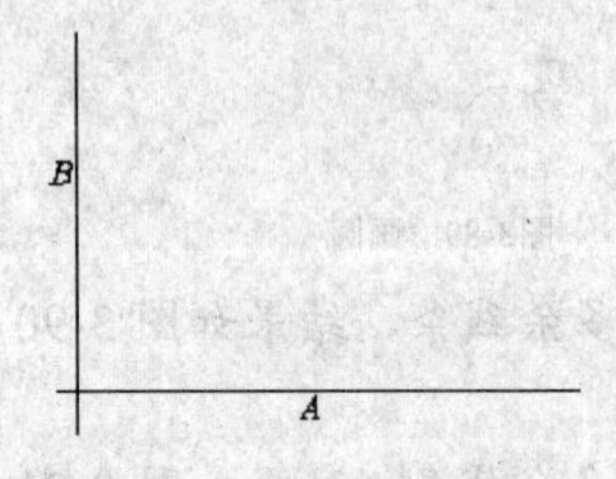

图3-95 画作图基准线

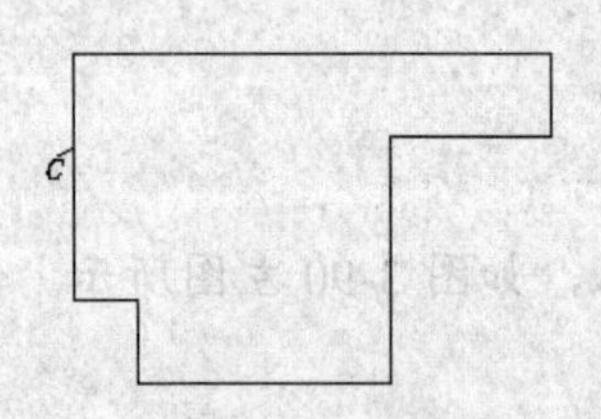

图3-96 画线框 *C*

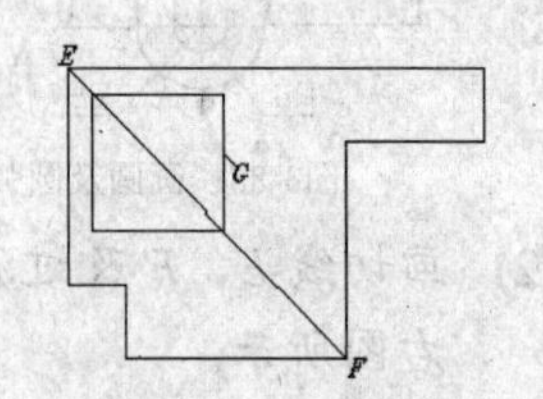

图3-97 画线框 *G*

(5) 用 XLINE、OFFSET 和 TRIM 命令绘制线段 *A*、*B*、*C* 等，如图 3-98 所示。

(6) 用 LINE 命令绘制线框 *H*，如图 3-99 所示。

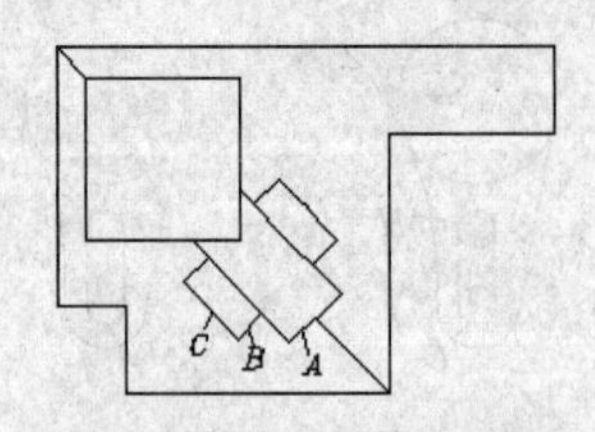

图3-98 画线段 *A*、*B*、*C* 等

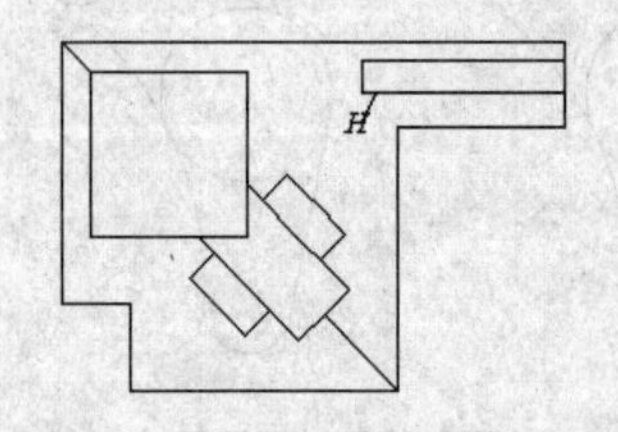

图3-99 画线框 *H*

【例3-41】 用 LINE、CIRCLE、OFFSET、TRIM 等命令绘图，如图 3-100 所示。

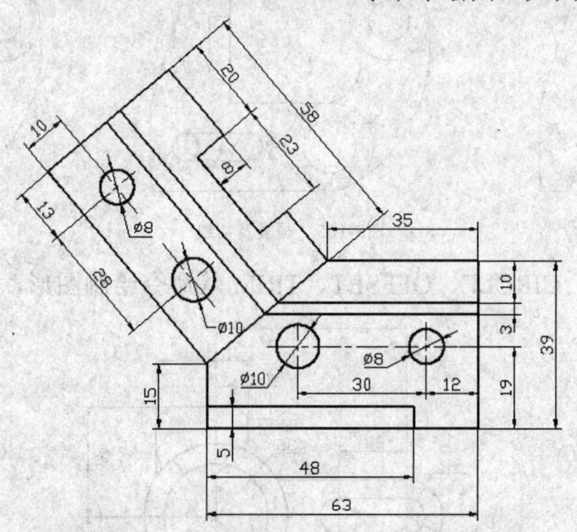

图3-100 用 LINE、CIRCLE、OFFSET、TRIM 等命令绘图

3.6 综合练习 2——画直线及圆弧连接

【例3-42】 绘制如图 3-101 所示的图形。

(1) 打开极轴追踪、对象捕捉及捕捉追踪功能。设置极轴追踪角度增量为 90°；设定对象捕捉方式为端点、圆心、交点；设置仅沿正交方向进行捕捉追踪。

(2) 画圆 *A*、*B*、*C*、*D*，如图 3-102 所示。圆 *C*、*D* 的圆心可利用正交偏移捕捉确定。

(3) 利用 CIRCLE 命令的“相切、相切、半径(T)”选项画过渡圆弧 *E*、*F*，如图 3-103 所示。

(4) 用 LINE 命令绘制线段 *G*、*H*、*I* 等，如图 3-104 所示。

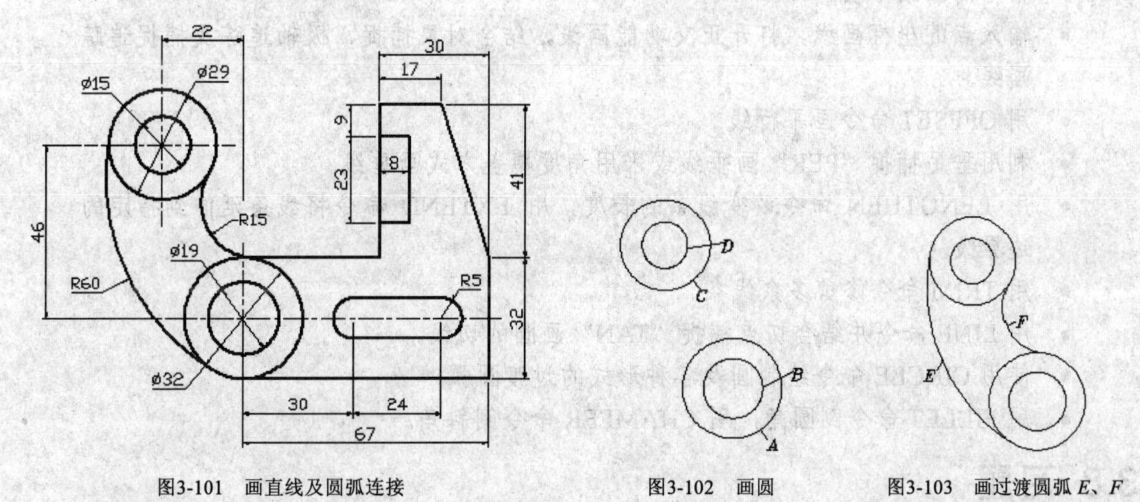

图3-101 画直线及圆弧连接　　图3-102 画圆　　图3-103 画过渡圆弧 *E*、*F*

(5) 画圆 *A*、*B* 及两条切线 *C*、*D*，如图 3-105 所示。修剪多余线条，结果如图 3-106 所示。

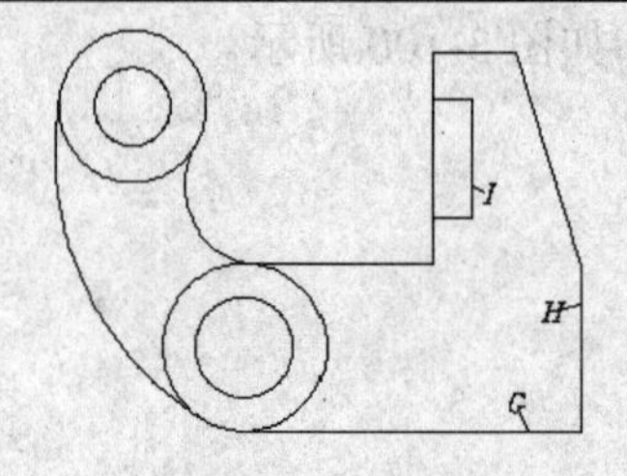

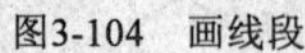
图3-104　画线段

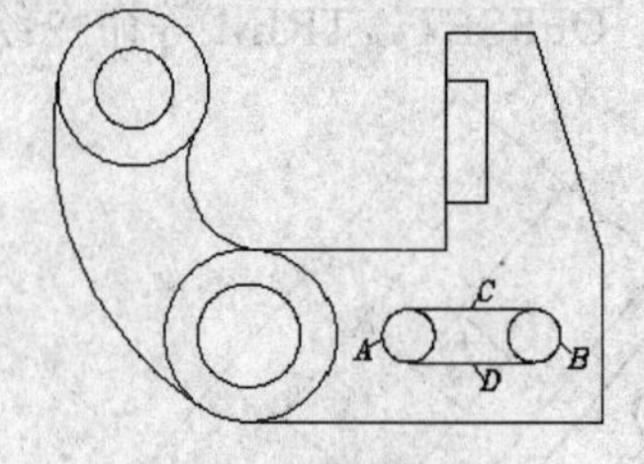

图3-105　画圆及切线

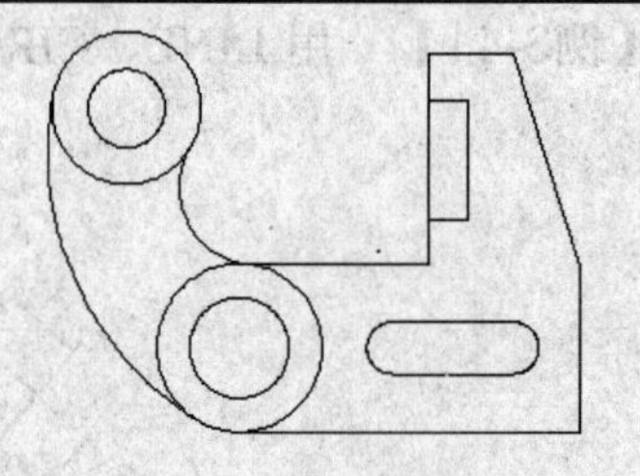

图3-106　修剪多余线条

【例3-43】　用 LINE、CIRCLE、OFFSET、TRIM 等命令绘制图形，如图 3-107 所示。

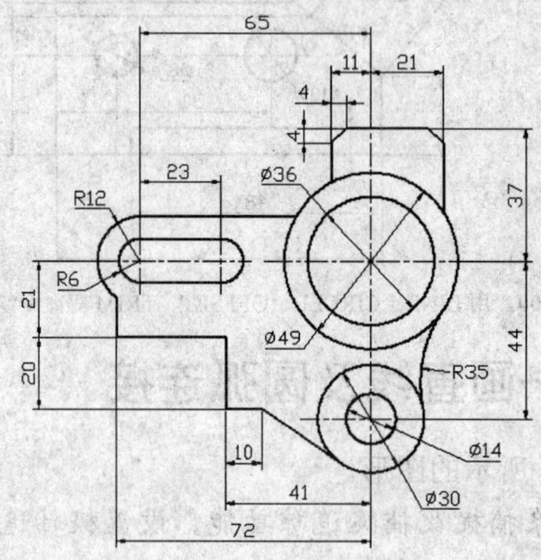

图3-107　用 LINE、CIRCLE、OFFSET、TRIM 等命令绘图

3.7 小结

本章主要内容总结如下。

- 输入点的绝对坐标和相对坐标。
- 常用的画线方法。
- 输入点的坐标画线，打开正交功能画线，结合对象捕捉、极轴追踪及捕捉追踪画线。
- 用 OFFSET 命令画平行线。
- 利用垂足捕捉“PER”画垂线或采用角度覆盖方式画垂线。
- 用 LENGTHEN 命令改变线条的长度，用 EXTEND 命令将线条延伸到指定的边界线。
- 用 TRIM 命令修剪多余线条。
- 用 LINE 命令并结合切点捕捉“TAN”画圆的切线。
- 使用 CIRCLE 命令绘制圆及各种形式的过渡圆弧。
- 用 FILLET 命令倒圆角，用 CHAMFER 命令倒斜角。

3.8 习题

1. 利用点的绝对或相对直角坐标绘制如图 3-108 所示的图形。
2. 绘制如图 3-109 所示的图形。

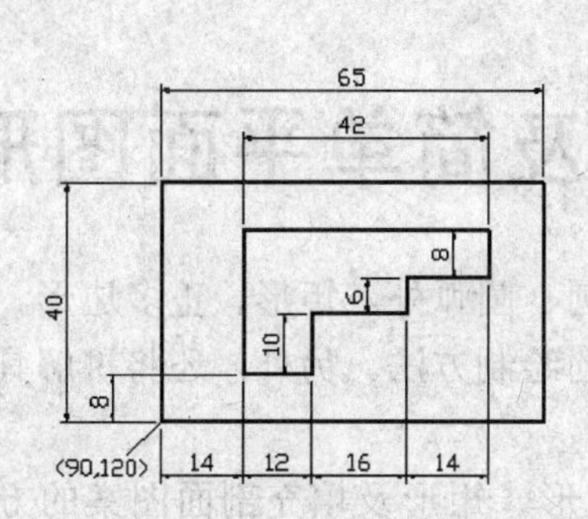

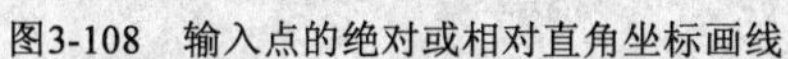

图3-108　输入点的绝对或相对直角坐标画线

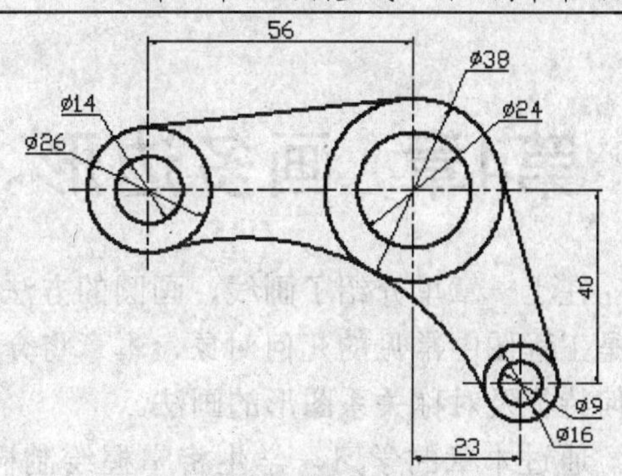

图3-109　画切线及圆弧连接

3.　打开极轴追踪、对象捕捉及自动追踪功能画线，如图 3-110 所示。

4.　用 OFFSET、TRIM 等命令绘制如图 3-111 所示的图形。

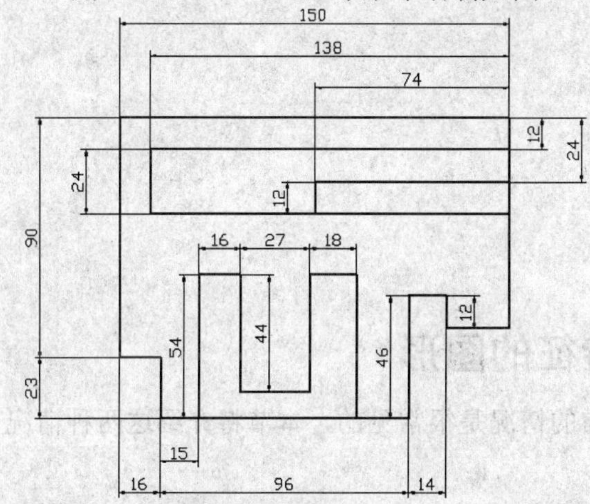

图3-110　打开极轴追踪、对象捕捉及捕捉追踪功能画线

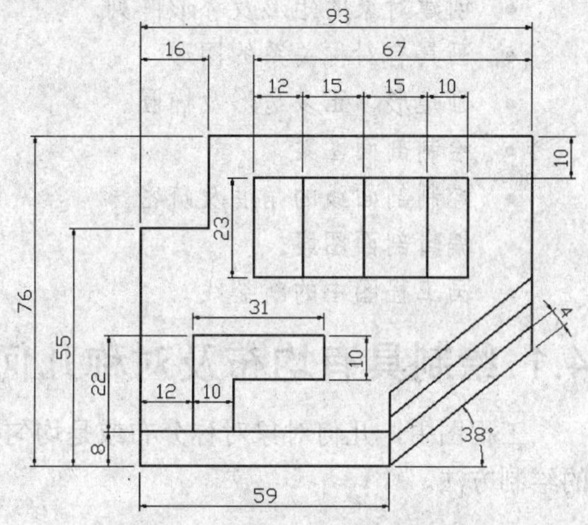

图3-111　用 OFFSET、TRIM 等命令画图

5.　绘制如图 3-112 所示的图形。

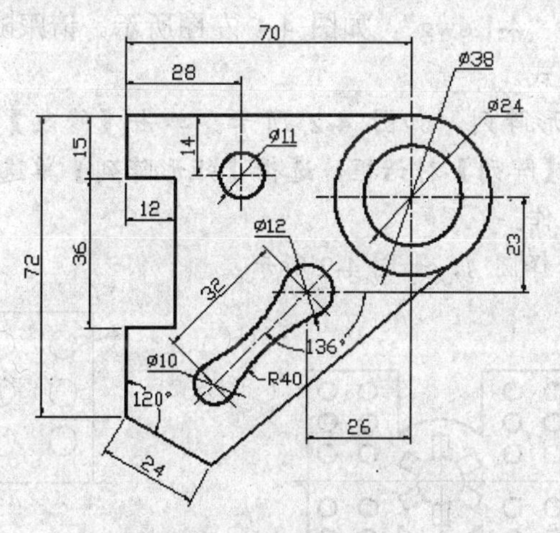

图3-112　画圆和线段

第4章 画多边形、椭圆及简单平面图形

在上一章里介绍了画线、画圆的方法，除直线、圆、圆弧外，矩形、正多边形、椭圆等也是工程图中常见的几何对象，本章将介绍这些对象的绘制方法。另外，还将讲解具有均布几何特征及对称关系图形的画法。

通过本章的学习，学生将掌握绘制椭圆、正多边形、矩形及填充剖面图案的方法。此外，还应学会如何创建均布及对称的几何特征。

本章学习目标

- 创建对象的矩形及环形阵列。
- 画具有对称关系的图形。
- 画矩形、正多边形及椭圆。
- 绘制剖面图案。
- 控制剖面线的角度及疏密。
- 编辑剖面图案。
- 画工程图中的断裂线。

4.1 绘制具有均布及对称几何特征的图形

工程图中，几何对象对称分布或是均匀分布的情况是很常见的，本节将介绍这两种情况的绘制方法。

4.1.1 绘图任务

【例4-1】 打开素材文件“4-1.dwg”，如图 4-1 左图所示。请跟随以下的操作步骤，将左图修改为右图样式。

(1) 创建圆 *A* 的矩形阵列，如图 4-2 所示。单击【修改】工具栏上的按钮，AutoCAD 打开【阵列】对话框，选择【矩形阵列】单选项，如图 4-3 所示。然后完成以下工作。

① 单击按钮，选择圆 *A*，如图 4-2 所示。

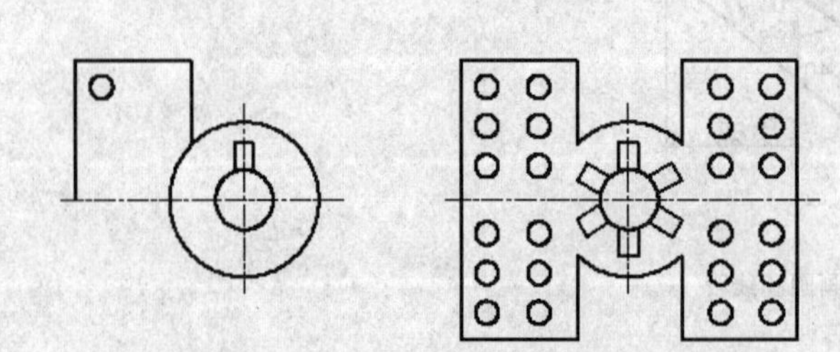

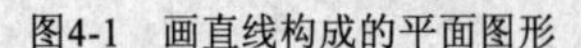

图4-1 画直线构成的平面图形

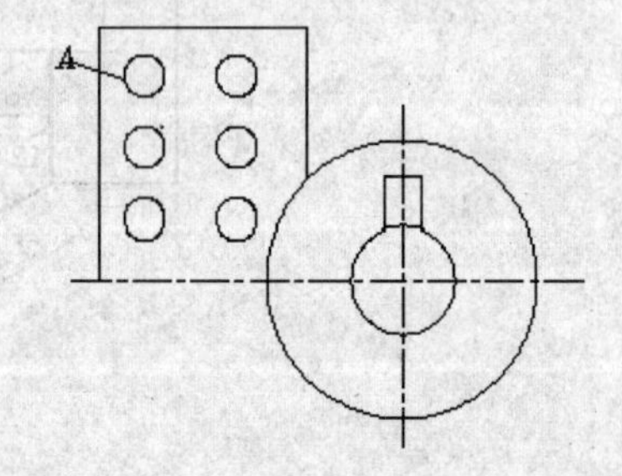

图4-2 矩形阵列

② 在【行】文本框中输入行数“3”；在文本框“列”中输入列数“2”，如图 4-3 所示。

③ 在【行偏移】文本框中输入行间距“-12”；在【列偏移】文本框中输入列间距“16”，如图4-3所示。

(2) 单击 确定 按钮，结果如图4-2所示。

(3) 创建线框 B 的环形阵列，如图4-4所示。单击【修改】工具栏上的按钮，打开【阵列】对话框，选中【环形阵列】单选项，如图4-4所示。然后完成以下工作。

① 单击按钮，选择线框 B，如图4-5所示。

② 单击【中心点】对应的按钮，指定圆心 C 为阵列中心点，如图4-5所示。

③ 在【项目总数】文本框中输入阵列数目“6”；在【填充角度】文本框中输入环形阵列分布的角度“360”，如图4-4所示。

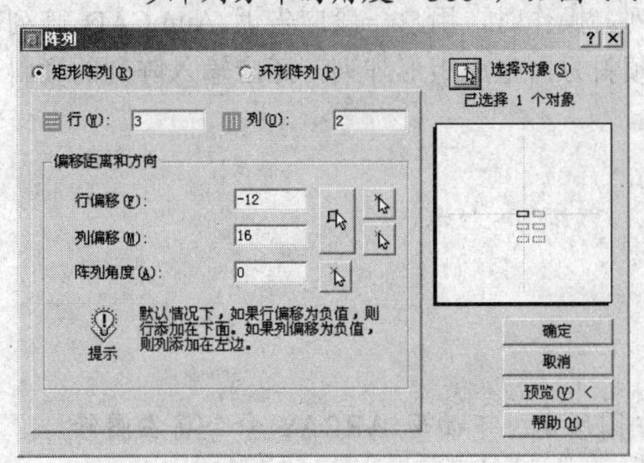

图4-3 【阵列】对话框（1）

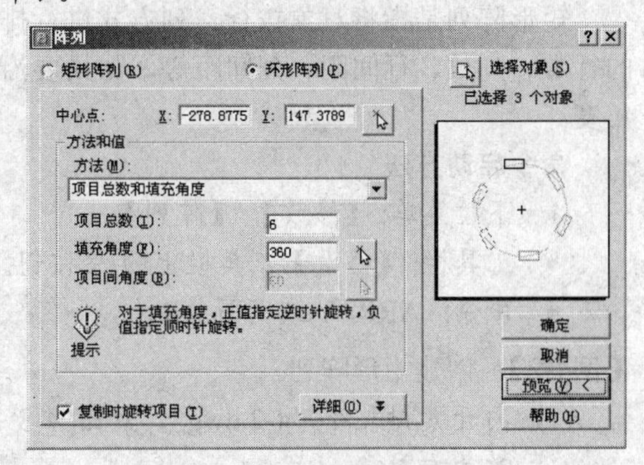

图4-4 【阵列】对话框（2）

(4) 单击 确定 按钮，结果如图4-5所示。

(5) 镜像对象，如图4-6所示。单击【修改】工具栏上的按钮，AutoCAD提示如下。

```
命令: _mirror
选择对象: 指定对角点: 找到 9 个            //选择 6 个小圆及线框 D，如图 4-6 所示
选择对象:                                  //按 Enter 键
指定镜像线的第一点: end 于                 //捕捉端点 E
指定镜像线的第二点: end 于                 //捕捉端点 F
是否删除源对象? [是(Y)/否(N)] <N>:         //按 Enter 键结束
```

结果如图4-6所示。

(6) 单击【修改】工具栏上的按钮，AutoCAD提示如下。

```
命令: _mirror
选择对象: 指定对角点: 找到 9 个            //选择 12 个小圆及线框 G，如图 4-7 所示
选择对象:                                  //按 Enter 键
指定镜像线的第一点: end 于                 //捕捉端点 H
指定镜像线的第二点: end 于                 //捕捉端点 I
是否删除源对象? [是(Y)/否(N)] <N>:         //按 Enter 键结束
```

再修剪多余线条，结果如图4-7所示。

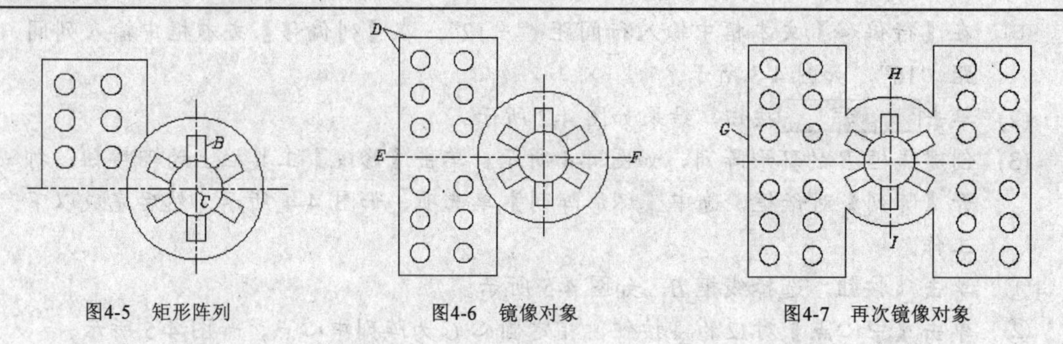

图4-5　矩形阵列　　图4-6　镜像对象　　图4-7　再次镜像对象

4.1.2 矩形阵列对象

矩形阵列是指将对象按行、列方式进行排列。操作时，用户一般应告诉 AutoCAD 阵列的行数、列数、行间距、列间距等，如果要沿倾斜方向生成矩形阵列，还应输入阵列的倾斜角度。

命令启动方法

- 下拉菜单：【修改】/【阵列】。
- 工具栏：【修改】工具栏上的按钮。
- 命令：ARRAY 或简写 AR。

【例4-2】 创建矩形阵列。

(1) 打开素材文件“4-2.dwg”，如图 4-8 左图所示。下面用 ARRAY 命令将左图修改为右图。

(2) 启动 ARRAY 命令，AutoCAD 弹出【阵列】对话框，在该对话框中选择【矩形阵列】单选项，如图 4-9 所示。

(3) 单击按钮，AutoCAD 提示：“选择对象”，选择要阵列的图形对象 *A*，如图 4-8 左图所示。

(4) 分别在【行】、【列】文本框中输入阵列的行数“2”及列数“3”，如图 4-9 所示。“行”的方向与坐标系的 *x* 轴平行，“列”的方向与 *y* 轴平行。

(5) 分别在【行偏移】、【列偏移】文本框中输入行间距“－18”及列间距“20”，如图 4-9 所示。行、列间距的数值可为正或负。若是正值，则 AutoCAD 沿 *x*、*y* 轴的正方向形成阵列；否则，沿反方向形成阵列。

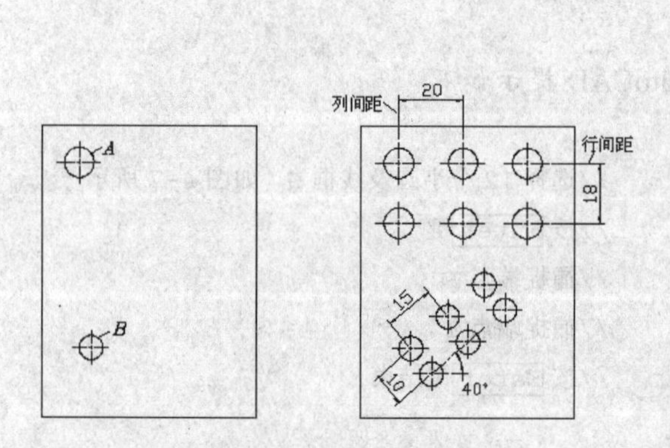

图4-8　矩形阵列

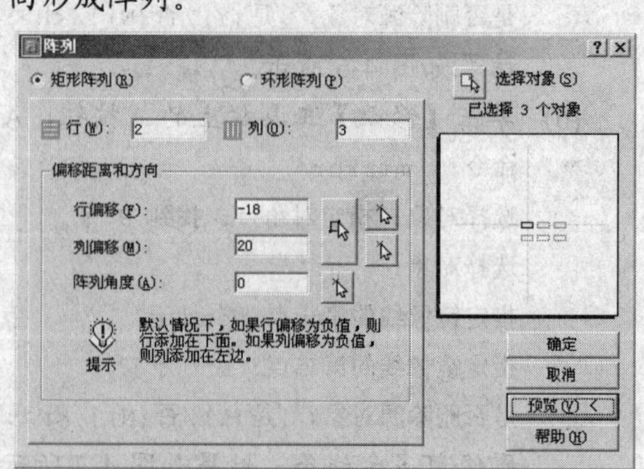

图4-9　【阵列】对话框

(6) 在【阵列角度】文本框中输入阵列方向与 x 轴的夹角"0"，如图 4-9 所示。该角度逆时针为正，顺时针为负。

(7) 单击 预览(V) < 按钮，用户可预览阵列效果。

(8) 单击 确定 按钮，结果如图 4-8 右图所示。

(9) 再沿倾斜方向创建对象 *B* 的矩形阵列，如图 4-8 右图所示。阵列参数为行数"2"、列数"3"、行间距"-10"、列间距"15"、阵列角度"40°"。

4.1.3 环形阵列对象

环行阵列是指把对象绕阵列中心等角度均匀分布。决定环行阵列的主要参数有阵列中心、阵列总角度及阵列数目。此外，也可通过输入阵列总数及每个对象间的夹角生成环行阵列。

命令启动方法

- 下拉菜单:【修改】/【阵列】。
- 工具栏:【修改】工具栏上的 按钮。
- 命令: ARRAY 或简写 AR。

【例4-3】 创建环形阵列。

(1) 打开素材文件"4-3.dwg"，如图 4-10 左图所示。下面用 ARRAY 命令将左图修改为右图样式。

(2) 启动 ARRAY 命令，AutoCAD 弹出【阵列】对话框，在该对话框中选择【环形阵列】单选项，如图 4-11 所示。

(3) 单击 按钮，AutoCAD 提示:"选择对象"，选择要阵列的图形对象 *A*，如图 4-10 所示。

(4) 单击【中心点】对应的 按钮，AutoCAD 切换到绘图窗口，然后在屏幕上指定阵列中心。此外，也可直接在【X:】、【Y:】文本框中输入中心点的坐标值。

(5) 【方法】下拉列表中提供了 3 种创建环形阵列的方法，选择其中一种，AutoCAD 列出需设定的参数。默认情况下，"项目总数和填充角度"是当前选项，此时，需输入的参数有项目总数和填充角度。

(6) 在【项目总数】文本框中输入环形阵列的数目；在【填充角度】文本框中输入阵列分布的总角度值，如图 4-11 所示。若阵列角度为正，则 AutoCAD 沿逆时针方向创建阵列；否则，按顺时针方向创建阵列。

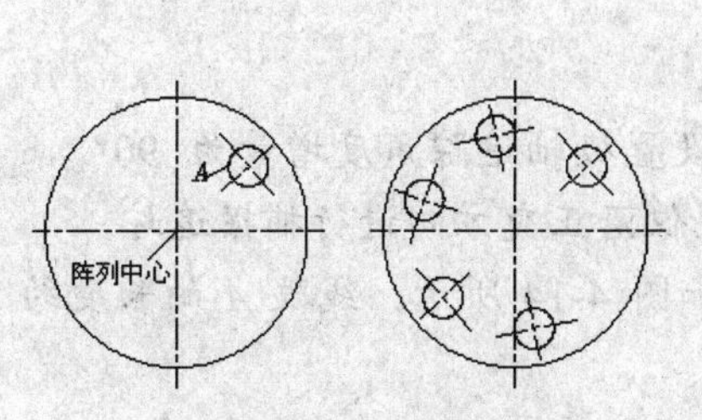

图4-10 环行阵列

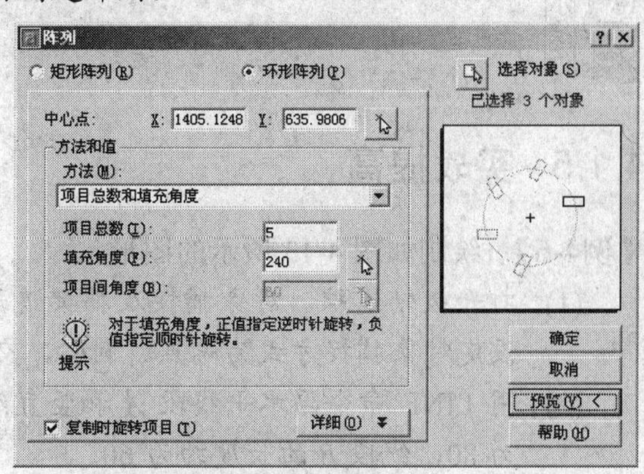

图4-11 【阵列】对话框

(7) 单击 预览(V) < 按钮，预览阵列效果。

(8) 单击 确定 按钮，结果如图 4-10 右图所示。

4.1.4 镜像对象

对于对称图形，用户只需画出图形的一半，另一半可由 MIRROR 命令镜像出来。操作时，先告诉 AutoCAD 要对哪些对象进行镜像，然后再指定镜像线位置即可。

命令启动方法

- 下拉菜单：【修改】/【镜像】。
- 工具栏：【修改】工具栏上的⚠按钮。
- 命令：MIRROR 或简写 MI。

【例4-4】 练习 MIRROR 命令的使用。

打开素材文件"4-4.dwg"，如图 4-12 左图所示。下面用 MIRROR 命令将左图修改为右图样式。

```
命令: _mirror
选择对象: 指定对角点: 找到 13 个                //选择镜像对象，如图 4-12 所示
选择对象:                                       //按 Enter 键
指定镜像线的第一点:                              //拾取镜像线上的第一点
指定镜像线的第二点:                              //拾取镜像线上的第二点
是否删除源对象? [是(Y)/否(N)] <N>:              //按 Enter 键，镜像时不删除源对象
```

结果如图 4-12 所示，该图中还显示了镜像时删除源对象的结果。

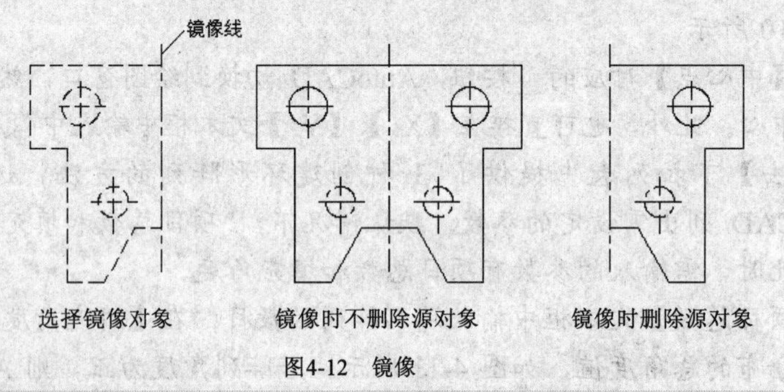

图4-12 镜像

当对文字及属性进行镜像操作时可能会使它们被倒置，要避免这一点，需将 MIRRTEXT 系统变量设置为 0。

4.1.5 实战提高

【例4-5】 绘制如图 4-13 所示的图形。

(1) 打开极轴追踪、对象捕捉及捕捉追踪功能。设置极轴追踪角度增量为 90°，设定对象捕捉方式为端点、圆心、交点，设置仅沿正交方向进行捕捉追踪。

(2) 用 LINE 命令画水平线段 *A* 和竖直线段 *B*，如图 4-14 所示。线段 *A* 的长度约为 80，线段 *B* 的长度约为 60。

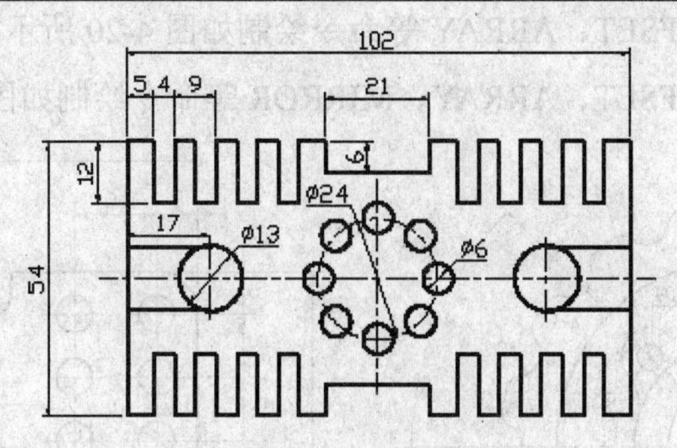

图4-13　创建矩形和环形阵列

(3) 用 OFFSET 命令画平行线 *C*、*D*、*E*、*F*，如图 4-15 所示。

① 向上偏移线段 *A* 生成线段 *C*，偏移距离为 27。

② 向下偏移线段 *C* 生成线段 *D*，偏移距离为 6。

③ 向左偏移线段 *B* 生成线段 *E*，偏移距离为 51。

④ 向左偏移线段 *B* 生成线段 *F*，偏移距离为 10.5。

结果如图 4-15 所示。修剪多余线条，结果如图 4-16 所示。

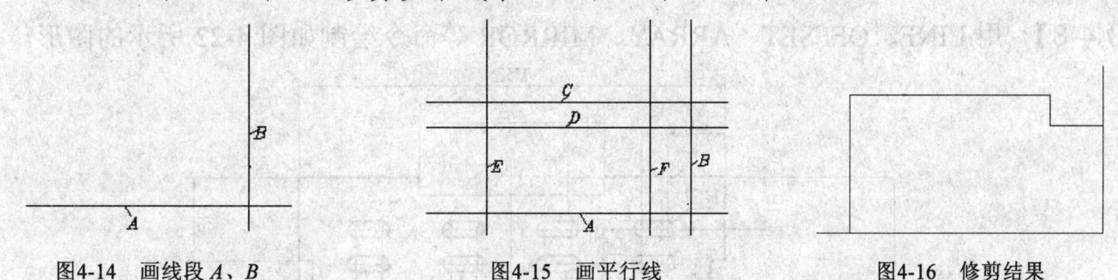

图4-14　画线段 *A*、*B*　　图4-15　画平行线　　图4-16　修剪结果

(4) 用 LINE 命令绘制线框 *G*，再创建该线框的矩形阵列，结果如图 4-17 左图所示。阵列参数为行数 1、列数 4、列间距 9。修剪多余线条，结果如图 4-17 右图所示。

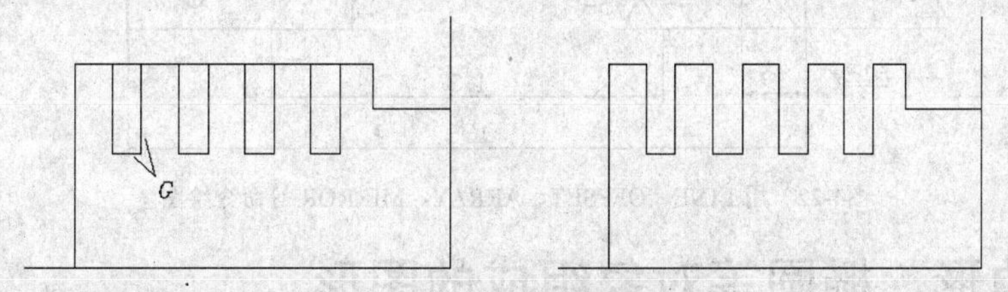

图4-17　画线框 *G* 及创建矩形阵列

(5) 沿竖直方向镜像对象 *H*，然后绘制圆及圆的切线，结果如图 4-18 左图所示。将左半图形沿水平方向镜像，结果如图 4-18 右图所示。

(6) 绘制圆 *I*，再创建此圆的的环形阵列，结果如图 4-19 左图所示。

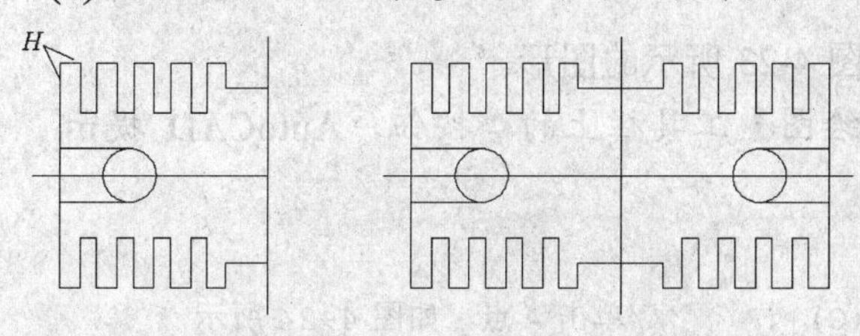

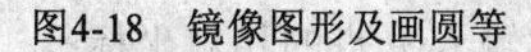

图4-18　镜像图形及画圆等

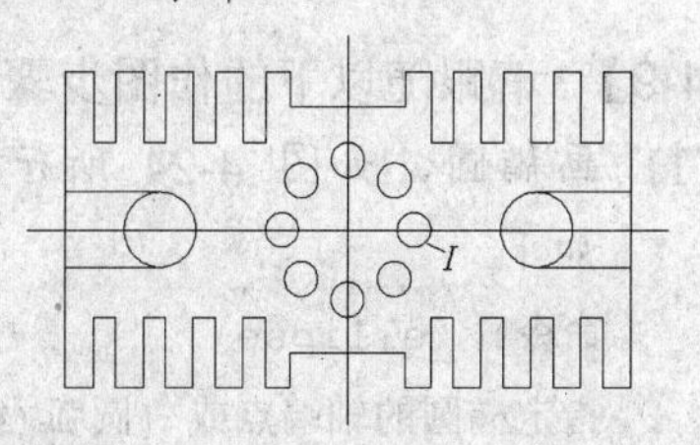

图4-19　画圆及创建环形阵列

【例4-6】 用 LINE、OFFSET、ARRAY 等命令绘制如图 4-20 所示的图形。

【例4-7】 用 LINE、OFFSET、ARRAY、MIRROR 等命令绘制如图 4-21 所示的图形。

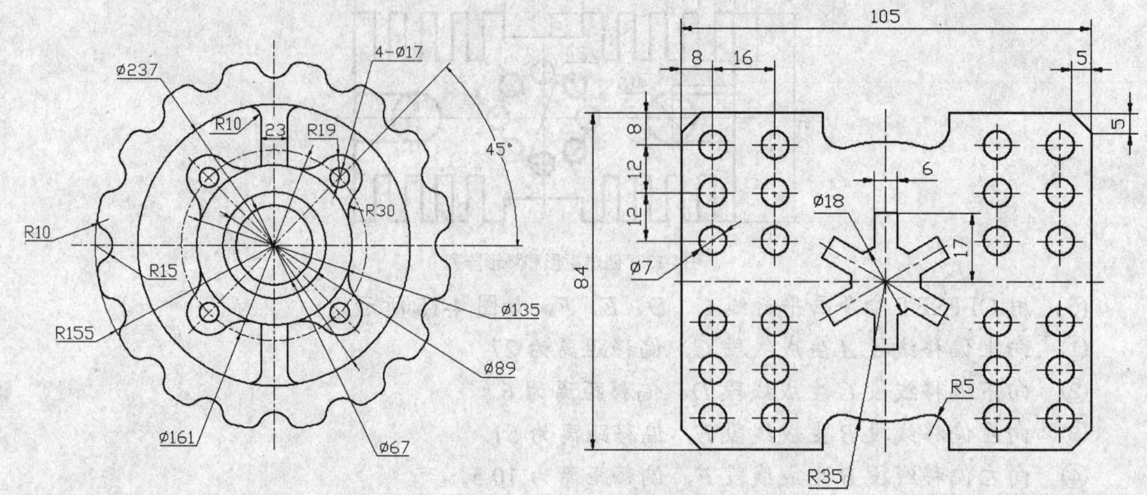

图4-20 用 LINE、OFFSET、ARRAY 等命令绘图　　图4-21 用 LINE、OFFSET、ARRAY、MIRROR 等命令绘图

【例4-8】 用 LINE、OFFSET、ARRAY、MIRROR 等命令绘制如图 4-22 所示的图形。

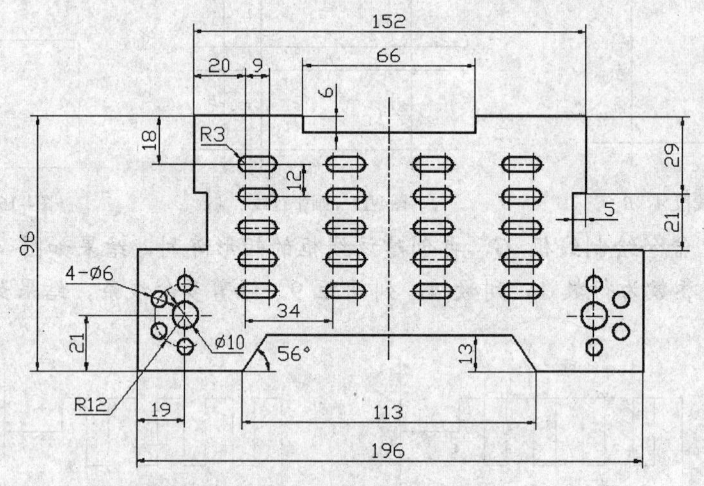

图4-22 用 LINE、OFFSET、ARRAY、MIRROR 等命令绘图

4.2 画多边形、椭圆等对象组成的图形

本节主要介绍矩形、正多边形及椭圆的画法。

4.2.1 绘图任务

【例4-9】 请跟随以下的作图步骤，绘制如图 4-23 所示的图形。

(1) 画椭圆，如图 4-24 所示。单击【绘图】工具栏上的○按钮，AutoCAD 提示如下。

```
命令: _ellipse
指定椭圆的轴端点或 [圆弧(A)/中心点(C)]:        //单击 A 点，如图 4-24 所示
指定轴的另一个端点: @68<30                    //输入 B 点的相对坐标
```

指定另一条半轴长度或 [旋转(R)]: 15.5　　//输入椭圆另一轴长度的一半
命令:ELLIPSE　　//重复命令
指定椭圆的轴端点或 [圆弧(A)/中心点(C)]: c　　//使用“中心点(C)”选项
指定椭圆的中心点: cen 于　　//捕捉椭圆中心点 C
指定轴的端点: @0,34　　//输入 D 点的相对坐标
指定另一条半轴长度或 [旋转(R)]: 15.5　　//输入椭圆另一轴长度的一半
命令:ELLIPSE　　//重复命令
指定椭圆的轴端点或 [圆弧(A)/中心点(C)]: c　　//使用“中心点(C)”选项
指定椭圆的中心点: cen 于　　//捕捉椭圆中心点 C
指定轴的端点: @34<150　　//输入 E 点的相对坐标
指定另一条半轴长度或 [旋转(R)]: 15.5　　//输入椭圆另一轴长度的一半

结果如图 4-24 所示。

(2) 画等边三角形，如图 4-25 所示。

命令: _polygon 输入边的数目 <6>: 3　　//输入多边形的边数
指定正多边形的中心点或 [边(E)]: cen 于　　//捕捉椭圆中心点 C
输入选项 [内接于圆(I)/外切于圆(C)] <C>: I　　//使用“内接于圆(I)”选项
指定圆的半径: int 于　　//捕捉交点 F

结果如图 4-25 所示。

(3) 画正六边形，如图 4-26 所示。

命令: _polygon 输入边的数目 <5>: 6　　//输入多边形的边数
指定正多边形的中心点或 [边(E)]: cen 于　　//捕捉椭圆中心点 C
输入选项 [内接于圆(I)/外切于圆(C)] <I>: c　　//使用“外切于圆(C)”选项
指定圆的半径: @34<30　　//输入 G 点的相对坐标

结果如图 4-26 所示。

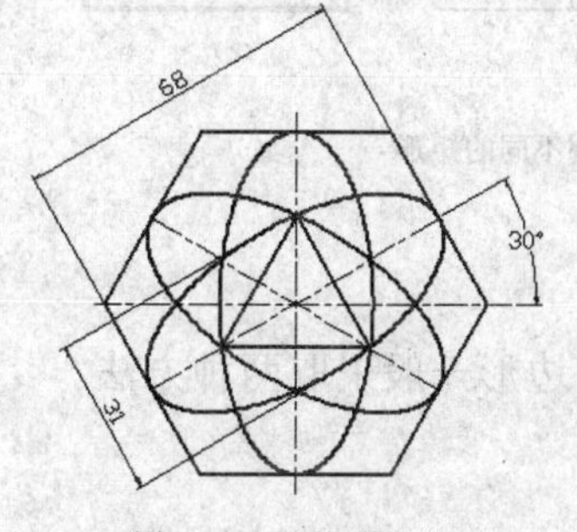

图4-23　画平面图形

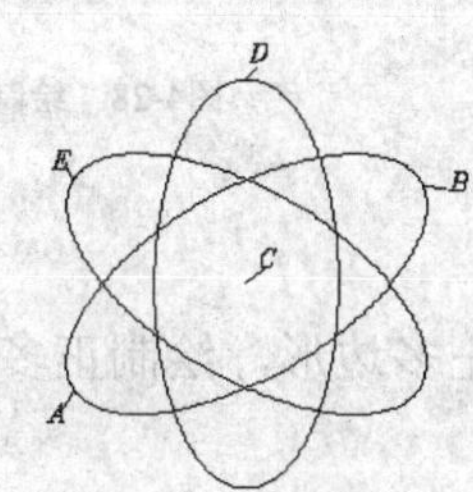

图4-24　画椭圆

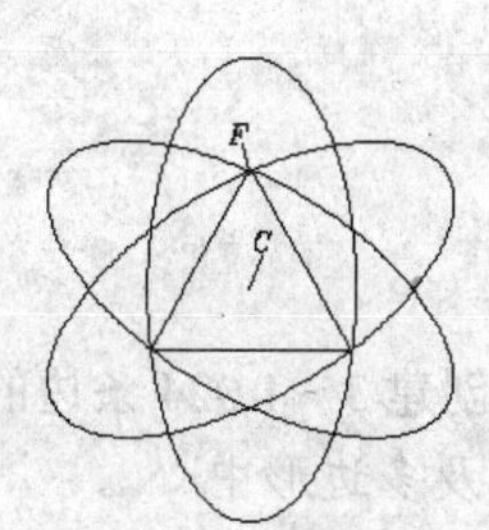

图4-25　画等边三角形

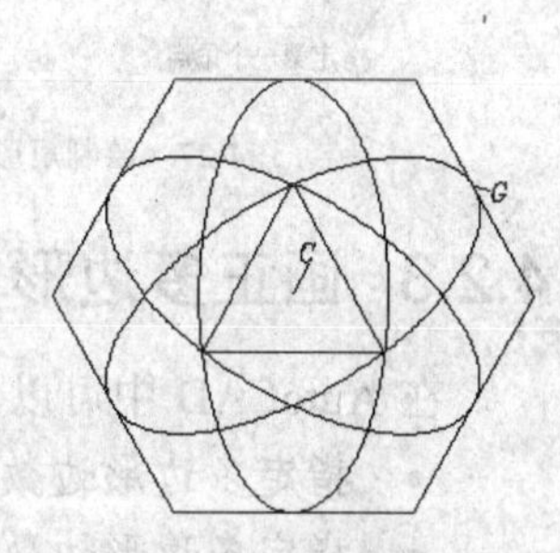

图4-26　画正六边形

4.2.2 画矩形

用户只需指定矩形对角线的两个端点就能画出矩形。绘制时，可设置矩形边的宽度，还能指定顶点处的倒角距离及圆角半径。

1. 命令启动方法

- 下拉菜单:【绘图】/【矩形】。

- 工具栏:【绘图】工具栏上的□按钮。
- 命令：RECTANG 或简写 REC。

【例4-10】 练习 RECTANG 命令的使用。

启动 RECTANG 命令，AutoCAD 提示如下。

```
命令: _rectang
指定第一个角点或 [倒角(C)/标高(E)/圆角(F)/厚度(T)/宽度(W)]:
                                    //拾取矩形对角线的一个端点，如图 4-27 所示
指定另一个角点:                      //拾取矩形对角线的另一个端点
```

结果如图 4-27 所示。

2. **命令选项**

- 指定第一个角点：在此提示下，用户指定矩形的一个角点。拖动鼠标时，屏幕上显示出一个矩形。
- 指定另一个角点：在此提示下，用户指定矩形的另一个角点。
- 倒角(C)：指定矩形各顶点倒斜角的大小，如图 4-28（a）所示。
- 圆角(F)：指定矩形各顶点倒圆角半径，如图 4-28（b）所示。
- 标高(E)：确定矩形所在的平面高度，默认情况下，矩形是在 *xy* 平面内（*z* 坐标值为 0）。
- 厚度(T)：设置矩形的厚度，在三维绘图时，常使用该选项。
- 宽度(W)：该选项使用户可以设置矩形边的宽度，如图 4-28（c）所示。

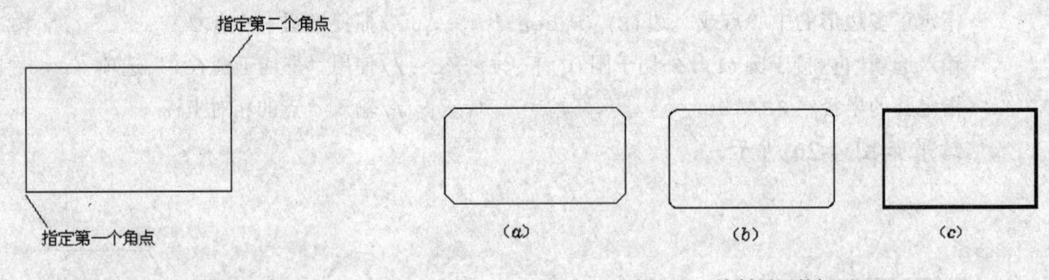

图4-27 绘制矩形

图4-28 绘制不同的矩形

4.2.3 画正多边形

在 AutoCAD 中可以创建 3～1 024 条边的正多边形，绘制正多边形一般采取两种方法。

- 指定多边形边数及多边形中心。
- 指定多边形边数及某一边的两个端点。

1. **命令启动方法**

- 下拉菜单:【绘图】/【正多边形】。
- 工具栏:【绘图】工具栏上的○按钮。
- 命令：POLYGON 或简写 POL。

【例4-11】 练习 POLYGON 命令的使用。

启动 POLYGON 命令，AutoCAD 提示如下。

```
命令: _polygon 输入边的数目 <4>: 6            //输入多边形的边数
指定多边形的中心点或 [边(E)]:                 //拾取多边形的中心点，如图 4-29 所示
输入选项 [内接于圆(I)/外切于圆(C)] <I>: I    //采用内接于圆方式画多边形
指定圆的半径:                                 //指定圆半径
```

结果如图 4-29 所示。

2. **命令选项**

- 指定多边形的中心点：用户输入多边形边数后，再拾取多边形中心点。
- 内接于圆(I)：根据外接圆生成正多边形，如图 4-30 左图所示。
- 外切于圆(C)：根据内切圆生成正多边形，如图 4-30 中图所示。
- 边(E)：输入多边形边数后，再指定某条边的两个端点即可绘出多边形，如图右图 4-30 所示。

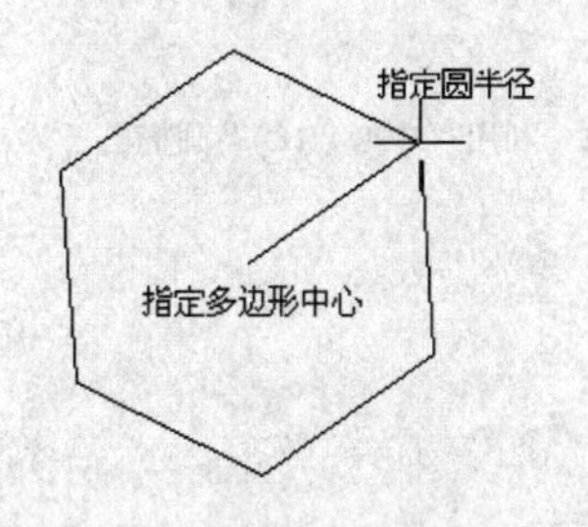

图4-29　绘制正多边形

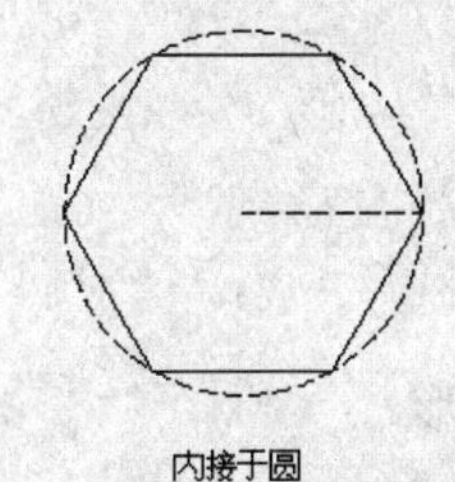

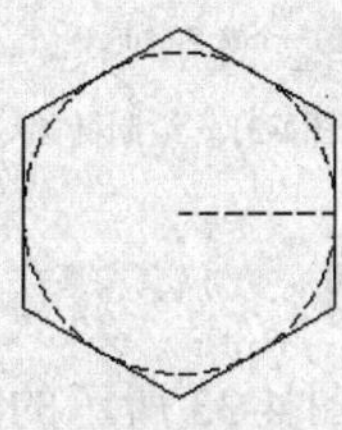

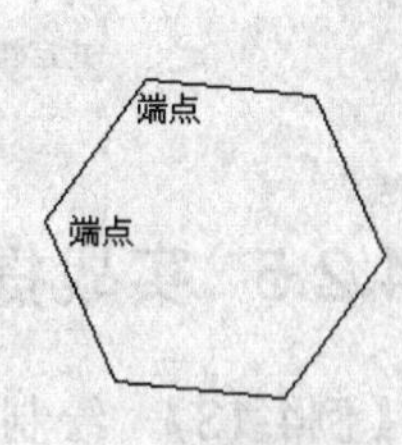

图4-30　用不同方式绘制正多边形

当选择“边(E)”选项来创建正多边形时，用户指定边的一个端点后，再输入另一端点的相对极坐标就可确定正多边形的倾斜方向。若选择“内接于圆(I)”或“外切于圆(C)”选项，则正多边形的倾斜方向也可按类似方法确定，即在指定正多边形中心后，再输入圆半径上另一点的相对极坐标就可以了。

4.2.4 画椭圆

椭圆包括中心、长轴、短轴 3 个参数。只要这 3 个参数确定，椭圆就确定了。画椭圆的默认方法是指定椭圆第一条轴线的两个端点及另一条轴线长度的一半。另外，也可通过指定椭圆中心，第一条轴线的端点及另一条轴线的半轴长度来创建椭圆。

1. **命令启动方法**

- 下拉菜单：【绘图】/【椭圆】。
- 工具栏：【绘图】工具栏上的按钮。
- 命令：ELLIPSE 或简写 EL。

【例4-12】 练习 ELLIPSE 命令的使用。

启动 ELLIPSE 命令，AutoCAD 提示如下。

```
命令: _ellipse
指定椭圆的轴端点或 [圆弧(A)/中心点(C)]:
                                     //拾取椭圆轴的一个端点，如图 4-31 所示
指定轴的另一个端点:                   //拾取椭圆轴的另一个端点
指定另一条半轴长度或 [旋转(R)]: 10    //输入另一轴的半轴长度
```

结果如图 4-31 所示。

2. 命令选项

- 圆弧(A)：该选项使用户可以绘制一段椭圆弧。过程是先画一个完整的椭圆，随后 AutoCAD 提示用户选择要删除的部分，留下所需的椭圆弧。
- 中心点(C)：通过椭圆中心点及长轴、短轴来绘制椭圆，如图 4-32 所示。
- 旋转(R)：按旋转方式绘制椭圆，即 AutoCAD 将圆绕直径转动一定角度后，再投影到平面上形成椭圆。

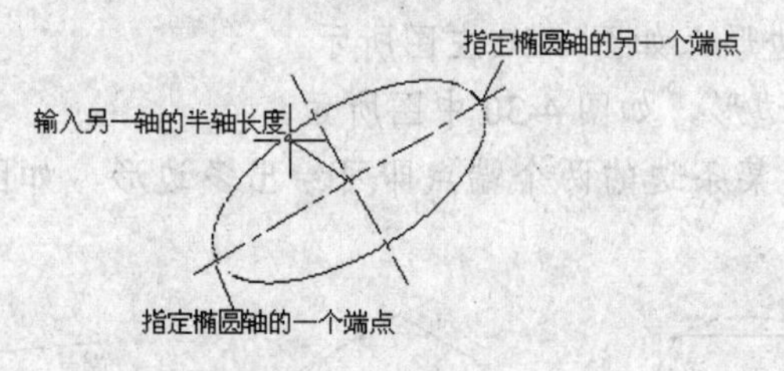

图4-31　绘制椭圆

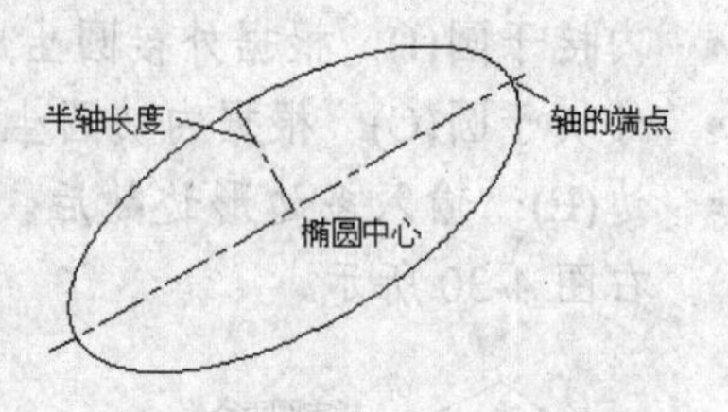

图4-32　利用“中心点(C)”画椭圆

4.2.5 实战提高

【例4-13】 绘制如图 4-33 所示的图形。

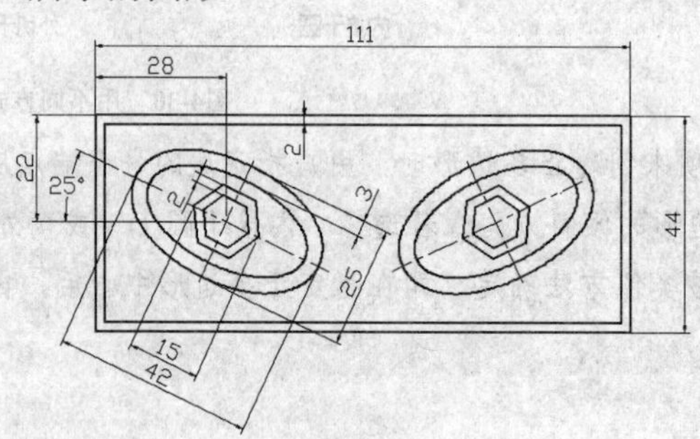

图4-33　画椭圆及多边形

(1) 绘制矩形、椭圆及正六边形，如图 4-34 所示。椭圆及正六边形的中心可利用正交偏移捕捉确定。

```
命令: _ellipse
指定椭圆的轴端点或 [圆弧(A)/中心点(C)]: c     //使用“中心点(C)”选项
指定椭圆的中心点: from                        //使用正交偏移捕捉
基点: int 于                                  //捕捉交点 A
<偏移>: @28,-22                               //输入椭圆中心点的相对坐标
指定轴的端点: @21<155                         //输入椭圆轴端点 B 的相对坐标
指定另一条半轴长度或 [旋转(R)]: 12.5           //输入椭圆另一轴长度的一半
命令: _polygon 输入边的数目 <4>: 6             //输入多边形的边数
指定正多边形的中心点或 [边(E)]: cen 于          //捕捉椭圆的中心点
输入选项 [内接于圆(I)/外切于圆(C)] <I>:        //按 Enter 键
指定圆的半径: @7.5<155                        //输入 C 点的相对坐标
```

(2) 用 OFFSET 命令将矩形、椭圆及正六边形向内偏移，再镜像椭圆及正六边形，

结果如图 4-35 所示。

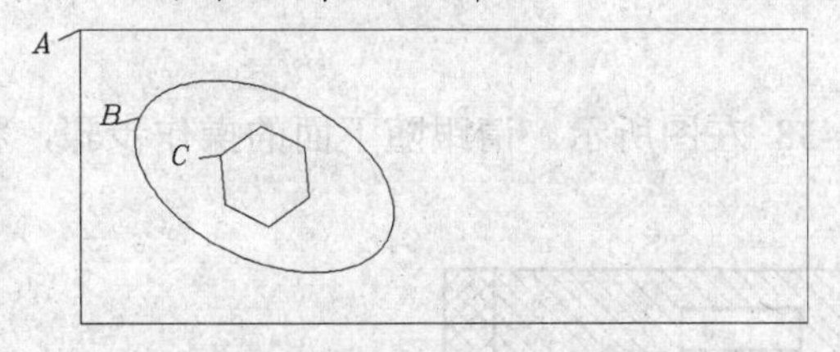

图4-34　画矩形、椭圆及正六边形

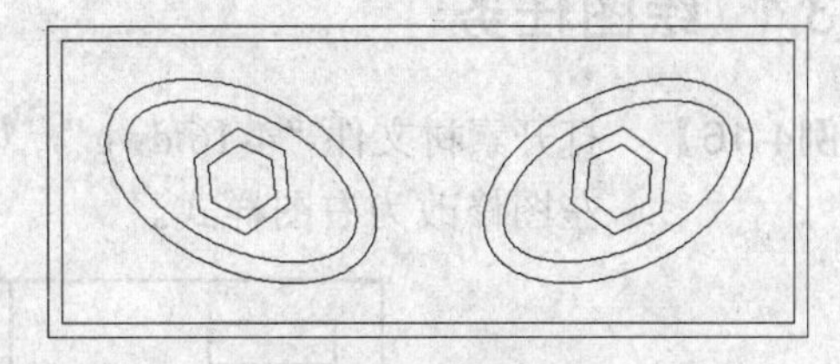

图4-35　镜像对象

【例4-14】　用 LINE、RECTANG、ELLIPSE、POLYGON 等命令绘制如图 4-36 所示的图形。

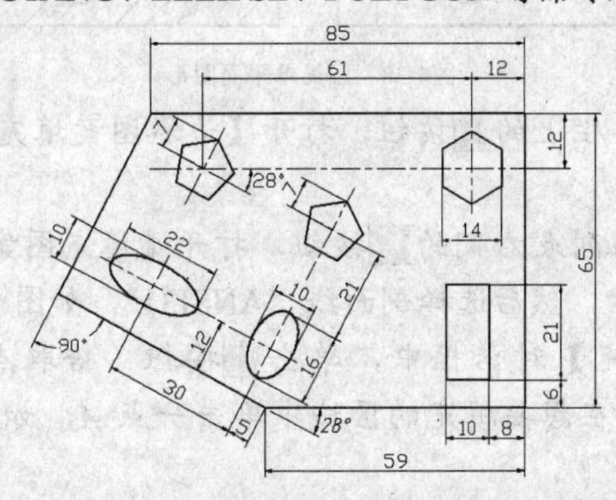

图4-36　用 LINE、RECTANG、ELLIPSE、POLYGON 等命令绘图

【例4-15】　用 LINE、RECTANG、POLYGON、ARRAY 等命令绘制如图 4-37 所示的图形。

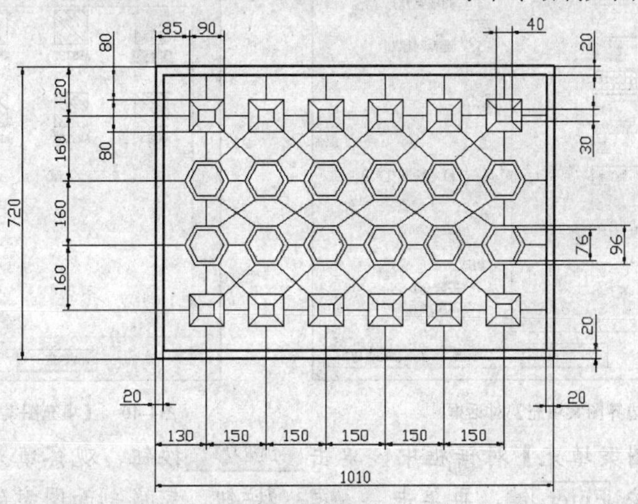

图4-37　用 LINE、RECTANG、POLYGON、ARRAY 等命令绘图

4.3 画有剖面图案的图形

在工程图中，剖面线一般总是绘制在一个对象或几个对象围成的封闭区域中，最简单的如一个圆或一条闭合的多段线等，较复杂的可能是几条线或圆弧围成的形状多变的区域。在绘制剖面线时，首先要指定填充边界。一般可用两种方法选定画剖面线的边界：一种是在闭合的区域中选一点，AutoCAD 自动搜索闭合的边界；另一种是通过选择对象来定义边界。AutoCAD 为用户提供了许多标准填充图案，用户也可定制自己的图案，此外，还能控制剖面图案的疏密及图案的倾角。

4.3.1 绘图任务

【例4-16】 打开素材文件“4-16.dwg”，如图 4-38 左图所示。请跟随下面的操作步骤，将左图修改为右图样式。

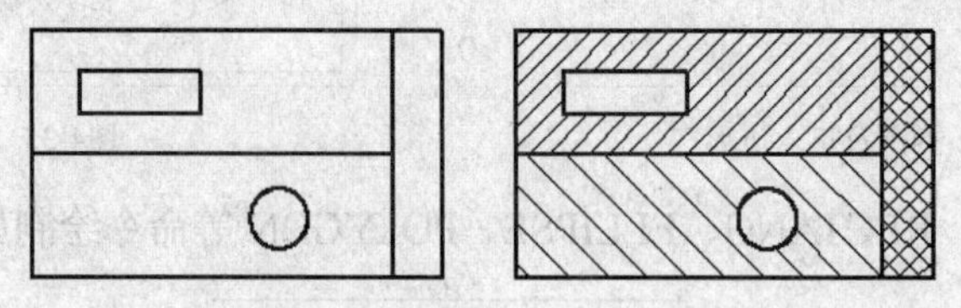

图4-38 画简单平面图形

(1) 单击【绘图】工具栏上的按钮，打开【边界图案填充】对话框，如图 4-39 所示。

(2) 单击【图案】下拉列表右侧的...按钮，打开【填充图案控制板】对话框，进入【ANSI】选项卡，然后选择剖面线“ANSI31”，如图 4-40 所示。

(3) 在【边界图案填充】对话框中，单击按钮（拾取点），AutoCAD 提示：“选择内部点:”。在想要填充的区域中单击一点 *A*，如图 4-41 所示，然后按 Enter 键。

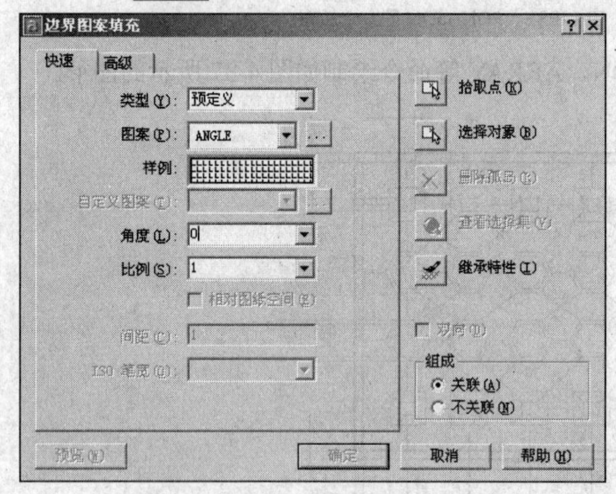

图4-39 【边界图案填充】对话框

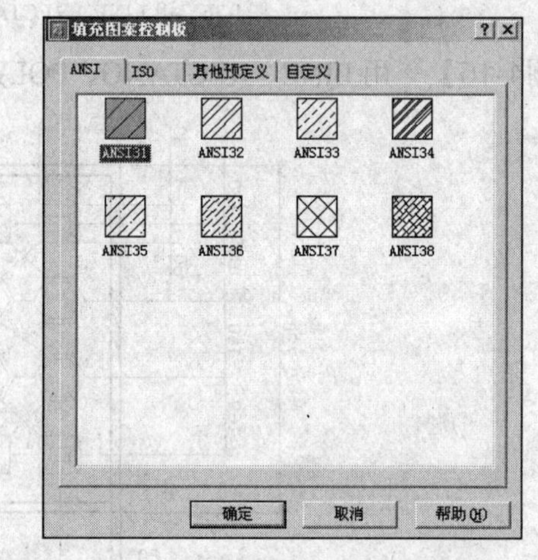

图4-40 【填充图案控制板】对话框

(4) 在【边界图案填充】对话框中，单击 预览(W) 按钮，观察填充的预览图，如果满意，按 Enter 键，再单击 确定 按钮，完成剖面图案的绘制，结果如图 4-41 所示。

(5) 单击【绘图】工具栏上的按钮，打开【边界图案填充】对话框。再单击【图案】框右侧的...按钮，打开【填充图案控制板】对话框，进入【ANSI】选项卡，然后选择剖面图案为“ANSI37”。

(6) 在【边界图案填充】对话框中，单击按钮（拾取点），AutoCAD 提示“选择内部点:”。在想要填充的区域中单击一点 B，如图 4-42 所示，然后按 Enter 键。

(7) 单击 确定 按钮，结果如图 4-42 所示。

(8) 单击【绘图】工具栏上的按钮，打开【边界图案填充】对话框。在【图案】

下拉列表中选择“ANSI31”选项，在【角度】文本框中输入数值“90”，在【比例】文本框中输入数值“2”。

(9) 单击按钮（拾取点），AutoCAD 提示“选择内部点:”。在想要填充的区域中单击一点 C，如图 4-43 所示，然后按 Enter 键。

(10) 单击 确定 按钮，结果如图 4-43 所示。

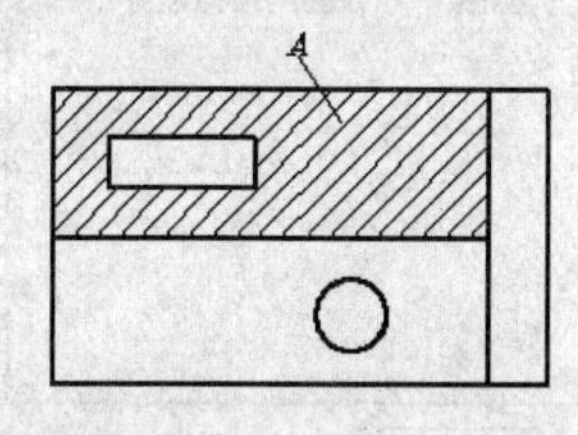

图4-41　填充剖面图案（1）

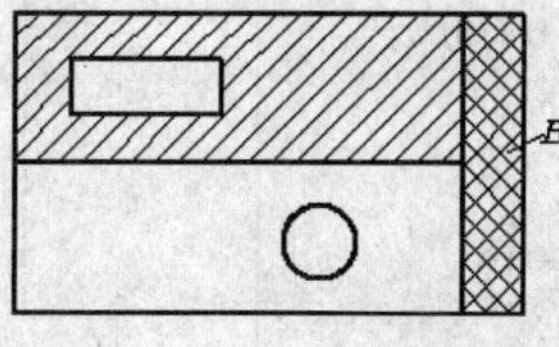

图4-42　填充剖面图案（2）

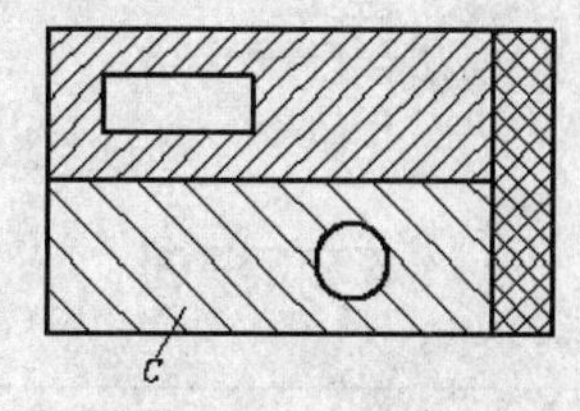

图4-43　填充剖面图案（3）

4.3.2 填充封闭区域

BHATCH 命令用于生成填充图案。启动该命令后，AutoCAD 打开【边界图案填充】对话框，用户在此对话框中先指定填充图案类型，再设定填充比例、角度及填充区域，则可以创建图案填充。

命令启动方法

- 下拉菜单：【绘图】/【图案填充】。
- 工具栏：【绘图】工具栏上的按钮。
- 命令：BHATCH 或简写 BH。

【例4-17】 打开素材文件“4-17.dwg”，如图 4-44 左图所示。下面用 BHATCH 命令将左图修改为右图样式。

(1) 单击【绘图】工具栏上的按钮，打开【边界图案填充】对话框，如图 4-45 所示。

该对话框中的常用选项如下。

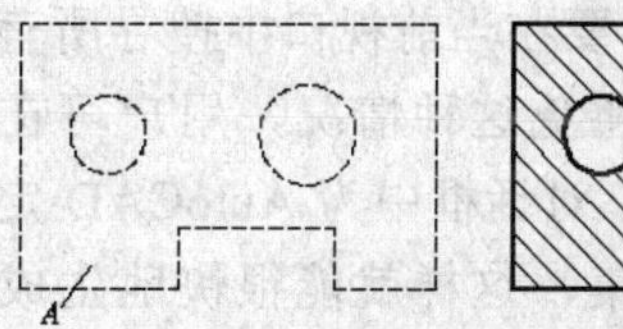

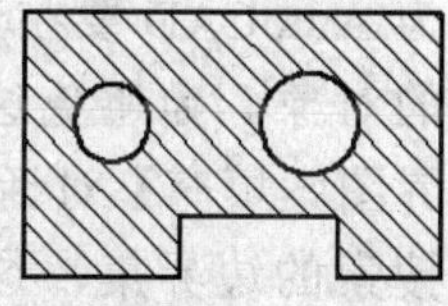

图4-44　在封闭区域内画剖面线

- 【图案】：通过此下拉列表或其右侧的按钮选择所需的填充图案。
- 【拾取点】：在填充区域中单击一点，AutoCAD 自动分析边界集，并从中确定包围该点的闭合边界。
- 【选择对象】：选择一些对象进行填充，此时无须对象构成闭合的边界。
- 【删除孤岛】：孤岛是指填充边界里包含的闭合区域，若希望在孤岛中也填充图案，则单击按钮，选择要删除的孤岛。
- 【继承特性】：单击按钮，AutoCAD 要求用户选择某个已绘制的图案，并将其类型及属性设置为当前图案类型及属性。
- 【关联】或【不关联】：若图案与填充边界关联，则修改边界时，图案将自动更新以适应新边界。

(2) 单击【图案】下拉列表右侧的按钮，打开【填充图案控制板】对话框，再进入【ANSI】选项卡，然后选择剖面线“ANSI31”，如图 4-46 所示。

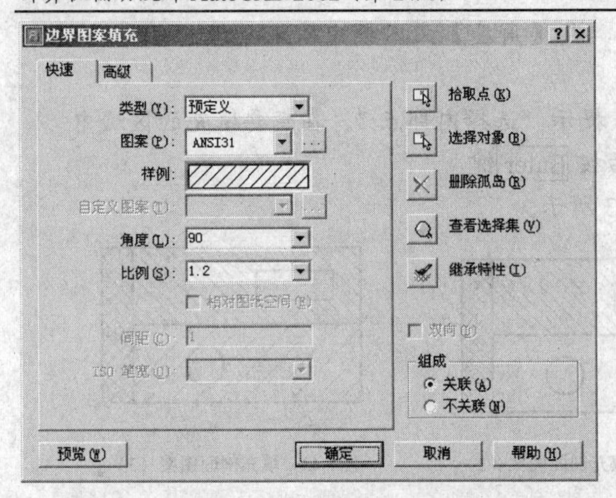

图4-45 【边界图案填充】对话框

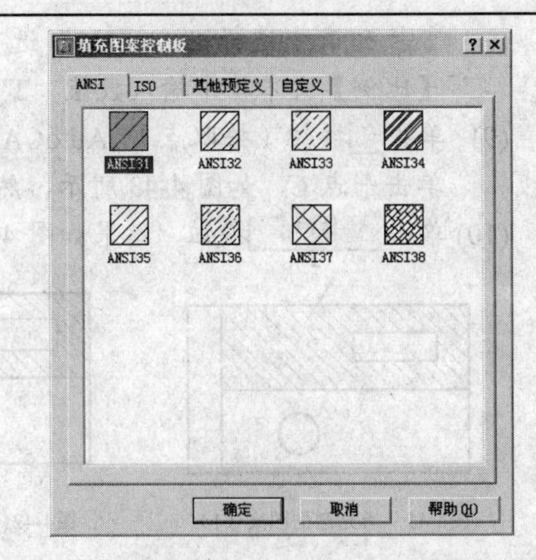

图4-46 【填充图案控制板】对话框

(3) 在【边界图案填充】对话框中，单击按钮（拾取点）。

(4) 在想要填充的区域中选定一点 *A*，此时可以观察到 AutoCAD 自动寻找一个闭合的边界，如图 4-44 左图所示。

(5) 按 Enter 键，返回【边界图案填充】对话框。

(6) 在【角度】和【比例】文本框中分别输入数值“90”和“1.2”。

(7) 单击 预览(W) 按钮，观察填充的预览图，如果满意，按 Enter 键，再单击 确定 按钮，完成剖面图案的绘制，结果如图 4-44 右图所示。若不满意，按 Esc 键，返回【边界图案填充】对话框，重新设定有关参数。

4.3.3 填充复杂图形的方法

在图形不复杂的情况下，常通过在填充区域内指定一点的方法来定义边界。但若图形很复杂，这种方法就会浪费许多时间，因为 AutoCAD 要在当前视口中搜寻所有可见的对象。为避免这种情况，用户可在【边界图案填充】对话框中为 AutoCAD 定义要搜索的边界集，这样就能很快地生成填充区域边界。

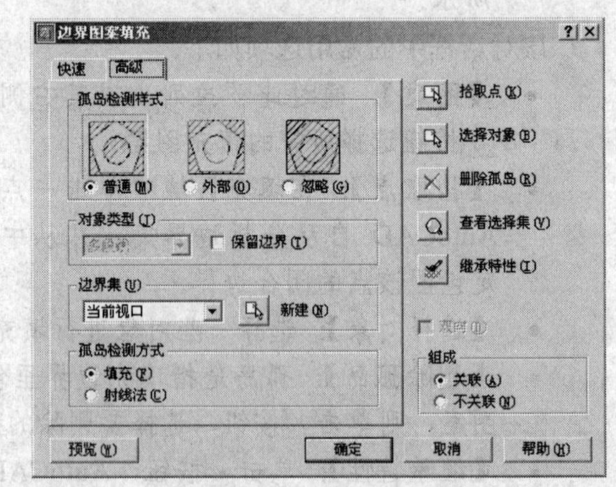

图4-47 【边界图案填充】对话框

下面来介绍如何定义 AutoCAD 搜索的边界集。

(1) 单击【边界图案填充】对话框的【高级】选项卡，弹出新的一页，如图 4-47 所示。

(2) 在【边界集】分组框中单击按钮（新建），则 AutoCAD 提示如下。

选择对象： //用交叉窗口、矩形窗口等方法选择实体

(3) 然后单击按钮（拾取点），并在填充区域内拾取一点，此时 AutoCAD 仅分析选定的实体来创建填充区域边界。

4.3.4　剖面线的比例

在 AutoCAD 中，预定义剖面线图案的默认缩放比例是 1.0，但用户可在【边界图案填充】对话框的【比例】文本框中设定其他比例值，如图 4-45 所示。画剖面线时，若没有指定特殊比例值，则 AutoCAD 按默认值绘制剖面线，当输入一个不同于默认值的图案比例时，可以增加或减小剖面线的间距。图 4-48 所示是剖面线比例分别为 1、2、0.5 时的形状。

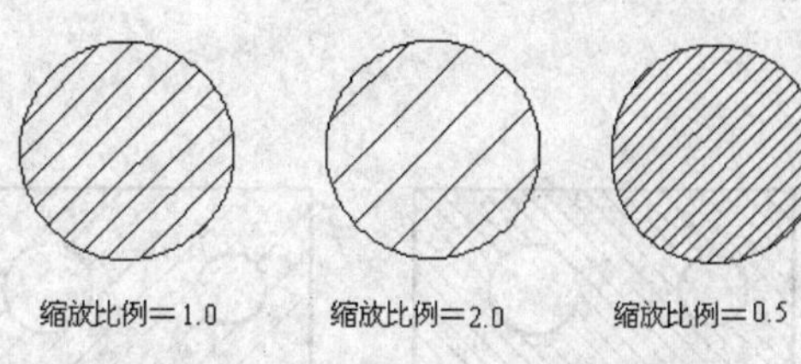

图4-48　不同图案比例时剖面线的形状

4.3.5　剖面线角度

除剖面线间距可以控制外，剖面线的倾斜角度也可以控制。同学们可能已经注意到在【边界图案填充】对话框的【角度】下拉列表中（见图 4-39），图案的默认角度值是零，而此时剖面线（ANSI31）与 x 轴夹角却是 45°。因此，在角度参数栏中显示的角度值并不是剖面线与 x 轴的倾斜角度，而是剖面线以 45° 线方向为起始方向的转动角度。

当分别输入角度值 45°、90°、15° 时，剖面线将逆时针转动到新的位置，它们与 x 轴的夹角分别是 90°、135°、60°，如图 4-59 所示。

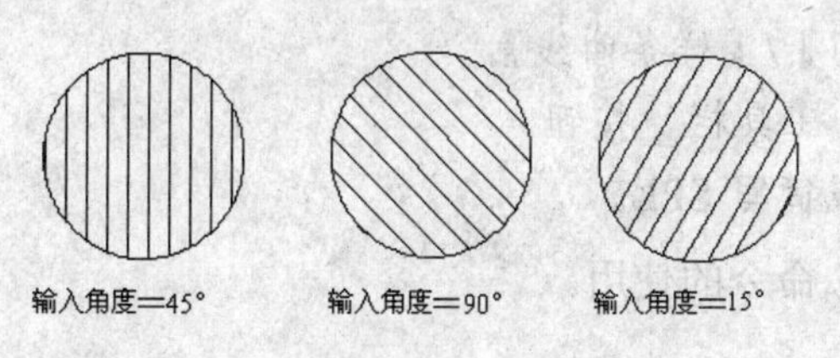

图4-49　输入不同角度时的剖面线

4.3.6　编辑图案填充

HATCHEDIT 命令用于修改填充图案的外观及类型，如改变图案的角度、比例或用其他样式的图案填充图形等。

命令启动方法

- 下拉菜单:【修改】/【对象】/【图案填充】。
- 工具栏:【修改 II】工具栏上的按钮。
- 命令: HATCHEDIT 或简写 HE。

【例4-18】 练习 HATCHEDIT 命令的使用。

(1) 打开素材文件“4-18.dwg”，如图 4-50 左图所示。

(2) 启动 HATCHEDIT 命令，AutoCAD 提示:“选择关联填充对象:”，选择图案填充后，弹出【图案填充编辑】对话框，如图 4-51 所示。该对话框与【边界图案填充】对话框内容相似，通过此对话框，用户就能修改剖面图案、比例、角度等。

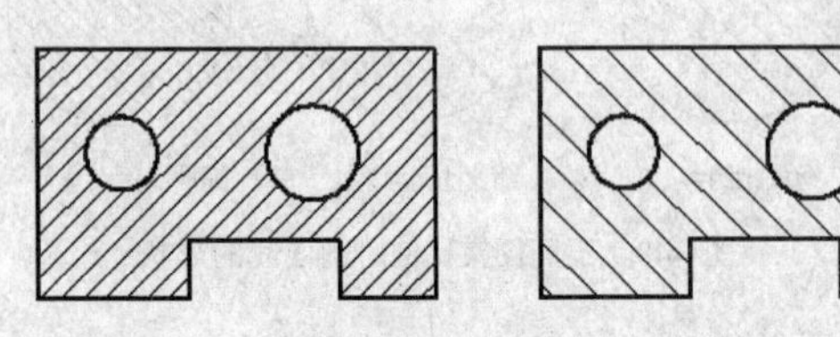

图4-50　修改图案角度及比例

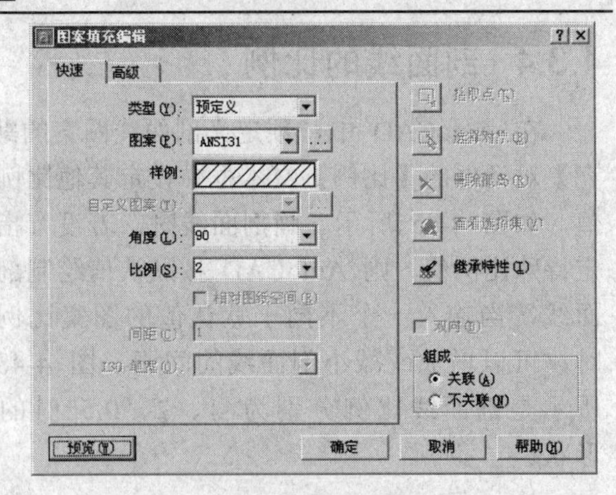

图4-51　【图案填充编辑】对话框

(3) 在【角度】文本框中输入数值“90”，在【比例】文本框中输入数值“2”，单击 确定 按钮，结果如图 4-50 右图所示。

4.3.7 绘制断裂线

SPLINE 命令可以绘制光滑的样条曲线。作图时，用户先给定一系列数据点，随后 AutoCAD 按指定的拟合公差形成该曲线。工程设计时，可以利用 SPLINE 命令画断裂线。

命令启动方法

- 下拉菜单：【绘图】/【样条曲线】。
- 工具栏：【绘图】工具栏 ~ 按钮。
- 命令：SPLINE 或简写 SPL。

【例4-19】 练习 SPLINE 命令的使用。

```
命令: _spline
指定第一个点或 [对象(O)]:                          //拾取 A 点，如图 4-52 所示
指定下一点:                                        //拾取 B 点
指定下一点或 [闭合(C)/拟合公差(F)] <起点切向>:     //拾取 C 点
指定下一点或 [闭合(C)/拟合公差(F)] <起点切向>:     //拾取 D 点
指定下一点或 [闭合(C)/拟合公差(F)] <起点切向>:     //拾取 E 点
指定下一点或 [闭合(C)/拟合公差(F)] <起点切向>:
                        //按 Enter 键指定起点及终点切线方向
指定起点切向: //在 F 点处单击鼠标左键指定起点切线方向
指定端点切向: //在 G 点处单击鼠标左键指定终点切线方向
```

结果如图 4-52 所示。

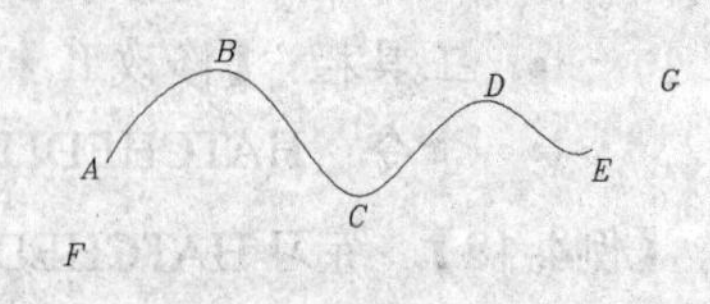

图4-52　绘制样条曲线

4.3.8 实战提高

【例4-20】 画有剖面图案的图形，如图 4-53 所示。图中包含了 4 种形式的图案，各图案参数如下。

- *A* 区域中的图案名称为 EARTH，角度为 0°，填充比例为 1。

- *B* 区域中的图案名称为 AR-CONC，角度为 0°，填充比例为 0.05。
- 6 个小椭圆内的图案名称为 ANSI31，角度为 45°，填充比例为 0.5。
- 6 个小圆内的图案名称为 ANSI31，角度为 – 45°，填充比例为 0.5。

【例4-21】 用 LINE、SPLINE、BHATCH 等命令绘制图形，如图 4-54 所示。图中包含了 5 种形式的图案，各图案参数如下。

- 区域 *A* 中有两种图案，分别为【ANSI31】和【AR-CONC】，角度都为 0°，填充比例分别为 16 和 1。
- 区域 *B* 中的图案为【AR-SAND】，角度为 0°，填充比例为 0.5。
- 区域 *C* 中的图案为【AR-CONC】，角度为 0°，填充比例为 1。
- 区域 *D* 中的图案为【GRAVEL】，角度为 0°，填充比例为 8。
- 其余图案为【EARTH】，角度为 45°，填充比例为 12。

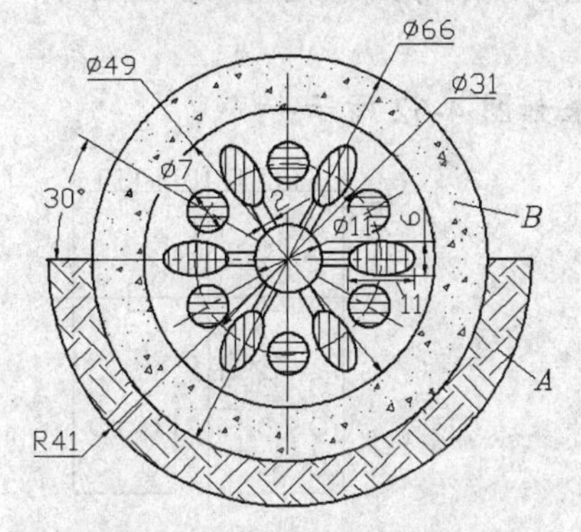

图4-53　画有剖面图案的图形

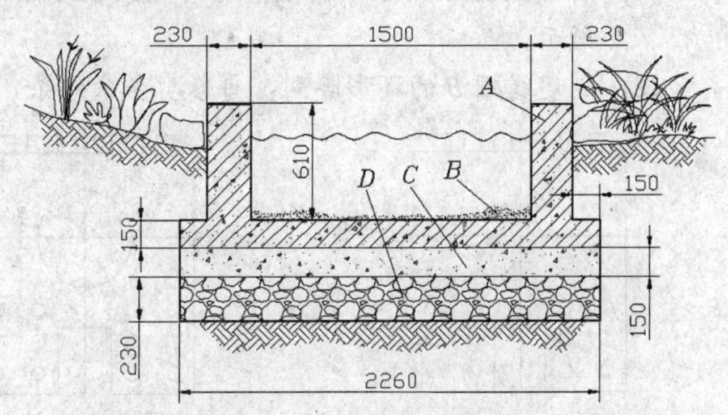

图4-54　画有剖面图案的图形

4.4 综合练习 1——画具有均布特征的图形

【例4-22】 绘制如图 4-55 所示的图形。

(1) 打开极轴追踪、对象捕捉及捕捉追踪功能。设置极轴追踪角度增量为 90°；设定对象捕捉方式为端点、圆心、交点；设置仅沿正交方向进行捕捉追踪。

(2) 画两条作图基准线 *A*、*B*，线段 *A* 的长度约为 80，线段 *B* 的长度约为 100，如图 4-56 所示。

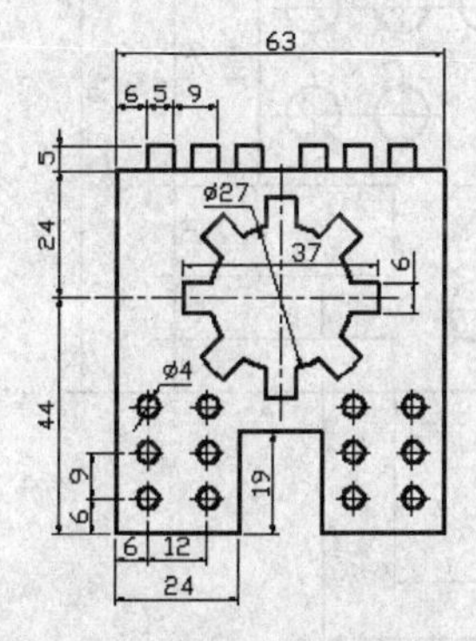

图4-55　画具有均布特征的图形

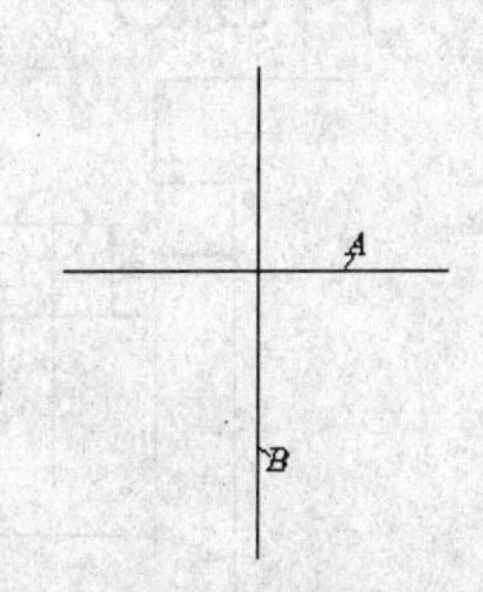

图4-56　画线段 *A*、*B*

(3) 用 OFFSET 和 TRIM 命令形成线框 *C*，如图 4-57 所示。

(4) 用 LINE 命令画线框 *D*；用 CIRCLE 命令画圆 *E*，如图 4-58 所示。圆 *E* 的圆心

用正交偏移捕捉确定。

(5) 创建线框 D 及圆 E 的矩形阵列，结果如图 4-59 所示。

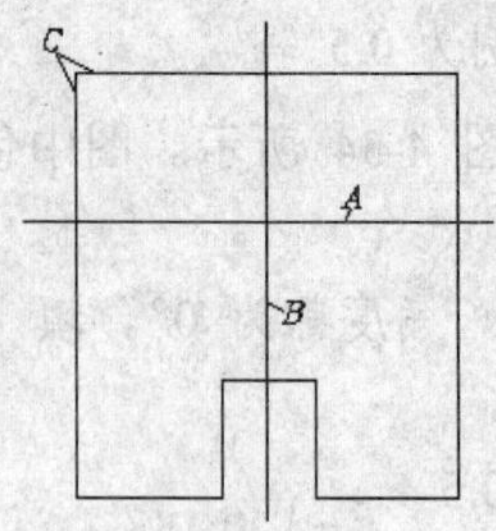

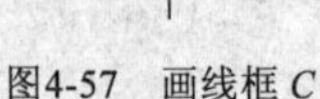

图4-57 画线框 C

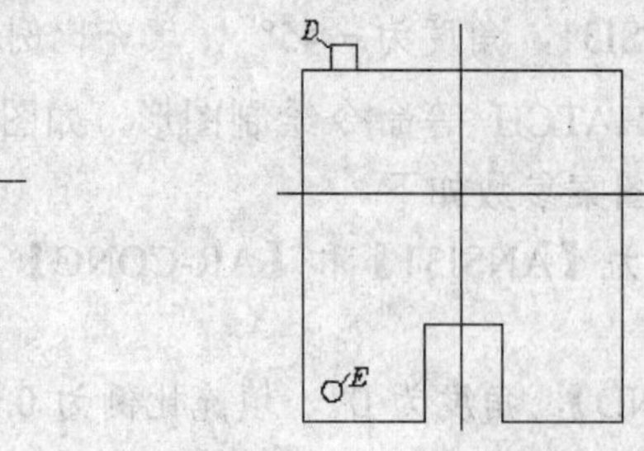

图4-58 画直线和圆

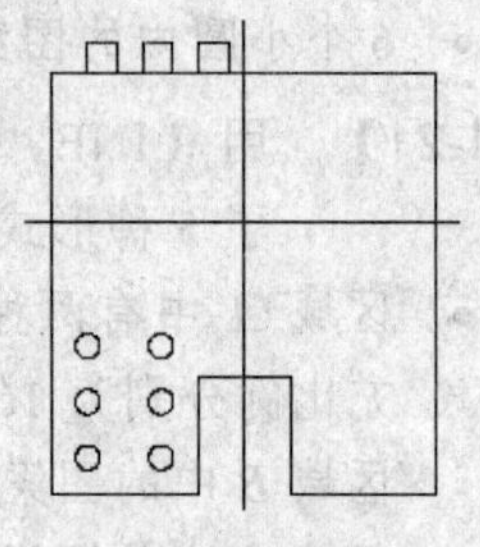

图4-59 矩形阵列

(6) 镜像对象，如图 4-60 所示。

(7) 用 CIRCLE 命令画圆 A，再用 OFFSET 和 TRIM 命令形成线框 B，如图 4-61 所示。

(8) 创建线框 B 的环形阵列，再修剪多余线条，结果如图 4-62 所示。

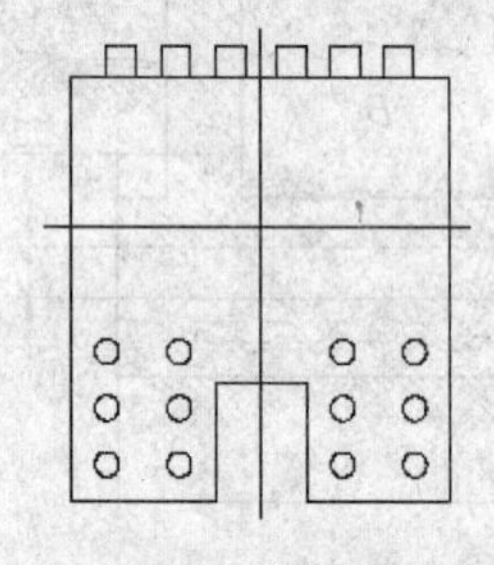

图4-60 镜像对象

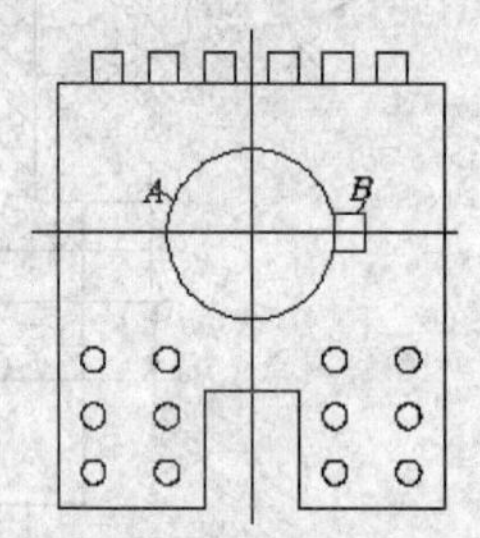

图4-61 画圆和直线

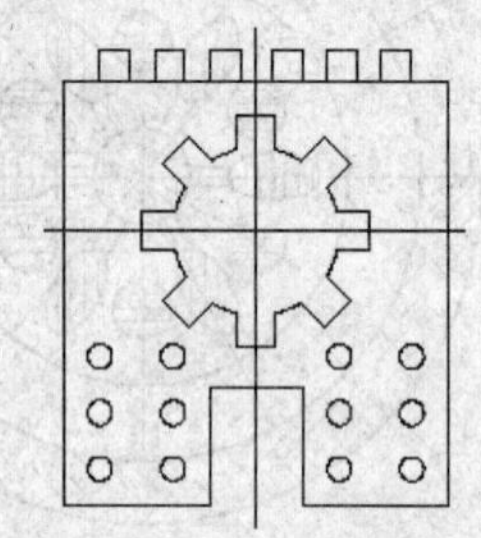

图4-62 阵列并修剪多余线条

【例4-23】 用 LINE、CIRCLE、ARRAY、MIRROR 等命令绘制如图 4-63 所示的图形。

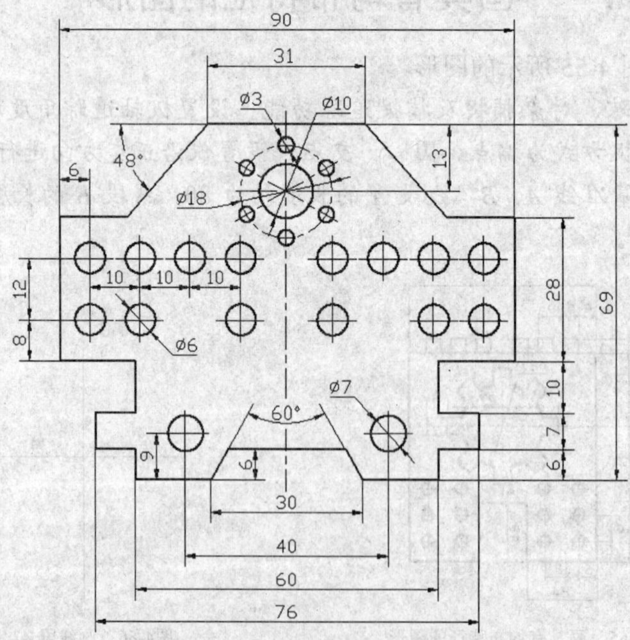

图4-63 用 LINE、CIRCLE、ARRAY、MIRROR 等命令绘图

【例4-24】 用 LINE、CIRCLE、ARRAY、MIRROR 等命令绘制如图 4-64 所示的图形。

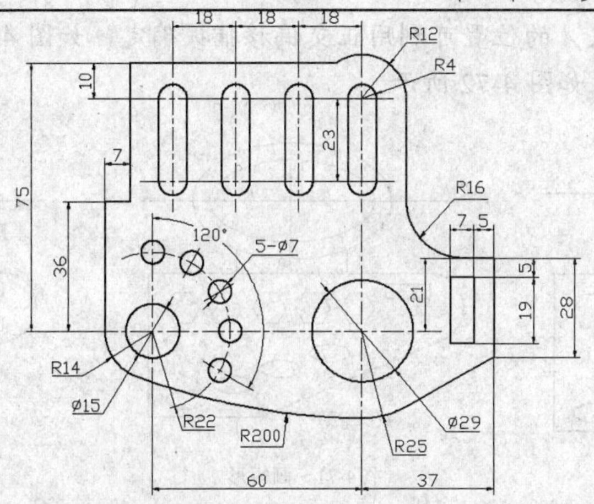

图4-64　用 LINE、CIRCLE、ARRAY、MIRROR 等命令绘图

4.5 综合练习 2——画由多边形、椭圆等对象组成的图形

【例4-25】 绘制如图 4-65 所示的图形。

(1) 用 XLINE 命令画水平线段 *A* 及竖直线段 *B*，如图 4-66 所示。

(2) 画椭圆 *C*、*D* 及圆 *E*，如图 4-67 所示。圆 *E* 的圆心用正交偏移捕捉确定。

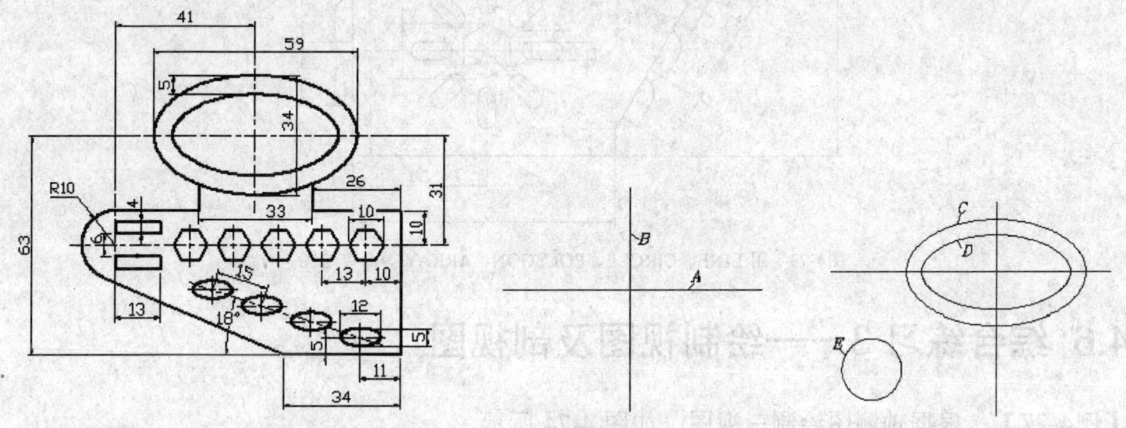

图4-65　画由多边形、椭圆等对象组成的图形　　图4-66　画水平线段及竖直线段　　图4-67　画线段和圆

(3) 用 OFFSET、LINE、TRIM 命令绘制线框 *F*，如图 4-68 所示。

(4) 画正六边形及椭圆，其中心点的位置可利用正交偏移捕捉确定，如图 4-69 所示。

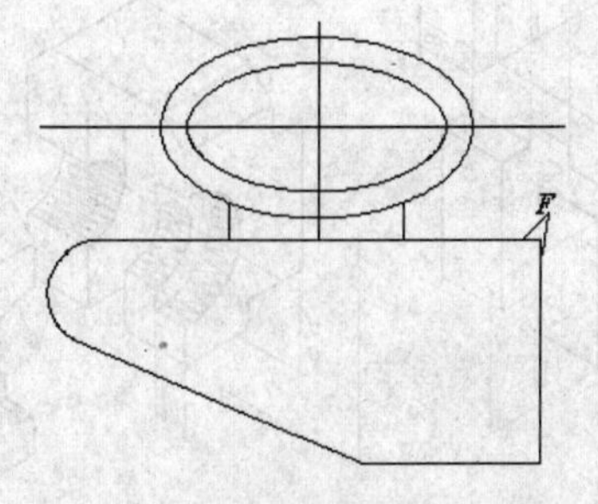

图4-68　画线框 *F*

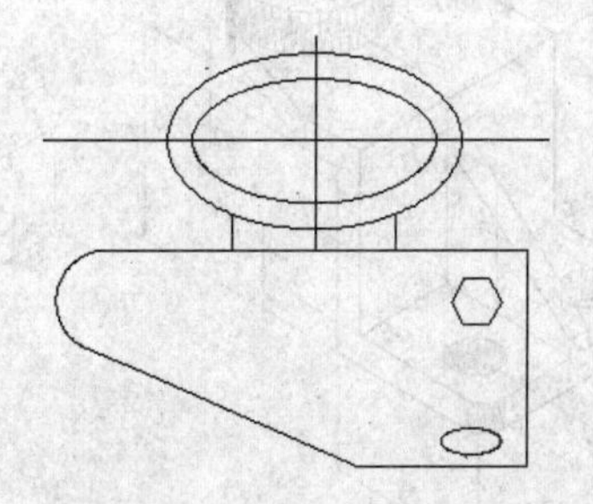

图4-69　画正六边形及椭圆

(5) 创建六边形及椭圆的矩形阵列，如图 4-70 所示。椭圆阵列的倾斜角度为 162°。

(6) 画矩形，其角点 *A* 的位置可利用正交偏移捕捉确定，如图 4-71 所示。

(7) 镜像矩形，结果如图 4-72 所示。

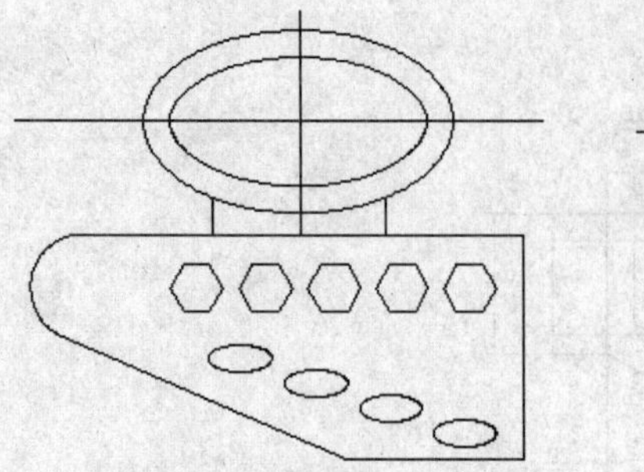

图4-70　创建矩形阵列

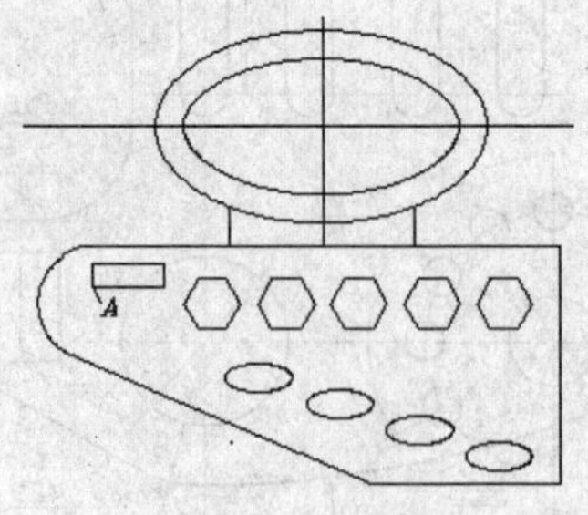

图4-71　画矩形

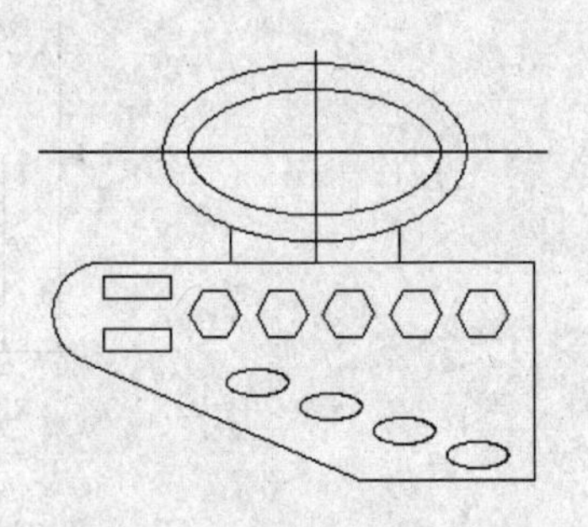

图4-72　镜像

【例4-26】 用 LINE、CIRCLE、POLYGON、ARRAY 等命令绘制如图 4-73 所示的图形。

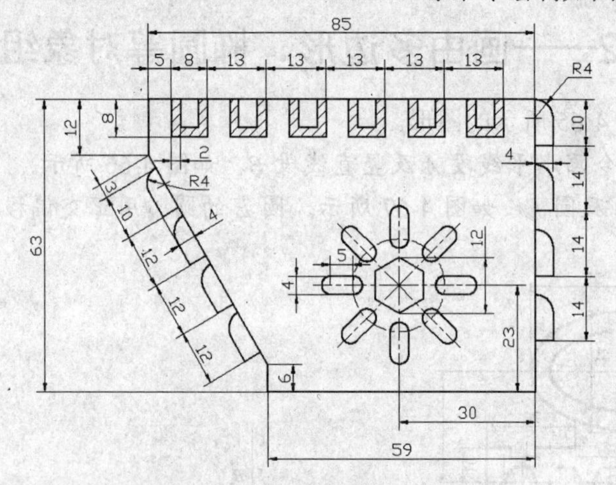

图4-73　用 LINE、CIRCLE、POLYGON、ARRAY 等命令绘图

4.6 综合练习 3——绘制视图及剖视图

【例4-27】 根据轴测图绘制三视图，如图 4-74 所示。

【例4-28】 根据轴测图绘制三视图，如图 4-75 所示。

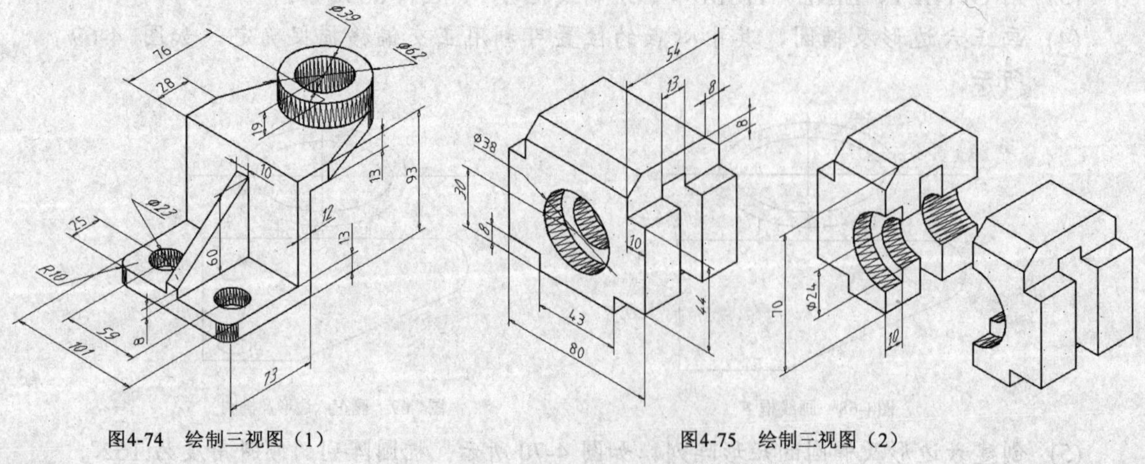

图4-74　绘制三视图（1）　　　　图4-75　绘制三视图（2）

【例4-29】　根据轴测图及视图轮廓绘制视图及剖视图，如图 4-76 所示。主视图采用全剖方式。

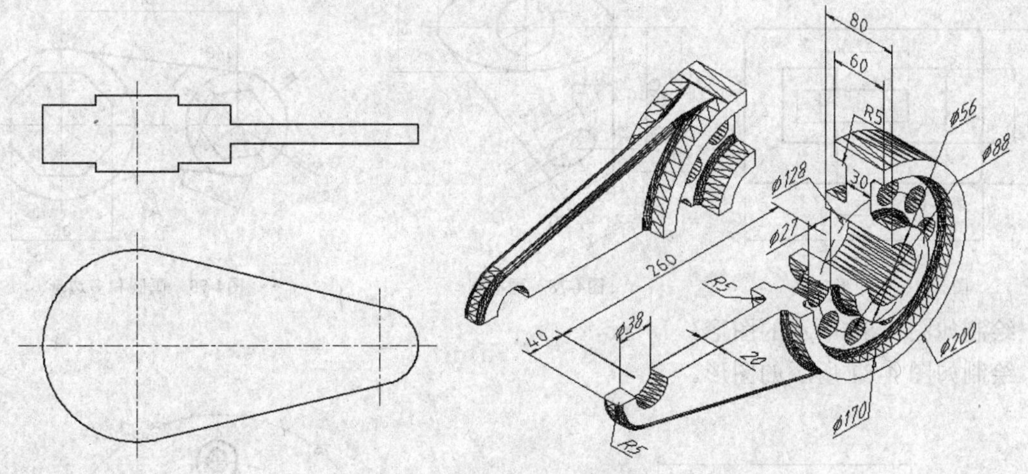

图4-76　绘制视图及剖视图

4.7 小结

本章主要内容总结如下。

- 用 MIRROR 命令镜像对象。操作时，可指定是否删除源对象。
- 用 ARRAY 命令创建对象的矩形阵列。阵列的“行”与 x 轴平行，“列”与 y 轴平行。行、列间距可正、可负，当为正值时，对象沿坐标轴正方向分布，否则，沿坐标轴负向分布。此外，还可用 ARRAY 命令创建沿倾斜方向的矩形阵列。
- 用 ARRAY 命令创建对象的环形阵列。阵列的总角度可正、可负，若为正值，对象将沿逆时针方向分布；否则，沿顺时针方向分布。
- 用 RECTANG 命令创建矩形。操作时，可设定是否在矩形的 4 个角点处形成圆角。
- ELLIPSE 命令用于生成椭圆，椭圆的倾斜方向可通过输入椭圆轴端点的坐标来控制。
- POLYGONE 命令用于生成正多边形，该多边形的倾斜方向可通过输入顶点的坐标来控制。
- BHATCH 命令用于绘制剖面图案。启动该命令后，AutoCAD 打开【边界图案填充】对话框，该对话框中的【角度】文本框用于控制剖面图案的旋转角度；【比例】文本框用于控制剖面图案的疏密程度。
- 用 SPLINE 命令可以方便地绘制波浪线，该线可用作工程图中的断裂线。

4.8 习题

1. 绘制如图 4-77 所示的图形。
2. 绘制如图 4-78 所示的图形。
3. 绘制如图 4-79 所示的图形。

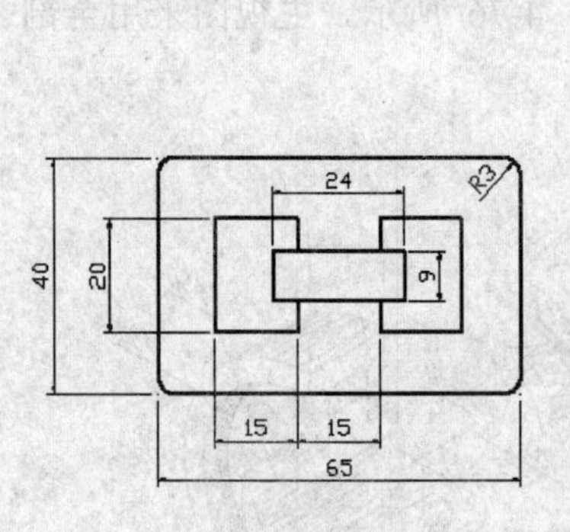

图4-77　画矩形

图4-78　画椭圆

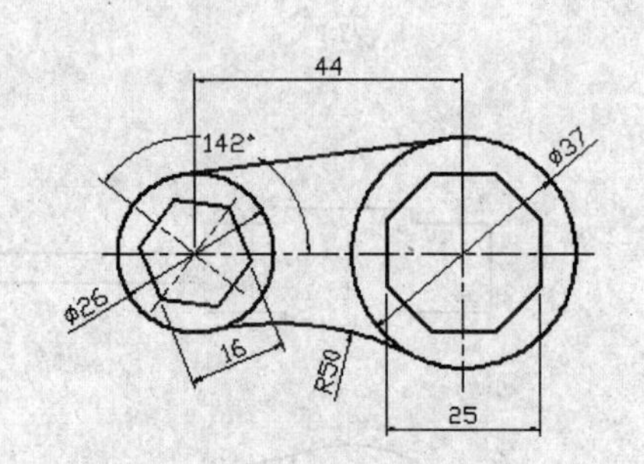

图4-79　画圆和多边形

4.　绘制如图 4-80 所示的图形。

5.　绘制如图 4-81 所示的图形。

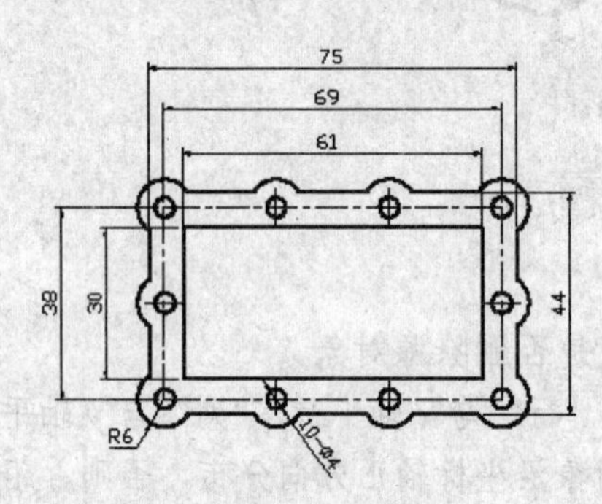

图4-80　创建矩形阵列

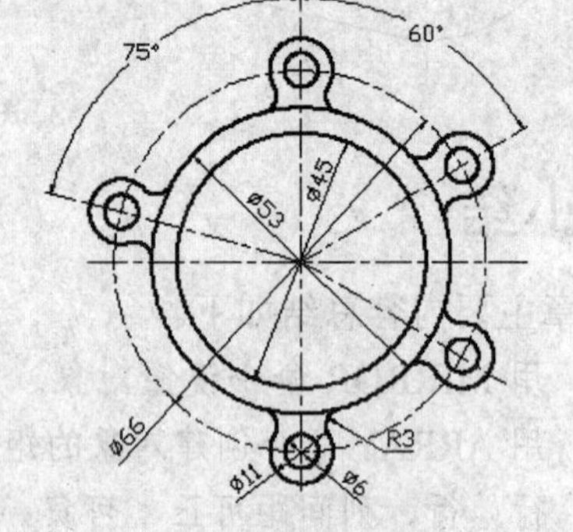

图4-81　创建环形阵列

6.　绘制如图 4-82 所示的图形。

7.　绘制如图 4-83 所示的图形。

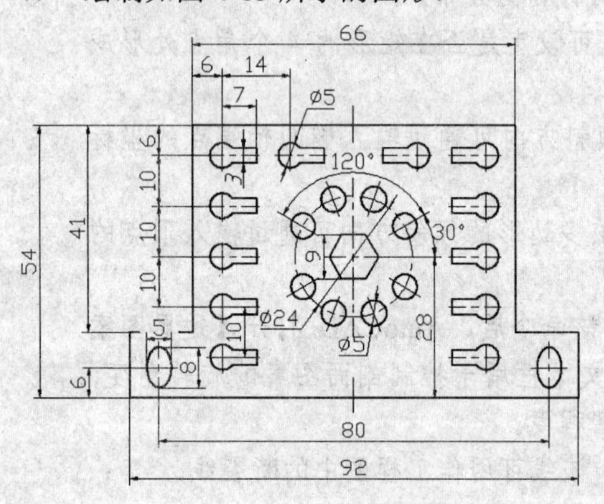

图4-82　创建矩形阵列及环形阵列（1）

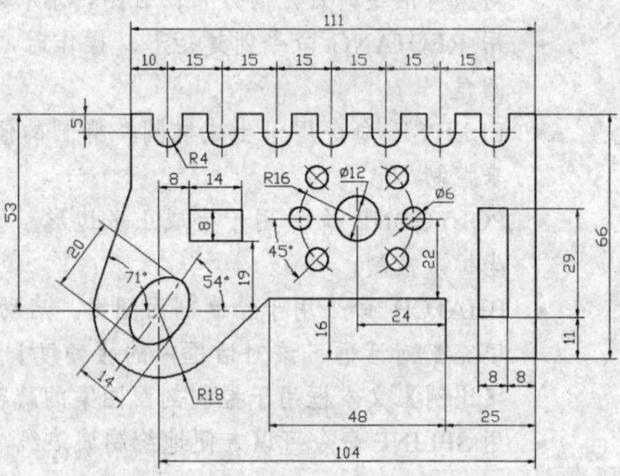

图4-83　创建矩形阵列及环形阵列（2）

第5章　编辑图形

绘图过程中用户不仅要绘制新的图形对象，而且也还不断地修改已有的图形对象。AutoCAD 的设计优势在很大程度上表现为强大的图形编辑功能，这使用户不仅能方便、快捷地改变对象的大小及形状，而且可以通过编辑现有图形生成新对象。本章将介绍常用的编辑方法及一些编辑技巧。

通过本章的学习，学生可以掌握常用编辑命令及一些编辑技巧，了解关键点编辑方式，学会使用编辑命令生成新图形元素的技巧。

本章学习目标

- 移动及复制对象。
- 把对象旋转某一角度或从当前位置旋转到新位置。
- 将一图形对象与另一图形对象对齐。
- 在两点间或在一点处打断对象。
- 拉长或缩短对象。
- 指定基点缩放对象。
- 关键点编辑模式。

5.1 用移动及复制命令绘图

移动图形实体的命令是 MOVE，复制图形实体的命令是 COPY，这两个命令都可以在二维、三维空间中操作，它们的使用方法是相似的。发出 MOVE 或 COPY 命令后，用户选择要移动或复制的图形元素，然后通过两点或直接输入位移值来指定对象移动的距离和方向，AutoCAD 就将图形元素从原位置移动或复制到新位置。

5.1.1 绘图任务

【例5-1】 打开素材文件“5-1.dwg”，如图 5-1 左图所示。请跟随以下的操作步骤，将左图修改为右图样式。

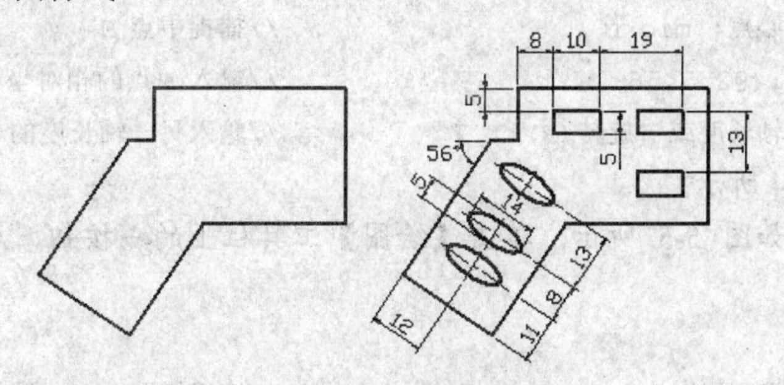

图5-1　用移动及复制命令绘图

(1) 打开极轴追踪功能。

(2) 画矩形，如图 5-2 所示。

命令：_rectang
指定第一个角点或 [倒角(C)/标高(E)/圆角(F)/厚度(T)/宽度(W)]：from
//使用正交偏移捕捉
基点：int 于　　//捕捉交点 A
<偏移>：@8,-5　　//输入 B 点的相对坐标
指定另一个角点或 [尺寸(D)]：@10,-5　　//输入 C 点的相对坐标

结果如图 5-2 所示。

(3) 复制矩形，如图 5-3 所示。单击【绘图】工具栏上的按钮，AutoCAD 提示如下。

命令：_copy
选择对象：找到 1 个　　//选择矩形 D
选择对象：　　//按 Enter 键
指定基点或位移，或者 [重复(M)]：　　//在屏幕上单击一点
指定位移的第二点或 <用第一点作位移>：19　　//向右追踪并输入追踪距离

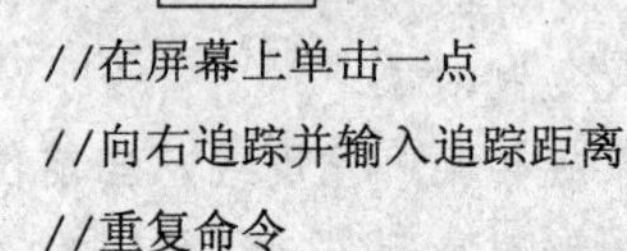

命令:COPY　　//重复命令
选择对象：找到 1 个　　//选择矩形 D
选择对象：　　//按 Enter 键
指定基点或位移，或者 [重复(M)]：19,-13　　//输入沿 x、y 轴复制的距离
指定位移的第二点或 <用第一点作位移>：　　//按 Enter 键确认

结果如图 5-3 所示。

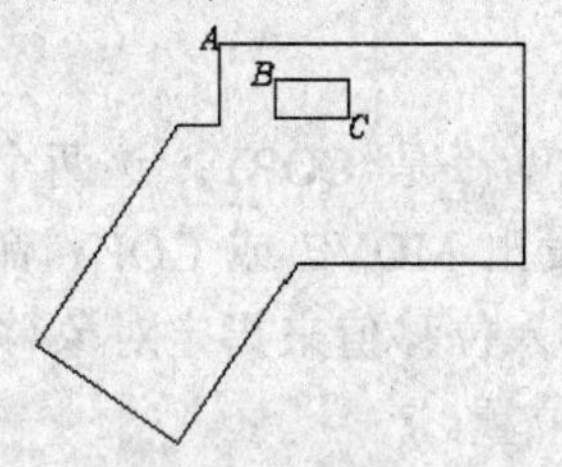

图5-2　画矩形

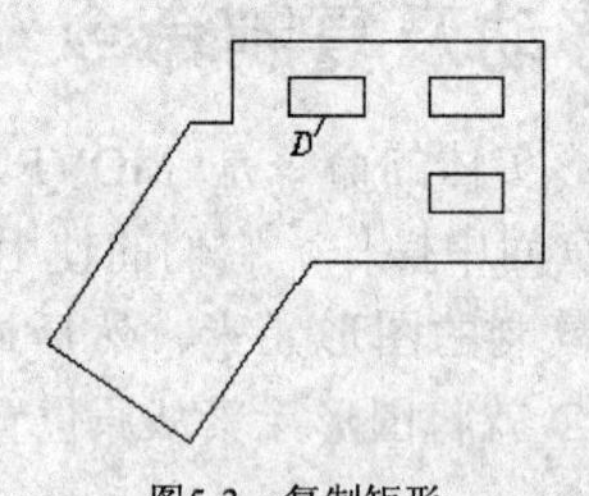

图5-3　复制矩形

(4) 画椭圆，如图 5-4 所示。

命令：_ellipse
指定椭圆的轴端点或 [圆弧(A)/中心点(C)]：c　　//使用"中心点(C)"选项
指定椭圆的中心点：mid 于　　//捕捉中点 E
指定轴的端点：@2.5<56　　//输入 F 点的相对坐标
指定另一条半轴长度或 [旋转(R)]：7　　//输入另一轴长度的一半

结果如图 5-4 所示。

(5) 移动椭圆，如图 5-5 所示。单击【绘图】工具栏上的按钮，AutoCAD 提示如下。

命令：_move
选择对象：找到 1 个　　//选择椭圆 G，如图 5-4 所示
选择对象：　　//按 Enter 键
指定基点或位移：　　//在屏幕上单击一点

指定位移的第二点或 <用第一点作位移>: @11<56 //输入另一点的相对坐标

结果如图 5-5 所示。

(6) 复制椭圆，如图 5-6 所示。单击【绘图】工具栏上的按钮，AutoCAD 提示如下。

```
命令: _copy
选择对象: 找到 1 个                          //选择椭圆 H
选择对象:                                    //按 Enter 键
指定基点或位移，或者 [重复(M)]: 8<56          //输入复制的距离和方向
指定位移的第二点或 <用第一点作位移>:            //按 Enter 键结束
命令:COPY                                    //重复命令
选择对象: 找到 1 个                          //选择椭圆 H
选择对象:                                    //按 Enter 键结束
指定基点或位移，或者 [重复(M)]: 21<56         //输入复制的距离和方向
指定位移的第二点或 <用第一点作位移>:            //按 Enter 键结束
```

结果如图 5-6 所示。

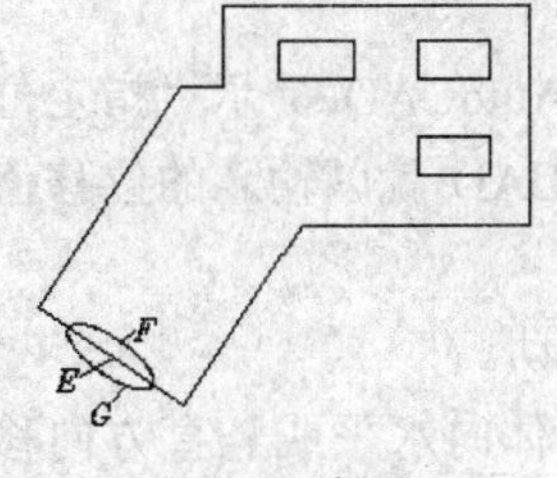

图5-4　画椭圆

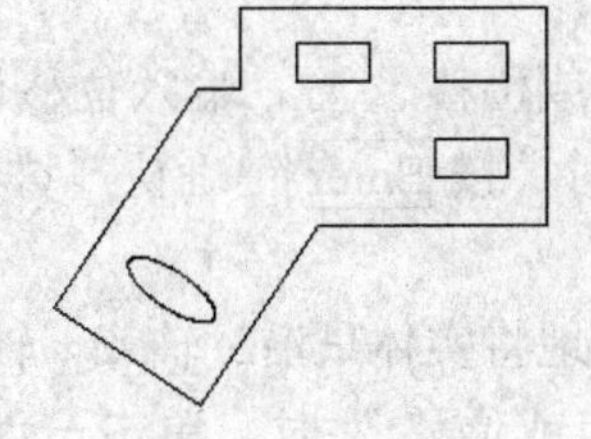

图5-5　移动椭圆

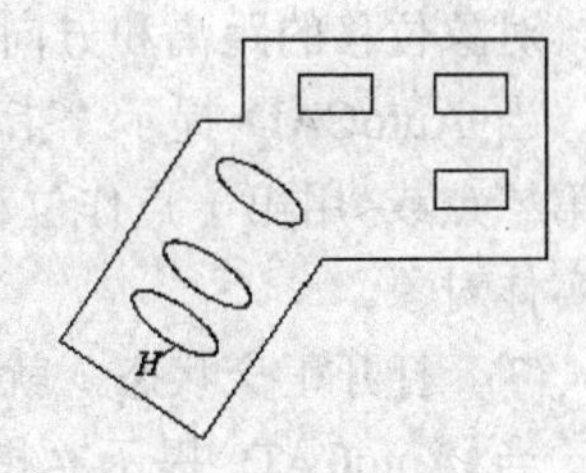

图5-6　镜像对象

5.1.2 移动对象

命令启动方法

- 下拉菜单:【修改】/【移动】。
- 工具栏:【修改】工具栏上的按钮。
- 命令: MOVE 或简写 M。

【例5-2】 练习 MOVE 命令的使用。

打开素材文件“5-2.dwg”，如图 5-7 左图所示。用 MOVE 命令将左图修改为右图样式。

```
命令: _move
选择对象: 指定对角点: 找到 1 个               //选择矩形，如图 5-7 左图所示
选择对象:                                    //按 Enter 键确认
指定基点或位移:                               //捕捉交点 A
指定位移的第二点或 <用第一点作位移>:            //捕捉交点 B
命令:                                        //重复命令
MOVE
选择对象: 指定对角点: 找到 1 个               //选择圆，如图 5-7 左图所示
```

选择对象： //按 Enter 键确认

指定基点或位移：-15,-18 //输入沿 x、y 轴移动的距离

指定位移的第二点或 <用第一点作位移>： //按 Enter 键结束

结果如图 5-7 右图所示。

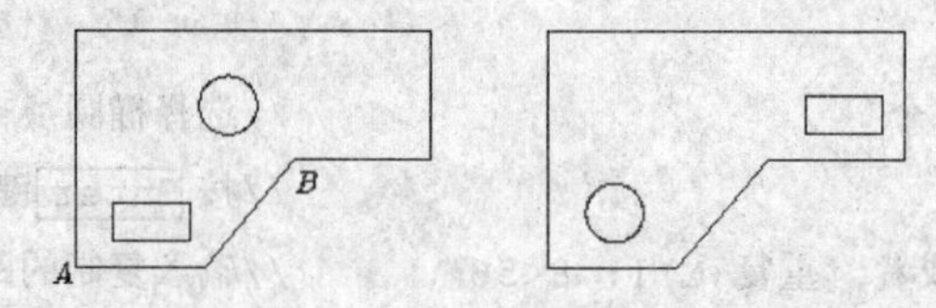

图5-7 移动对象

使用 MOVE 命令时，用户可以通过以下方式指明对象移动的距离和方向。

(1) 在屏幕上指定两个点，这两点的距离和方向代表了实体移动的距离和方向。

当 AutoCAD 提示“指定基点或位移:”时，指定移动的基准点。在 AutoCAD 提示“指定位移的第二点或 <用第一点作位移>:”时，捕捉第二点或输入第二点相对于基准点的相对直角坐标或极坐标。

(2) 以“*X,Y*”方式输入对象沿 *x*、*y* 轴移动的距离。或用“距离<角度”方式输入对象位移的距离和方向。

当 AutoCAD 提示“指定基点或位移:”时，输入位移值。在 AutoCAD 提示“指定位移的第二点或<用第一点作位移>:”时，按 Enter 键确认，这样 AutoCAD 就以输入的位移值移动实体对象。

(3) 打开正交状态，就能方便地将实体只沿 *x* 轴或 *y* 轴方向移动。

当 AutoCAD 提示“指定基点或位移:”时，单击一点并把实体向水平或竖直方向移动（正交状态已打开），然后输入位移的数值。

5.1.3 复制对象

命令启动方法

- 下拉菜单：【修改】/【复制】。
- 工具栏：【修改】工具栏上的按钮。
- 命令：COPY 或简写 CO。

【例5-3】 练习 COPY 命令的使用。

打开素材文件“5-3.dwg”，如图 5-8 左图所示。用 COPY 命令将左图修改为右图。

命令：_copy

选择对象：指定对角点：找到 1 个 //选择圆，如图 5-8 左图所示

选择对象： //按 Enter 键确认

指定基点或位移，或者 [重复(M)]： //捕捉交点 A

指定位移的第二点或 <用第一点作位移>： //捕捉交点 B

命令： //重复命令

COPY

选择对象：找到 1 个 //选择矩形，如图 5-8 左图所示

```
选择对象:                                                   //按 Enter 键确认
指定基点或位移，或者 [重复(M)]: 10,-20                       //输入沿 x、y 轴移动的距离
指定位移的第二点或 <用第一点作位移>:                          //按 Enter 键结束
```

结果如图 5-8 右图所示。

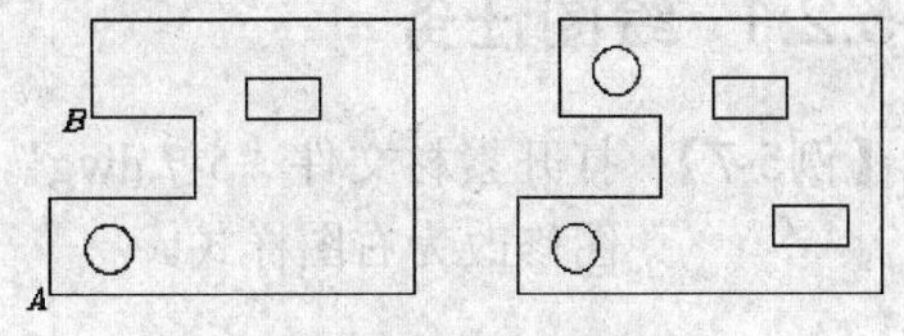

图5-8　复制对象

使用 COPY 命令时，用户需指定源对象位移的距离和方向，具体方法请参考 MOVE 命令。

COPY 命令具有“重复(M)”选项，该选项使用户可以在一次操作中同时对源对象作多次复制。当将某一个实体复制在不同的位置时，“重复(M)”选项是很有用的，这个过程比每次调用 COPY 命令来复制对象要方便许多。

5.1.4 实战提高

【例5-4】 用 LINE、CIRCLE、COPY、TRIM 等命令绘制如图 5-9 所示的图形。

【例5-5】 用 LINE、CIRCLE、COPY、TRIM 等命令绘制如图 5-10 所示的图形。

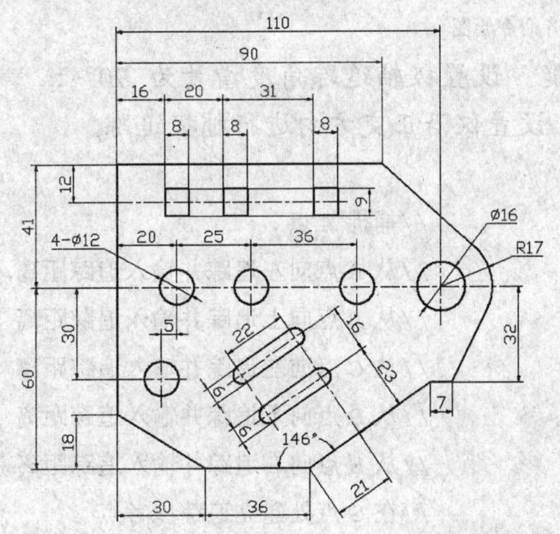

图5-9　用 LINE、CIRCLE、COPY、TRIM 等命令绘图

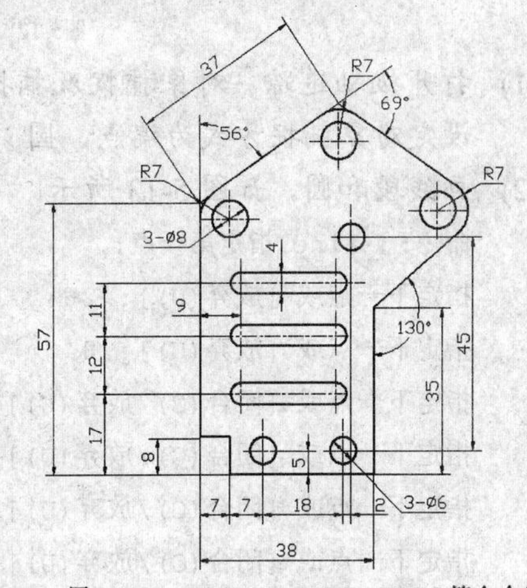

图5-10　用 LINE、CIRCLE、COPY、TRIM 等命令绘图

【例5-6】 用 LINE、CIRCLE、COPY 等命令绘制如图 5-11 所示的图形。

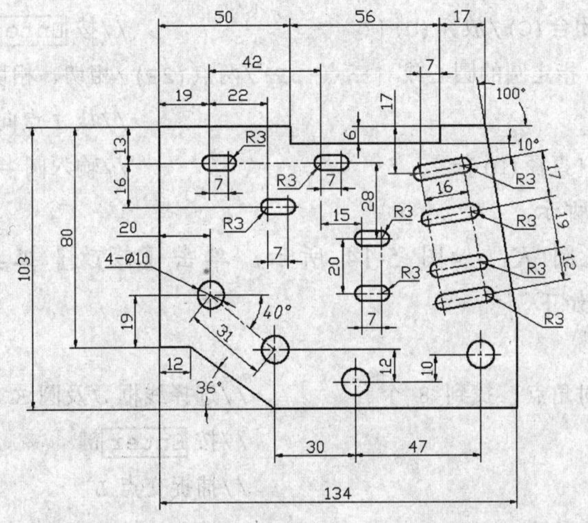

图5-11　用 LINE、COPY 等命令绘图

5.2 绘制倾斜图形的技巧

本节介绍旋转及对齐命令的用法。

5.2.1 绘图任务

【例5-7】 打开素材文件“5-7.dwg”，如图 5-12 左图所示。请跟随以下的操作步骤，将左图修改为右图样式。

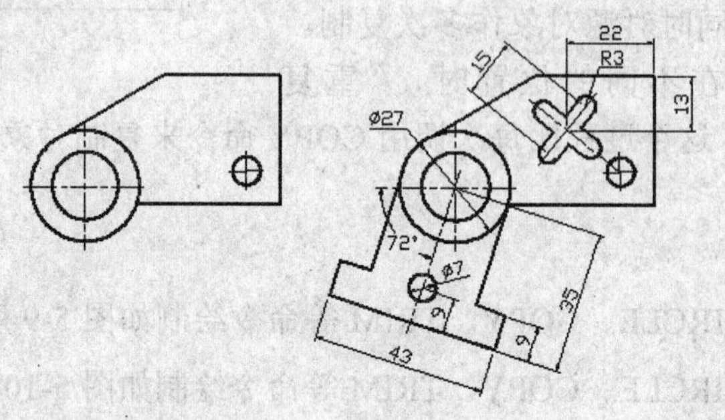

图5-12 用旋转及对齐命令绘图

(1) 打开极轴追踪、对象捕捉及捕捉追踪功能。设置极轴追踪角度增量为 90°；设定对象捕捉方式为端点、圆心、交点；设置仅沿正交方向进行捕捉追踪。

(2) 画线段和圆，如图 5-13 所示。

```
命令: _line 指定第一点:                              //捕捉 A 点
指定下一点或 [放弃(U)]: 26                            //从 A 点向左追踪并输入追踪距离
指定下一点或 [放弃(U)]: 8                             //从 B 点向上追踪并输入追踪距离
指定下一点或 [闭合(C)/放弃(U)]: 9                     //从 C 点向左追踪并输入追踪距离
指定下一点或 [闭合(C)/放弃(U)]: 43                    //从 D 点向下追踪并输入追踪距离
指定下一点或 [闭合(C)/放弃(U)]: 9                     //从 E 点向右追踪并输入追踪距离
指定下一点或 [闭合(C)/放弃(U)]:                       //在 G 点处建立追踪参考点
                                                      //从 F 点向上追踪并确定 H 点
指定下一点或 [闭合(C)/放弃(U)]:                       //从 H 点向右追踪并捕捉 G 点
指定下一点或 [闭合(C)/放弃(U)]:                       //按 Enter 键结束
命令: _circle 指定圆的圆心或 [三点(3P)/两点(2P)/相切、相切、半径(T)]: 26
                                                      //从 I 点向左追踪并输入追踪距离
指定圆的半径或 [直径(D)]: 3.5                         //输入圆半径
```

结果如图 5-13 所示。

(3) 旋转线框 *J* 及圆 *K*，如图 5-14 所示。单击【修改】工具栏上的 按钮，AutoCAD 提示如下。

```
命令: _rotate
选择对象: 指定对角点: 找到 8 个                //选择线框 J 及圆 K
选择对象:                                      //按 Enter 键
指定基点:                                      //捕捉交点 L
指定旋转角度或 [参照(R)]: 72                   //输入旋转角度
```

结果如图 5-14 所示。

(4) 画圆 *A*、*B* 及切线 *C*、*D*，如图 5-15 所示。

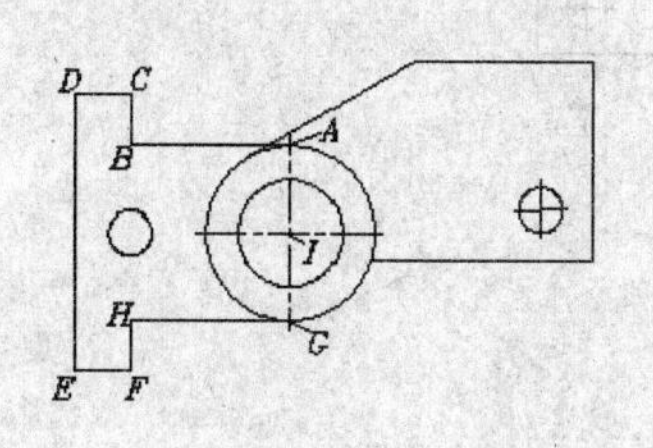

图5-13　复制对象

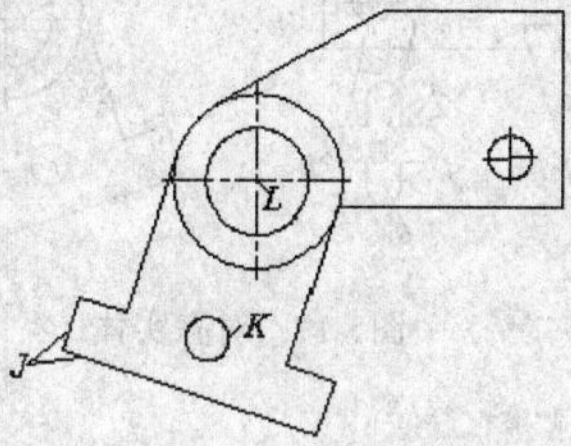

图5-14　旋转对象

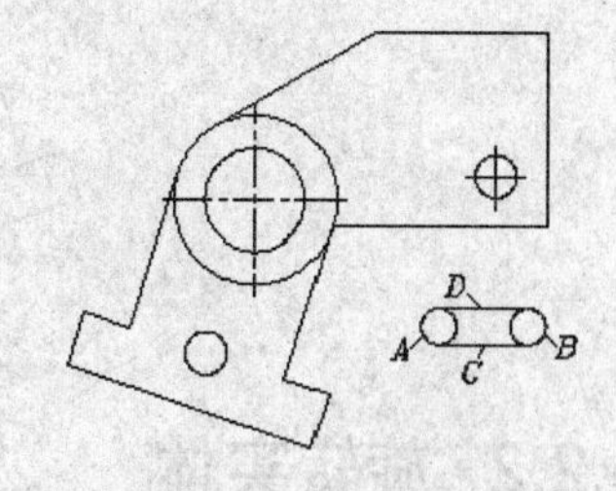

图5-15　画圆及切线

(5) 复制线框 *E*，并将其旋转 90°，如图 5-16 所示。

(6) 移动线框 *H*，结果如图 5-17 所示。

```
命令: _move
选择对象: 指定对角点: 找到 4 个                    //选择线框 H，如图 5-17 所示
选择对象:                                          //按 Enter 键
指定基点或位移: 7.5                                //从 G 点向下追踪并输入追踪距离
指定位移的第二点或 <用第一点作位移>: 7.5          //从 F 点向右追踪并输入追踪距离
```

结果如图 5-17 所示。修剪多余线条，结果如图 5-18 所示。

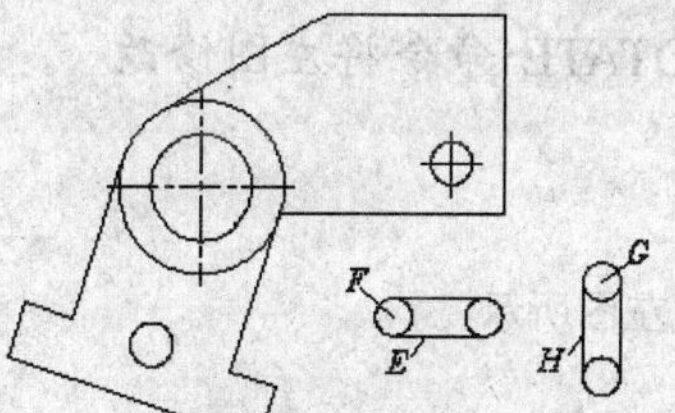

图5-16　复制并旋转对象

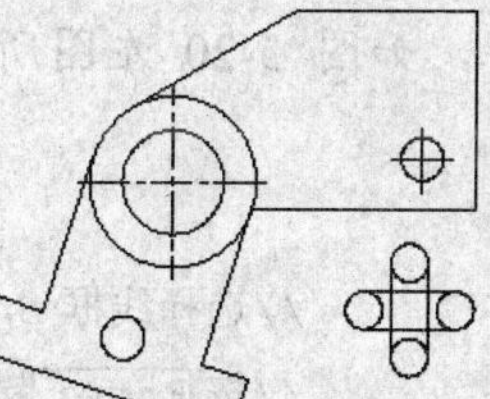

图5-17　移动对象

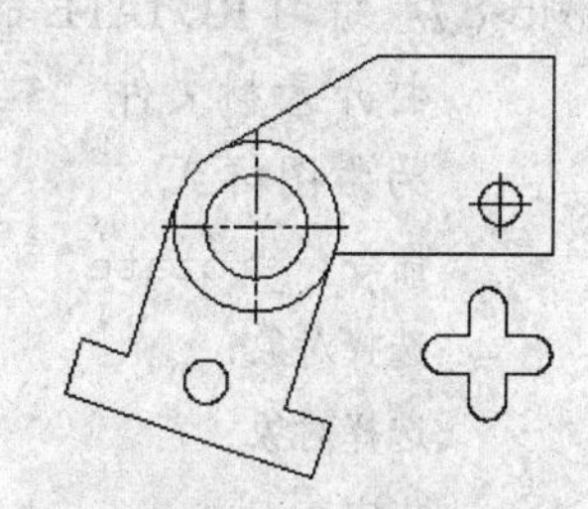

图5-18　修剪结果

(7) 将线框 *A* 定位到正确的位置，如图 5-19 所示。

```
命令: align
选择对象: 指定对角点: 找到 12 个                   //选择线框 A，如图 5-19 左图所示
选择对象:                                          //按 Enter 键
指定第一个源点:                                    //从 F 点向右追踪
                                                   //从 G 点向上追踪
                                                   //在两条追踪辅助线的交点处单击一点
指定第一个目标点: from                             //使用正交偏移捕捉
基点:                                              //捕捉交点 H
<偏移>: @-22,-13                                   //输入 C 点的相对坐标
指定第二个源点:                                    //捕捉圆心 D
指定第二个目标点:                                  //捕捉交点 E
指定第三个源点或 <继续>:                           //按 Enter 键
是否基于对齐点缩放对象? [是(Y)/否(N)] <否>:        //按 Enter 键结束
```

结果如图 5-19 右图所示。

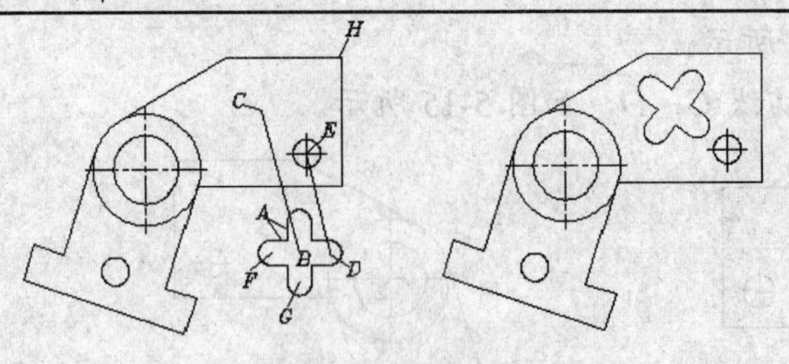

图5-19　对齐实体

5.2.2 旋转实体

ROTATE 命令可以旋转图形对象，改变图形对象的方向。使用此命令时，用户指定旋转基点并输入旋转角度就可以转动图形实体。此外，也可以某个方位作为参照位置，然后选择一个新对象或输入一个新角度值来指明要旋转到的位置。

1. 命令启动方法

- 下拉菜单：【修改】/【旋转】。
- 工具栏：【修改】工具栏上的按钮。
- 命令：ROTATE 或简写 RO。

【例5-8】 练习 ROTATE 命令的使用。

打开素材文件“5-8.dwg”，如图 5-20 左图所示。用 ROTATE 命令将左图修改为右图样式。

```
命令: _rotate
选择对象:                          //选择线框 B，如图 5-20 左图所示
选择对象:                          //按 Enter 键确认
指定基点:                          //捕捉 A 点作为旋转基点
指定旋转角度或 [参照(R)]: 75       //输入旋转角度
```

结果如图 5-20 右图所示。

2. 命令选项

- 指定旋转角度：指定旋转基点并输入绝对旋转角度来旋转实体。旋转角是基于当前用户坐标系测量的。如果输入负的旋转角，则选定的对象顺时针旋转，反之被选择的对象将逆时针旋转。
- 参照(R)：指定某个方向作为起始参照角，然后选择一个新对象以指定源对象要旋转到的位置，也可以输入新角度值来指明要旋转到的方位，如图 5-21 所示。

```
命令: _rotate
选择对象: 指定对角点: 找到 4 个      //选择要旋转的对象，如图 5-21 左图所示
选择对象:                          //按 Enter 键确认
指定基点:                          //捕捉 A 点作为旋转基点
指定旋转角度或 [参照(R)]: r        //使用“参照(R)”选项
指定参照角 <0>:                    //捕捉 A 点
指定第二点:                        //捕捉 B 点
指定新角度:                        //捕捉 C 点
```

结果如图 5-21 右图所示。

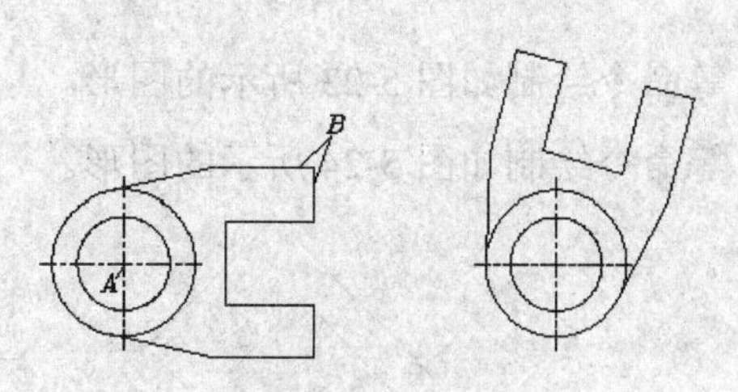

图5-20 旋转对象

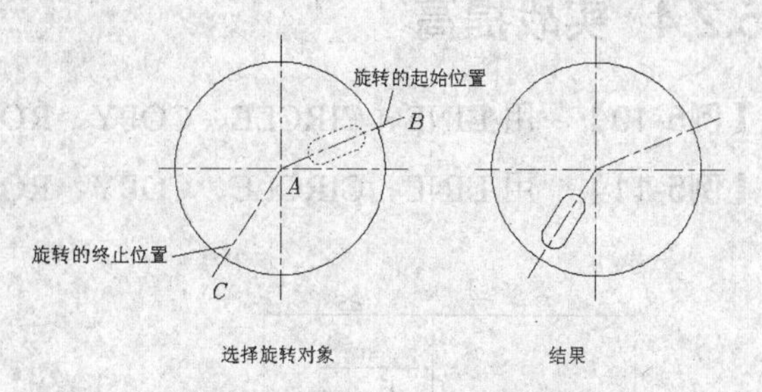

图5-21 使用“参照(R)”选项旋转图形

5.2.3 对齐实体

ALIGN 命令可以同时移动、旋转一个对象使之与另一对象对齐。例如，用户可以使图形对象中某点、某条直线或某一个面（三维实体中的面）与另一实体的点、线、面对齐。操作过程中用户只需按照 AutoCAD 提示指定源对象与目标对象的一点、两点或三点对齐就可以了。

命令启动方法

- 下拉菜单:【修改】/【三维操作】/【对齐】。
- 命令: ALIGN 或简写 AL。

【例5-9】 练习 ALIGN 命令的使用。

打开素材文件“5-9.dwg”，如图 5-22 左图所示。用 ALIGN 命令将左图修改为右图样式。

```
命令: align
选择对象: 指定对角点: 找到 8 个        //选择源对象（右边的线框），如图 5-22 左图所示
选择对象:                              //按Enter键
指定第一个源点:                        //捕捉第一个源点 A
指定第一个目标点:                      //捕捉第一个目标点 B
指定第二个源点:                        //捕捉第二个源点 C
指定第二个目标点:                      //捕捉第二个目标点 D
指定第三个源点或 <继续>:               //按Enter键
是否基于对齐点缩放对象? [是(Y)/否(N)] <否>:   //按Enter键不缩放源对象
```

结果如图 5-22 右图所示。

使用 ALIGN 命令时，可指定按照一个端点、两个端点或三个端点对齐实体。在二维平面绘图中，一般仅需使源对象与目标对象按一个或两个端点进行对正。操作完成后源对象与目标对象的第一点将重合在一起，如果要使它们的第二个端点也重合，就需利用“基于对齐点缩放对象”选项缩放源对象。此时，第一目标点是缩放的基点，第一与第二源点间的距离是第一个参考长度，第一与第二目标点间的距离是新的参考长度，新的参考长度与第一个参考长度的比值就是缩放比例因子。

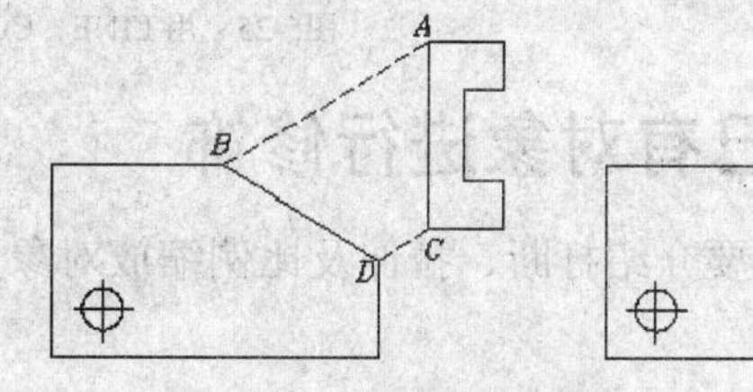

图5-22 对齐对象

5.2.4 实战提高

【例5-10】 用 LINE、CIRCLE、COPY、ROTATE 等命令绘制如图 5-23 所示的图形。

【例5-11】 用 LINE、CIRCLE、COPY、ROTATE 等命令绘制如图 5-24 所示的图形。

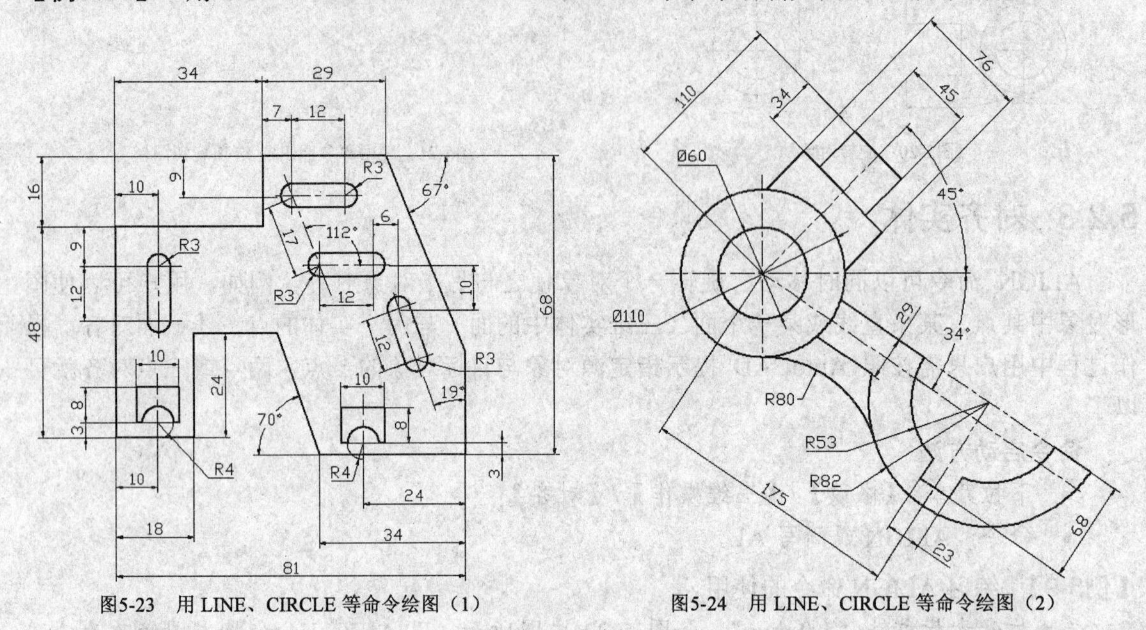

图5-23 用 LINE、CIRCLE 等命令绘图（1）

图5-24 用 LINE、CIRCLE 等命令绘图（2）

【例5-12】 用 LINE、CIRCLE、COPY、ROTATE 等命令绘制如图 5-25 所示的图形。

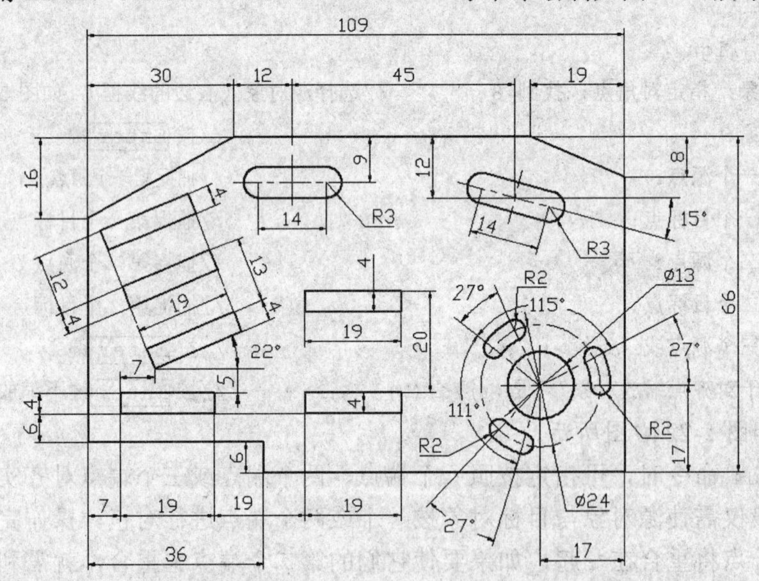

图5-25 用 LINE、COPY 等命令绘图（3）

5.3 对已有对象进行修饰

本节主要介绍打断、拉伸及比例缩放对象的方法。

5.3.1 绘图任务

【例5-13】 打开文件“5-13.dwg”，如图 5-26 左图所示。请跟随以下的操作步骤，将左图修改为右图样式。

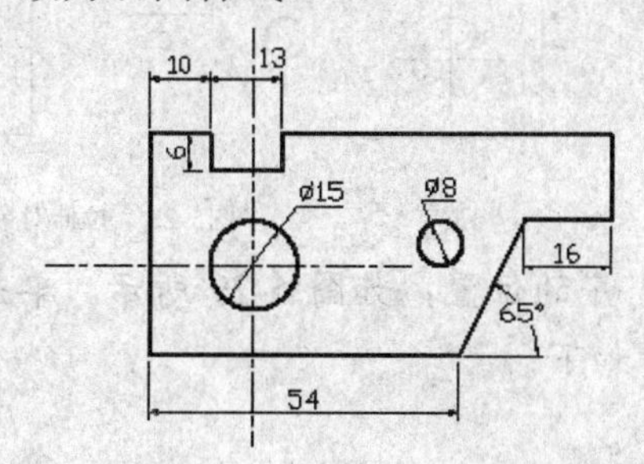

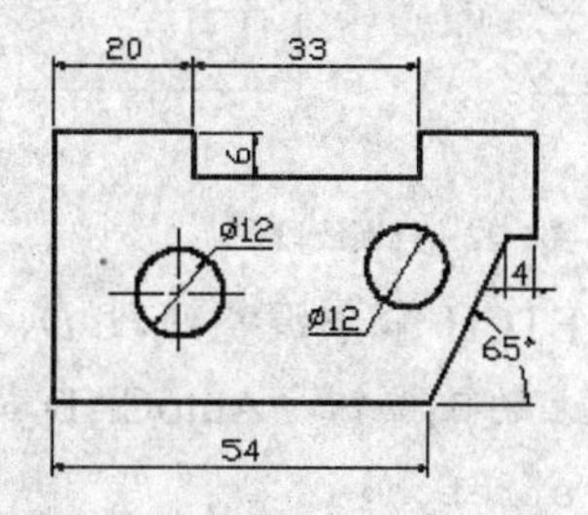

图5-26　用旋转及对齐命令绘图

(1) 打断线段，如图 5-27 所示。单击【修改】工具栏上的按钮，AutoCAD 提示如下。

```
命令: _break 选择对象:                        //在 A 点处选择线段，如图 5-27 左图所示
指定第二个打断点或 [第一点(F)]:               //在 B 点处单击一点
命令:                                         //重复命令
BREAK 选择对象:                               //在 C 点处选择线段
指定第二个打断点或 [第一点(F)]:               //在 D 点处单击一点
命令:                                         //重复命令
BREAK 选择对象:                               //在 E 点处选择线段
指定第二个打断点或 [第一点(F)]:               //在 F 点处选择线段
命令:                                         //重复命令
BREAK 选择对象:                               //在 G 点处选择线段
指定第二个打断点或 [第一点(F)]:               //在 H 点处选择线段
```

结果如图 5-27 右图所示。

(2) 打开极轴追踪、对象捕捉及捕捉追踪功能。设置极轴追踪角度增量为 90°；设定对象捕捉方式为端点、圆心、交点；设置仅沿正交方向进行捕捉追踪。

(3) 拉伸对象，如图 5-28 所示。单击【修改】工具栏上的按钮，AutoCAD 提示如下。

```
命令: _stretch
选择对象: 指定对角点: 找到 3 个                  //利用交叉窗口选中线段 A、B、C
选择对象:                                        //按 Enter 键
指定基点或位移:                                  //在屏幕上单击一点
指定位移的第二个点或 <用第一个点作位移>: 12      //向左追踪并输入追踪距离
命令:STRETCH                                     //重复命令
选择对象: 指定对角点: 找到 3 个                  //利用交叉窗口选中线段 A、D、E
选择对象:                                        //按 Enter 键
指定基点或位移:                                  //在屏幕上单击一点
```

指定位移的第二个点或 <用第一个点作位移>: 20　//向右追踪并输入追踪距离

删除多余线条，结果如图 5-28 右图所示。

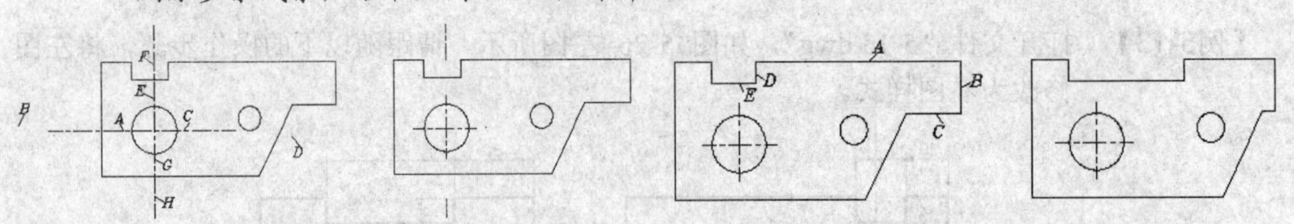

图5-27　打断线段　　　　图5-28　拉伸对象

(4) 用 STRETCH 命令调整线段 *D*、*E*、*F* 的位置，如图 5-29 所示。单击【修改】工具栏上的按钮，AutoCAD 提示如下。

命令: _stretch

选择对象: 指定对角点: 找到 5 个 //利用交叉窗口选中线段 *A*、*D*、*E*、*F*、*G*

选择对象:　//按 Enter 键

指定基点或位移:　//在屏幕上单击一点

指定位移的第二个点或 <用第一个点作位移>: 10　//向右追踪并输入追踪距离

结果如图 5-29 右图所示。

(5) 放大圆 *H*，缩小圆 *I*，如图 5-30 所示。单击【修改】工具栏上的按钮，AutoCAD 提示如下。

命令: _scale

选择对象: 找到 1 个　//选择圆 *H*

选择对象:　//按 Enter 键

指定基点:　//捕捉圆 *H* 的圆心

指定比例因子或 [参照(R)]: 1.5　//输入缩放比例因子

命令:SCALE　//重复命令

选择对象: 指定对角点: 找到 3 个　//选择圆 *I* 及两条中心线

选择对象:　//按 Enter 键

指定基点:　//捕捉圆 *I* 的圆心

指定比例因子或 [参照(R)]: r　//使用"参照(R)"选项

指定参照长度 <1>: 15　//输入参考长度

指定新长度: 12　//输入缩放后的新长度

结果如图 5-30 右图所示。

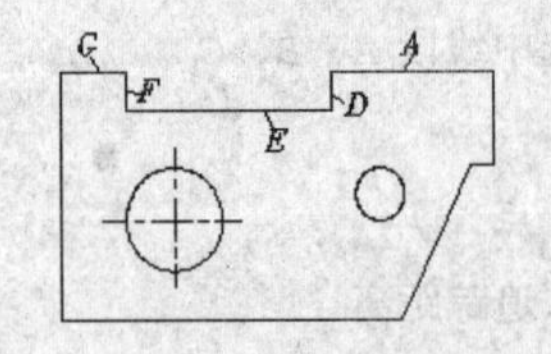

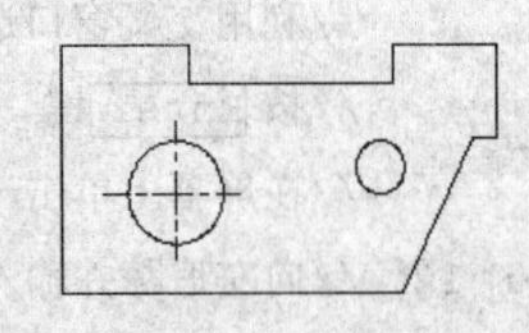

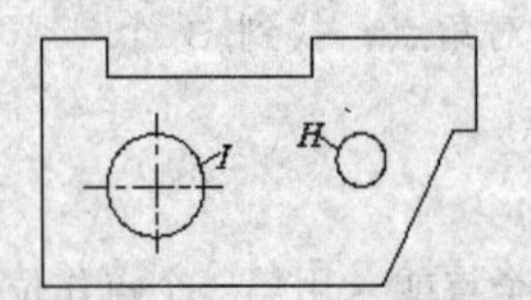

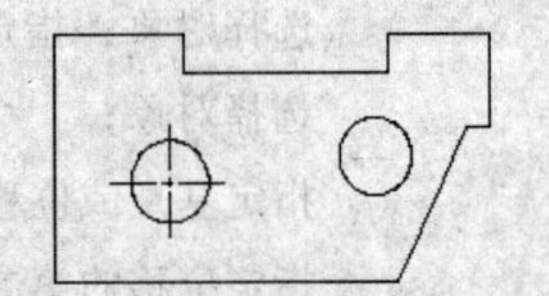

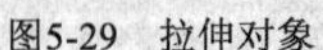

图5-29　拉伸对象　　　　图5-30　缩放对象

5.3.2 打断对象

利用 BREAK 命令可以删除对象的一部分，常用于打断直线、圆、圆弧、椭圆等，此命令既可以在一个点打断对象，也可以在指定的两点打断对象。

1. **命令启动方法**

- 下拉菜单：【修改】/【打断】。
- 工具栏：【绘图】工具栏上的□按钮。
- 命令：BREAK 或简写 BR。

【例5-14】 练习 BREAK 命令的使用。

打开素材文件“5-14.dwg”，如图 5-31 左图所示。用 BREAK 命令将左图修改为右图样式。

```
命令: _break 选择对象:                    //在 C 点处选择对象，如图 5-31 左图所示，
                                           AutoCAD 将该点作为第一打断点
指定第二个打断点或 [第一点(F)]:           //在 D 点处选择对象
命令:                                     //重复命令
BREAK 选择对象:                           //选择线段 A
指定第二个打断点或 [第一点(F)]: f         //使用“第一点(F)”选项
指定第一个打断点: int 于                  //捕捉交点 B
指定第二个打断点: @                       //第二打断点与第一打断点重合，线段 A 将在
                                           B 点处断开
```

结果如图 5-31 右图所示。

在圆上选择两个打断点后，AutoCAD 沿逆时针方向将第一打断点与第二打断点间的那部分圆弧删除。

2. **命令选项**

- 指定第二个打断点：在图形对象上选取第二点后，AutoCAD 将第一打断点与第二打断点间的部分删除。
- 第一点(F)：该选项使用户可以重新指定第一打断点。

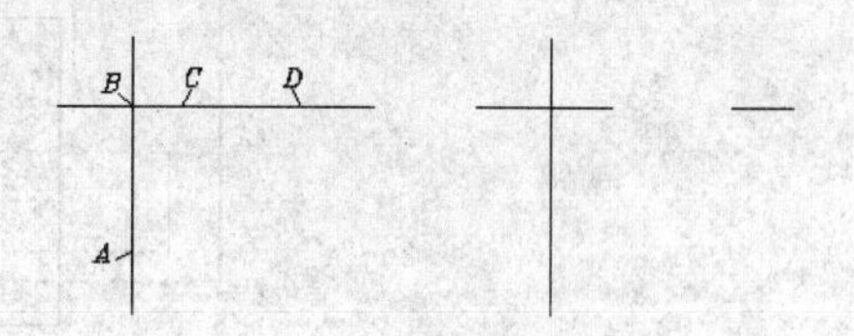

图5-31　打断线段

BREAK 命令还有以下一些操作方式。

(1) 如果要删除线段、圆弧或多段线的一端，可在选择被打断的对象后，将第二打断点指定在要删除部分那端的外面。

(2) 当 AutoCAD 提示输入第二打断点时，输入“@”，则 AutoCAD 将第一断点和第二断点视为同一点，这样就将一个对象拆分为二而没有删除其中的任何一部分。

5.3.3 拉伸对象

STRETCH 命令用于拉伸、缩短、移动实体。该命令通过改变端点的位置来修改图形对象，编辑过程中除被伸长、缩短的对象外，其他图元的大小及相互间的几何关系将保持不变。

操作时首先利用交叉窗口选择对象，如图 5-32 所示，然后指定一个基准点和另一个位移点，则 AutoCAD 将依据两点之间的距离和方向修改图形，凡在交叉窗口中的图元顶点都被移动，而与交叉窗口相交的图形元素将被延伸或缩短。此外，还可通过输入沿 x、y 轴的位移来拉伸图形，当 AutoCAD 提示“指定基点或位移:”时，直接键入位移值；当提示“指定位移的第二点”时，按 Enter 键完成操作。

如果图样沿 x 轴或 y 轴方向的尺寸有错误，或是用户想调整图形中某部分实体的位置，可使用 STRETCH 命令。

命令启动方法

- 下拉菜单:【修改】/【拉伸】。
- 工具栏:【修改】工具栏上的按钮。
- 命令: STRETCH 或简写 S。

【例5-15】 练习 STRETCH 命令的使用。

打开素材文件“5-15.dwg”，如图 5-32 左图所示。用 STRETCH 命令将左图修改为右图样式。

```
命令: _stretch
选择对象: 指定对角点: 找到 12 个            //以交叉窗口选择要拉伸的对象，如图 5-32 左图所示
选择对象:                                   //按 Enter 键
指定基点或位移:                             //在屏幕上单击一点
指定位移的第二个点或 <用第一个点作位移>: 40
                                            //向右追踪并输入追踪距离
```

结果如图 5-32 右图所示。

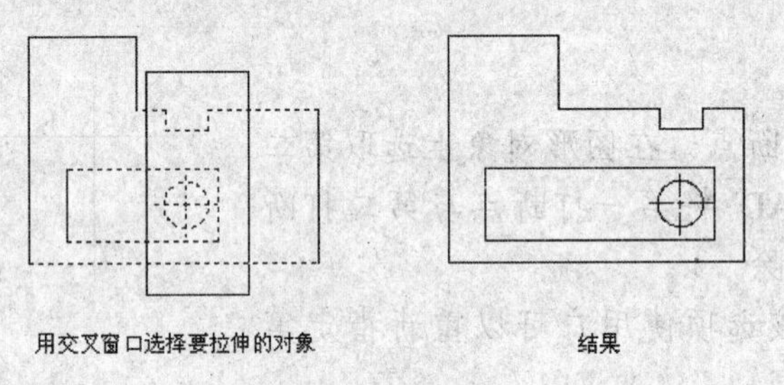

图5-32 拉伸对象

5.3.4 按比例缩放对象

SCALE 命令可将对象按指定的比例因子相对于基点放大或缩小。使用此命令时，可以用下面的两种方式缩放对象。

- 选择缩放对象的基点，然后输入缩放比例因子。比例变换图形的过程中，缩放基点在屏幕上的位置将保持不变，它周围的图元以此点为中心按给定的比例因子放大或缩小。
- 输入一个数值或拾取两点来指定一个参考长度（第一个数值），然后再输入新的数值或拾取另外一点（第二个数值），则 AutoCAD 计算两个数值的比率并以此比率作为缩放比例因子。当用户想将某一对象放大到特定尺寸时，就可使用这种方法。

1. 命令启动方法

- 下拉菜单：【修改】/【缩放】。
- 工具栏：【修改】工具栏上的按钮。
- 命令：SCALE 或简写 SC。

【例5-16】　练习 SCLAE 命令的使用。

打开素材文件“5-16.dwg”，如图 5-33 左图所示。用 SCALE 命令将左图修改为右图样式。

```
命令: _scale
选择对象: 指定对角点: 找到 1 个          //选择矩形 A，如图 5-33 左图所示
选择对象:                               //按 Enter 键
指定基点:                               //捕捉交点 C
指定比例因子或 [参照(R)]: 2             //输入缩放比例因子
命令:                                   //重复命令
SCALE
选择对象: 指定对角点: 找到 4 个          //选择线框 B
选择对象:                               //按 Enter 键
指定基点:                               //捕捉交点 D
指定比例因子或 [参照(R)]: r             //使用“参照(R)”选项
指定参照长度 <1>:                       //捕捉交点 D
指定第二点:                             //捕捉交点 E
指定新长度:                             //捕捉交点 F
```

结果如图 5-33 右图所示。

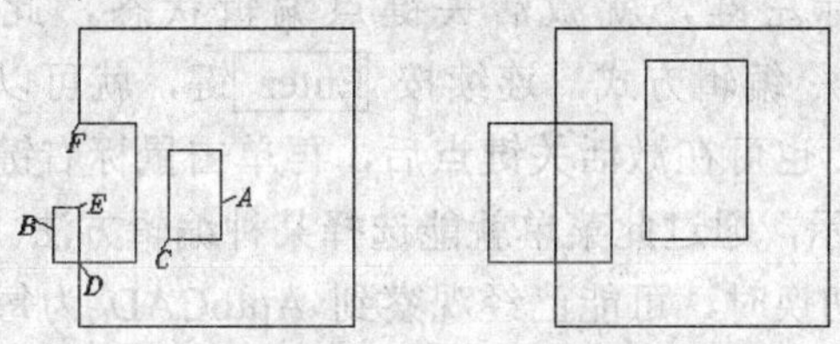

图5-33　缩放图形

2. 命令选项

- 指定比例因子：直接输入缩放比例因子，AutoCAD 根据此比例因子缩放图形。若比例因子小于 1，则缩小对象；否则，放大对象。
- 参照(R)：以参照方式缩放图形。用户输入参考长度及新长度，AutoCAD 把新长度与参考长度的比值作为缩放比例因子进行缩放。

5.3.5 实战提高

【例5-17】　用 LINE、OFFSET、COPY、STRETCH 等命令绘制如图 5-34 所示的图形。

【例5-18】　用 LINE、OFFSET、ROTATE、STRETCH 等命令绘制如图 5-35 所示的图形。

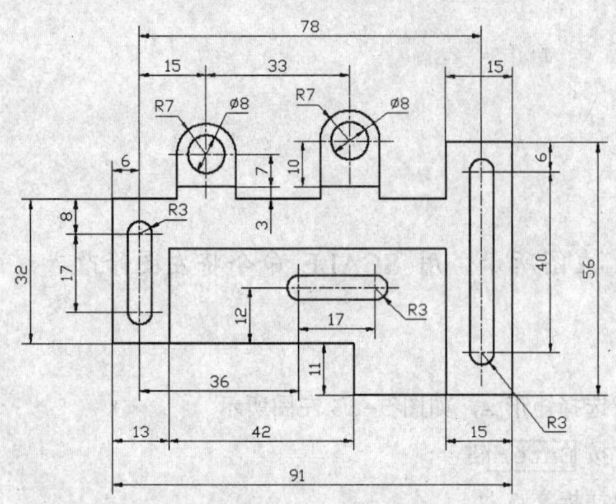

图5-34　用 LINE、OFFSET、COPY、STRETCH 等命令绘图

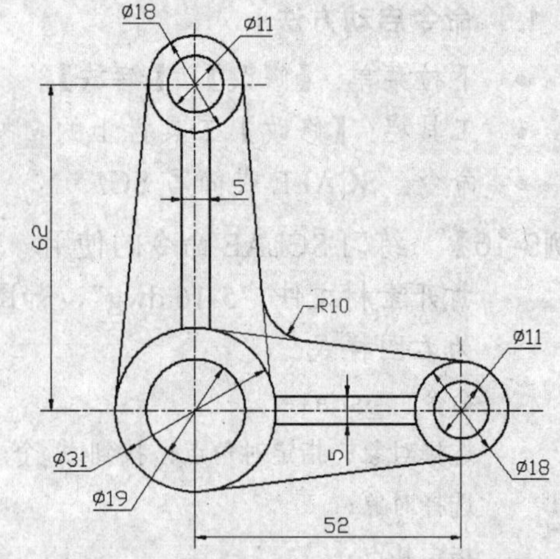

图5-35　用 LINE、OFFSET、ROTATE、STRETCH 等命令绘图

5.4 关键点编辑方式

关键点编辑方式是一种集成的编辑模式，该模式包含了 5 种编辑方法。

- 拉伸。
- 移动。
- 旋转。
- 比例缩放。
- 镜像。

默认情况下，AutoCAD 的关键点编辑方式是开启的，当用户选择实体后，实体上将出现若干方框，这些方框被称为关键点。把“十”字光标靠近方框并单击鼠标左键，就激活关键点编辑状态，此时，AutoCAD 自动进入“拉伸”编辑方式，连续按 Enter 键，就可以在所有编辑方式间切换。此外，也可在激活关键点后，再单击鼠标右键，弹出快捷菜单，如图 5-36 所示，通过此菜单就能选择某种编辑方法。

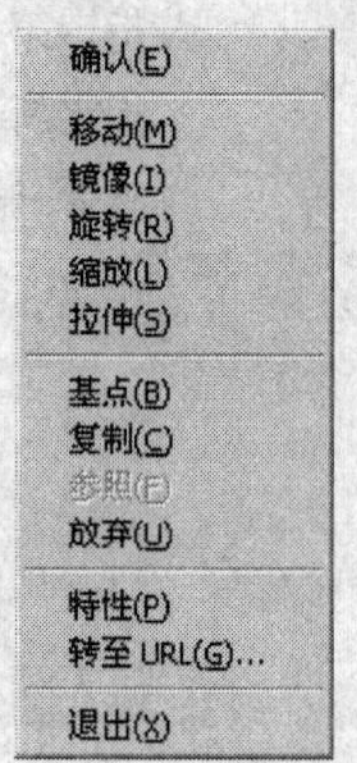

图5-36　快捷菜单

在不同的编辑方式间切换时，可能已经观察到 AutoCAD 为每种编辑方法提供的选项基本相同，其中“基点(B)”、“复制(C)”选项是所有编辑方式所共有的。

- 基点(B)：该选项使用户可以捡取某一个点作为编辑过程的基点。例如，当进入旋转编辑模式，并要指定一个点作为旋转中心时，就使用“基点(B)”选项。默认情况下，编辑的基点是热关键点（选中的关键点）。
- 复制(C)：如果用户在编辑的同时还需复制对象，则选取此选项。

下面通过一些例子使读者熟悉关键点编辑方式。

5.4.1 利用关键点拉伸

在拉伸编辑模式下，当热关键点是线条的端点时，将有效地拉伸或缩短对象。如果热关键点是线条的中点、圆或圆弧的圆心或者它属于块、文字、尺寸数字等实体时，这种编辑方式就只移动对象。

【例5-19】　利用关键点拉伸圆的中心线。

打开素材文件“5-19.dwg”，如图 5-37 左图所示。利用关键点拉伸模式将左图修改为右图样式。

命令：<正交 开>　　//打开正交

命令：　　//选择线段 A

命令：　　//选中关键点 B

** 拉伸 **　　//进入拉伸模式

指定拉伸点或［基点(B)/复制(C)/放弃(U)/退出(X)]：　　//向右移动鼠标指针拉伸线段 A

结果如图 5-37 右图所示。

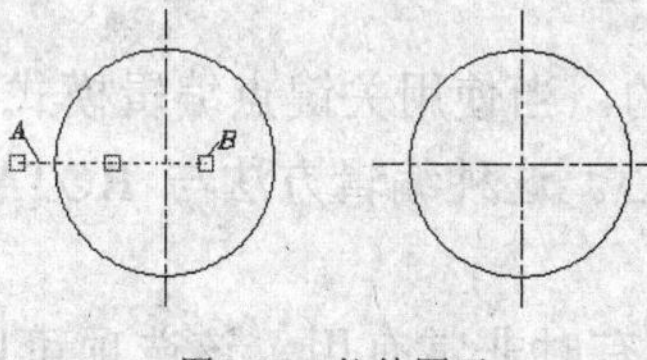

图5-37　拉伸图元

打开正交状态后就可利用关键点拉伸方式很方便地改变水平或竖直线段的长度。

5.4.2 利用关键点移动及复制对象

关键点移动模式可以编辑单一对象或一组对象，在此方式下使用“复制(C)”选项就能在移动实体的同时进行复制。这种编辑模式的使用与普通的 MOVE 命令很相似。

【例5-20】　利用关键点复制对象。

打开素材文件“5-20.dwg”，如图 5-38 左图所示。利用关键点移动模式将左图修改为右图样式。

命令：　　//选择矩形 A

命令：　　//选中关键点 B

** 拉伸 **

指定拉伸点或［基点(B)/复制(C)/放弃(U)/退出(X)]：　　//进入拉伸模式

** 移动 **　　//按 Enter 键进入移动模式

指定移动点或［基点(B)/复制(C)/放弃(U)/退出(X)]：c

//利用“复制(C)”选项进行复制

** 移动（多重）**

指定移动点或［基点(B)/复制(C)/放弃(U)/退出(X)]：b　　//使用“基点(B)”选项

指定基点：　　//捕捉 C 点

** 移动（多重）**

指定移动点或［基点(B)/复制(C)/放弃(U)/退出(X)]：　　//捕捉 D 点

** 移动（多重）**

指定移动点或［基点(B)/复制(C)/放弃(U)/退出(X)]：　　//按 Enter 键结束

结果如图 5-38 右图所示。

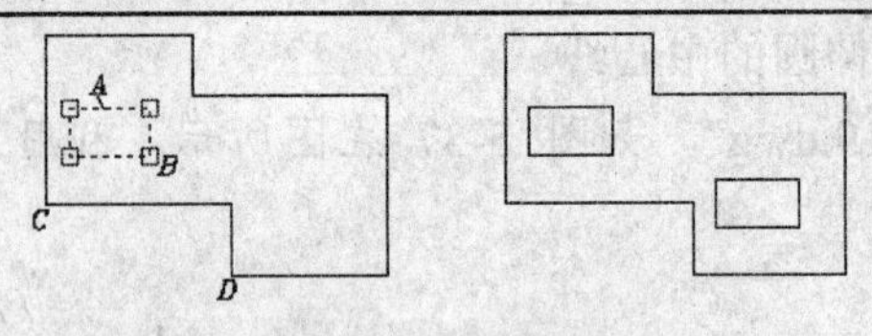

图5-38 复制对象

处于关键点编辑模式下，按Shift键，AutoCAD 将自动在编辑实体的同时复制对象。

5.4.3 利用关键点旋转对象

旋转对象是绕旋转中心进行的，当使用关键点编辑模式时，热关键点就是旋转中心，但用户可以指定其他点作为旋转中心。这种编辑方法与 ROTATE 命令相似，它的优点在于旋转对象的同时还可复制对象。

旋转操作中“参照(R)”选项有时非常有用，该选项可以使用户旋转图形实体使其与某个新位置对齐，下面的练习将演示此选项的用法。

【例5-21】 利用关键点旋转对象。

打开素材文件“5-21.dwg”，如图 5-39 左图所示。利用关键点旋转模式将左图修改为右图样式。

```
命令:                                                  //选择线框 A，如图 5-39 左图所示
命令:                                                  //选中任意一个关键点
** 拉伸 **                                             //进入拉伸模式
指定拉伸点或 [基点(B)/复制(C)/放弃(U)/退出(X)]:        //按Enter键进入移动模式
** 移动 **
指定移动点或 [基点(B)/复制(C)/放弃(U)/退出(X)]:        //按Enter键进入旋转模式
** 旋转 **
指定旋转角度或 [基点(B)/复制(C)/放弃(U)/参照(R)/退出(X)]: b
                                        //使用“基点(B)”选项指定旋转中心
指定基点:                                              //捕捉圆心 B 作为旋转中心
** 旋转 **
指定旋转角度或 [基点(B)/复制(C)/放弃(U)/参照(R)/退出(X)]: r
                                        //使用“参照(R)”选项指定图形旋转到的位置
指定参照角 <0>:                                        //捕捉圆心 B
指定第二点:                                            //捕捉端点 C
** 旋转 **
指定新角度或 [基点(B)/复制(C)/放弃(U)/参照(R)/退出(X)]:      //捕捉端点 D
```

结果如图 5-39 右图所示。

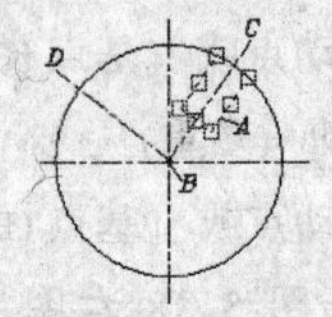

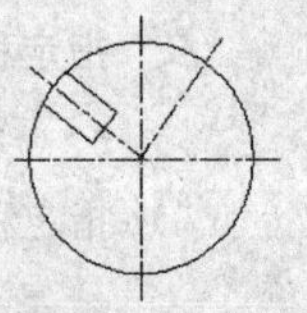

图5-39 旋转图形

5.4.4 利用关键点缩放对象

关键点编辑方式也提供了缩放对象的功能，当切换到缩放模式时，当前激活的热关键点是缩放的基点。用户可以输入比例系数对实体进行放大或缩小，也可利用“参照(R)”选项将实体缩放到某一尺寸。

【例5-22】　利用关键点缩放模式缩放对象。

打开素材文件“5-22.dwg”，如图 5-40 左图所示。利用关键点缩放模式将左图修改为右图样式。

```
命令:                                          //选择线框 A，如图 5-40 左图所示
命令:                                          //选中任意一个关键点
** 拉伸 **                                     //进入拉伸模式
指定拉伸点或 [基点(B)/复制(C)/放弃(U)/退出(X)]: //按 Enter 键进入移动模式
** 移动 **
指定移动点或 [基点(B)/复制(C)/放弃(U)/退出(X)]: //按 Enter 键进入旋转模式
** 旋转 **
指定旋转角度或 [基点(B)/复制(C)/放弃(U)/参照(R)/退出(X)]:
                                               //按 Enter 键进入缩放模式
** 比例缩放 **
指定比例因子或 [基点(B)/复制(C)/放弃(U)/参照(R)/退出(X)]: b
                                         //使用“基点(B)”选项指定缩放基点
指定基点:                                      //捕捉交点 B
** 比例缩放 **
指定比例因子或 [基点(B)/复制(C)/放弃(U)/参照(R)/退出(X)]: 2
                                               //输入缩放比例值
```

结果如图 5-40 右图所示。

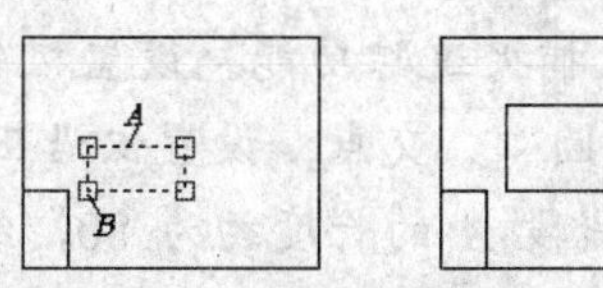

图5-40　缩放对象

5.4.5 利用关键点镜像对象

进入镜像模式后，AutoCAD 直接提示“指定第二点”。默认情况下，热关键点是镜像线的第一点，在拾取第二点后，此点便与第一点一起形成镜像线。如果用户要重新设定镜像线的第一点，就通过“基点(B)”选项。

【例5-23】　利用关键点镜像对象。

打开素材文件“5-23.dwg”，如图 5-41 左图所示。利用关键点镜像模式将左图修改为右图样式。

```
命令:                              //选择要镜像的对象，如图 5-41 左图所示
命令:                                          //选中关键点 A
```

```
** 拉伸 **                                                //进入拉伸模式
指定拉伸点或 [基点(B)/复制(C)/放弃(U)/退出(X)]:          //按Enter键进入移动模式
** 移动 **
指定移动点或 [基点(B)/复制(C)/放弃(U)/退出(X)]:          //按Enter键进入旋转模式
** 旋转 **
指定旋转角度或 [基点(B)/复制(C)/放弃(U)/参照(R)/退出(X)]://按Enter键进入缩放模式
** 比例缩放 **
指定比例因子或 [基点(B)/复制(C)/放弃(U)/参照(R)/退出(X)]://按Enter键进入镜像模式
** 镜像 **
指定第二点或 [基点(B)/复制(C)/放弃(U)/退出(X)]: c        //镜像并复制
** 镜像 (多重) **
指定第二点或 [基点(B)/复制(C)/放弃(U)/退出(X)]:          //捕捉交点B
** 镜像 (多重) **
指定第二点或 [基点(B)/复制(C)/放弃(U)/退出(X)]:          //按Enter键结束
```

结果如图 5-41 右图所示。

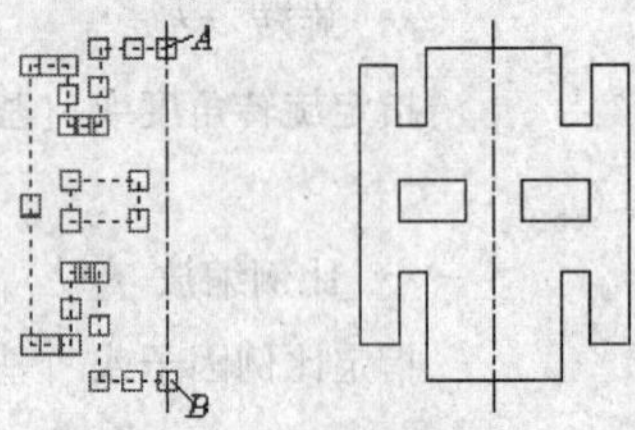

图5-41 镜像图形

激活关键点编辑模式后，可通过输入下列字母直接进入某种编辑方式。

- MI——镜像。
- MO——移动。
- RO——旋转。
- SC——缩放。
- ST——拉伸。

5.5 综合练习 1——利用已有图形生成新图形

【例5-24】 绘制如图 5-42 所示的图形。

(1) 打开极轴追踪、对象捕捉及捕捉追踪功能。设置极轴追踪角度增量为 90°；设定对象捕捉方式为端点、圆心、交点；设置仅沿正交方向进行捕捉追踪。

(2) 画两条作图基准线 A、B，线段 A 的长度约为 80，线段 B 的长度约为 90，如图 5-43 所示。

(3) 用 OFFSET 和 TRIM 命令形成线框 C，如图 5-44 所示。

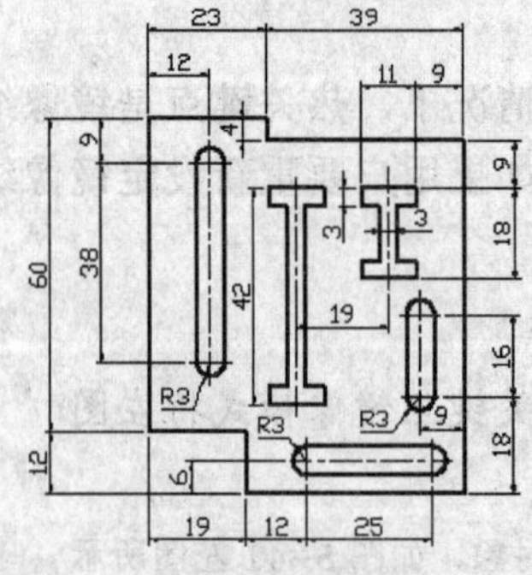

图5-42 画具有均布特征的图形

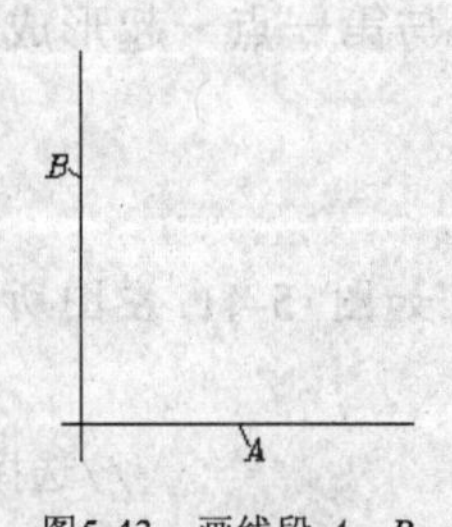

图5-43 画线段 A、B

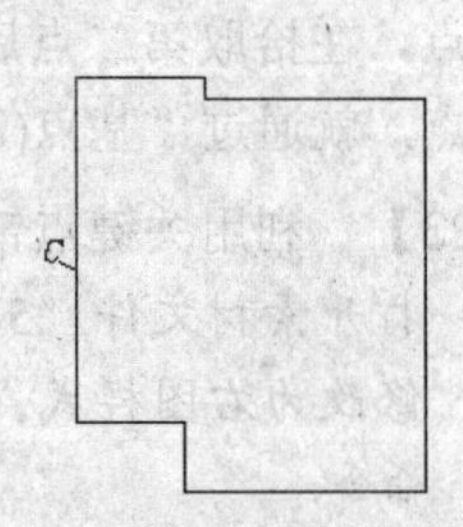

图5-44 画线框 C

(4) 用 LINE 和 CIRCLE 命令绘制线框 D，如图 5-45 所示。

(5) 把线框 D 复制到 E、F 处，如图 5-46 所示。

(6) 把线框 E 绕 G 点旋转 90°，如图 5-47 所示。

(7) 用 STRETCH 命令改变线框 H、I 的长度，如图 5-48 所示。

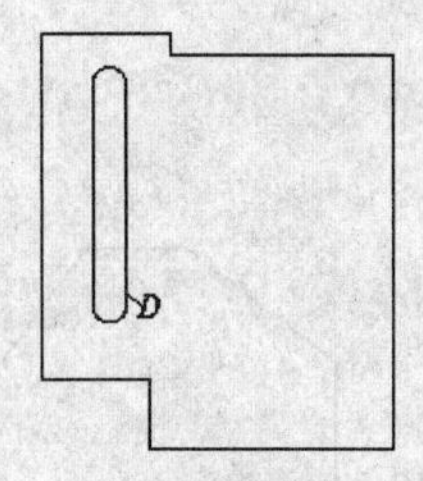

图5-45　画线框 D

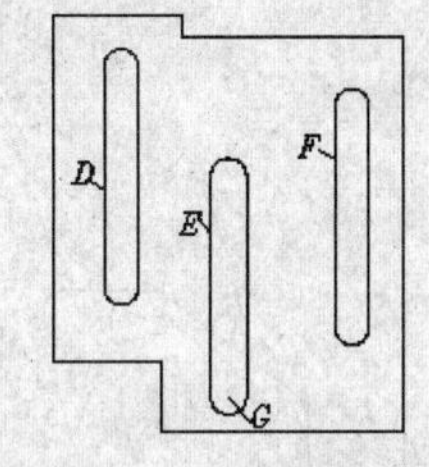

图5-46　复制对象

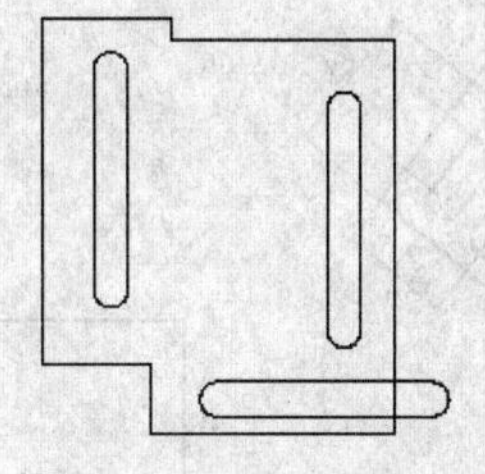

图5-47　旋转对象

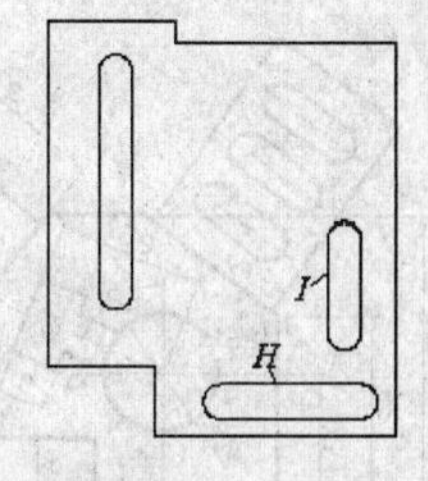

图5-48　拉伸对象

(8) 用 LINE 命令绘制线框 A，如图 5-49 所示。

(9) 把线框 A 复制到 B 处，如图 5-50 所示。

(10) 用 STRETCH 命令拉伸线框 B，结果如图 5-51 所示。

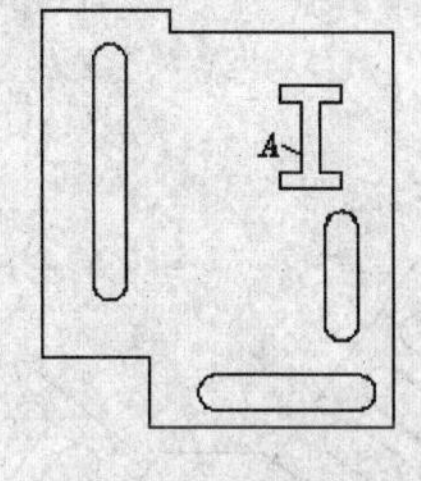

图5-49　画线框 A

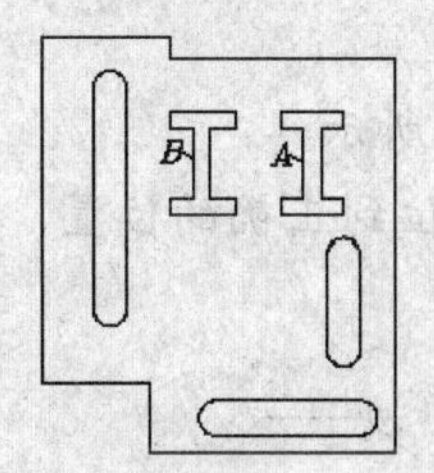

图5-50　复制对象

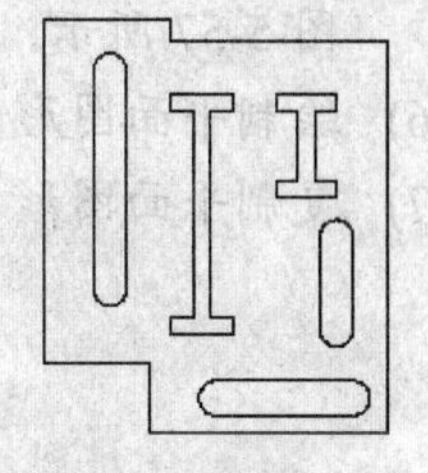

图5-51　拉伸对象

【例5-25】　用 LINE、COPY、ROTATE、STRETCH 等命令绘制如图 5-52 所示的图形。

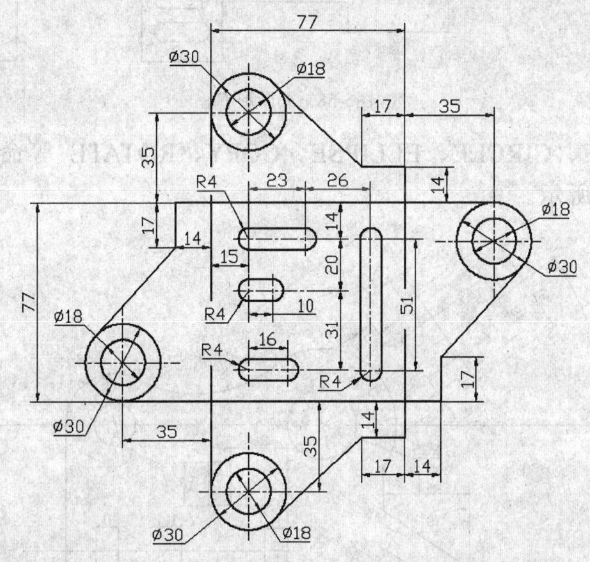

图5-52　用 LINE、COPY、ROTATE、STRETCH 等命令绘图

5.6 综合练习 2——画倾斜方向的图形

【例5-26】　绘制如图 5-53 所示的图形。

(1) 打开极轴追踪、对象捕捉及捕捉追踪功能。设置极轴追踪角度增量为 90°；

设定对象捕捉方式为端点、交点；设置仅沿正交方向进行捕捉追踪。

(2) 用 LINE 命令绘制线框 *A*，如图 5-54 所示。

(3) 用 XLINE 命令画斜线 *B*、*C*，如图 5-55 所示。

(4) 用 CIRCLE 命令画圆 *D*；用 OFFSET 和 TRIM 命令画线框 *E*，如图 5-56 所示。

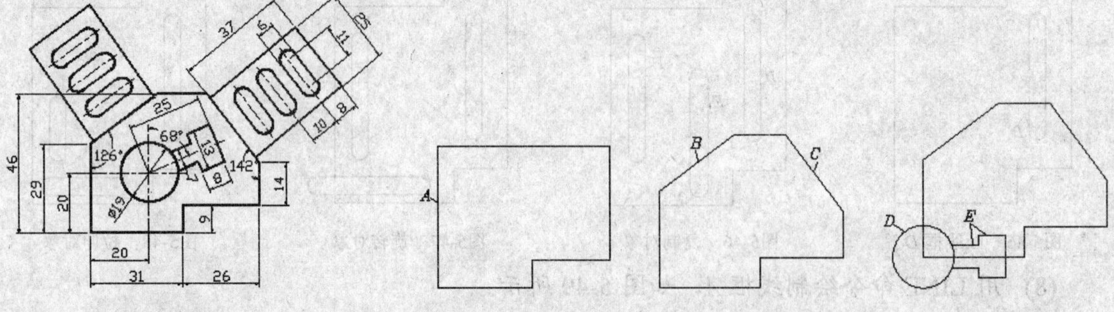

图5-53 画具有倾斜方向特征的图形　　图5-54 画线框 *A*　　图5-55 画斜线 *B*、*C*　　图5-56 画图形 *D*、*E*

(5) 把圆 *D* 及线框 *E* 移动到正确位置，再将线框绕圆 *D* 的圆心旋转 22°，结果如图 5-57 所示。

(6) 绘制平面图形 *F*，如图 5-58 所示。

(7) 复制平面图形 *F*，并将其定位到正确的位置，如图 5-59 所示。

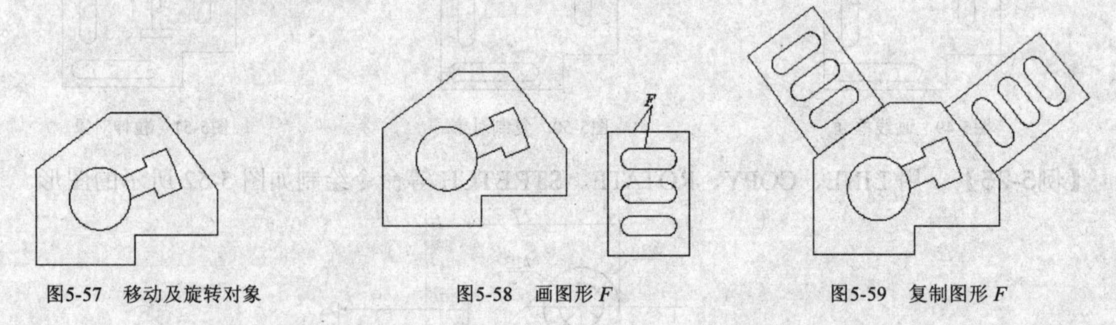

图5-57 移动及旋转对象　　图5-58 画图形 *F*　　图5-59 复制图形 *F*

【例5-27】 用 LINE、CIRCLE、ELLIPSE、COPY、ROTATE 等命令绘制平面图形，如图 5-60 所示。

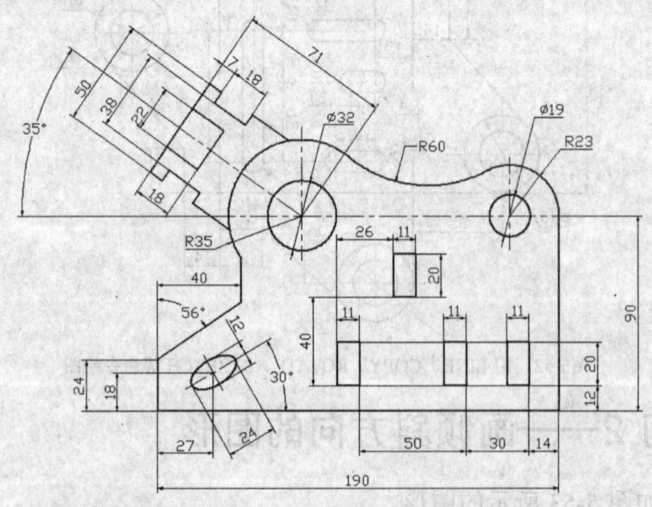

图5-60 用 LINE、CIRCLE、ELLIPSE、COPY、ROTATE 等命令绘图

5.7 综合练习 3——绘制三视图

【例5-28】 根据轴测图及视图轮廓绘制三视图，如图 5-61 所示。

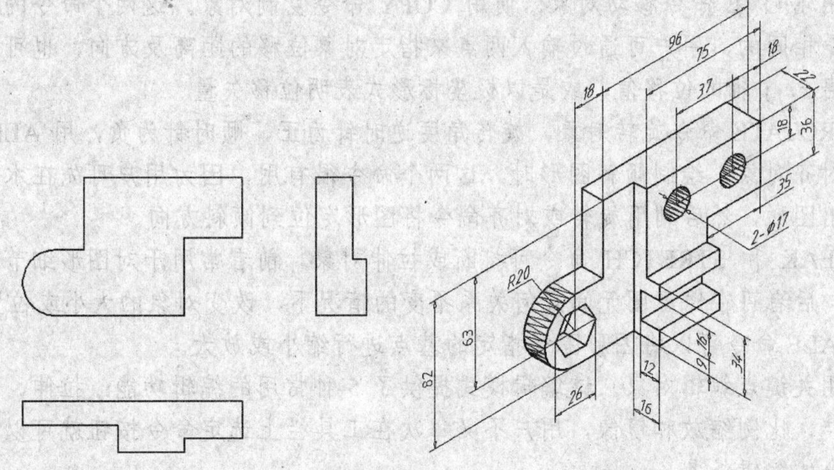

图5-61　绘制三视图（1）

【例5-29】 根据轴测图绘制三视图，如图 5-62 所示。

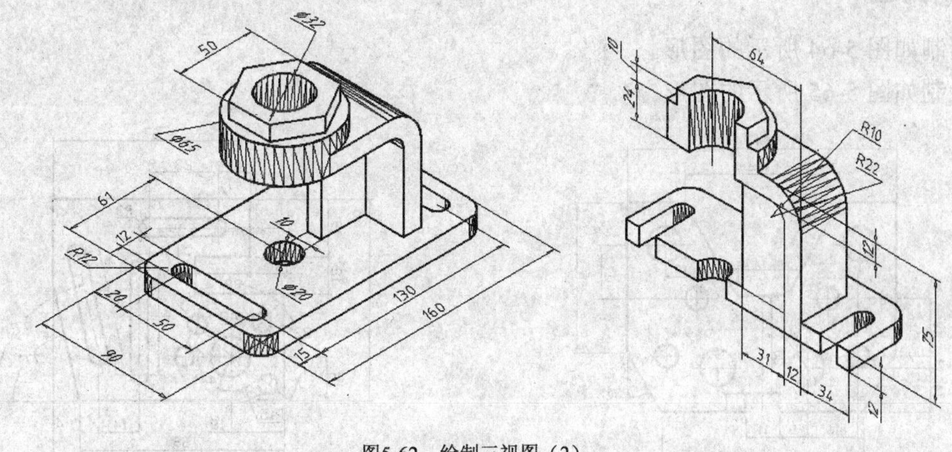

图5-62　绘制三视图（2）

【例5-30】 根据轴测图及视图轮廓绘制三视图，如图 5-63 所示。

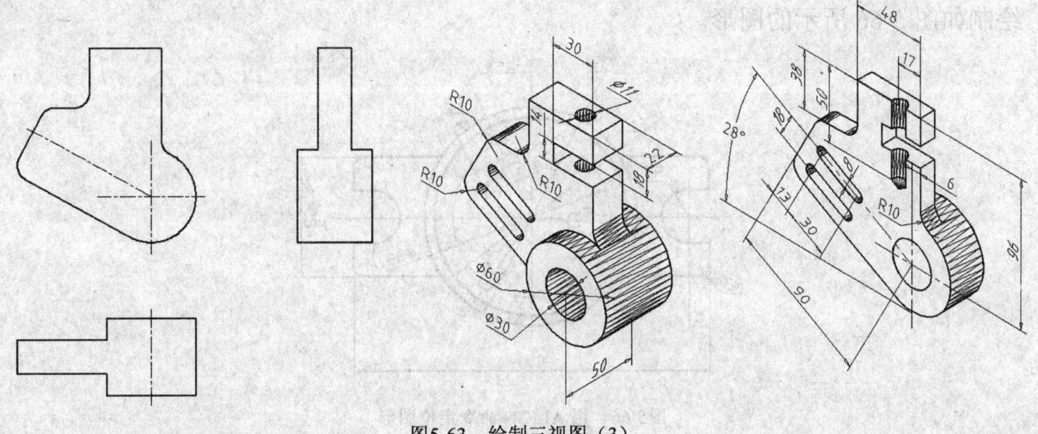

图5-63　绘制三视图（3）

5.8 小结

本章主要内容总结如下。

- 使用 MOVE 命令移动对象；使用 COPY 命令复制对象。这两个命令的操作方法是相同的，用户可通过输入两点来指定对象位移的距离及方向，也可直接输入沿 x、y 轴的位移值，或是以极坐标形式表明位移矢量。
- 用 ROTATE 命令旋转对象，旋转角度逆时针为正、顺时针为负，用 ALIGN 命令对齐对象。绘制倾斜图形时，这两个命令很有用，因为用户可先在水平位置画出图形，然后利用旋转或对齐命令将图形定位到倾斜方向。
- BREAK 和 STRETCH 命令可打断或拉伸对象。前者常用于对图形细节进行修饰，后者可在保证图元间几何关系不变的情况下，改变对象的大小或位置。
- SCALE 命令可以将图形围绕指定的基点进行缩小或放大。
- 利用关键点编辑对象。该编辑模式提供了 5 种常用的编辑功能：拉伸、移动、旋转、比例缩放和镜像，用户不必每次在工具栏上选定命令按钮就可以完成大部分的编辑任务。

5.9 习题

1. 绘制如图 5-64 所示的图形。
2. 绘制如图 5-65 所示的图形。

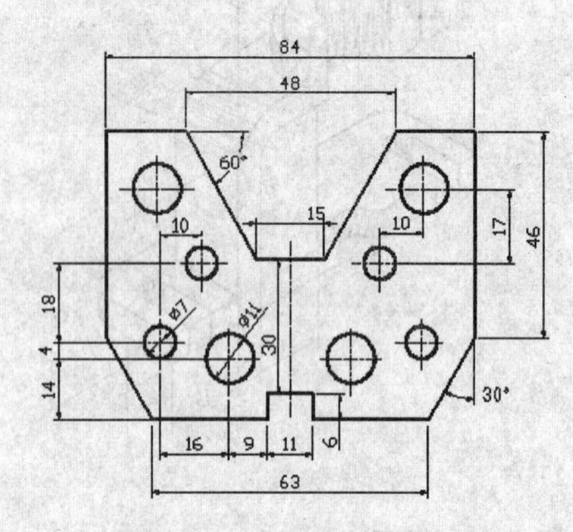

图5-64 复制及镜像

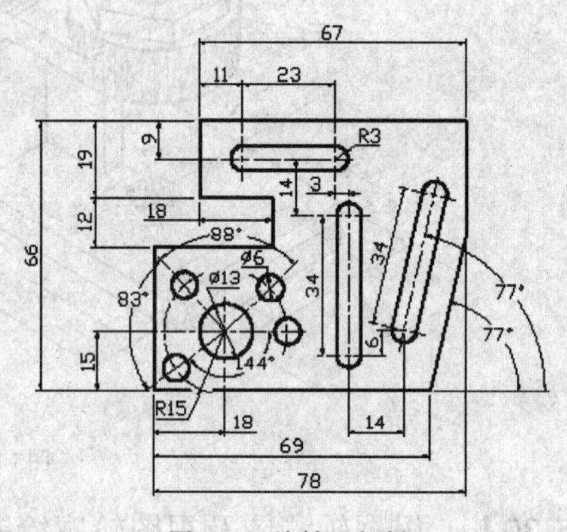

图5-65 旋转及复制

3. 绘制如图 5-66 所示的图形。

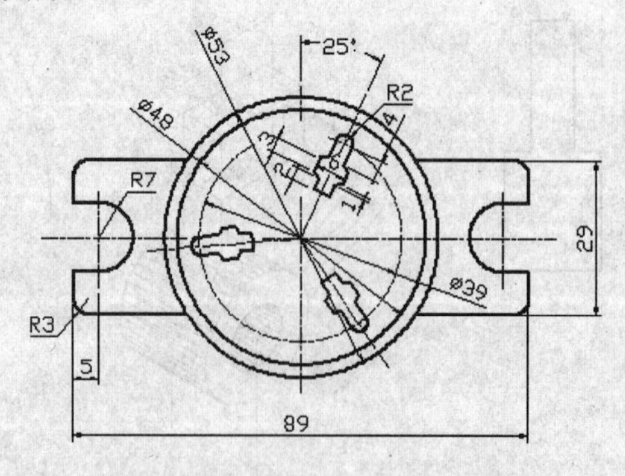

图5-66 用 ALIGN 命令定位图形

4. 绘制如图 5-67 所示的图形。

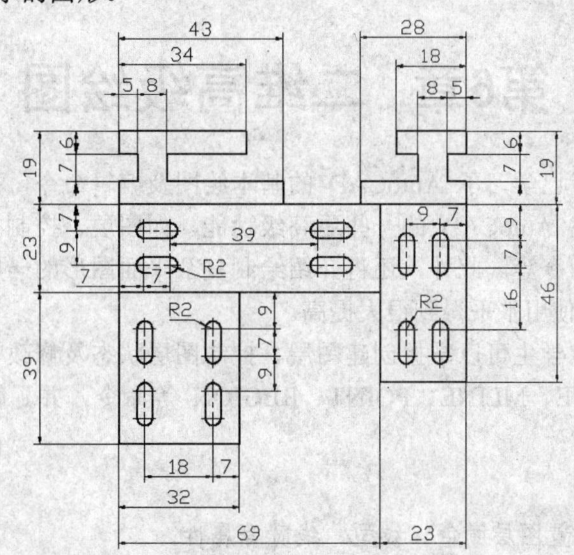

图5-67 用 COPY、ROTATE、STRETCH 等命令绘图

5. 绘制如图 5-68 所示的图形。

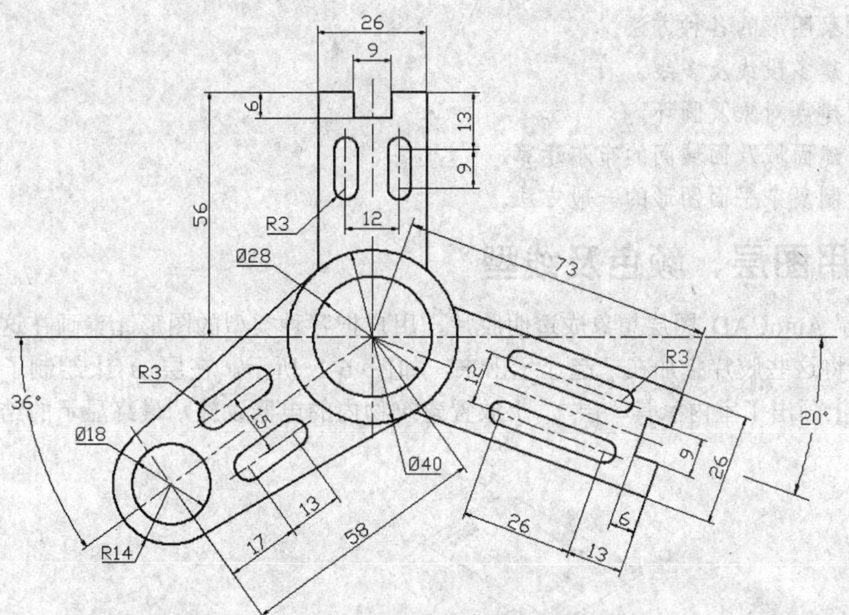

图5-68 用 ROTATE、STRETCH 等命令绘图

第6章 二维高级绘图

到目前为止，读者已学习了 AutoCAD 的基本绘图及编辑命令，并且可以绘制简单的二维图形了。本章将讲述 AutoCAD 的一些更高级功能，如图层、控制视图显示的各种方法、创建某些特殊对象的命令等。此外，还将介绍绘制复杂平面图形的一般方法。掌握这些内容将使读者的 AutoCAD 使用水平得到很大提高。

通过本章的学习，学生可以掌握创建图层、控制图层状态及修改非连续线外观的方法。此外，还应学会 PLINE、MLINE、POINT、REGION 等命令，并了解绘制复杂平面图形的一般方法。

本章学习目标

- 创建图层，设置图层颜色、线型、线宽等属性。
- 改变对象所在的图层、颜色、线型及线宽。
- 控制非连续线的外观。
- 观察图形的各种方法。
- 创建多段线及多线。
- 创建点对象及圆环。
- 创建面域及面域间的布尔运算。
- 绘制复杂平面图形的一般方法。

6.1 使用图层、颜色及线型

可以将 AutoCAD 图层想象成透明胶片，用户把各种类型的图形元素画在这些胶片上，AutoCAD 将这些胶片叠加在一起显示出来，如图 6-1 所示。在层 *A* 上绘制了建筑物的墙壁，层 *B* 上画出了室内家具、层 *C* 上放置建筑物内的电器设施，最终显示的结果是各层叠加的效果。

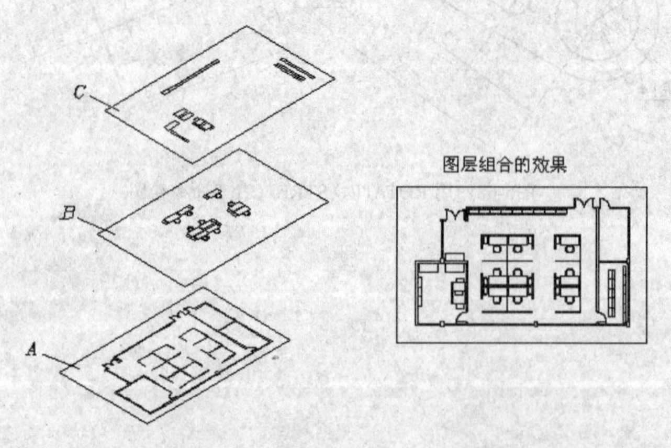

图6-1 图层

用 AutoCAD 绘图时，图形元素是位于某个图层上，默认情况下，当前层是 0 层，若没有切换至其他图层，则所画图形在 0 层上。每个图层都有与其相关联的颜色、线型、线宽等属性信息，用户可以对这些信息进行设定或修改。当在某一层上作图时，生成的图形元素的颜色、线型、线宽等就与当前层的设置完全相同（默认情况）。对象的颜色将有助于辨别图样中相似实体，而线型、线宽等特性可轻易地表示出不同类型的图形元素。

6.1.1 绘图任务

【例6-1】 创建图层，设置图层颜色、线型、线宽等属性。

(1) 创建一个新文件。

(2) 单击【对象特性】工具栏上的按钮，打开【图层特性管理器】对话框，再单击新建(N)按钮，AutoCAD 创建名为“图层 1”的图层，输入另一个新的名称“粗实线层”，如图 6-2 所示。

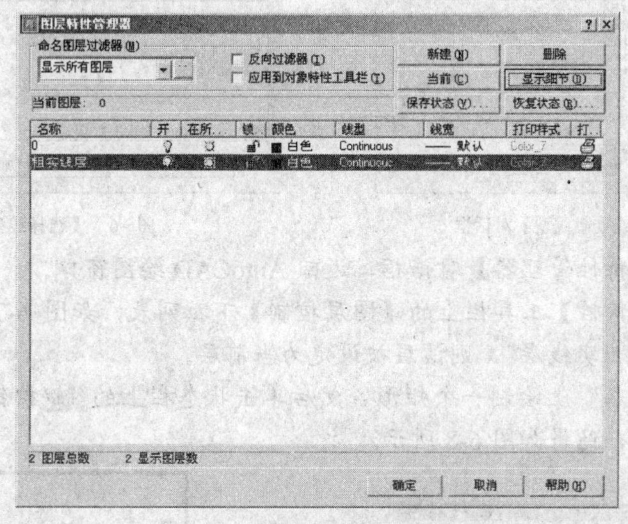

图6-2 【图层特性管理器】对话框

(3) 设定粗实线层的线宽。单击粗实线层对应的图标“—— 默认”，打开【线宽】对话框，如图 6-3 所示，在此对话框的【线宽】列表框中指定线宽为 0.5mm，单击确定按钮完成。

(4) 单击新建(N)按钮，创建名为“虚线层”的图层。再单击与该图层对应的图标“■白色”，弹出【选择颜色】对话框，如图 6-4 所示，在此对话框中指定虚线层的颜色为红色，单击确定按钮完成。

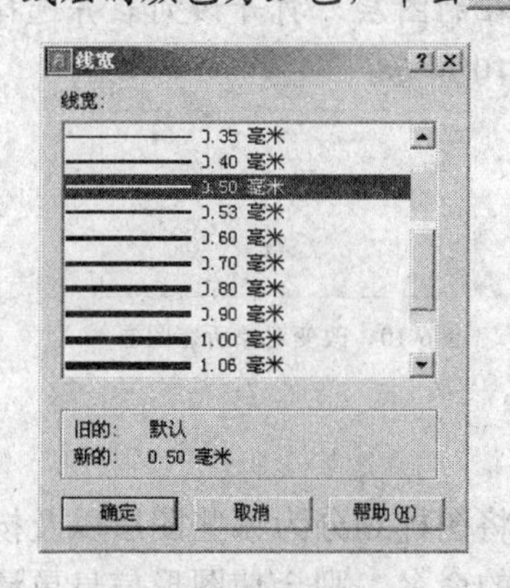

图6-3 【线宽】对话框

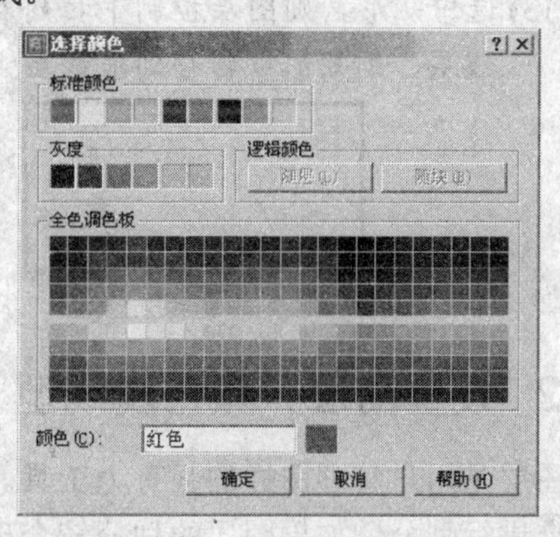

图6-4 【选择颜色】对话框

(5) 单击虚线层对应的图标“—— 默认”，打开【线宽】对话框，在此对话框的线宽下拉列表中指定线宽为 0.2mm。单击 确定 按钮完成。

(6) 选择与虚线层对应的选项“Continuous”，弹出【选择线型】对话框，单击此对话框的 加载(L)... 按钮，打开【加载或重载线型】对话框，如图 6-5 所示，在此对话框中用户选择“DASHED”线型。

(7) 单击 确定 按钮，返回【选择线型】对话框。在该对话框的【已加载的线型】列表框中选中“DASHED”线型，如图 6-6 所示。

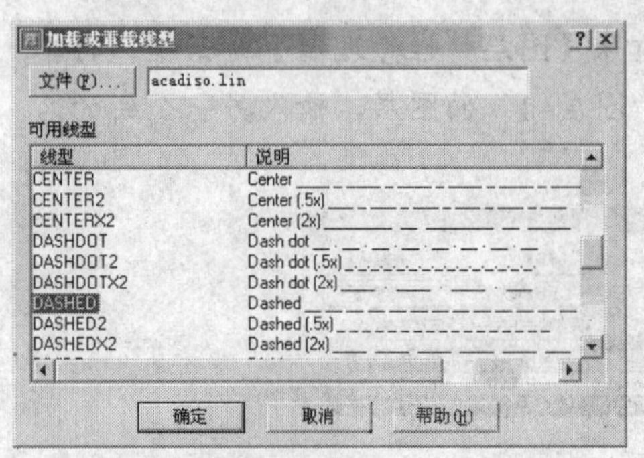

图6-5 【加载或重载线型】对话框

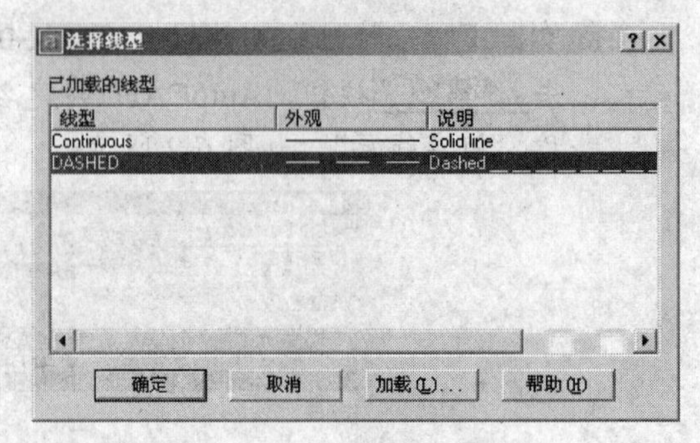

图6-6 【选择线型】对话框

(8) 关闭【图层特性管理器】对话框，返回 AutoCAD 绘图窗口。

(9) 打开【对象特性】工具栏上的【图层控制】下拉列表，如图 6-7 所示，在该列表中选择“粗实线层”，则该层被设定为当前层。

(10) 在“粗实线层”上绘制一个矩形。然后单击状态栏上的线宽按钮，矩形的线宽就显示出来，结果如图 6-8 所示。

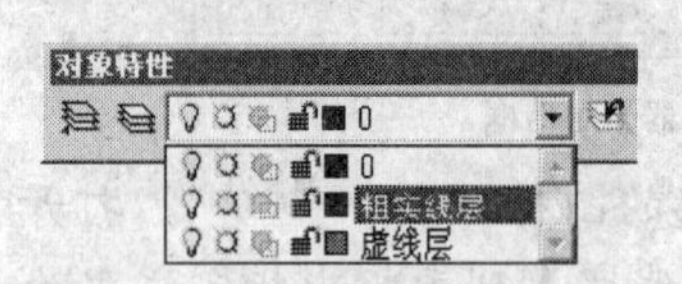

图6-7 【图层控制】下拉列表

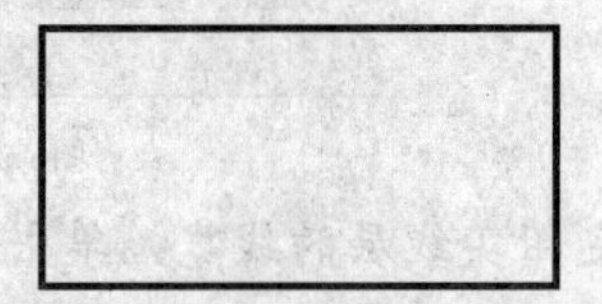

图6-8 在粗实线层上绘图

(11) 打开【图层控制】下拉列表，在该列表中选择“虚线层”，则该层被设定为当前层。

(12) 在“虚线层”上绘制填充图案，结果如图 6-9 所示。

(13) 选中矩形，则图层控制下拉列表中显示矩形所在的图层。打开该列表并选择虚线层，则矩形被转移到虚线层上，结果如图 6-10 所示。

图6-9 在虚线层上绘图

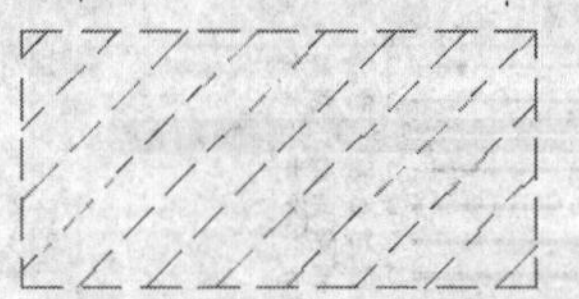

图6-10 改变对象所在图层

6.1.2 设置图层、颜色及线型

图层是用户管理图样的强有力工具。绘图时应考虑将图样划分为哪些图层以及按什么样的标准进行划分。如果图层的划分较合理且采用了良好的命名，则会使图形信息更清晰、更有序，对以后修改、观察及打印图样带来很大便利。

绘制机械图时，常根据图形元素的性质划分图层，一般创建以下一些图层。

- 轮廓线层。
- 中心线层。
- 虚线层。
- 剖面线层。
- 尺寸标注层。
- 文字说明层。

在下面的练习中，将说明如何创建及设置图层。

【例6-2】 创建图层。

(1) 单击【对象特性】工具栏上的按钮，打开【图层特性管理器】对话框，再单击 新建(N) 按钮，在列表框中显示出名为“图层 1”的图层。

(2) 为便于区分不同图层，用户应取一个能表征图层上图元特性的新名字取代该默认名。例如，直接输入“轮廓线层”，或在【详细信息】分组框的【名称】文本框中输入新图层名。列表框中“图层 1”由“轮廓线层”代替，再创建“中心线层”、“虚线层”，结果如图 6-11 所示。

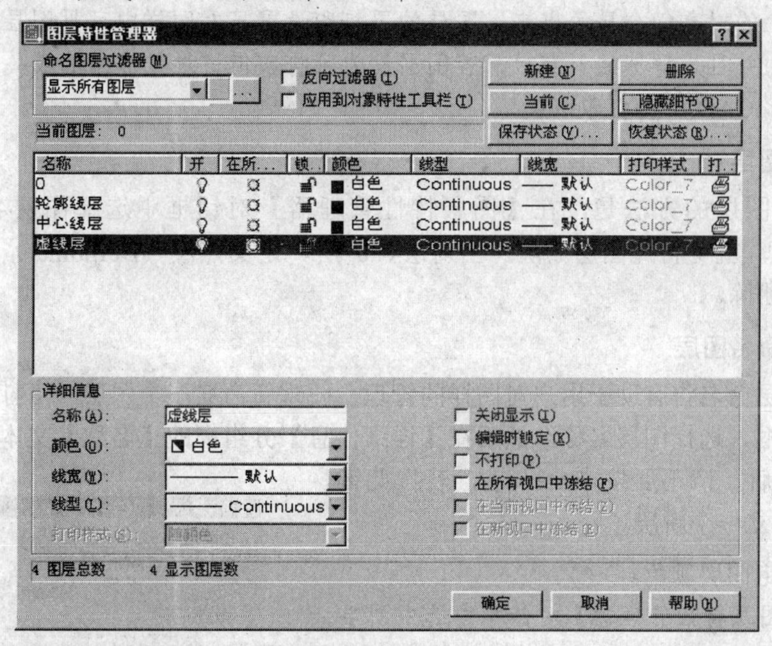

图6-11　创建图层

若在【图层特性管理器】对话框的列表框中事先选中一个图层，然后单击 新建(N) 按钮，则新图层与被选择的图层具有相同颜色、线型、线宽等设置。

请注意【图层特性管理器】对话框右上角的 隐藏细节(D) 按钮，单击此按钮，【详细信息】分组框就关闭，再次单击此按钮，该区域又打开。

1.　控制图层状态

在【图层特性管理器】中部的矩形列表框中显示了已有图层及其设置的列表。该列表

框的第一行是标题行，该行中含有“开”、“锁定”等表示图层状态的项目，这些项目的功能如下。

- 打开/关闭：单击图标，就关闭或打开某一图层。打开的图层是可见的，而关闭的图层则不可见，也不能被打印。当图形重新生成时，被关闭的层将一起被生成。
- 解冻/冻结：单击图标，将冻结或解冻某一图层。解冻的图层是可见的，若冻结某个图层，则该层变为不可见，也不能被打印出来。当重新生成图形时，系统不再重生成该层上的对象，因而冻结一些图层后，可以加快 ZOOM、PAN 等命令和许多其他操作的运行速度。

解冻一个图层将引起整个图形重新生成，而打开一个图层则不会导致这种现象（只是重画这个图层上的对象）。因此，如果需要频繁地改变图层的可见性，应关闭该图层而不应冻结。

- 解锁/锁定：单击图标，就锁定或解锁图层。被锁定的图层是可见的，但图层上的对象不能被编辑。用户可以将锁定的图层设置为当前层，并能向它添加图形对象。
- 打印/不打印：单击图标，就可设定图层是否打印。指定某层不打印后，该图层上的对象仍会显示出来。图层的不打印设置只对图样中可见图层（图层是打开的并且是解冻的）有效。若图层设为可打印但该层是冻结的或关闭的，此时 AutoCAD 不会打印该层。

2. 删除图层

删除不用图层的方法是，在【图层特性管理器】对话框中选择图层名称，再单击 删除 按钮，就可将此图层删除。当前层、0 层、定义点层（Defpoints）及包含图形对象的层不能被删除。

3. 重新命名图层

良好的图层命名将有助于用户对图样的管理。要重新命名一个图层，可打开【图层特性管理器】对话框，选择图层名称，然后在【详细信息】分组框的【名称】文本框中输入新名称。输入完成后，请不要按 Enter 键，若按此键，AutoCAD 又建立一个新层。

【例6-3】 指定图层颜色。

(1) 在【图层特性管理器】对话框中选中图层。

(2) 在该对话框【详细信息】分组框的【颜色】下拉列表中选择某种颜色。

(3) 若需要更多种类的颜色，就选择“其他”选项，或单击图层列表中与所选图层关联的图标：“白色”，此时 AutoCAD 打开【选择颜色】对话框，如图 6-12 所示，此对话框中包含有 256 种颜色。

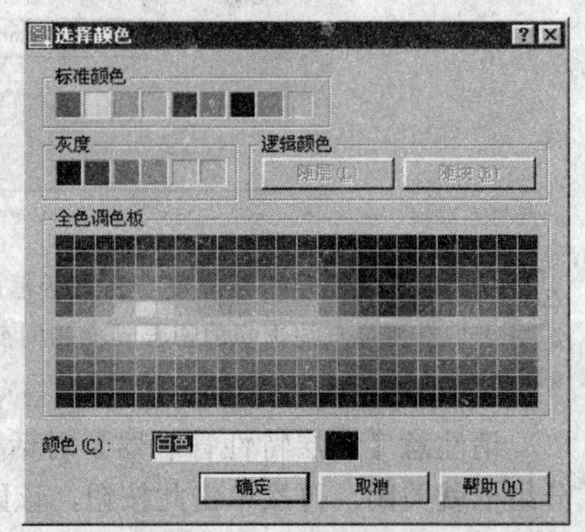

图6-12 【选择颜色】对话框

【例6-4】 给层分配线型。

(1) 在【图层特性管理器】对话框中选中图层。

(2) 该对话框图层列表的【线型】列中显示了与图层相关联的线型，默认情况下，图层线型是“Continuous”，单击“Continuous”，打开【选择线型】对话框，如图 6-13 所示，通过此对话框用户可以选择一种线型或从线型库文件中加载更多线型。

(3) 单击 加载... 按钮，打开【加载或重载线型】对话框，如图 6-14 所示。该对话框中列出了线型文件中包含的所有线型，用户在列表框中选择所需的一种或几种线型，再单击 确定 按钮，这些线型就加载到 AutoCAD 中。当前线型文件是“acadiso.lin”，单击 文件(F)... 按钮，可选择不同的线型库文件。

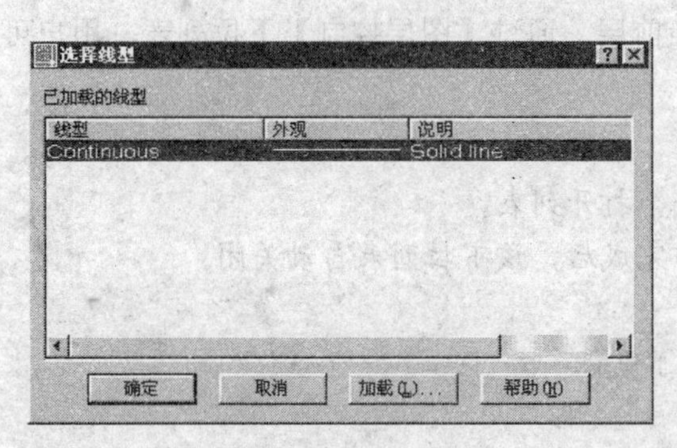

图6-13 【选择线型】对话框

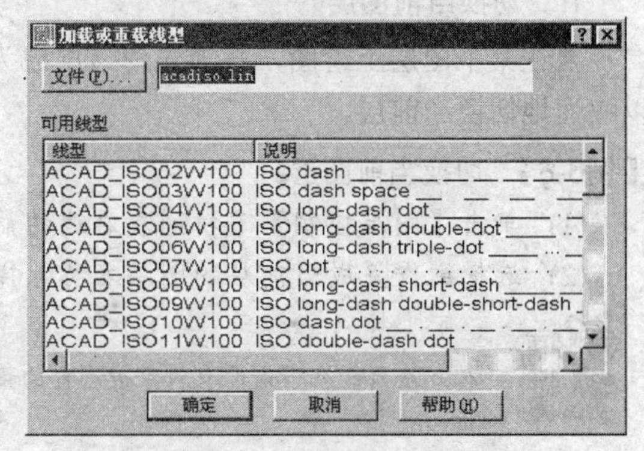

图6-14 【加载或重载线型】对话框

【例6-5】 设定线宽。

(1) 在【图层特性管理器】对话框中选中一个图层。

(2) 在该对话框【详细信息】分组框的【线宽】下拉列表中选择线宽值，或单击图层列表“线宽”列中的图标“—— 默认”，打开【线宽】对话框，如图 6-15 所示，通过此对话框用户也可设置线宽。

如果要使对象的线宽在模型空间中显示得更宽或更窄一些，可以调整线宽比例。在状态栏上的线宽按钮上单击鼠标右键，弹出快捷菜单，然后选择【设置】命令，打开【线宽设置】对话框，如图 6-16 所示，在此对话框的【调整显示比例】分组框中移动滑块就可以改变显示比例值。

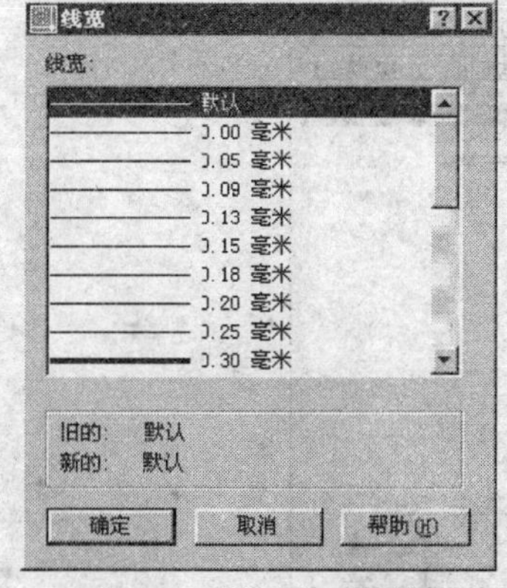

图6-15 【线宽】对话框

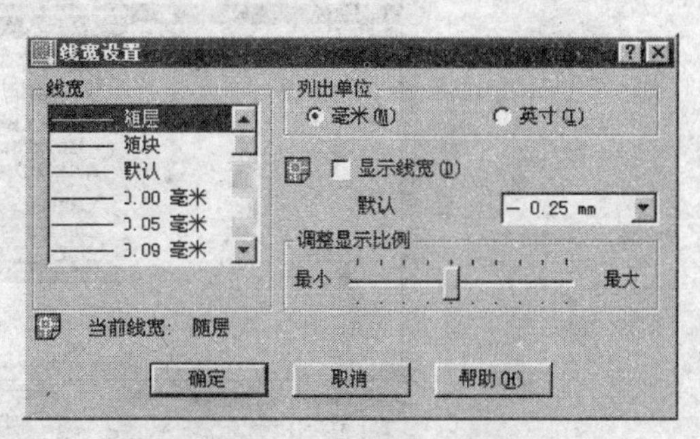

图6-16 【线宽设置】对话框

6.1.3 利用工具栏对图层、颜色、线型进行操作

绘图过程中，用户常常要切换当前图层或是改变对象的颜色、线型等，如果这些操作不熟练，将会降低绘图效率。控制图层、颜色及线型的最快捷方法是通过【对象特性】工具栏中的相应控制列表进行设置，如图 6-17 所示。

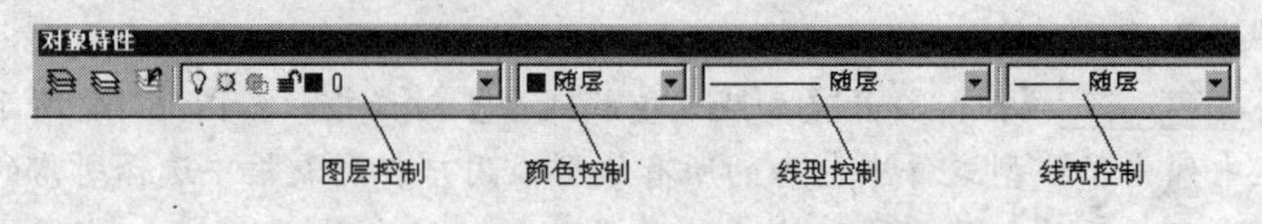

图6-17 【图层控制】、【颜色控制】等下拉列表

1. 切换当前图层

要在某个图层上绘图，必须先使该层成为当前层。通过【图层控制】下拉列表，用户可以快速地切换当前层。

【例6-6】 切换当前图层。

(1) 单击【图层控制】下拉列表右边的箭头，打开列表。

(2) 选择欲设置成当前层的图层名称。操作完成后，该下拉列表自动关闭。

此种方法只能在当前没有对象被选择的情况下使用。

切换当前图层也可在【图层特性管理器】对话框中完成，在该对话框中选择某一图层，然后单击对话框右上角的 当前(C) 按钮，则被选择的图层变为当前层。显然，这种方法比前一种要烦琐一些。

在【图层特性管理器】对话框中的某一图层上单击鼠标右键，弹出快捷菜单如图 6-18 所示，利用此菜单可以设置当前层、新建图层、选择某些图层。

2. 使某一个图形对象所在图层成为当前层

将某个图形对象所在图层修改为当前层有两种方法。

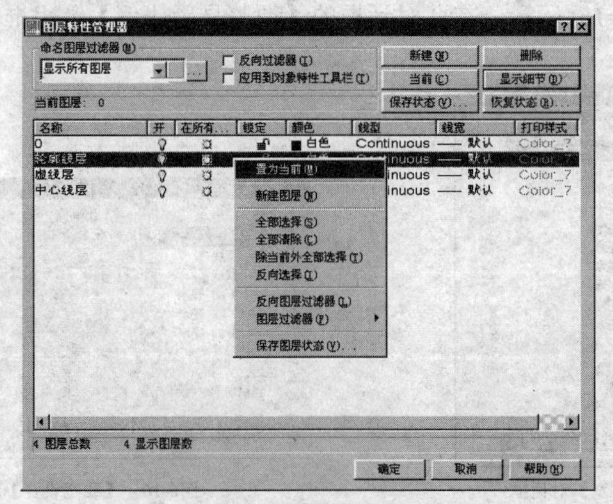

图6-18 【图层特性管理器】对话框

- 先选择图形对象，则【图层控制】下拉列表中将显示该对象所在层，按下 Esc 键取消选择，然后通过【图层控制】下拉列表切换当前层。
- 先选择图形对象，再单击【对象特性】工具栏上的按钮，AutoCAD 就使该对象所在图层成为当前层，显然，后一种方法更简捷一些。

3. 修改已有对象图层

如果用户想把某个图层上的对象修改到其他图层上，可先选择该对象，然后在【图层控制】下拉列表中选取要放置的图层名称。操作结束后，列表框自动关闭，被选择的图形对象转移到新的图层上。

4. 修改图层状态

【图层控制】下拉列表中显示了图层状态图标，当修改一个图层状态时，打开该列表，然后单击相应图标就会改变图层状态。操作时，【图层控制】列表将始终保持打开状态，因而用户能一次修改多个图层的状态。修改完成后，单击列表框顶部，可将其关闭。

5. 设置当前颜色

默认情况下，在某一图层上创建的图形对象都将使用图层所设置的颜色。若想改变当前颜色设置，可通过【对象特性】工具栏上的【颜色控制】下拉列表来完成。

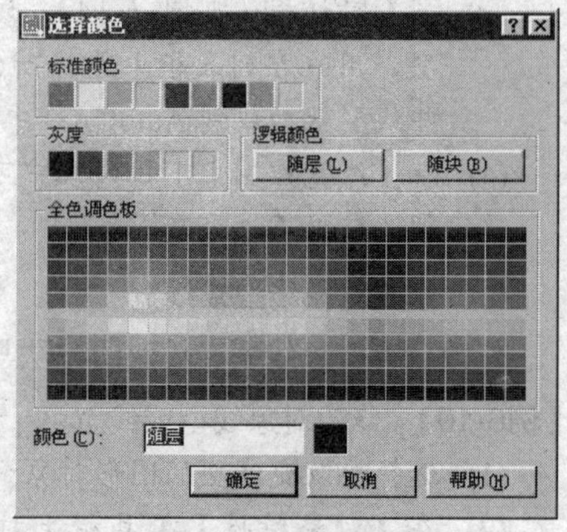

图6-19　【选择颜色】对话框

【例6-7】 设置当前颜色。

(1) 打开【对象特性】工具栏上的【颜色控制】下拉列表，从列表中选择一种颜色。

(2) 当选取【其他】选项时，AutoCAD 打开【选择颜色】对话框。如图 6-19 所示，在此对话框中用户可做更多选择。

6. 修改对象颜色

要改变已有对象的颜色，可通过设置【对象特性】工具栏上的【颜色控制】下拉列表来完成。

【例6-8】 修改对象颜色。

(1) 选择要改变颜色的图形对象。

(2) 在【对象特性】工具栏上打开【颜色控制】下拉列表，然后从列表中选择所需颜色。

如果选择【其他】选项，则弹出【选择颜色】对话框，如图 6-19 所示，通过此对话框用户可以选择更多种颜色。

7. 设置线型或线宽

默认情况下，绘制的对象采用当前图层所设置的线型、线宽。若要使用其他种类的线型、线宽，则必须改变当前的线型、线宽设置。

【例6-9】 设置线型或线宽。

(1) 打开【对象特性】工具栏上的【线型控制】下拉列表，从列表中选择一种线型。

(2) 若选择【其他】选项，则弹出【线型管理器】对话框，如图 6-20 所示，用户在此对话框中选择所需的线型或加载更多种类的线型。

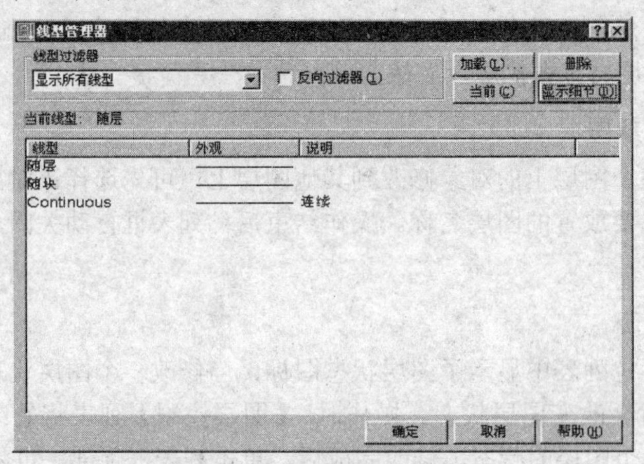

图6-20 【线型管理器】对话框

(3) 单击【线型管理器】对话框右上角的 加载(L)... 按钮，打开【加载或重载线型】对话框（见图 6-14）。该对话框中列出了当前线型库文件中包含的所有线型，用户在列表框中选择所需的一种或几种线型，再单击 确定 按钮，这些线型就加载到 AutoCAD 中。

(4) 在【线宽控制】下拉列表中可以方便地改变当前线宽设置，步骤与上述过程类似，这里不再重复。

8. 修改对象线型或线宽

修改已有对象线型、线宽的方法与改变对象颜色的方法类似，具体步骤见例 6-10。

【例6-10】 修改对象线型或线宽。

(1) 选择要改变线型的图形对象。

(2) 在【对象特性】工具栏上打开【线型控制】下拉列表，从列表中选择所需线型。

(3) 单击该列表的【其他】选项，则弹出【线型管理器】对话框，如图 6-20 所示，在此对话框中用户可选择一种线型或加载更多种类的线型。

可以利用【线型管理器】对话框的 删除 按钮来删除多余的线型。

(4) 单击【线型管理器】对话框右上角的 加载(L)... 按钮，打开【加载或重载线型】对话框（见图 6-14）。该对话框中列出了当前线型库文件中包含的所有线型，用户在列表框中选择所需一种或几种线型，再单击 确定 按钮，这些线型就加载到了 AutoCAD 中。

(5) 修改线宽是利用【线宽控制】下拉列表来完成的，其步骤与上述类似。

6.1.4 改变全局线型比例因子以修改线型外观

非连续线型是由短横线、空格等构成的重复图案，图案中短线长度、空格大小是由线型比例来控制的。用户作图时常会遇到这样一种情况，本来想画虚线或点画线，但最终绘制出的线型看上去却和连续线一样。出现这种现象的原因是线型比例设置得太大或太小。

LTSCALE 是控制线型的全局比例因子，它将影响图样中所有非连续线型的外观，其值增加时，将使非连续线中短横线及空格加长；否则，会使它们缩短。当用户修改全局比例因子后，AutoCAD 将重新生成图形，并使所有非连续线型发生变化。图 6-21 所示为使用不同比例因子时点画线的外观。

【例6-11】 改变全局比例因子。

(1) 打开【对象特性】工具栏上的【线型控制】下拉列表，如图 6-22 所示。

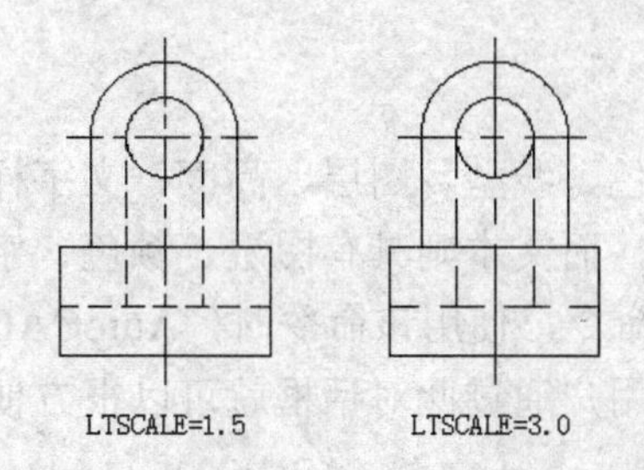

图6-21　全局线型比例因子对非连续线外观的影响

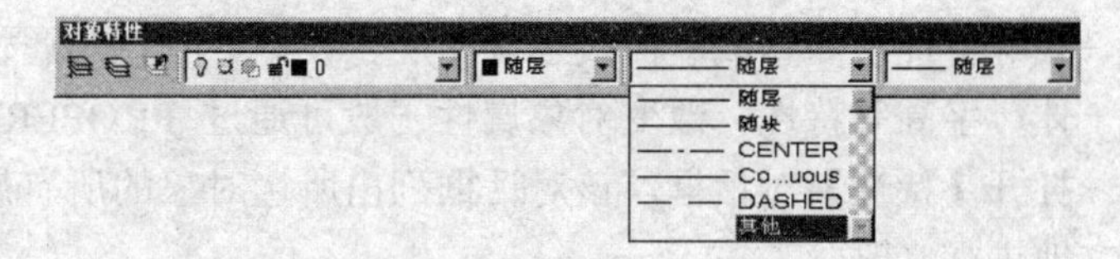

图6-22　【线型控制】下拉列表

(2) 在此下拉列表中选择"其他"选项，打开【线型管理器】对话框，再单击 显示细节(D) 按钮，则该对话框底部出现【详细信息】分组框，如图 6-23 所示。

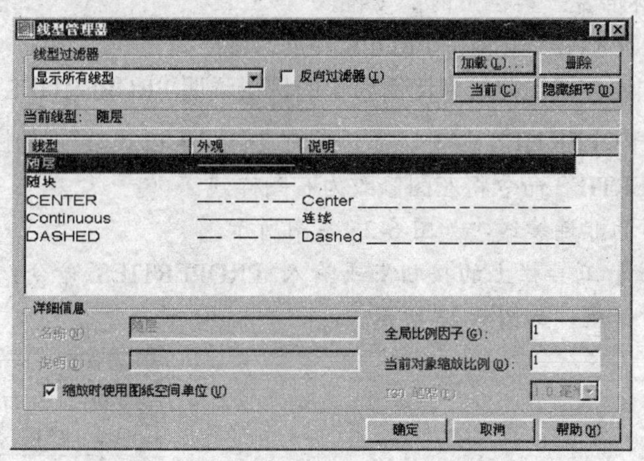

图6-23　【线型管理器】对话框

(3) 在【详细信息】分组框的【全局比例因子】文本框中输入新的比例值。

6.1.5 改变当前对象线型比例

有时需要为不同对象设置不同的线型比例，为达到这个目的，就需单独控制对象的比例因子。该比例因子由系统变量 CELTSCALE 来设定，调整该值后所有新绘制的非连续线均会受到它的影响。

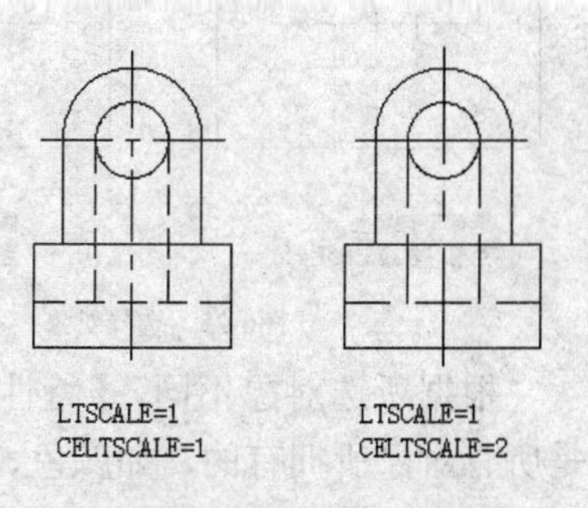

图6-24　设置当前对象的线型比例因子

默认情况下 CELTSCALE=1，该因子与 LTSCALE 是同时作用在线型对象上的。例如，将 CELTSCALE 设置为 4，LTSCALE 设置为 0.5，则 AutoCAD 在最终

显示线型时采用的缩放比例将为 2，即最终显示比例=CELTSCALE×LTSCALE。图 6-24 所示为 CELTSCALE 分别为 1、2 时虚线及中心线的外观。

设置当前线型比例因子的方法与设置全局比例因子类似，具体步骤参考 6.1.4 小节。该比例因子也是通过【线型管理器】对话框指定（见图 6-23），用户在此对话框的【当前对象缩放比例】文本框中输入新比例值。

修改某一对象线型比例因子的方法是使用 PROPERTIES 命令，该命令将列出对象的属性信息，其中包括对象的线型比例（CELTSCALE）。

6.1.6 用 PROPERTIES 编辑图形元素属性

在 AutoCAD 中，对象属性是指系统赋予对象的包括颜色、线型、图层、高度、文字样式等特性，如直线、曲线包含图层、线型、颜色等属性项目，而文本则具有图层、颜色、字体、字高等特性。改变对象属性一般可通过 PROPERTIES 命令，使用该命令时，AutoCAD 打开【特性】对话框，该对话框列出所选对象的所有属性，用户通过此对话框就可以很方便地进行修改。

命令启动方法

- 下拉菜单:【修改】/【特性】。
- 工具栏:【标准】工具栏上的按钮。
- 命令: PROPERTIES 或简写 PROPS。

下面通过修改非连续线当前线型比例因子的例子说明 PROPERTIES 命令的用法。

【例6-12】 使用 PROPERTIES 命令。打开素材文件“6-12.dwg”，如图 6-25 左图所示。用 PROPERTIES 命令将左图修改为右图样式。

(1) 选择要编辑的非连续线，如图 6-25 左图所示。

(2) 单击【标准】工具栏上的按钮或输入 PROPERTIES 命令，AutoCAD 打开【特性】对话框，如图 6-26 所示。

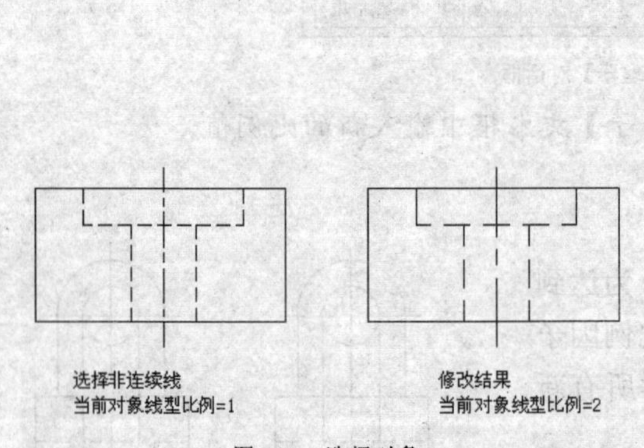

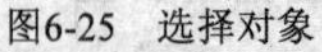

图6-25 选择对象

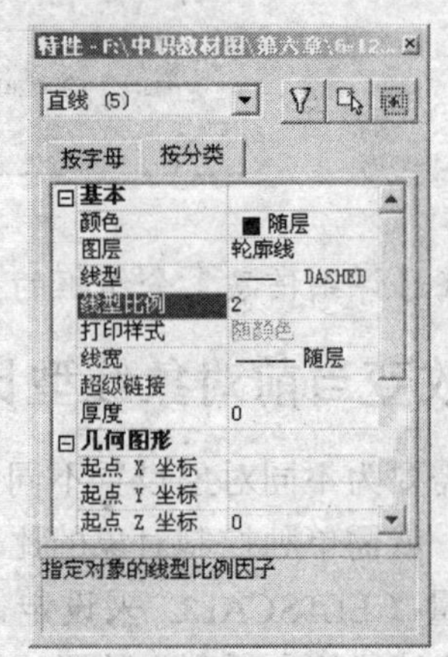

图6-26 【特性】对话框

根据所选对象不同，【特性】对话框中显示的属性项目也不同，但有一些属性项目几乎是所有对象所拥有的，如颜色、图层、线型等。

当在绘图区中选择单个对象时，【特性】对话框窗口就显示此对象的特性。若选择多个对象，【特性】对话框将显示它们所共有的特性。

(3) 选取【线型比例】项，然后输入当前线型比例因子，该比例因子默认值是 1，输入新数值 2，按 Enter 键，图形窗口中非连续线立即更新，显示修改后的结果，如图 6-25 右图所示。

6.1.7 属性匹配

MATCHROP 命令是一个非常有用的编辑工具。用户可使用此命令将源对象的属性（如颜色、线型、图层、线型比例等）传递给目标对象。

命令启动方法

- 下拉菜单:【修改】/【特性匹配】。
- 工具栏:【标准】工具栏上的按钮。
- 命令：MATCHPROP 或简写 MA。

【例6-13】 练习 MATCHPROP 命令的使用。

(1) 输入 MATCHPROP 命令或单击【标准】工具栏上的按钮，AutoCAD 提示："选择源对象"，用户选择对象后，鼠标指针变为刷子形状，与此同时，AutoCAD 提示"选择目标对象"。选择要修改的目标对象，则系统将源对象属性赋给目标对象。

(2) 若用户仅想将源对象的部分属性传给目标对象，则当 AutoCAD 提示"选择目标对象"时，输入"S"，此时 AutoCAD 弹出【特性设置】对话框，如图 6-27 所示。在此对话框中，用户可设定要赋给目标对象的属性项目。

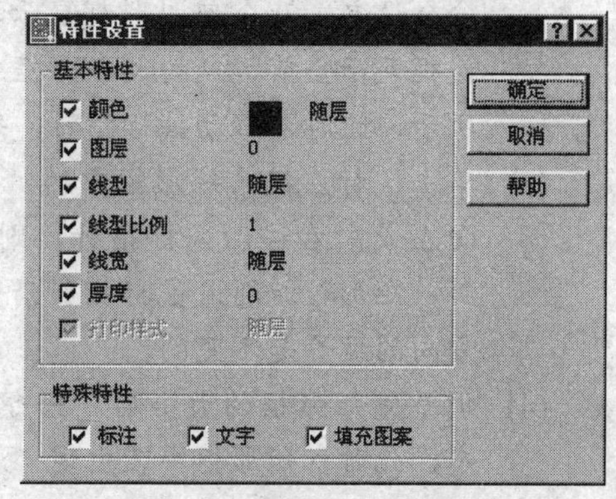

图6-27 【特性设置】对话框

6.2 视图显示控制

AutoCAD 提供了多种控制图形显示的方法，如实时平移及实时缩放、鹰眼窗口、平铺视口、命名视图等，利用这些功能，用户可以灵活地观察图形的任何一个部分。

6.2.1 控制图形显示的命令按钮

实时平移及实时缩放的工具是和按钮，它们的用法已经在第 2 章中介绍过了。【缩放】工具栏中包含了更多的控制图形显示的按钮，如图 6-28 所示，通过这些按钮用户可以很方便地放大图形局部区域或是观察图形全貌。单击【标准】工具栏上的按钮也弹出与【缩放】工具栏中相同的命令按钮。下面介绍这些按钮的功能。

缩放

图6-28 【缩放】工具栏

1. 窗口缩放按钮

通过一个矩形框指定放大的区域，该矩形的中心是新的显示中心，AutoCAD 将尽可能地将矩形内的图形放大以充满整个绘图窗口。如图 6-29 所示，左图中矩形框 *AB* 是指定的缩放区域，右图是缩放结果。

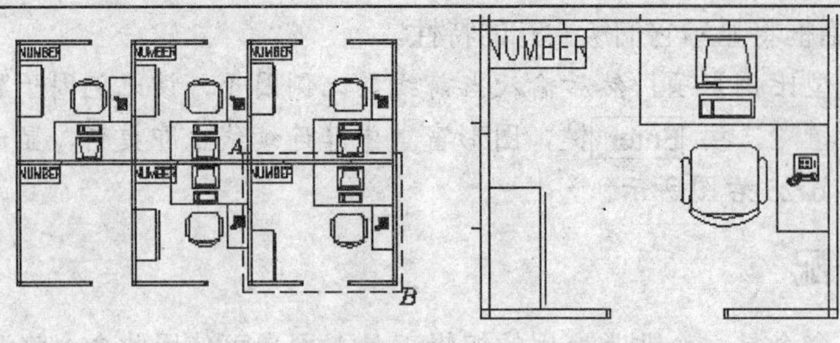

图6-29　窗口缩放

2. 动态缩放按钮

利用一个可平移并能改变其大小的矩形框缩放图形。用户可首先将此矩形框移动到要缩放的位置，然后调整矩形框的大小，按 Enter 键后，AutoCAD 将当前矩形框中的图形布满整个视口。

【例6-14】 练习动态缩放。

(1) 打开素材文件“6-14.dwg”。

(2) 启动动态缩放功能，AutoCAD 将图形界限（即栅格的显示范围，用 LIMITS 命令设定）及全部图形都显示在图形窗口中，并提供给用户一个缩放矩形框，该框表示当前视口的大小，框中包含一个“×”，表明处于平移状态，如图 6-30 所示。此时，移动鼠标指针，矩形框将跟随移动。

(3) 单击鼠标左键，矩形框中的“×”变成一个水平箭头，表明处于缩放状态，再向左或向右移动鼠标指针，则减小或增大矩形框。若向上或向下移动鼠标指针，矩形框就随着鼠标指针沿竖直方向移动。注意，此时矩形框左端线在水平方向的位置是不变的。

(4) 调整完矩形框的大小后，若想移动矩形框，可再单击鼠标左键切换回平移状态，此时，矩形框中又出现“×”。

(5) 将矩形框的大小及位置都确定后，如图 6-30 所示，按 Enter 键，则 AutoCAD 在整个绘图窗口显示矩形框中的图形。

3. 比例缩放按钮

以输入的比例值缩放视图，输入缩放比例的方式有以下 3 种。

- 直接输入缩放比例数值，此时，AutoCAD 并不以当前视图为准来缩放图形，而是放大或缩小图形界限，从而使当前视图的显示比例发生变化。
- 如果要相对于当前视图进行缩放，则需在比例因子的后面加上字母“x”，例如，“0.5x”表示将当前视图缩小一半。
- 若要相对于图纸空间缩放图形，则需在比例因子后面加上字母“XP”。

4. 中心缩放按钮

【例6-15】 练习中心缩放。

启动中心缩放方式后，AutoCAD 提示如下。

```
指定中心点:                          //指定中心点
输入比例或高度 <200.1670>:           //输入缩放比例或视图高度值
```

AutoCAD 将以指定点为显示中心，并根据缩放比例因子或图形窗口的高度值显示一个新视图。缩放比例因子的输入方式是“nx”，*n* 表示放大倍数。

此外，还有以下控制图形显示的命令按钮。

- 按钮：AutoCAD 将当前视图放大一倍。
- 按钮：AutoCAD 将当前视图缩小一半。
- （全部缩放）按钮：单击此按钮，AutoCAD 将全部图形及图形界限显示在图形窗口中。
- （范围缩放）按钮：单击此按钮，AutoCAD 将尽可能大地将整个图形显示在图形窗口中。与“全部缩放”相比，“范围缩放”与图形界限无关，如图 6-31 所示，左图是全部缩放的效果，右图是范围缩放的效果。

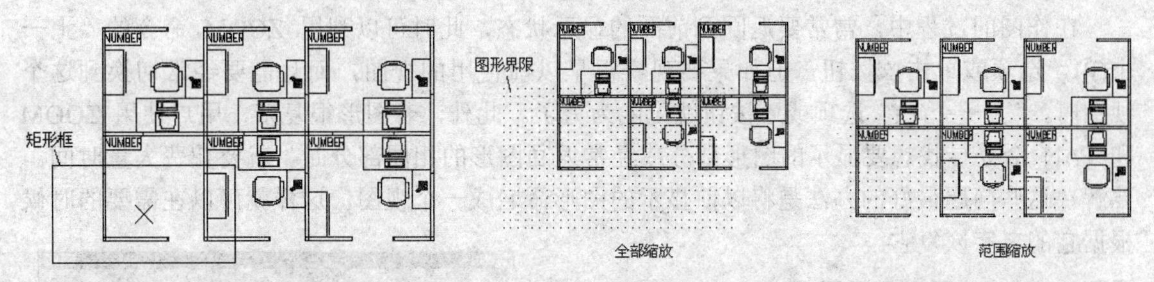

图6-30　动态缩放

图6-31　全部缩放及范围缩放

- 按钮：在设计过程中，【标准】工具栏中的按钮的使用频率是很高的。单击此按钮，AutoCAD 将显示上一次的视图。若用户连续单击此按钮，则系统将恢复前几次显示过的图形（最多 10 次）。作图时，常利用此项功能返回到原来的某个视图。

6.2.2 鹰眼窗口

鹰眼窗口和图形窗口是分离的，它提供了观察图形的另一个区域，当打开它时，窗口中显示整幅图形。如果绘制的图形很大并且又有很多细节时，利用鹰眼窗口平移或缩放图形就极为方便。

在鹰眼窗口中建立矩形框来观察图样时，如果要放大图样，就使矩形框缩小一些，否则，让矩形框变大一些。当矩形框放置在图样的某一位置时，在 AutoCAD 的图形窗口中就显示这个位置处的实时缩放视图。

【例6-16】 利用鹰眼窗口观察图形。

(1) 打开素材文件“6-16.dwg”。

(2) 选择菜单命令【视图】/【鸟瞰视图】，打开鹰眼窗口，该窗口中显示了整幅图样。单击此窗口的图形区域就将它激活，与此同时在鹰眼窗口中出现一个可随鼠标指针移动的矩形框，如图 6-32 所示。

(3) 移动矩形框到要观察的部位，然后单击鼠标左键并拖动鼠标指针调整矩形框的大小，在 AutoCAD 绘图窗口中立即可以看到新的缩放图形。

(4) 如果主窗口中显示出要观察的效果，按 Enter 键确认，如图 6-33 所示。

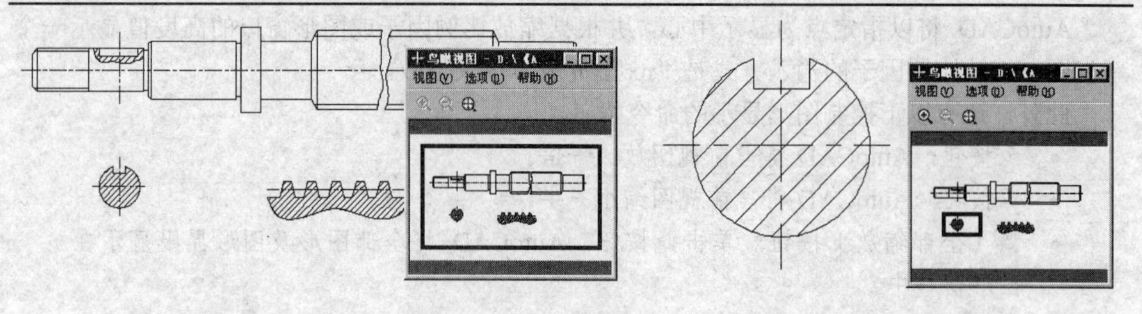

图6-32　鹰眼窗口　　　　图6-33　用鹰眼窗口缩放

6.2.3 命名视图

在作图的过程中，常常要返回到前面的显示状态，此时可以利用 ZOOM 命令的“上一个(P)”选项或单击按钮，但如果要观察很早以前使用的视图，而且需要经常切换到这个视图时，“上一个(P)”选项或按钮就无能为力了。此外，若图形很复杂，用户使用 ZOOM 和 PAN 命令寻找想要显示的图形部分或经常返回图形的相同部分时，就要花费大量时间。要解决这些问题最好的办法是将以前显示的图形命名成一个视图，这样就可以在需要的时候根据它的名字恢复它。

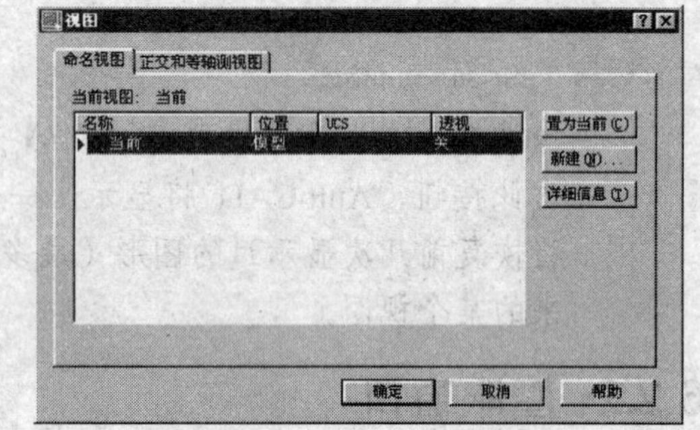

图6-34　【视图】对话框

【例6-17】 使用命名视图。

(1) 打开素材文件“6-17.dwg”。

(2) 单击【标准】工具栏上的按钮，打开【视图】对话框，如图 6-34 所示。

(3) 单击新建(N)...按钮，打开【新建视图】对话框，在【视图名称】文本框中输入“主视图”，如图 6-35 所示。

(4) 选择【定义窗口】单选项，然后单击按钮，则 AutoCAD 提示如下。

指定第一个角点：　　　　//在 A 点处单击一点，如图 6-36 所示

指定对角点：　　　　//在 B 点处单击一点

(5) 用同样的方法将矩形 CD 内的图形命名为“局部剖视图”，如图 6-36 所示。

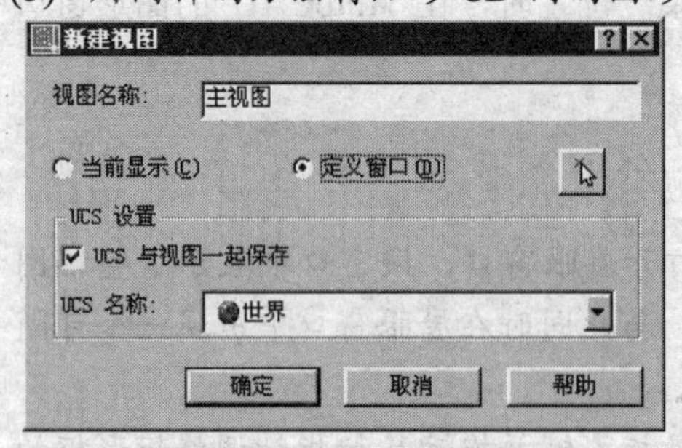

图6-35　【新建视图】对话框

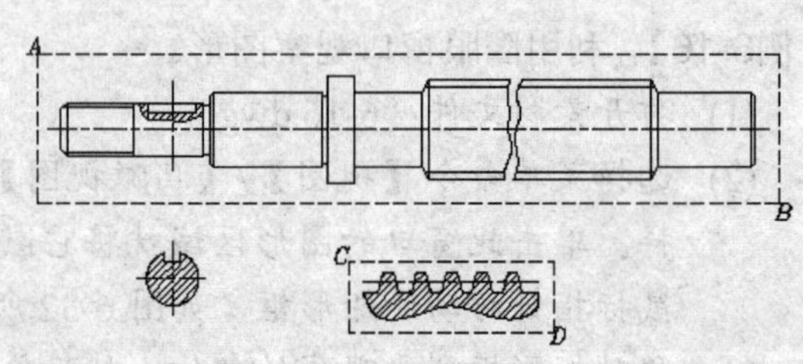

图6-36　命名视图

(6) 单击按钮，打开【视图】对话框，如图 6-37 所示。

(7) 选择“局部剖视图”，然后单击置为当前(C)按钮，则屏幕显示“局部剖视图”的图形，如图 6-38 所示。

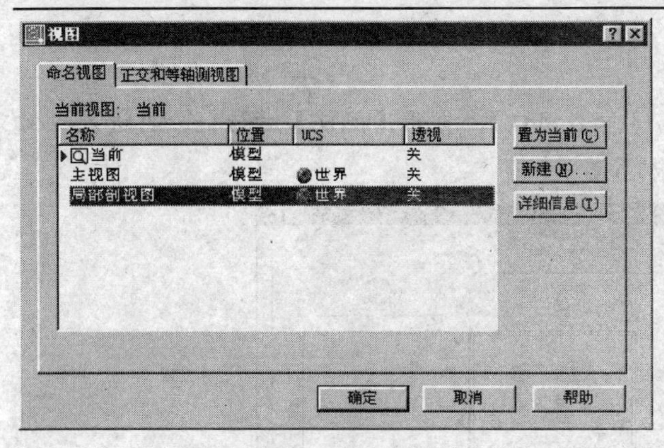

图6-37　【视图】对话框

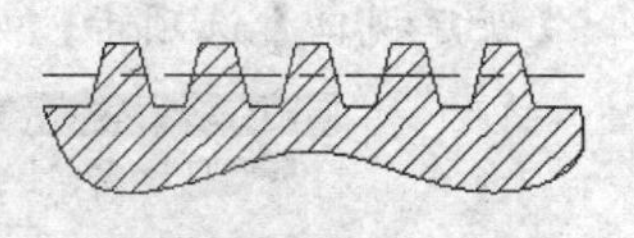

图6-38　调用“局部剖视图”

调用命名视图时，AutoCAD 不再重新生成图形。它是保存屏幕上某部分图形的好方法，对于大型复杂图样特别有用。

6.2.4 平铺视口

在模型空间作图时，一般是在一个充满整个屏幕的单视口工作。但也可将作图区域划分成几个部分，使屏幕上出现多个视口，这些视口称为平铺视口。对于每一个平铺视口都能进行以下操作。

- 平移、缩放、设置栅格、建立用户坐标等。
- 在 AutoCAD 执行命令的过程中，能随时单击任一视口，使其成为当前视口，从而进入这个激活的视口中继续绘图。

在有些情况下，常常把图形的局部放大以方便编辑，但这可能使用户不能同时观察到图样修改后的整体效果，此时可以利用平铺视口，让其中之一显示局部细节，而另一视口显示图样的整体，这样在修改局部的同时就能观察图形的整体了。如图 6-39 所示，在左上角、左下角的视口中可以看到图形的细部特征，而右边的视口中显示了整个图形。

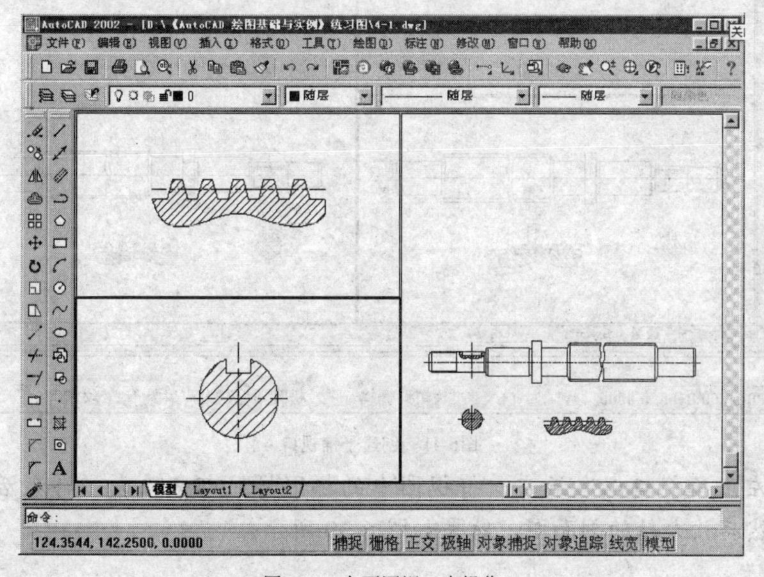

图6-39　在不同视口中操作

【例6-18】 建立平铺视口。

(1) 打开素材文件“6-18.dwg”。

(2) 选择菜单命令【视图】/【视口】/【命名视口】，打开【视口】对话框，再进入【新建视口】选项卡，如图 6-40 所示。

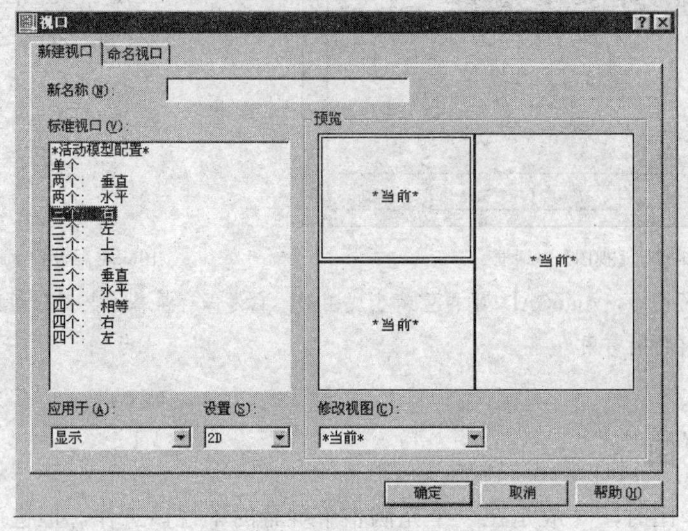

图6-40 【视口】对话框

(3) 在【标准视口】列表框中选择视口布置形式（三个：右），然后单击 确定 按钮，结果如图 6-41 所示。

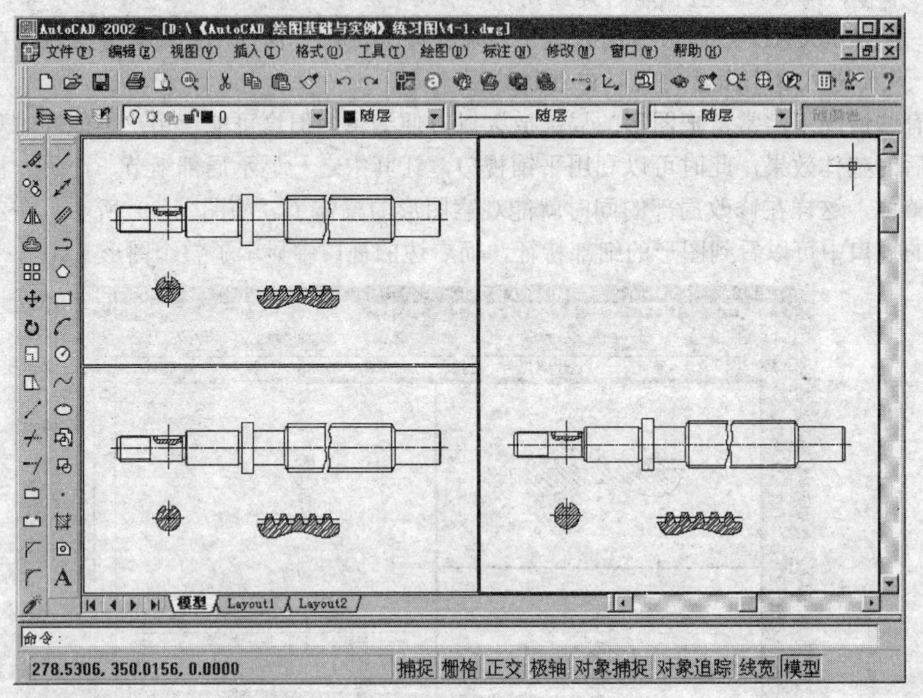

图6-41 创建平铺视口

(4) 单击左上角视口以激活它，将视图中的梯形螺纹部分放大，再激活左下角视口，然后放大轴的剖面图，结果如图 6-39 所示。

6.3 高级命令

本节将介绍 AutoCAD 的一些高级命令，如 PLINE、MLINE、DONUT、SKETCH 等。

6.3.1 绘图任务

【例6-19】 请跟随以下的作图步骤，绘制如图 6-42 所示的图形。

(1) 打开极轴追踪、对象捕捉及捕捉追踪功能。设置极轴追踪角度增量为 90°；设定对象捕捉方式为端点、交点；设置仅沿正交方向进行捕捉追踪。

(2) 画闭合多线，如图 6-43 所示。单击【绘图】工具栏上的按钮，AutoCAD 提示如下，

```
命令: _mline
当前设置: 对正 = 上, 比例 = 20.00, 样式 = STANDARD
指定起点或 [对正(J)/比例(S)/样式(ST)]:            //单击 A 点
指定下一点: 500                                    //向下追踪并输入追踪距离
指定下一点或 [放弃(U)]: 600                        //从 B 点向右追踪并输入追踪距离
指定下一点或 [闭合(C)/放弃(U)]: 500                //从 C 点向上追踪并输入追踪距离
指定下一点或 [闭合(C)/放弃(U)]: c                  //使多线闭合
```

结果如图 6-43 所示。

(3) 画闭合多段线，如图 6-44 所示。单击【绘图】工具栏上的按钮，AutoCAD 提示如下。

```
命令: _pline
指定起点: from                                     //使用正交偏移捕捉
基点:                                              //捕捉交点 E，如图 6-44 所示
<偏移>: @152,143                                   //输入 F 点的相对坐标
指定下一个点或 [圆弧(A)/半宽(H)/长度(L)/放弃(U)/宽度(W)]: 230
                                                   //从 F 点向上追踪并输入追踪距离
指定下一点或 [圆弧(A)/闭合(C)/半宽(H)/长度(L)/放弃(U)/宽度(W)]: a
                                                   //切换到画圆弧方式
指定圆弧的端点: 150                                //从 G 点向右追踪并输入追踪距离
指定圆弧的端点或[角度(A)/圆心(CE)/闭合(CL)/方向(D)/半宽(H)/直线(L)/半径(R)/第
二个点(S)/放弃(U)/宽度(W)]: l                      //切换到画直线方式
指定下一点或 [圆弧(A)/闭合(C)/半宽(H)/长度(L)/放弃(U)/宽度(W)]: 230
                                                   //从 H 点向下追踪并输入追踪距离
指定下一点或 [圆弧(A)/闭合(C)/半宽(H)/长度(L)/放弃(U)/宽度(W)]: a
                                                   //切换到画圆弧方式
指定圆弧的端点:                                    //从 I 点向左追踪并捕捉端点 F
指定圆弧的端点:                                    //按 Enter 键结束
```

结果如图 6-44 所示。

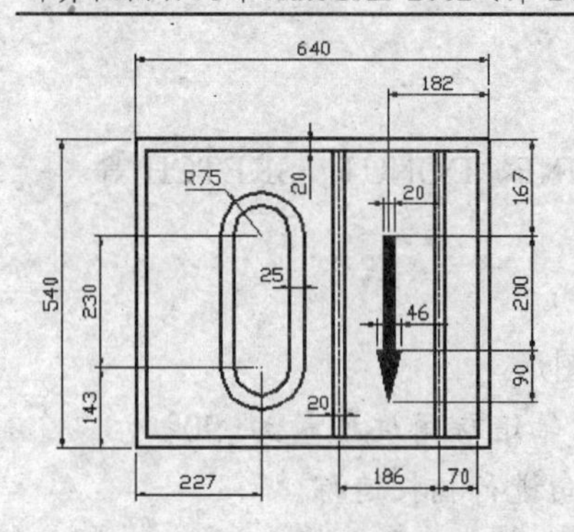

图6-42　画多线、多段线构成的平面图形

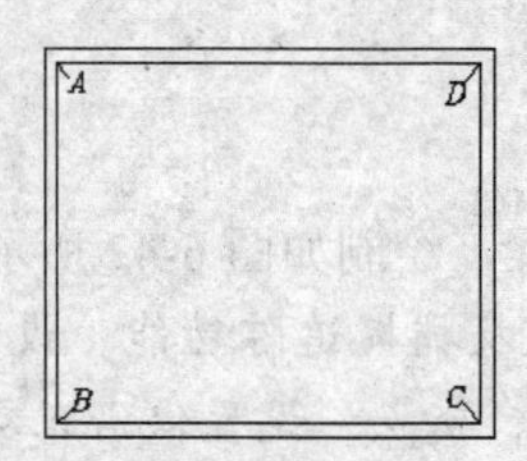

图6-43　画多线

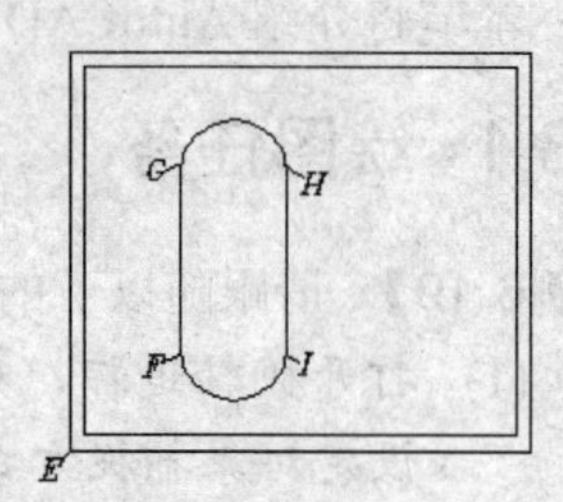

图6-44　画闭合多段线

(4) 用 OFFSET 命令将闭合多段线向其内部偏移，偏移距离为 25，结果如图 6-45 所示。

(5) 用 PLINE 命令绘制箭头，如图 6-46 所示。单击【绘图】工具栏上的按钮，AutoCAD 提示如下。

```
命令: _pline
指定起点: from                                      //使用正交偏移捕捉
基点:                                               //捕捉交点 A，如图 6-46 所示
<偏移>: @-182,-167                                  //输入 B 点的相对坐标
指定下一个点或 [圆弧(A)/半宽(H)/长度(L)/放弃(U)/宽度(W)]: w
                                                    //设置多段线的宽度
指定起点宽度 <0.0000>: 20                            //输入起点处的宽度值
指定端点宽度 <20.0000>:                              //按 Enter 键
指定下一个点或 [圆弧(A)/半宽(H)/长度(L)/放弃(U)/宽度(W)]: 200
                                                    //从 B 点向下追踪并输入追踪距离
指定下一点或 [圆弧(A)/闭合(C)/半宽(H)/长度(L)/放弃(U)/宽度(W)]: w
                                                    //设置多段线的宽度
指定起点宽度 <20.0000>: 46                           //输入起点处的宽度值
指定端点宽度 <46.0000>: 0                            //输入终点处的宽度值
指定下一点或 [圆弧(A)/闭合(C)/半宽(H)/长度(L)/放弃(U)/宽度(W)]: 90
                                                    //从 C 点向下追踪并输入追踪距离
指定下一点或 [圆弧(A)/闭合(C)/半宽(H)/长度(L)/放弃(U)/宽度(W)]:
                                                    //按 Enter 键结束
```

结果如图 6-46 所示。

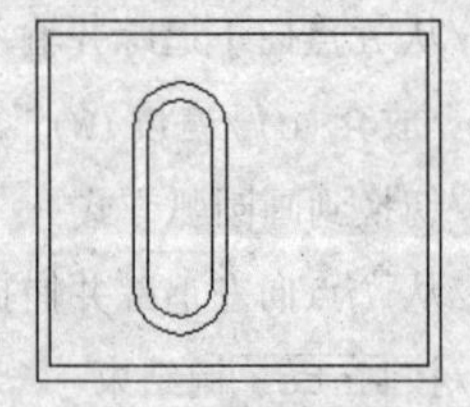

图6-45　偏移闭合多段线

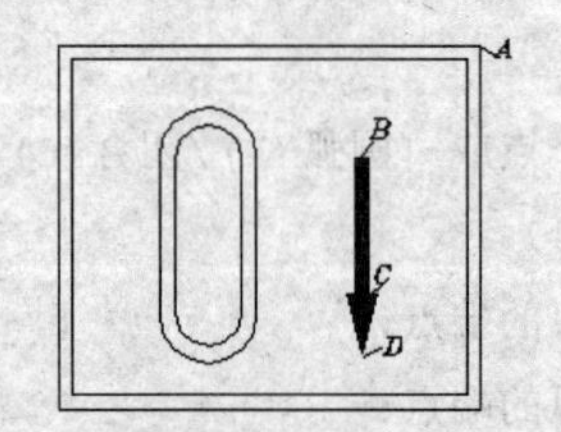

图6-46　画箭头

(6) 设置多线样式。选择菜单命令【格式】/【多线样式】，打开【多线样式】对话

框，在【名称】文本框中输入新的多线样式名称“新多线样式”，然后单击 添加 按钮，结果如图 6-47 所示。【多线样式】对话框中部的预览图像显示了与当前多线样式关联的多线的形状，由图中可以看出，目前多线包含两条直线。

(7) 给多线中添加一条直线。单击 元素特性... 按钮，打开【元素特性】对话框，再单击 添加 按钮，AutoCAD 在多线中加入一条直线，该直线位于原有两条直线的中间，即偏移量为 0.0，如图 6-48 所示。

(8) 改变新加入的直线的线型。单击 线型... 按钮，打开【选择线型】对话框，利用此对话框设定新元素的线型为“CENTER”。

(9) 返回 AutoCAD 绘图窗口，然后绘制多线，如图 6-49 所示。

```
命令: _mline
当前设置: 对正 = 无，比例 = 20.00，样式 = 新多线样式
指定起点或 [对正(J)/比例(S)/样式(ST)]: j            //设定多线的对正方式
输入对正类型 [上(T)/无(Z)/下(B)] <上>: z            //以中心线为对正的基线
指定起点或 [对正(J)/比例(S)/样式(ST)]: 70           //从 E 点向左追踪并输入追踪距离
指定下一点:                                         //从 F 点向上追踪并捕捉交点 G
指定下一点或 [放弃(U)]:                             //按 Enter 键结束
命令:MLINE                                          //重复命令
指定起点或 [对正(J)/比例(S)/样式(ST)]: 256          //从 E 点向左追踪并输入追踪距离
指定下一点:                                         //从 H 点向上追踪并捕捉交点 I
指定下一点或 [放弃(U)]:                             //按 Enter 键结束
```

结果如图 6-49 所示。

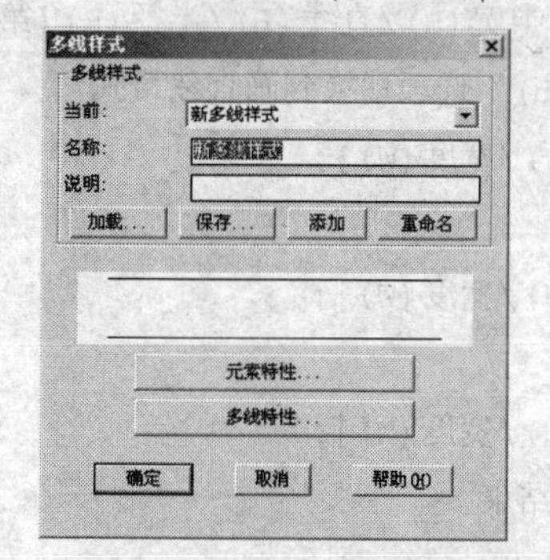

图6-47　【多线样式】对话框

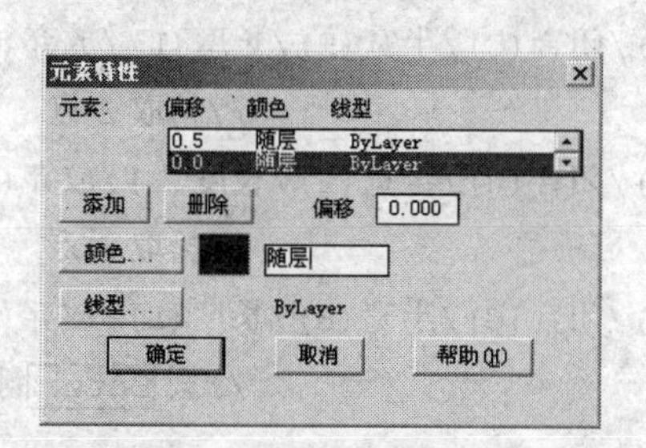

图6-48　【元素特性】对话框

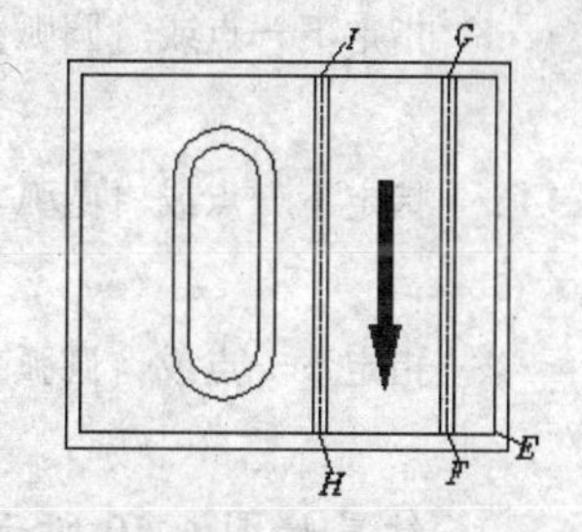

图6-49　画多线

6.3.2 创建及编辑多段线

PLINE 命令用来创建二维多段线。多段线是由几段线段和圆弧构成的连续线条，它是一个单独的图形对象。二维多段线具有以下特点。

- 能够设定多段线中线段及圆弧的宽度。
- 可以利用有宽度的多段线形成实心圆、圆环或带锥度的粗线等。
- 能在指定的线段交点处或对整个多段线进行倒圆角或倒斜角处理。

1. PLINE 命令启动方法

- 下拉菜单:【绘图】/【多段线】。

- 工具栏：【绘图】工具栏上的按钮。
- 命令：PLINE 或简写 PL。

编辑多段线的命令是 PEDIT，该命令可以修改整个多段线的宽度值或是分别控制各段的宽度值。此外，用户还可通过该命令将线段、圆弧构成的连续线编辑成一条多段线。

2. PEDIT 命令启动方法

- 下拉菜单：【修改】/【对象】/【多段线】。
- 工具栏：【修改Ⅱ】工具栏上的按钮。
- 命令：PEDIT。

【例6-20】 练习 PLINE 命令的使用。

启动 PLINE 命令，AutoCAD 提示如下。

```
命令：_pline
指定起点：                                  //拾取 A 点，如图 6-50 所示
指定下一个点或 [圆弧(A)/半宽(H)/长度(L)/放弃(U)/宽度(W)]：
                                            //拾取 B 点
指定下一点或 [圆弧(A)/闭合(C)/半宽(H)/长度(L)/放弃(U)/宽度(W)]：a
                                            //使用“圆弧(A)”选项画圆弧
指定圆弧的端点或[角度(A)/圆心(CE)/闭合(CL)/方向(D)/半宽(H)/直线(L)/半径(R)/第
二个点(S)/放弃(U)/宽度(W)]：               //拾取 C 点
指定圆弧的端点或[角度(A)/圆心(CE)/闭合(CL)/方向(D)/半宽(H)/直线(L)/半径(R)/第
二个点(S)/放弃(U)/宽度(W)]：               //拾取 D 点
指定圆弧的端点或[角度(A)/圆心(CE)/闭合(CL)/方向(D)/半宽(H)/直线(L)/半径(R)/第
二个点(S)/放弃(U)/宽度(W)]：l              //使用“直线(L)”选项切换到画直线模式
指定下一点或 [圆弧(A)/闭合(C)/半宽(H)/长度(L)/放弃(U)/宽度(W)]：
                                            //拾取 E 点
指定下一点或 [圆弧(A)/闭合(C)/半宽(H)/长度(L)/放弃(U)/宽度(W)]：
                                            //拾取 F 点
指定下一点或 [圆弧(A)/闭合(C)/半宽(H)/长度(L)/放弃(U)/宽度(W)]：
                                            //按 Enter 键结束
```

结果如图 6-50 所示。

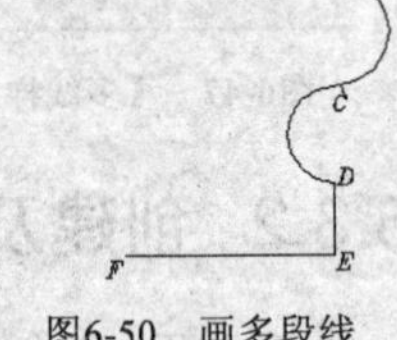

图6-50　画多段线

3. 命令选项

(1) 圆弧(A)：使用此选项可以画圆弧。当选择它时，AutoCAD 将有以下提示。

```
指定圆弧的端点或[角度(A)/圆心(CE)/闭合(CL)/方向(D)/半宽(H)/直线(L)/半径(R)/第
二个点(S)/放弃(U)/宽度(W)]：
```

- 角度(A)：指定圆弧的夹角，负值表示沿顺时针方向画弧。
- 圆心(CE)：指定圆弧的中心。
- 闭合(CL)：以多段线的起始点和终止点为圆弧的两端点绘制圆弧。
- 方向(D)：设定圆弧在起始点的切线方向。

- 半宽(H)：指定圆弧在起始点及终止点的半宽度。
- 直线(L)：从画圆弧模式切换到画直线模式。
- 半径(R)：根据半径画弧。
- 第二个点(S)：根据 3 点画弧。
- 放弃(U)：删除上一次绘制的圆弧。
- 宽度(W)：设定圆弧在起始点及终止点的宽度。

(2) 闭合(C)：此选项使多段线闭合，它与 LINE 命令的“闭合(C)”选项作用相同。

(3) 半宽(H)：该选项使用户可以指定本段多段线的半宽度，即线宽的一半。

(4) 长度(L)：指定本段多段线的长度，其方向与上一线段相同或是沿上一段圆弧的切线方向。

(5) 放弃(U)：删除多段线中最后一次绘制的线段或圆弧段。

(6) 宽度(W)：设置多段线的宽度，此时 AutoCAD 将提示“指定起点宽度”和“指定端点宽度”，用户可输入不同的起始宽度和终点宽度值以绘制一条宽度逐渐变化的多段线。

6.3.3 画多线

MLINE 命令用来创建多线，如图 6-51 所示。多线是由多条平行直线组成的图形对象，平行线间的距离、各线条的颜色及线型、线的数量等都可以调整。该命令常用于创建墙体、公路或需使用多条平行线的对象。

1. 命令启动方法

- 下拉菜单：【绘图】/【多线】。
- 工具栏：【绘图】工具栏上的按钮。
- 命令：MLINE 或简写 ML。

【例6-21】 练习 MLINE 命令的使用。

启动 MLINE 命令，AutoCAD 提示如下。

```
命令：_mline
指定起点或 [对正(J)/比例(S)/样式(ST)]：        //拾取 A 点，如图 6-51 所示
指定下一点：                                   //拾取 B 点
指定下一点或 [放弃(U)]：                        //拾取 C 点
指定下一点或 [闭合(C)/放弃(U)]：                //拾取 D 点
指定下一点或 [闭合(C)/放弃(U)]：                //拾取 E 点
指定下一点或 [闭合(C)/放弃(U)]：                //拾取 F 点
指定下一点或 [闭合(C)/放弃(U)]：                //按 Enter 键结束
```

结果如图 6-51 所示。

2. 命令选项

(1) 对正(J)：设定多线对正方式，即多线中哪条线段的端点与鼠标指针重合，并随鼠标指针移动。该选项有 3 个子选项。

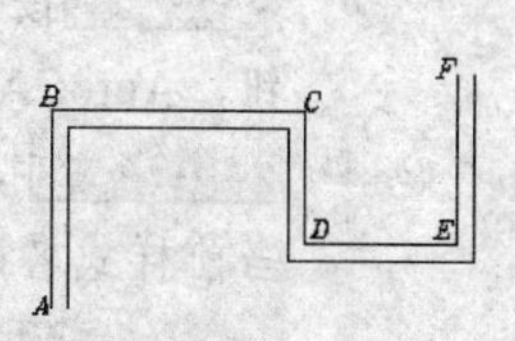

图6-51　画多线

- 上(T)：若从左往右绘制多线，则对正点将在最顶端线段的端点处。
- 无(Z)：对正点位于多线中偏移量为 0 的位置处。多线中线条的偏移量可在多线样式中设定。
- 下(B)：若从左往右绘制多线，则对正点将在最底端线段的端点处。

(2) 比例(S)：指定多线宽度相对于定义宽度（在多线样式中定义）的比例因子，该比例不影响线型比例。

(3) 样式(ST)：该选项使用户可以选择多线样式，默认样式是“STANDARD”。

6.3.4 创建多线样式

多线的外观由多线样式决定，在多线样式中用户可以设定多线的线条数量、每条线的颜色和线型、线间的距离，还能指定多线两个端头的形式，如弧形端头、平直端头等。

命令启动方法

- 下拉菜单：【格式】/【多线样式】。
- 命令：MLSTYLE。

启动 MLSTYLE 命令，AutoCAD 弹出【多线样式】对话框，如图 6-52 所示。该对话框中各选项的功能如下。

- 当前：该下拉列表中包含了所有已定义的多线样式。单击列表框右边的▼按钮，打开列表框，用户可从中选择一个多线样式使其成为当前样式。
- 名称：若用户要改变已有多线样式名称或要创建新样式时，可在此文本框中输入新样式名。
- 说明：输入多线样式的说明文字，所用字符不能超过 256 个。
- 加载... 按钮：单击此按钮，AutoCAD 弹出【加载多线样式】对话框，如图 6-53 所示，用户可利用此对话框加载已定义的多线。

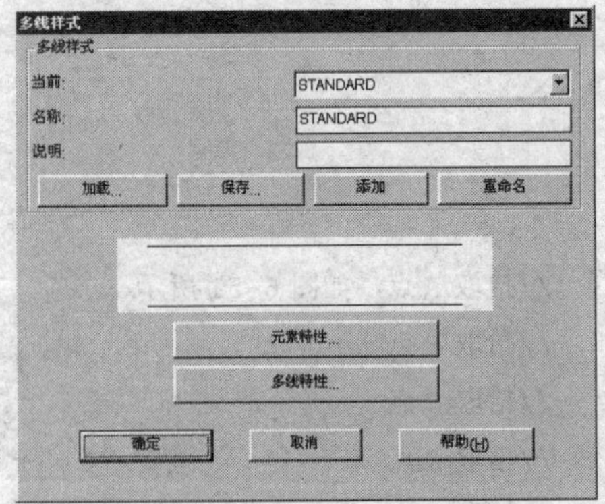

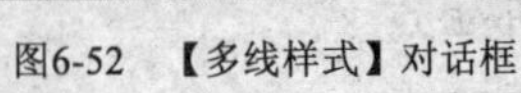
图6-52 【多线样式】对话框

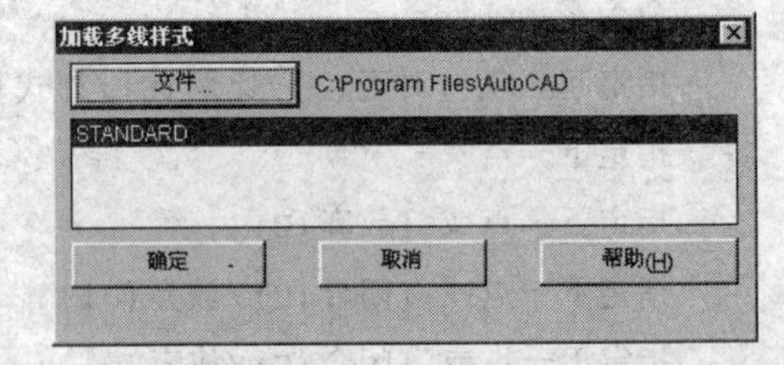

图6-53 【加载多线样式】对话框

- 保存... 按钮：将当前多线样式存入多线文件中（文件类型为“.mln”）。
- 添加 按钮：在【名称】文本框中输入新的多线样式名称，然后单击此按钮，AutoCAD 就把新多线样式添加到【当前】下拉列表中。
- 重命名 按钮：在【名称】文本框中输入当前样式的新名称，单击此按钮，当前样式名改为新名称。
- 元素特性... 按钮：单击此按钮，AutoCAD 弹出【元素特性】对话框，如图 6-54 所示，用户可在此对话框中定义多线中线条的数目、各线的颜色及线型等。

【元素特性】对话框中主要选项的功能如下。

添加 按钮：单击此按钮，AutoCAD 在多线中添加一条新线，该线的偏移量可在【偏移】文本框中输入。

颜色... 按钮：修改【元素】列表框中选定线元素的颜色。

线型... 按钮：指定【元素】列表框中选定线元素的线型。

删除 按钮：删除【元素】列表框中选定的线元素。

- 多线特性... 按钮：单击此按钮，AutoCAD 弹出【多线特性】对话框，如图 6-55 所示，用户可通过此对话框定义多线两端的封口形式。

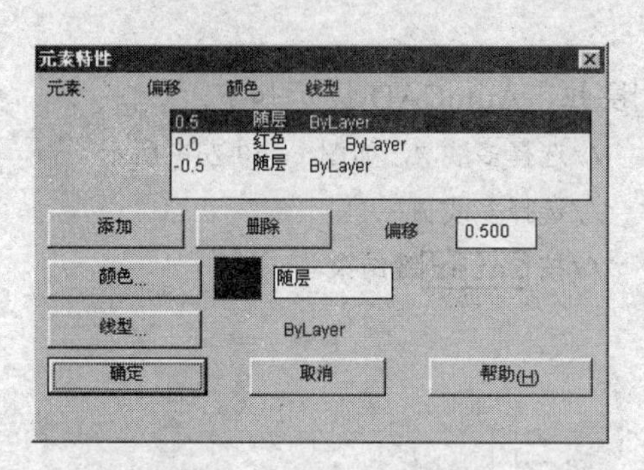

图6-54　【元素特性】对话框

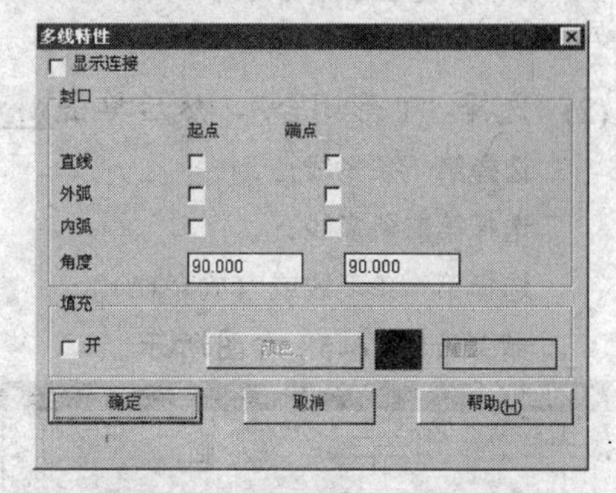

图6-55　【多线特性】对话框

【多线特性】对话框主要选项的功能如下。

【显示连接】：选中该选项，则 AutoCAD 在多线拐角处显示连接线，如图 6-56 左图所示。

【直线】：在多线的两端产生直线封口形式，如图 6-56 右图所示。

【外弧】：在多线的两端产生外圆弧封口形式，如图 6-56 右图所示。

【内弧】：在多线的两端产生内圆弧封口形式，如图 6-56 右图所示。

【角度】：该角度是指多线某一端最外侧端点的连线与多线的夹角，如图 6-56 右图所示。

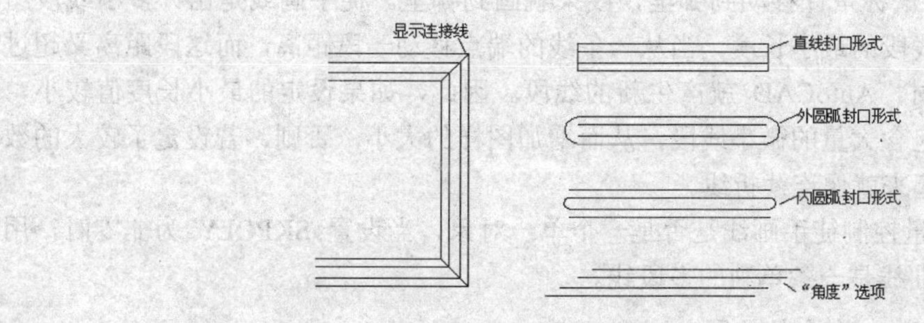

图6-56　多线的各种特性

6.3.5 编辑多线

MLEDIT 命令用于编辑多线，其主要功能如下。

- 改变两条多线的相交形式，如使它们相交成“十”字形或“T”字形。

- 在多线中加入控制顶点或删除顶点。
- 将多线中的线条切断或接合。

命令启动方法

- 下拉菜单：【修改】/【对象】/【多线】。
- 命令：MLEDIT。

【例6-22】 练习 MLEDIT 命令的使用。

(1) 启动 MLEDIT 命令，AutoCAD 打开【多线编辑工具】对话框，如图 6-57 所示。

该对话框中的小型图片形象地说明了各项编辑功能，用户选中某个图片后，系统还将在对话框左下角处显示简要的说明文字。

(2) 选择“T 形闭合”，然后单击 确定 按钮，AutoCAD 提示如下。

选择第一条多线： //选择多线 A，如图 6-58 左图所示

选择第二条多线： //选择多线 B

选择第一条多线或 [放弃(U)]： //按 Enter 键结束

结果如图 6-58 右图所示。

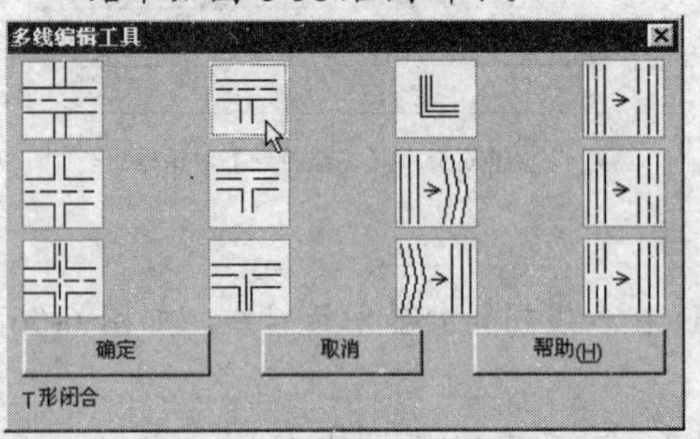

图6-57 【多线编辑工具】对话框

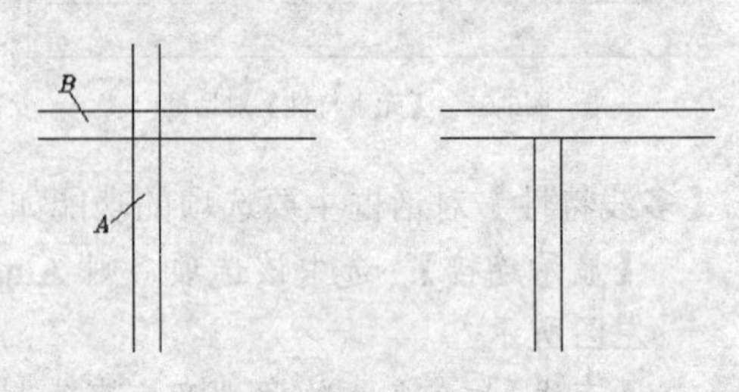

图6-58 编辑多线

6.3.6 徒手画线

SKETCH 命令可以作为徒手绘图的工具，发出此命令后，通过移动鼠标指针就能绘制出曲线（徒手画线），鼠标指针移动到哪里，线条就画到哪里。徒手画线是由许多小线段组成的，用户可以设置线段的最小长度。当从一条线的端点移动一段距离，而这段距离又超过了设定的最小长度值时，AutoCAD 就产生新的线段。因此，如果设定的最小长度值较小，那么所绘曲线中就会包含大量的微小线段，从而增加图样的大小，否则，若设定了较大的数值，则绘制的曲线看起来就像连续折线。

SKPOLY 系统变量控制徒手画线是否是一个单一对象，当设置 SKPOLY 为非零时，用 SKETCH 命令绘制的曲线是一条单独的多段线。

【例6-23】 练习 SKETCH 命令的使用。

启动 SKETCH 命令，AutoCAD 提示如下。

命令：sketch

记录增量 <0.5000>：1 //设定线段的最小长度

徒手画。画笔(P)/退出(X)/结束(Q)/记录(R)/删除(E)/连接(C)/接续(.)<笔 落>：

//输入“P”落下画笔，然后移动鼠标指针画曲线 A，如图 6-59 所示

<笔 提> //输入“P”抬起画笔，移动鼠标指针到要画线的位置

<笔 落> //输入“P”落下画笔，继续画曲线 B

<笔 提> //按 Enter 键结束

结果如图 6-59 所示。

命令选项

- 画笔(P)：输入“P”，但不要按 Enter 键，可控制 AutoCAD 抬笔或落笔。

单击鼠标左键，也可改变 AutoCAD 的抬笔或落笔状态。

- 退出(X)：退出徒手画线状态，并记录图形中已绘制的草图曲线。
- 结束(Q)：退出 SKETCH 命令，但不保存图形中已绘制的草图曲线。
- 记录(R)：不退出 SKETCH 命令，而存储图形中已绘制的草图曲线。

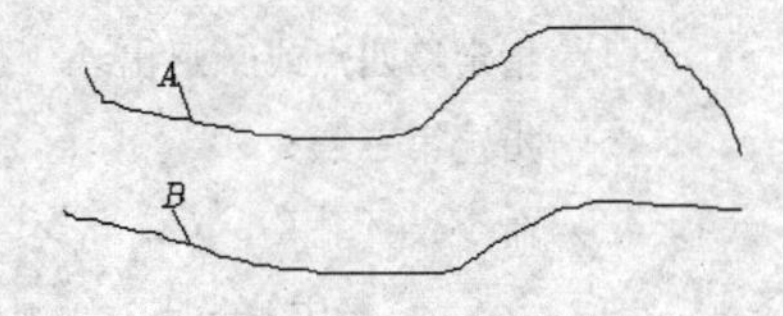

图6-59 徒手画线

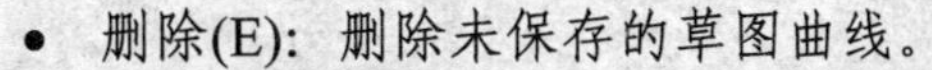

- 删除(E)：删除未保存的草图曲线。
- 连接(C)：继续从上一条徒手画线的末端开始绘图。

6.3.7 绘制填充圆环

DONUT 命令创建填充圆环或实心填充圆。启动该命令后，用户依次输入圆环内径、外径及圆心，AutoCAD 就生成圆环。若要画实心圆，则指定内径为 0 即可。

命令启动方法

- 下拉菜单：【绘图】/【圆环】。
- 命令：DONUT 或简写 DO。

【例6-24】 练习 DONUT 命令的使用。

命令：_donut

指定圆环的内径 <2.0000>：3 //输入圆环内部直径

指定圆环的外径 <5.0000>：6 //输入圆环外部直径

指定圆环的中心点或 <退出>： //指定圆心

指定圆环的中心点或 <退出>： //按 Enter 键结束

结果如图 6-60 所示。

DONUT 命令生成的圆环实际上是具有宽度的多段线。默认情况下，该圆环是填充的，当把变量 FILLMODE 设置为 0 时，系统将不填充圆环。

图6-60 画圆环

6.3.8 画实心多边形

SOLID 命令生成填充多边形，如图 6-61 所示。发出命令后，AutoCAD 提示用户指定多

边形的顶点（3 个点或 4 个点），命令结束后，系统自动填充多边形。指定多边形顶点时，顶点的选取顺序是很重要的，如果顺序出现错误，将使多边形成打结状。

命令启动方法

- 下拉菜单：【绘图】/【曲面】/【二维填充】。
- 工具栏：【曲面】工具栏上的按钮。
- 命令：SOLID 或简写 SO。

【例6-25】 练习 SOLID 命令的使用。

```
命令: SOLID
指定第一点:                    //拾取 A 点，如图 6-61 所示
指定第二点:                    //拾取 B 点
指定第三点:                    //拾取 C 点
指定第四点或 <退出>:           //按 Enter 键
指定第三点:                    //按 Enter 键结束
命令:                          //重复命令
SOLID 指定第一点:              //拾取 D 点
指定第二点:                    //拾取 E 点
指定第三点:                    //拾取 F 点
指定第四点或 <退出>:           //拾取 G 点
指定第三点:                    //拾取 H 点
指定第四点或 <退出>:           //拾取 I 点
指定第三点:                    //按 Enter 键结束
命令:                          //重复命令
SOLID 指定第一点:              //拾取 J 点
指定第二点:                    //拾取 K 点
指定第三点:                    //拾取 L 点
指定第四点或 <退出>:           //拾取 M 点
指定第三点:                    //按 Enter 键结束
```

结果如图 6-61 所示。

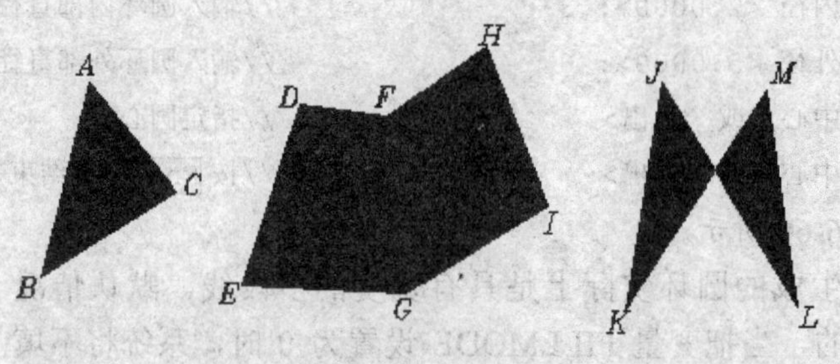

图6-61 区域填充

若想将上图中的对象修改为不填充，可把 FILL 设置为“ON”，然后用 REGEN 命令更新图形。

6.3.9　创建点

在 AutoCAD 中可创建单独的点对象，点的外观由点样式控制。一般在创建点之前要先设置点的样式，但也可先绘制点，再设置点样式。

【例6-26】　设置点样式。

选择菜单命令【格式/【点样式】，AutoCAD 打开【点样式】对话框，如图 6-62 所示。该对话框提供了多种样式的点，用户可根据需要进行选择，此外还能通过【点大小】文本框指定点的大小。点的大小既可相对于屏幕大小来设置，也可直接输入点的绝对尺寸。

【例6-27】　创建点。

输入 POINT 命令（简写 PO）或单击【绘图】工具栏上的 按钮，AutoCAD 提示如下。

命令：_point

指定点：//输入点的坐标或在屏幕上拾取点，AutoCAD 在指定位置创建点对象，如图 6-63 所示

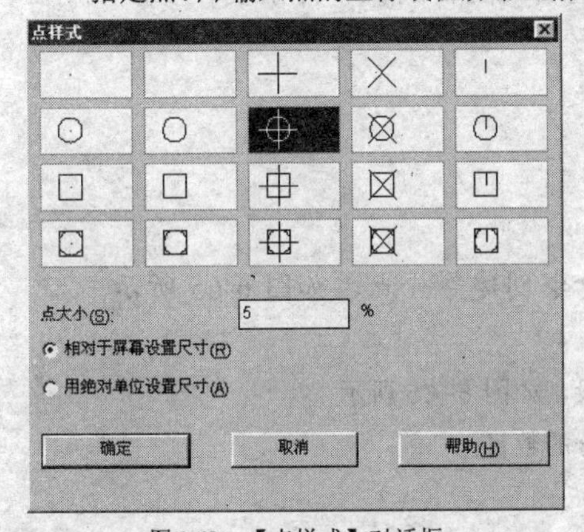

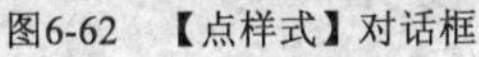
图6-62　【点样式】对话框

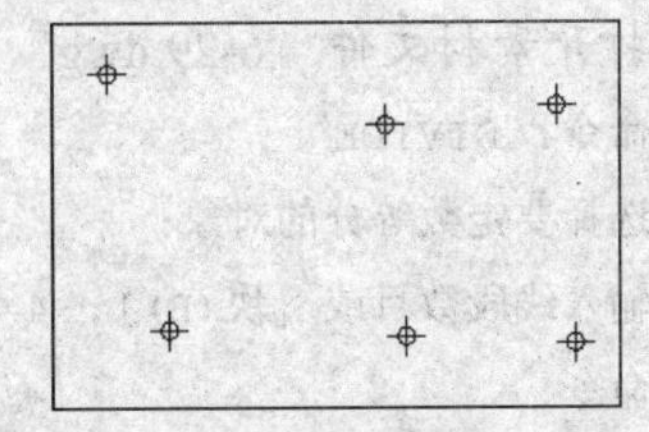

图6-63　创建点对象

若将点的尺寸设置成绝对数值，则缩放图形后将引起点的大小发生变化。而相对于屏幕大小设置点尺寸时，则不会出现这种情况（要用 REGEN 命令重新生成图形）。

6.3.10　画测量点

MEASURE 命令在图形对象上按指定的距离放置点对象（POINT 对象），这些点可用“nod”进行捕捉。对于不同类型的图形元素，距离测量的起始点是不同的。当操作对象为直线、圆弧或多段线时，起始点位于距选择点最近的端点。如果是圆，则从选择处的角度开始进行测量。

1.　命令启动方法

- 下拉菜单：【绘图】/【点】/【定距等分】。
- 命令：MEASURE 或简写 ME。

【例6-28】　练习 MEASURE 命令的使用。

打开素材文件“6-28.dwg”，用 MEASURE 命令创建测量点，如图 6-64 所示。

```
命令: _measure
选择要定距等分的对象:                  //在 A 端附近选择对象，如图 6-64 所示
指定线段长度或 [块(B)]: 160           //输入测量长度
命令:
MEASURE                              //重复命令
选择要定距等分的对象:                  //在 B 端处选择对象
指定线段长度或 [块(B)]: 160           //输入测量长度
```

结果如图 6-64 所示。

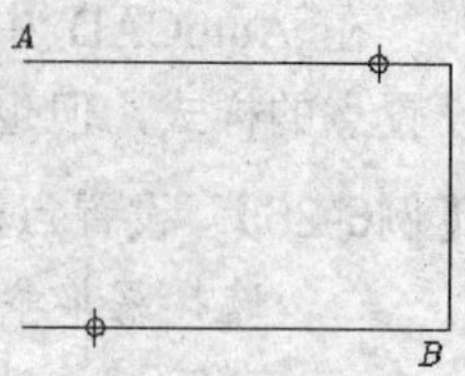

图6-64　测量对象

2. **命令选项**

块(B)：按指定的测量长度在对象上插入图块。

6.3.11　画等分点

DIVIDE 命令根据等分数目在图形对象上放置等分点，这些点并不分割对象，只是标明等分的位置。AutoCAD 中可等分的图形元素包括直线、圆、圆弧、样条线、多段线等。

1. **命令启动方法**

- 下拉菜单：【绘图】/【点】/【定数等分】。
- 命令：DIVIDE 或 DIV。

【例6-29】 练习 DIVIDE 命令的使用。

打开素材文件“6-29.dwg”，用 DIVIDE 命令创建等分点，如图 6-65 所示。

```
命令: DIVIDE
选择要定数等分的对象:            //选择线段，如图 6-65 所示
输入线段数目或 [块(B)]: 4       //输入等分的数目
命令:
DIVIDE                         //重复命令
选择要定数等分的对象:            //选择圆弧
输入线段数目或 [块(B)]: 5       //输入等分数目
```

结果如图 6-65 所示。

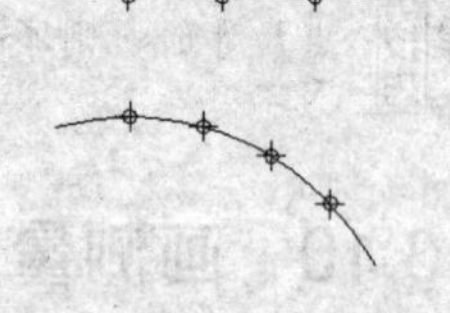

图6-65　等分对象

2. **命令选项**

块(B)：AutoCAD 在等分处插入图块。

6.3.12　分解对象

EXPLODE 命令（简写 X）可将多段线、多线、块、标注、面域等复杂对象分解成 AutoCAD 基本图形对象。例如，连续的多段线是一个单独对象，用“EXPLODE”命令“炸开”后，多段线的每一段都是独立对象。

输入 EXPLODE 命令或单击【修改】工具栏上的按钮，AutoCAD 提示“选择对象”，用户选择图形对象后，AutoCAD 进行分解。

6.3.13 实战提高

【例6-30】　用 LINE、PLINE、PEDIT 等命令绘制如图 6-66 所示的图形。

【例6-31】　用 PLINE、PEDIT、DONUT、ARRAY 等命令绘制如图 6-67 所示的图形。

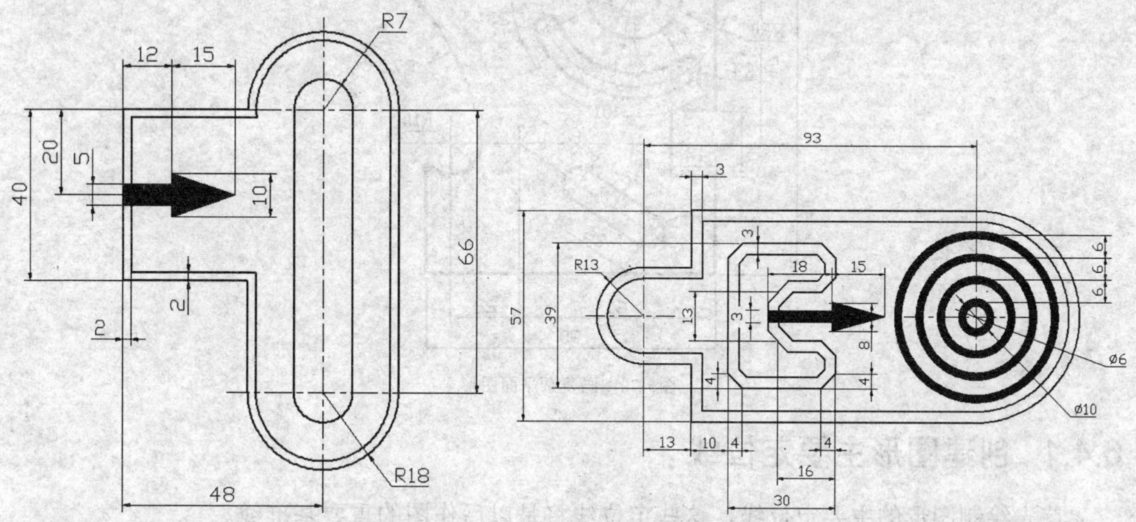

图6-66　用 LINE、PLINE、PEDIT 等命令绘图

图6-67　用 PLINE、PEDIT、DONUT、ARRAY 等命令绘图

【例6-32】　用 PLINE、OFFSET、DONUT、ARRAY 等命令绘制图 6-68 所示的图形。

【例6-33】　用 LINE、PLINE、DONUT 等命令绘制平面图形，尺寸自定，如图 6-69 所示。图形轮廓及箭头都是多段线。

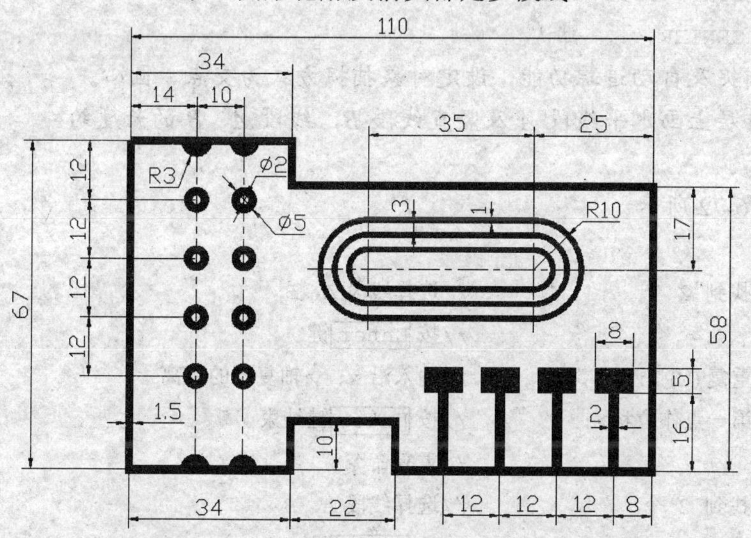

图6-68　用 PLINE、OFFSET、DONUT、ARRAY 等命令绘图

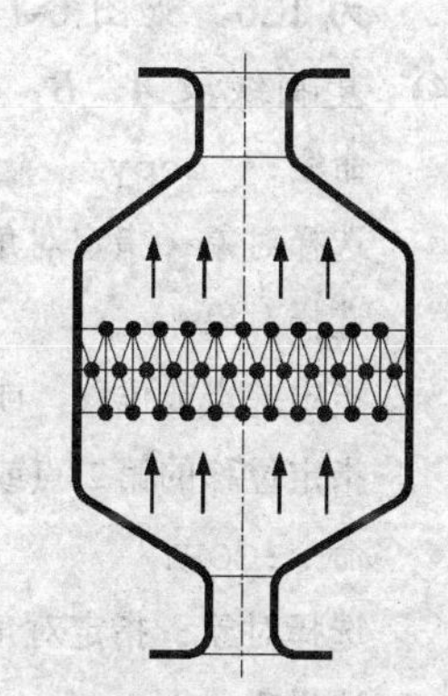

图6-69　用 PLINE、DONUT 等命令绘图

6.4 画复杂平面图形的方法

本节将详细讲解图 6-70 所示图形的绘制过程。设置这个例题的目的是使读者对前面所学内容进行综合演练，并掌握用 AutoCAD 绘制平面图形的一般方法。

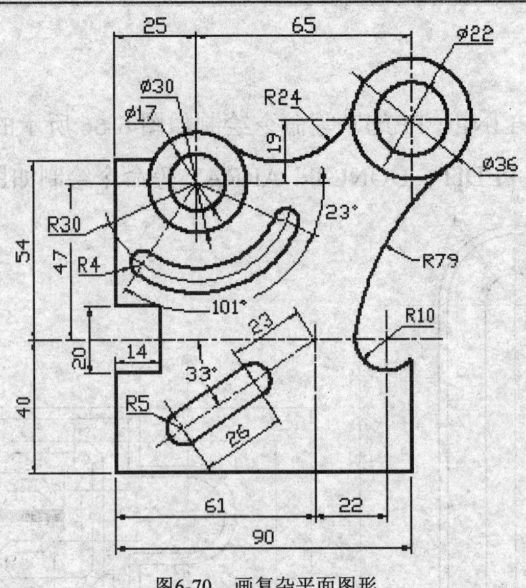

图6-70　画复杂平面图形

6.4.1 创建图形主要定位线

首先绘制图形的主要定位线，这些定位线将是以后作图的重要基准线。

(1) 单击【对象特性】工具栏上的按钮，打开【图层特性管理器】对话框，通过此对话框创建以下图层。

名称	颜色	线型	线宽
轮廓线层	白色	Continuous	0.50
中心线层	红色	CENTER	默认

(2) 打开极轴追踪、对象捕捉及自动追踪功能，设定对象捕捉方式为交点、圆心。

(3) 切换到轮廓线层。在该层上画水平线段 *A* 及竖直线段 *B*，线段 *A*、*B* 的长度约为 120，如图 6-71 所示。

(4) 复制线段 *A*、*B*，如图 6-72 所示。

```
命令: _copy
选择对象: 指定对角点: 找到 2 个                    //选择线段 A、B
选择对象:                                          //按 Enter 键
指定基点或位移，或者 [重复(M)]: 25,47              //输入沿 x、y 轴复制的距离
指定位移的第二点或 <用第一点作位移>:               //按 Enter 键结束
命令:COPY                                          //重复命令
选择对象: 指定对角点: 找到 2 个                    //选择线段 A、B
选择对象:                                          //按 Enter 键
指定基点或位移，或者 [重复(M)]: 90,66              //输入沿 x、y 轴复制的距离
指定位移的第二点或 <用第一点作位移>:               //按 Enter 键结束
```

结果如图 6-72 所示。

(5) 用 LENGTHEN 命令调整线段 *C*、*D*、*E*、*F* 的长度，结果如图 6-73 所示。

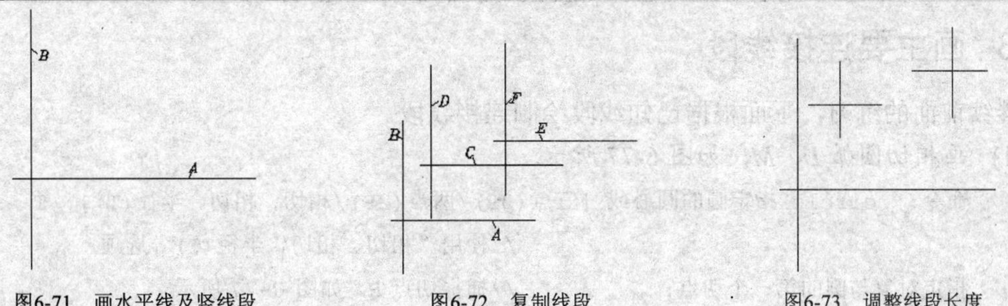

图6-71　画水平线及竖线段　　图6-72　复制线段　　图6-73　调整线段长度

6.4.2 画主要已知线段

绘制主要定位线后，下面再画主要已知线段，即由图中尺寸可确定其形状和位置的线段。

(1) 画圆 *H*、*I*、*J*、*K*、*L*，如图 6-74 所示。

```
命令: _circle 指定圆的圆心或 [三点(3P)/两点(2P)/相切、相切、半径(T)]: 83
                                                  //从 G 点向右追踪并输入追踪距离
指定圆的半径或 [直径(D)] <15.0000>: 10             //输入圆半径
命令:                                             //重复命令
CIRCLE 指定圆的圆心或 [三点(3P)/两点(2P)/相切、相切、半径(T)]:
                                                  //捕捉交点 M
指定圆的半径或 [直径(D)] <10.0000>: 15             //输入圆半径
```

继续绘制圆 *I*、*J*、*K*，圆半径分别为 8.5、11、18，结果如图 6-74 所示。

(2) 画平行线，如图 6-75 所示。

```
命令: _offset
指定偏移距离或 [通过(T)] <83.0000>: 54             //输入平移距离
选择要偏移的对象或 <退出>:                          //选择线段 A
指定点以确定偏移所在一侧:                           //在线段 A 的上边单击一点
选择要偏移的对象或 <退出>:                          //按 Enter 键结束
```

继续绘制以下平行线。

① 向右偏移线段 *B* 生成线段 *G*，偏移距离为 90。
② 向右偏移线段 *B* 生成线段 *E*，偏移距离为 14。
③ 向上偏移线段 *A* 生成线段 *D*，偏移距离为 10。
④ 向下偏移线段 *A* 生成线段 *C*，偏移距离为 10。
⑤ 向下偏移线段 *A* 生成线段 *F*，偏移距离为 40。

结果如图 6-75 所示。修剪多余线条，结果如图 6-76 所示。

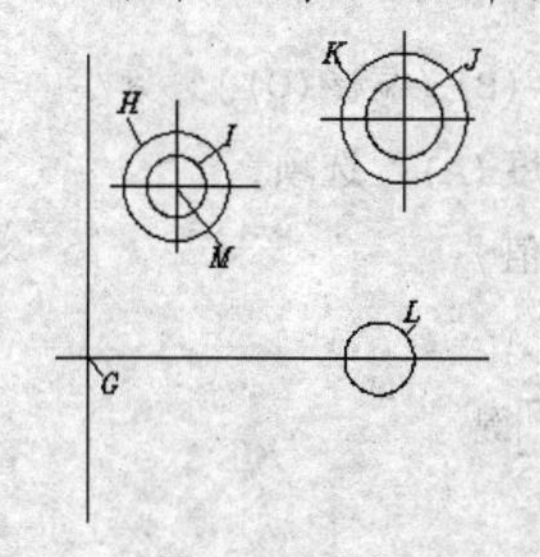

图6-74　画圆

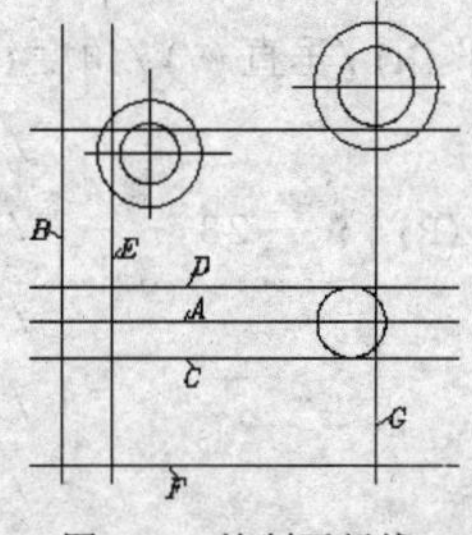

图6-75　绘制平行线

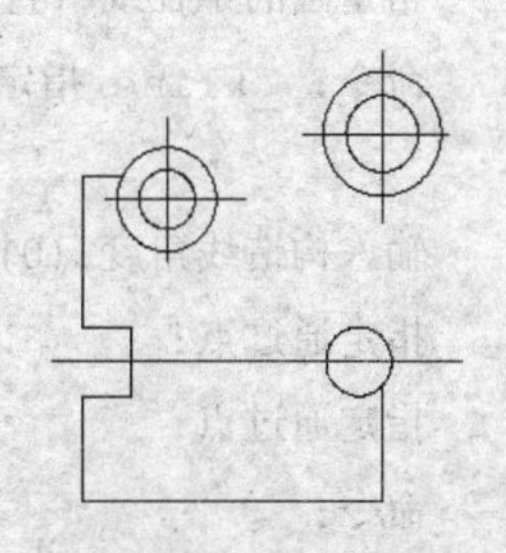

图6-76　修剪结果

6.4.3 画主要连接线段

继续前面的练习，下面根据已知线段绘制连接线段。

(1) 画相切圆弧 *L*、*M*，如图 6-77 所示。

命令：_circle 指定圆的圆心或 [三点(3P)/两点(2P)/相切、相切、半径(T)]：T

//使用“相切、相切、半径(T)”选项

指定对象与圆的第一个切点： //捕捉切点 *H*，如图 6-77 所示

指定对象与圆的第二个切点： //捕捉切点 *I*

指定圆的半径 <18.0000>：24 //输入半径值

命令： //重复命令

CIRCLE 指定圆的圆心或 [三点(3P)/两点(2P)/相切、相切、半径(T)]：T

//使用“相切、相切、半径(T)”选项

指定对象与圆的第一个切点： //捕捉切点 *J*

指定对象与圆的第二个切点： //捕捉切点 *K*

指定圆的半径 <24.0000>：79 //输入半径值

结果如图 6-77 所示。

(2) 修剪多余线条，结果如图 6-78 所示。

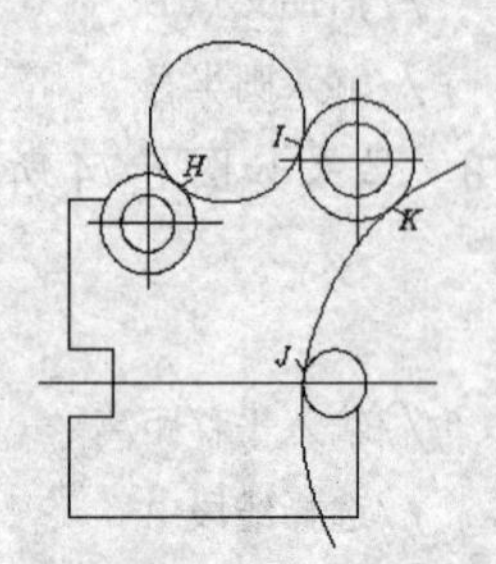

图6-77 画相切圆

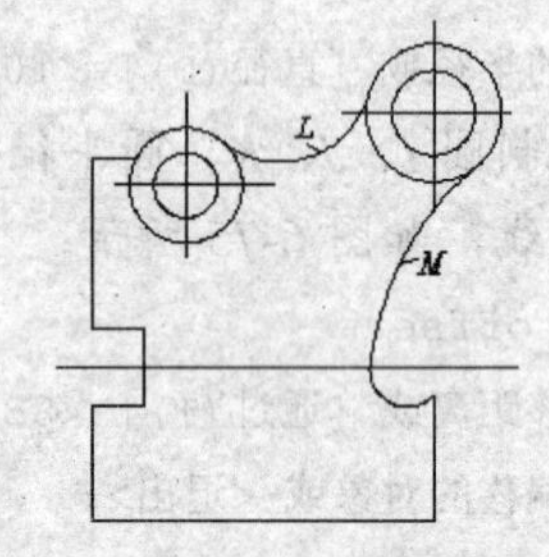

图6-78 修剪结果

6.4.4 画次要细节特征定位线

前面已经绘制了主要已知线段及连接线段，形成了主要形状特征，下面开始画图形的其他局部细节。

(1) 首先绘制细节特征定位线，如图 6-79 所示。

命令：_circle 指定圆的圆心或 [三点(3P)/两点(2P)/相切、相切、半径(T)]：

//捕捉交点 *A*，如图 6-79 所示

指定圆的半径或 [直径(D)] <79.0000>：30 //输入圆半径

命令：_xline 指定点或 [水平(H)/垂直(V)/角度(A)/二等分(B)/偏移(O)]：a

//使用“角度(A)”选项

输入构造线角度 (0) 或 [参照(R)]： -23 //输入角度值

指定通过点： //捕捉交点 *A*

指定通过点： //按 Enter 键

命令： //重复命令

XLINE 指定点或 [水平(H)/垂直(V)/角度(A)/二等分(B)/偏移(O)]：a

//使用“角度(A)”选项

输入构造线角度 (0) 或 [参照(R)]: r //使用“参照(R)”选项

选择直线对象: //选择线段 *B*

输入构造线角度 <0>: -101 //输入与线段 *B* 的夹角

指定通过点: //捕捉交点 *A*

指定通过点: //按 Enter 键

命令: //重复命令

XLINE 指定点或 [水平(H)/垂直(V)/角度(A)/二等分(B)/偏移(O)]: a

//使用“角度(A)”选项

输入构造线角度 (0) 或 [参照(R)]: -147 //输入角度值

指定通过点: 47 //从 *C* 点向右追踪并输入追踪距离

指定通过点: //按 Enter 键结束

结果如图 6-79 所示。

(2) 用 BREAK 命令打断过长的线条，结果如图 6-80 所示。

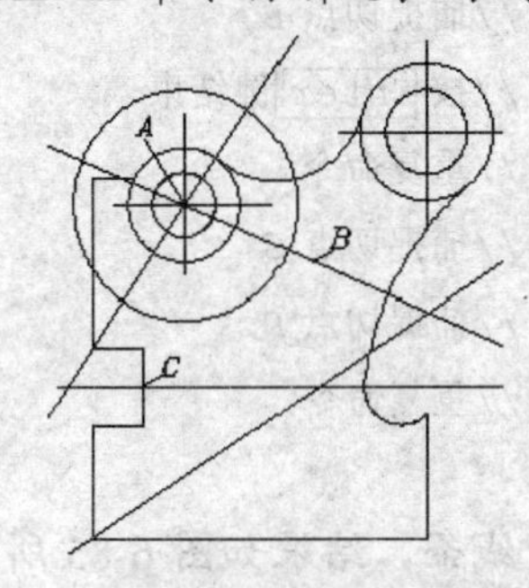

图6-79 画定位线

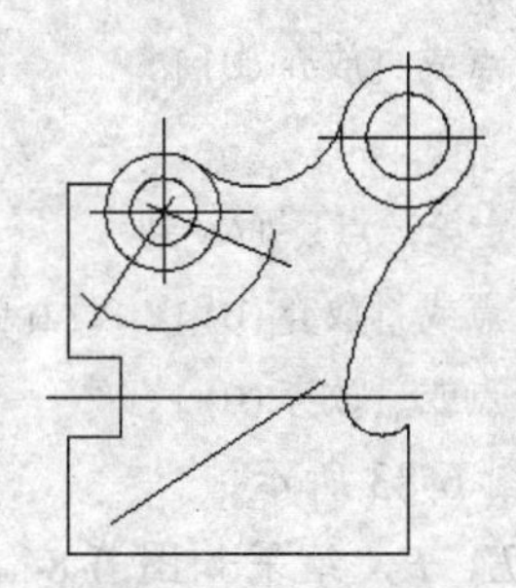
图6-80 打断线条

6.4.5 绘制次要特征已知线段

画出细节特征的定位线后，下面绘制其已知线段。

(1) 画圆 *D*、*E*，如图 6-81 所示。

命令: _circle 指定圆的圆心或 [三点(3P)/两点(2P)/相切、相切、半径(T)]: from

//使用正交偏移捕捉

基点: //捕捉交点 *H*

<偏移>: @23<-147 //输入 *F* 点的相对坐标

指定圆的半径或 [直径(D)] <30.0000>: 5 //输入圆半径

命令: //重复命令

CIRCLE 指定圆的圆心或 [三点(3P)/两点(2P)/相切、相切、半径(T)]: from

//使用正交偏移捕捉

基点: //捕捉交点 *H*

<偏移>: @49<-147 //输入 *G* 点的相对坐标

指定圆的半径或 [直径(D)] <5.0000>: 5 //按 Enter 键结束

结果如图 6-81 所示。

(2) 绘制圆 *I*、*J*，结果如图 6-82 所示。

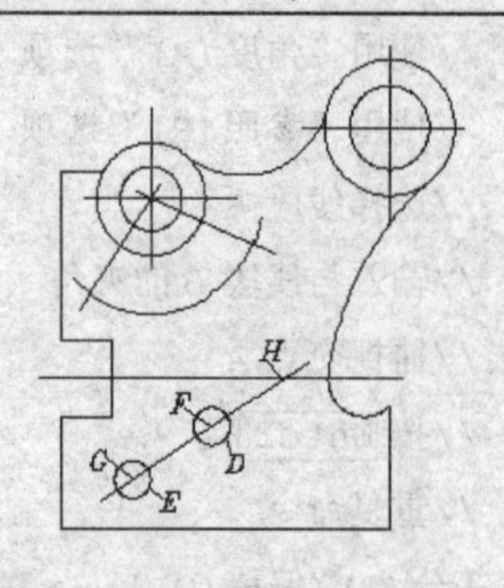

图6-81　画圆

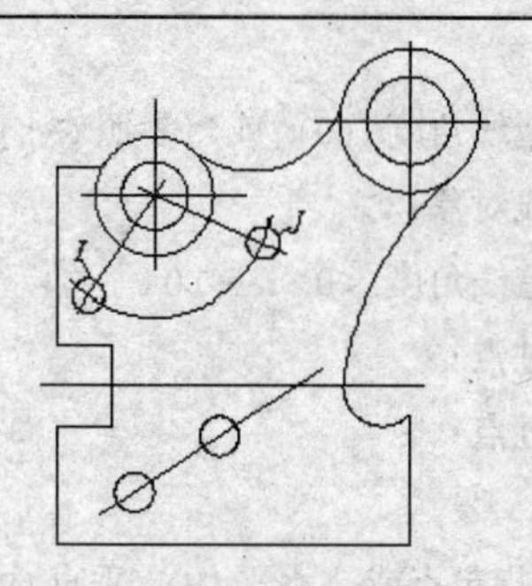

图6-82　画圆

6.4.6 画次要特征连接线段

画出次要特征的已知线段后，再根据已知线段绘制连接线段。

(1) 画圆的公切线，如图 6-83 所示。

```
命令: _line 指定第一点: TAN 到                //捕捉切点 A
指定下一点或 [放弃(U)]: TAN 到                //捕捉切点 B
指定下一点或 [放弃(U)]:                       //按 Enter 键结束
命令:                                         //重复命令
LINE 指定第一点: TAN 到                       //捕捉切点 C
指定下一点或 [放弃(U)]: TAN 到                //捕捉切点 D
指定下一点或 [放弃(U)]:                       //重复命令
```

结果如图 6-83 所示。

(2) 绘制圆 *E*、*F*，结果如图 6-84 所示。修剪多余线条，结果如图 6-85 所示。

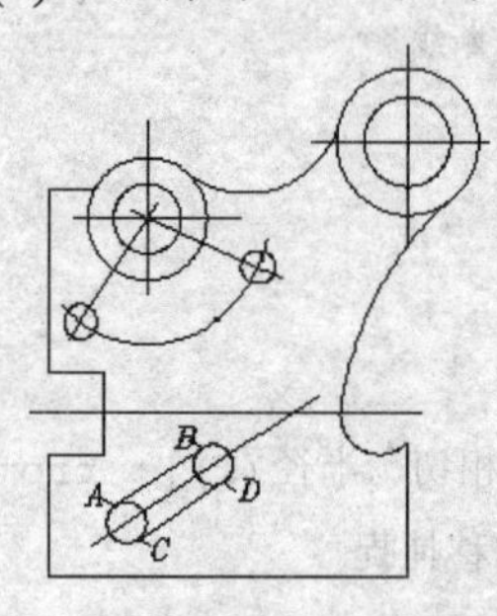

图6-83　画公切线

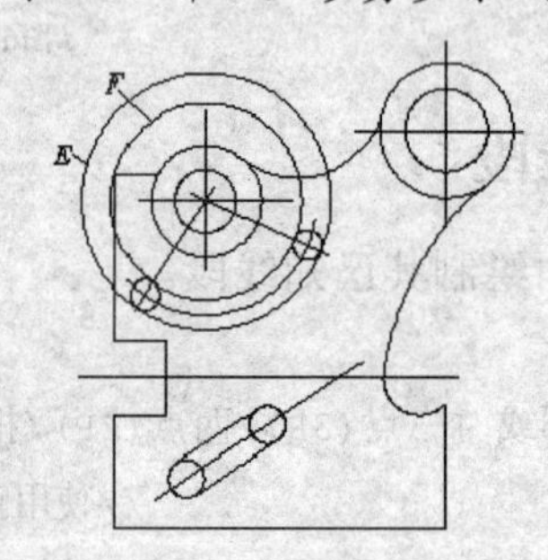

图6-84　画圆

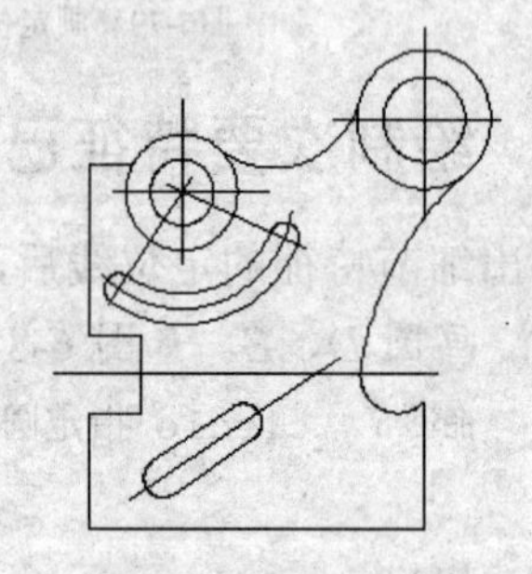
图6-85　修剪结果

6.4.7 修饰平面图形

到目前为止，已经绘制出所有已知线段及连接线段，接下来的任务是对平面图形作一些修饰，主要包括以下内容。

- 用 BREAK 命令打断太长的线条。
- 用 LENGTHEN 命令改变线条长度。
- 修改不正确线型。
- 改变对象所在图层。
- 修剪及擦去不必要的线条。

结果如图 6-86 所示。

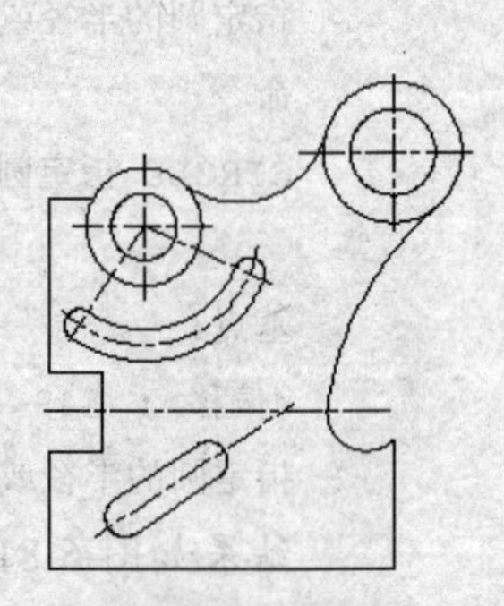
图6-86　修饰图形

6.5 面域对象及布尔操作

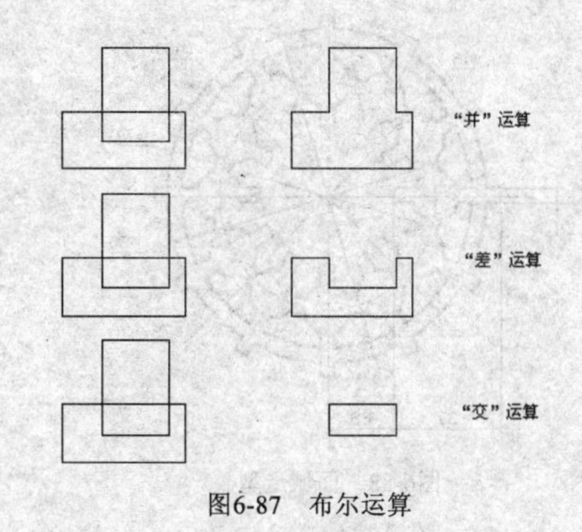

图6-87　布尔运算

域（REGION）是二维的封闭图形，它可由直线、多段线、圆、圆弧、样条曲线等对象围成，但应保证相邻对象间共享连接的端点，否则将不能创建域。域是一个单独的实体，具有面积、周长、形心等几何特征，使用它作图与传统的作图方法是截然不同的，此时可采用"并"、"交"、"差"等布尔运算来构造不同形状的图形，图 6-87 所示为 3 种布尔运算的结果。

6.5.1 绘图任务

【例6-34】 请跟随以下的操作步骤，绘制如图 6-88 所示的图形。

(1) 绘制同心圆 *A*、*B*、*C*、*D*，如图 6-89 所示。

(2) 将圆 *A*、*B*、*C*、*D* 创建成面域。单击【绘图】工具栏上的按钮，AutoCAD 提示如下。

```
命令: _region
选择对象:找到 4 个                              //选择圆 A、B、C、D，如图 6-89 所示
选择对象:                                       //按 Enter 键结束
```

(3) 用面域 *B*"减去"面域 *A*；再用面域 *D*"减去"面域 *C*。选择菜单命令【修改】/【实体编辑】/【差集】，AutoCAD 提示如下。

```
命令: _subtract 选择要从中减去的实体或面域
选择对象: 找到 1 个                             //选择面域 B，如图 6-89 所示
选择对象:                                       //按 Enter 键
选择要减去的实体或面域 ..
选择对象: 找到 1 个                             //选择面域 A
选择对象:                                       //按 Enter 键结束
命令:                                           //重复命令
SUBTRACT 选择要从中减去的实体或面域...
选择对象: 找到 1 个                             //选择面域 D
选择对象:                                       //按 Enter 键
选择要减去的实体或面域 ..
选择对象: 找到 1 个                             //选择面域 C
选择对象                                        //按 Enter 键结束
```

(4) 画圆 *E* 及矩形 *F*，如图 6-90 所示。

(5) 把圆 *E* 及矩形 *F* 创建成面域。单击【绘图】工具栏上的按钮，AutoCAD 提示如下。

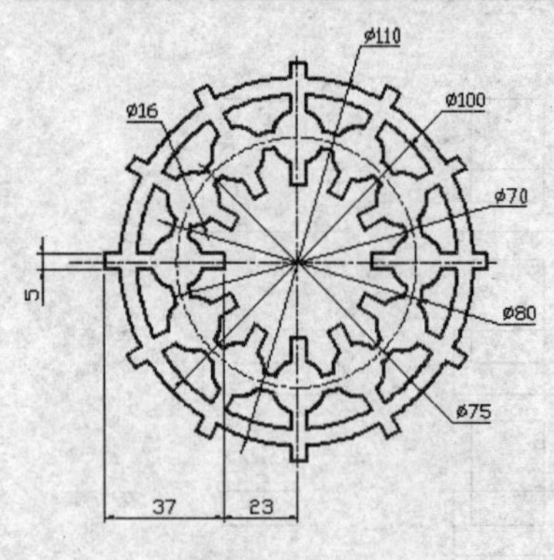

图6-88　面域造型

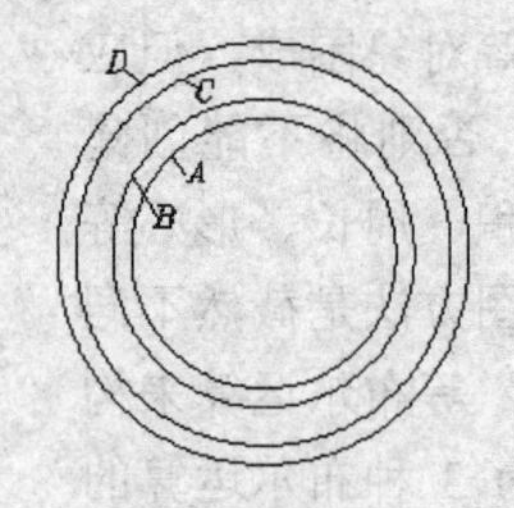

图6-89　画同心圆

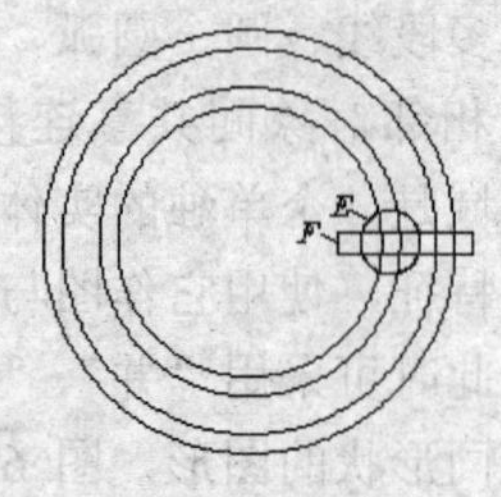

图6-90　画圆及矩形

```
命令: _region
选择对象:找到 2 个                    //选择圆 E 及矩形 F，如图 6-90 所示
选择对象:                             //按 Enter 键结束
```

(6) 创建圆 E 及矩形 F 的环形阵列，如图 6-91 所示。

(7) 对所有面域对象进行并运算。选择菜单命令【修改】/【实体编辑】/【并集】，AutoCAD 提示如下。

```
命令: _union
选择对象: 指定对角点: 找到 26 个       //选择所有面域对象
选择对象:                             //按 Enter 键结束
```

结果如图 6-92 所示。

图6-91　创建环形阵列

图6-92　环形阵列修改结果

6.5.2 创建面域

命令启动方法

- 下拉菜单:【绘图】/【面域】。
- 工具栏 :【绘图】工具栏上的按钮。
- 命令: REGION 或简写 REG。

【例6-35】 练习 REGION 命令的使用。

打开素材文件“6-35.dwg”，如图 6-93 所示。用 REGION 命令将该图创建成面域。

```
命令: _region
选择对象: 指定对角点: 找到 7 个 //用交叉窗口选择矩形及两个圆，如图 6-93 所示
```

选择对象：　　　　　　　　　　　　//按 Enter 键结束

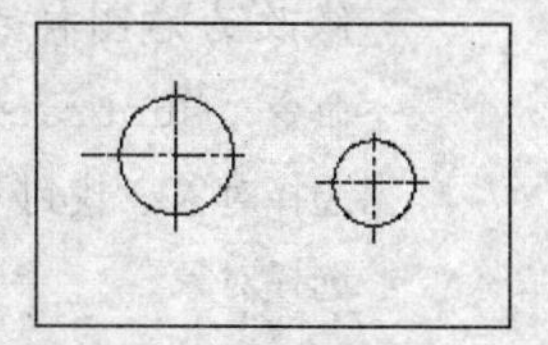
图6-93　创建面域

图 6-93 中包含 3 个闭合区域，因而 AutoCAD 创建 3 个面域。

面域以线框的形式显示出来，用户可以对面域进行移动、复制等操作，还可用 EXPLODE 命令分解面域，使其还原为原始图形对象。

默认情况下，REGION 命令在创建面域的同时将删除原对象，如果用户希望原始对象被保留，需设置 DELOBJ 系统变量为 0。

6.5.3 并运算

并运算将所有参与运算的面域合并为一个新面域。

命令启动方法

- 下拉菜单：【修改】/【实体编辑】/【并集】。
- 工具栏：【实体编辑】工具栏上的按钮。
- 命令：UNION 或简写 UNI。

【例6-36】 练习 UNION 命令的使用。

打开素材文件“6-36.dwg”，如图 6-94 左图所示。用 UNION 命令将左图修改为右图样式。

```
命令：union
选择对象：指定对角点：找到 7 个      //用交叉窗口选择 5 个面域，如图 6-94 左图所示
选择对象：                          //按 Enter 键结束
```

结果如图 6-94 右图所示。

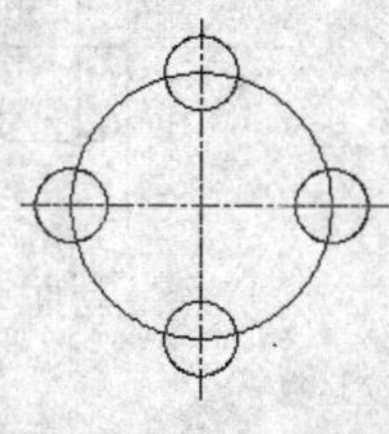
对 5 个面域进行并运算

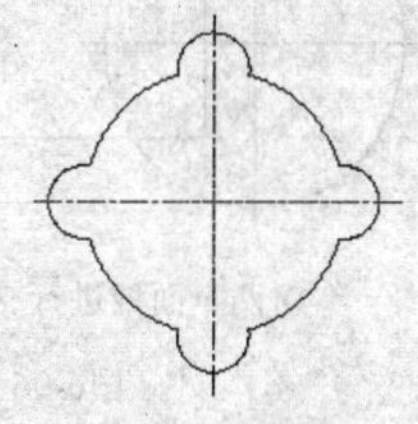
结果

图6-94　执行并运算

6.5.4 差运算

用户可利用差运算从一个面域中去掉一个或多个面域，从而形成一个新面域。

命令启动方法

- 下拉菜单：【修改】/【实体编辑】/【差集】。
- 工具栏 ：【实体编辑】工具栏上的按钮。
- 命令：SUBTRACT 或简写 SU。

【例6-37】 练习 SUBTRACT 命令的使用。

打开素材文件“6-37.dwg”，如图 6-95 左图所示。用 SUBTRACT 命令将左图

修改为右图样式。

命令：subtract

选择对象：找到 1 个//选择大圆面域

选择对象：　　　　//按 Enter 键确认

选择对象：总计 4 个//选择 4 个小圆面域

选择对象　　　　　//按 Enter 键结束

结果如图 6-95 右图所示。

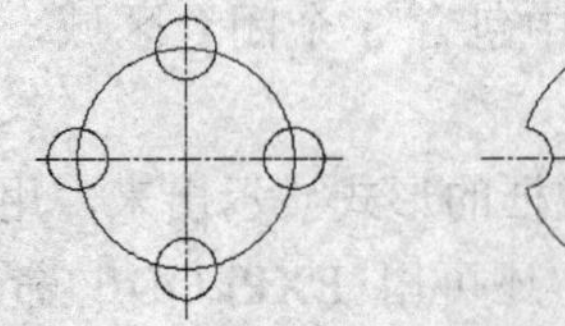

用大圆面域“减去”4 个小圆面域　　　结果

图6-95　执行差运算

6.5.5 交运算

交运算可以求出各个相交面域的公共部分。

命令启动方法

- 下拉菜单：【修改】/【实体编辑】/【交集】。
- 工具栏：【实体编辑】工具栏上的 按钮。
- 命令：INTERSECT 或简写 IN。

【例6-38】 练习 INTERSECT 命令的使用。

打开素材文件“6-38.dwg”，如图 6-96 左图所示。用 INTERSECT 命令将左图修改为右图样式。

命令：intersect

选择对象：指定对角点：找到 2 个　　　//选择圆面域及矩形面域，如图 6-96 左图所示

选择对象：　　　　　　　　　　　　　//按 Enter 键结束

结果如图 6-96 右图所示。

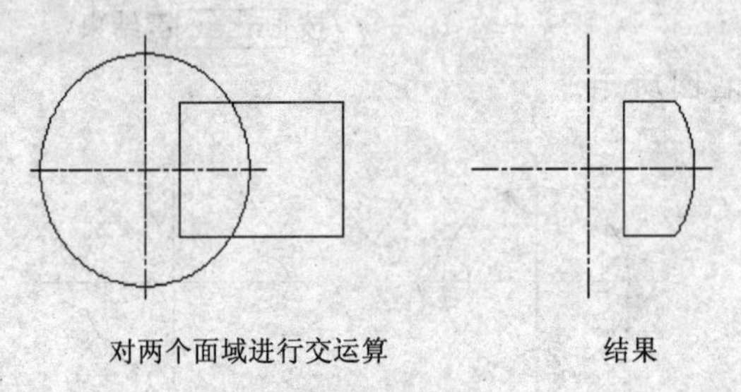

对两个面域进行交运算　　　结果

图6-96　执行交运算

6.6 综合练习 1——掌握绘制复杂平面图形的一般方法

【例6-39】 绘制如图 6-97 所示的图形。

(1) 打开极轴追踪、对象捕捉及捕捉追踪功能。设置极轴追踪角度增量为 90°；设定对象捕捉方式为端点、圆心、交点；设置仅沿正交方向进行捕捉追踪。

(2) 绘制图形的主要定位线，如图 6-98 所示。

(3) 画圆，如图 6-99 所示。

(4) 画过渡圆弧及切线，如图 6-100 所示。

(5) 画局部细节的定位线，如图 6-101 所示。

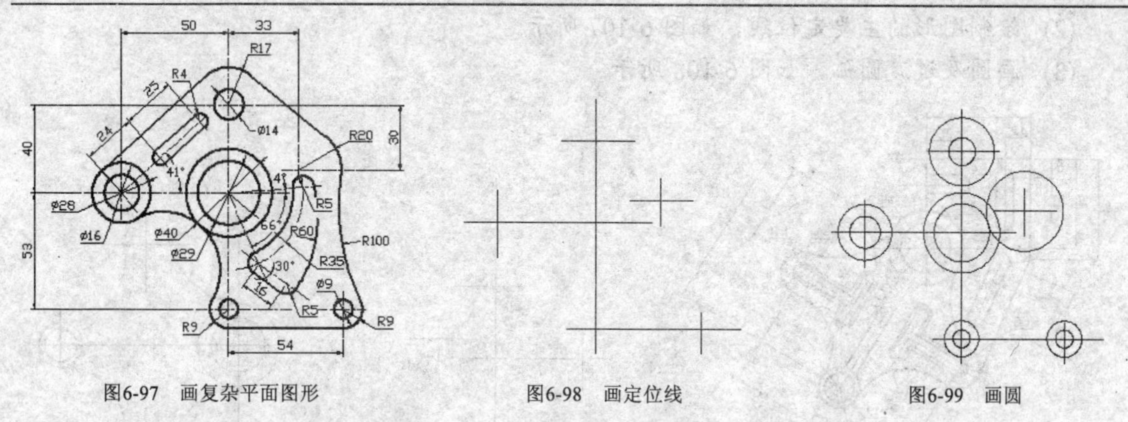

图6-97　画复杂平面图形　　图6-98　画定位线　　图6-99　画圆

(6) 画圆，如图 6-102 所示。

(7) 画过渡圆弧及切线，并修剪多余线条，结果如图 6-103 所示。

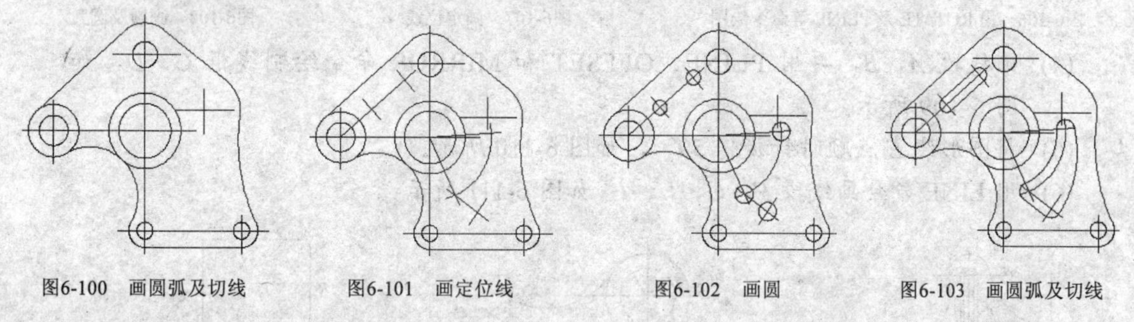

图6-100　画圆弧及切线　　图6-101　画定位线　　图6-102　画圆　　图6-103　画圆弧及切线

【例6-40】 用 LINE、CIRCLE、OFFSET、TRIM 等命令绘制如图 6-104 所示的图形。

【例6-41】 用 LINE、CIRCLE、TRIM 等命令绘制如图 6-105 所示的图形。

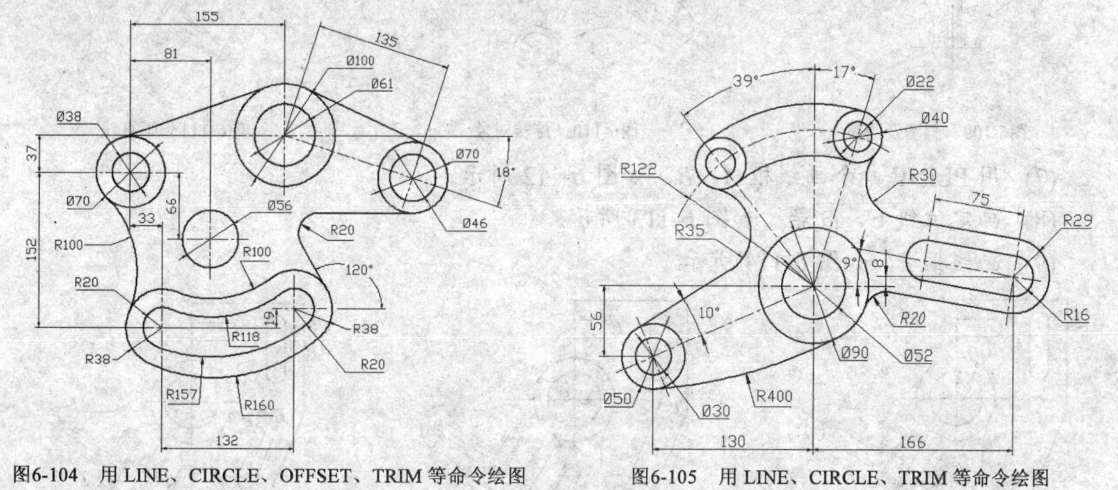

图6-104　用 LINE、CIRCLE、OFFSET、TRIM 等命令绘图　　图6-105　用 LINE、CIRCLE、TRIM 等命令绘图

6.7 综合练习 2——作图技巧训练

【例6-42】 用 LINE、CIRCLE、ROTATE、PLINE 等命令绘制平面图形，如图 6-106 所示。

(1) 打开极轴追踪、对象捕捉及捕捉追踪功能。设置极轴追踪角度增量为 90°；设定对象捕捉方式为端点、圆心、交点；设置仅沿正交方向进行捕捉追踪。

(2) 绘制图形的主要定位线，如图 6-107 所示。

(3) 画圆及过渡圆弧，如图 6-108 所示。

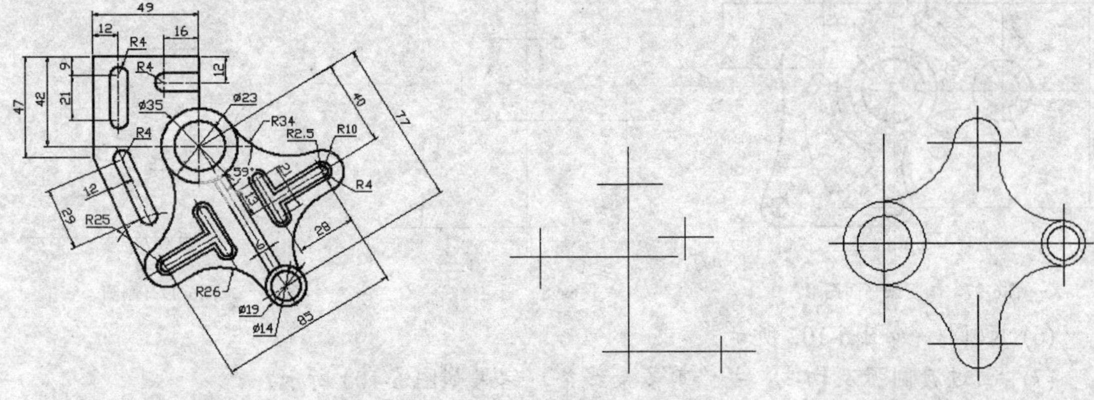

图6-106　用 ROTATE 及 PLINE 等命令绘图　　图6-107　画定位线　　图6-108　画圆及圆弧

(4) 画线段 *A*、*B*，再用 PLINE、OFFSET 和 MIRROR 命令绘制线框 *C*、*D*，如图 6-109 所示。

(5) 将图形绕 *E* 点顺时针旋转 59°，如图 6-110 所示。

(6) 用 LINE 命令画线段 *F*、*G*、*H*、*I*，如图 6-111 所示。

图6-109　画圆及圆弧

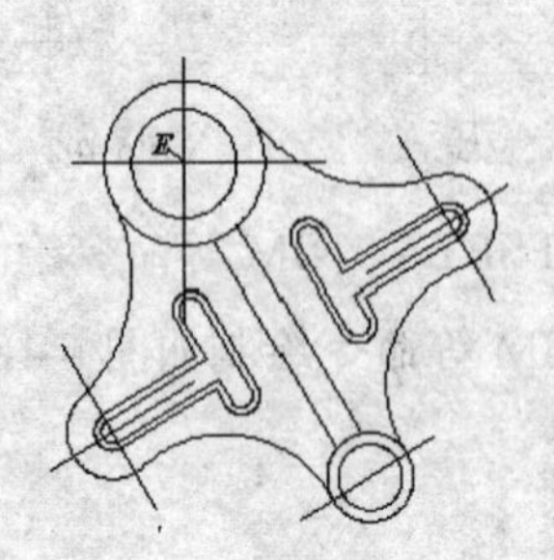

图6-110　旋转对象

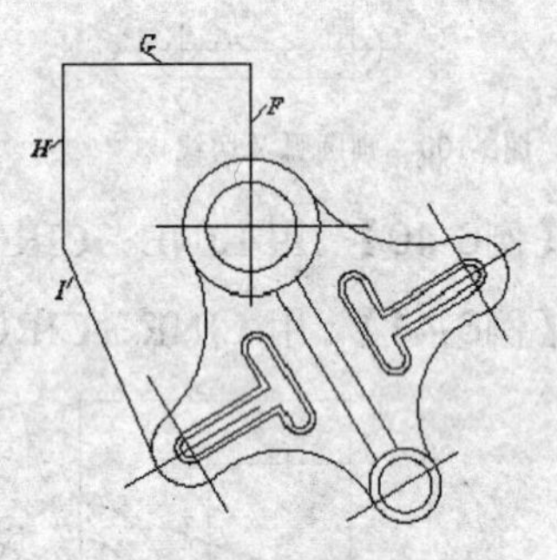

图6-111　画直线

(7) 用 PLINE 命令画线框 *A*、*B*，如图 6-112 所示。

(8) 画定位线 *C*、*D* 等，如图 6-113 所示。

(9) 画线框 *E*，如图 6-114 所示。

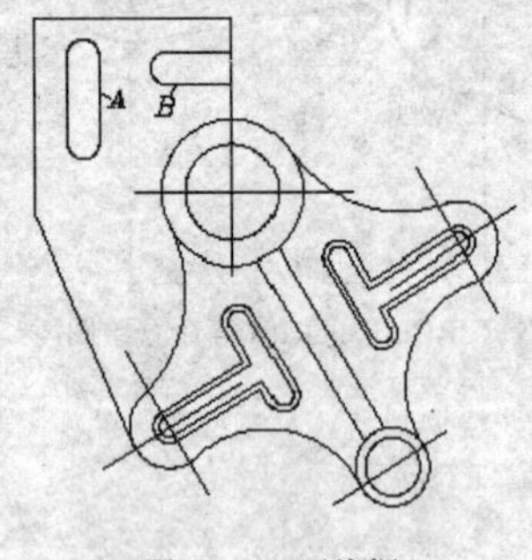

图6-112　画线框

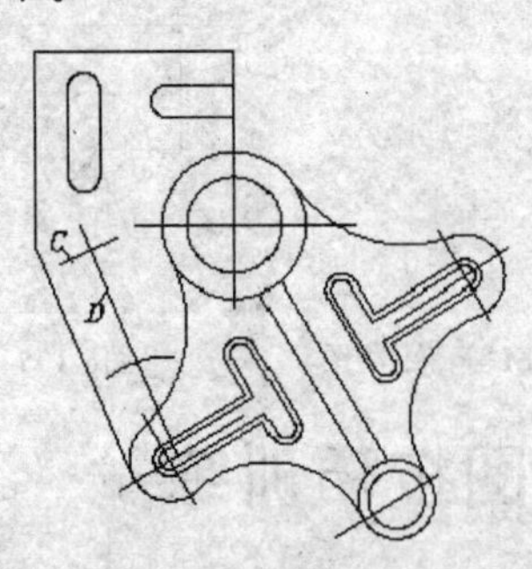

图6-113　画定位线

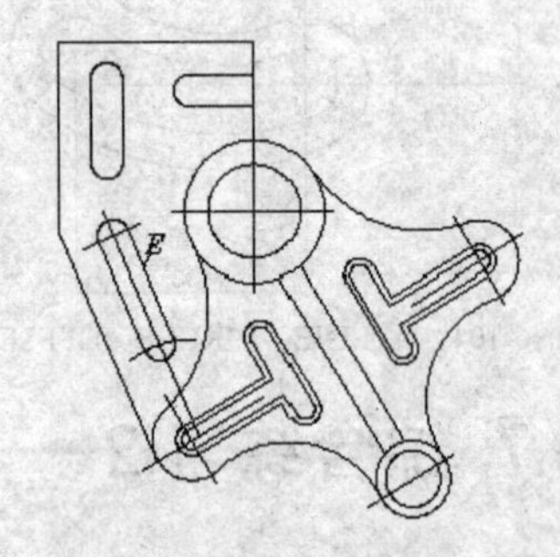

图6-114　画线框

【例6-43】 用 LINE、CIRCLE、COPY、ROTATE 等命令绘制平面图形，如图 6-115 所示。

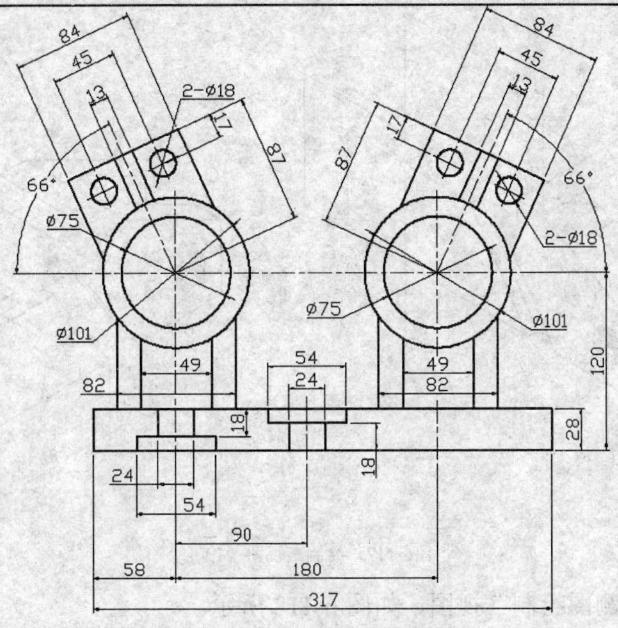

图6-115　用 LINE、CIRCLE、COPY 及 ROTATE 等命令绘图

6.8 综合练习 3——绘制三视图及剖视图

【例6-44】　根据轴测图及视图轮廓绘制视图及剖视图，如图 6-116 所示。主视图采用全剖方式。

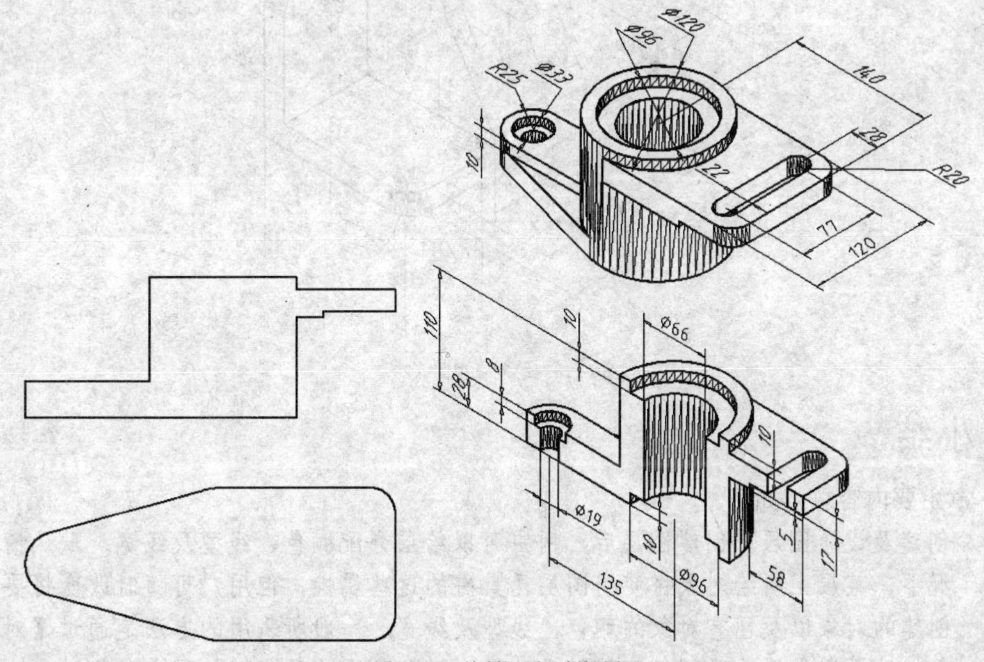

图6-116　绘制视图及剖视图

【例6-45】　根据轴测图绘制三视图，如图 6-117 所示。

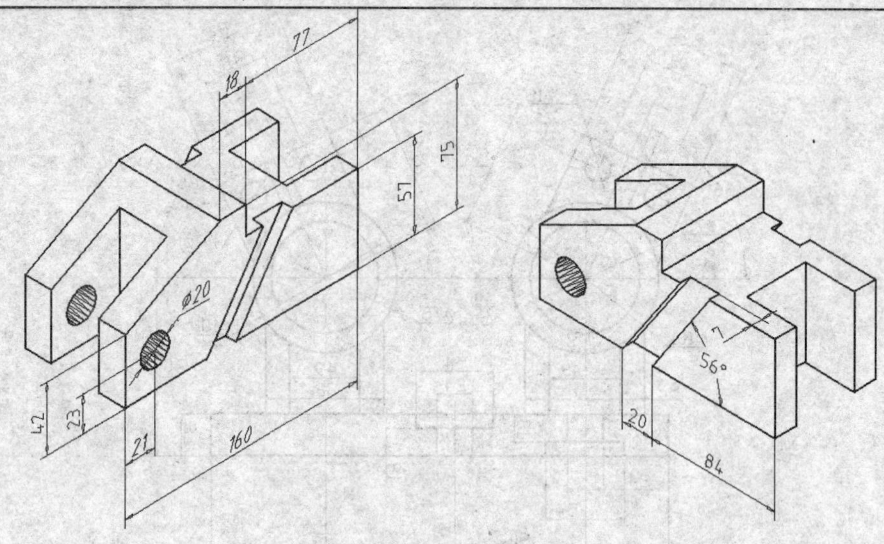

图6-117　绘制三视图（1）

【例6-46】　根据轴测图绘制三视图，如图 6-118 所示。

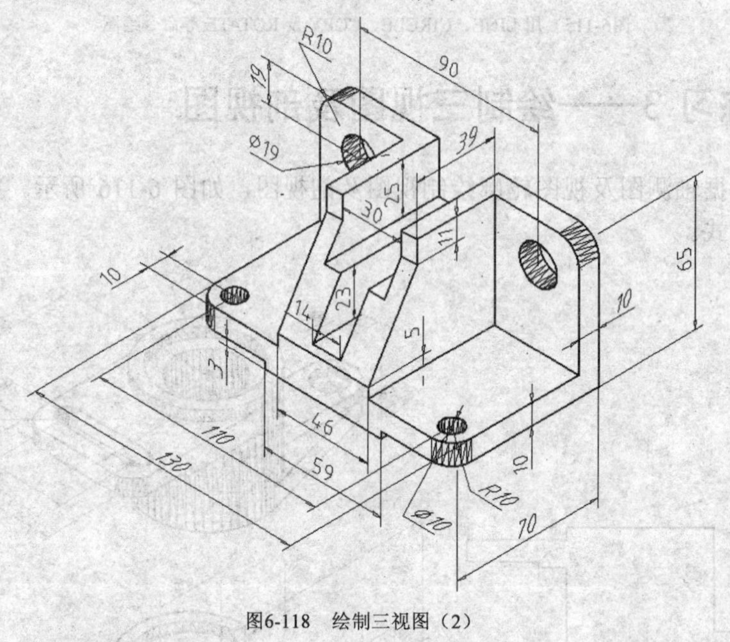

图6-118　绘制三视图（2）

6.9 小结

本章主要内容总结如下。

- 创建及设置图层。创建图层后，用户可以给层分配颜色、线型及线宽。默认情况下，某层上所绘对象将使用图层已具有的这些属性，但用户可随时改变将要创建的对象以及已有对象的颜色、线型及线宽。一般所采用的方法是通过【对象特性】工具栏的【颜色控制】、【线型控制】和【线宽控制】下拉列表。
- 改变非连续线的外观。非连续线外观由线型比例因子控制，总体线型比例因子（LTSCALE）将影响所有非连续线型，而当前线型比例因子（CELTSCALE）仅对新绘制的图形对象起作用。

- 控制图形显示的方法。控制图形显示的常用命令是 ZOOM 和 PAN，这两个命令的主要功能都由【标准】工具栏中的相应按钮体现出来了。在大多数情况下，用户通过这些命令按钮就能有效地控制图形的显示，但当图形很复杂时，使用 ZOOM 和 PAN 命令来观察图形的效率就比较低，此时可采用鹰眼窗口、平铺视口或者创建命名视图来观察图样的不同区域。
- PLINE 和 MLINE 命令分别创建连续的多段线和多线，生成的对象都是单独的图形对象，但可用 EXPLODE 命令将其分解。
- 用 POINT 命令创建点。点对象具有多种样式，可通过【点样式】对话框进行设定。
- 用 DONUT 命令创建圆环；用 SOLID 命令创建实心多边形。
- 绘制平面图形时，一般应采取以下作图步骤。

  (1) 画主要形状特征定位线。

  (2) 绘制主要已知线段。

  (3) 绘制主要连接线段。

  (4) 画其他局部细节定位线。

  (5) 绘制局部细节已知线段。

  (6) 绘制局部细节连接线段。

  (7) 修饰平面图形。
- 面域造型法。这种方法与传统作图法不同，它通过域的布尔运算来造型。当图形形状很不规则且边界曲线较复杂时，面域造型法的效率是很高的。

6.10 习题

1. 用 MLINE、PLINE 和 DONUT 命令绘制如图 6-119 所示的图形。

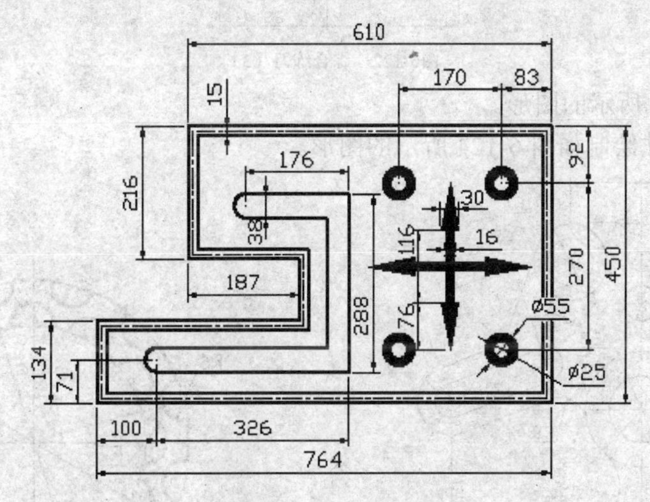

图6-119　练习 PLINE、MLINE 等命令的使用

2. 绘制如图 6-120 所示的图形。
3. 绘制如图 6-121 所示的图形。

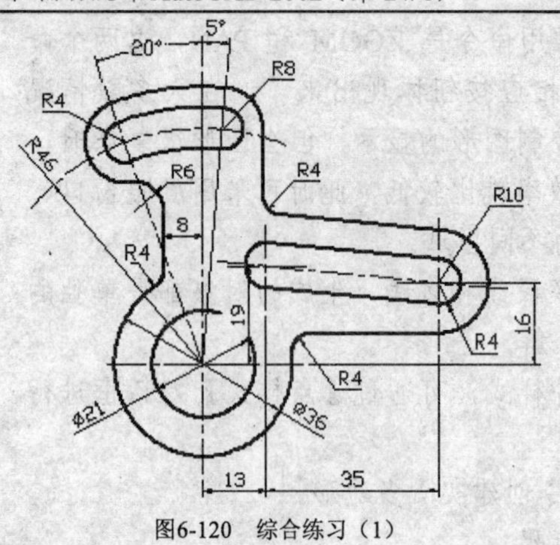

图6-120　综合练习（1）

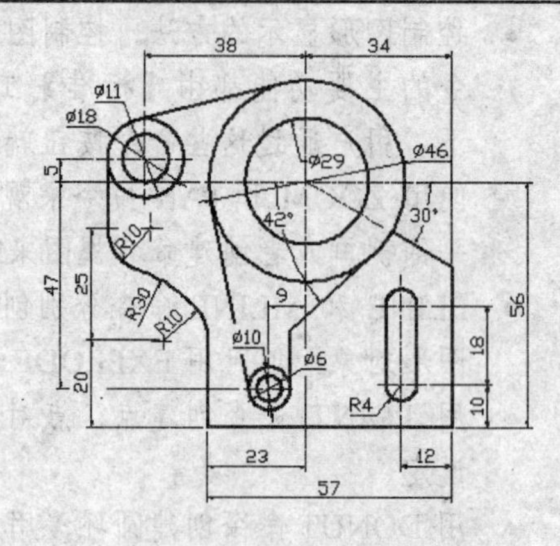

图6-121　综合练习（2）

4.　绘制如图 6-122 所示的图形。

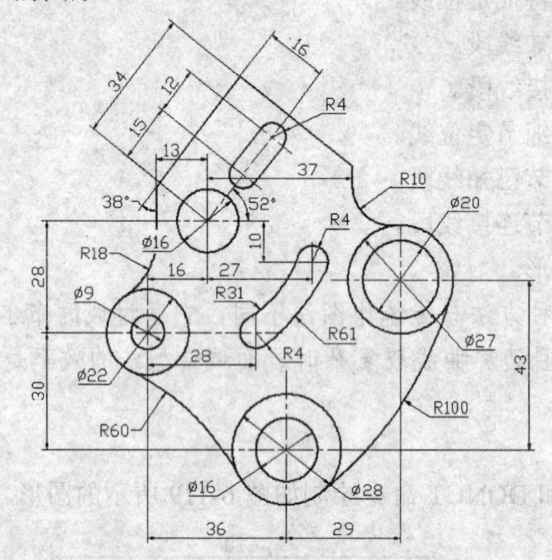

图6-122　综合练习（3）

5.　绘制如图 6-123 所示的图形。

6.　利用面域造型法绘制如图 6-124 所示的图形。

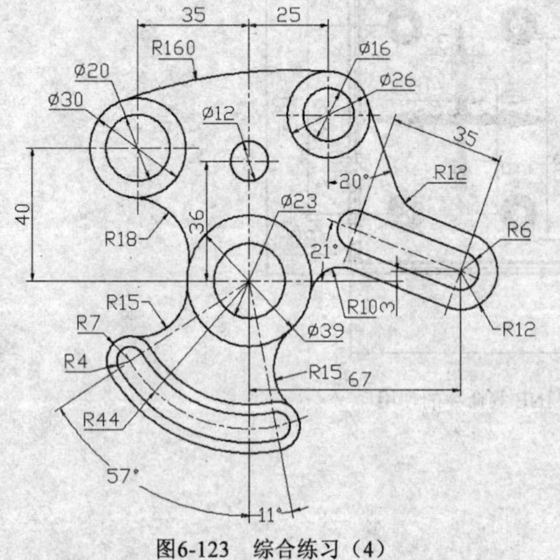

图6-123　综合练习（4）

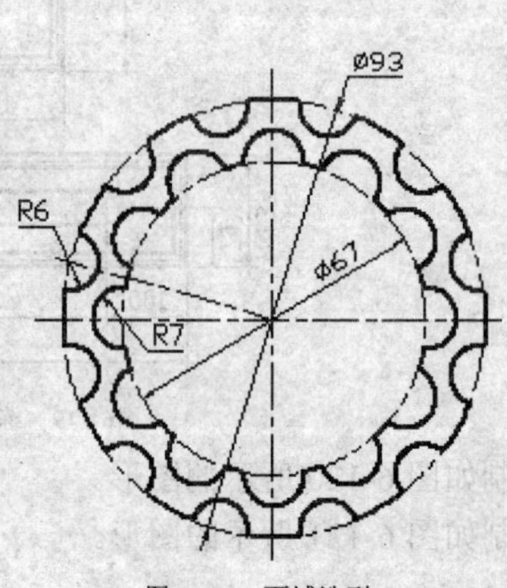

图6-124　面域造型

第7章 书写文字及标注尺寸

工程图中一般都包含文字对象，设计人员利用它们进行说明或提供扼要的注释。完备且布局适当的说明文字，不仅使图样能更好地表达设计思想，同时也使图纸本身显得清晰整洁。

尺寸是工程图中的另一项重要内容，它描述设计对象各组成部分的大小及相对位置关系，是实际生产的重要依据。标注尺寸在图纸设计中是一个关键环节，正确的尺寸标注可使生产顺利完成，而不良的尺寸标注则将导致生产次品甚至废品，给企业带来严重的经济损失。

通过本章的学习，学生应了解文字样式及尺寸样式的基本概念，学会如何创建单行文字、多行文字，掌握标注各类尺寸的方法。

本章学习目标

- 创建文字样式。
- 书写单行及多行文字。
- 编辑文字内容及属性。
- 创建标注样式。
- 标注直线型、角度型、直径及半径型尺寸。
- 标注尺寸公差及形位公差。
- 编辑尺寸文字及调整标注位置。

7.1 书写文字的方法

在 AutoCAD 中有两类文字对象，一类称为单行文字，另一类称为多行文字，它们分别由 DTEXT 和 MTEXT 命令来创建。一般来讲，一些比较简短的文字项目，如标题栏信息、尺寸标注说明等，常常采用单行文字，而对带有段落格式的信息，如工艺流程、技术条件等，则常使用多行文字。

AutoCAD 生成的文字对象，其外观由与它关联的文字样式所决定。默认情况下 Standard 文字样式是当前样式，用户也可根据需要创建新的文字样式。

7.1.1 书写文字范例

【例7-1】 按以下操作步骤，在表格中填写单行及多行文字，如图 7-1 所示。

(1) 打开素材文件“7-1.dwg”。

(2) 创建文字样式。选择菜单命令【格式】/【文字样式】，打开【文字样式】对话框。再单击 新建(N)... 按钮，打开【新建文字样式】对话框，在【样式名】文本框中输入文字样式的名称“文字样式”，如图 7-2 所示。

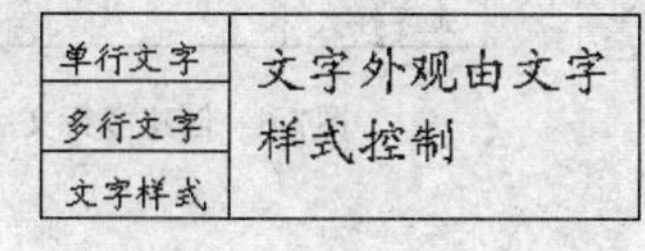

图7-1 书写单行及多行文字

图7-2 【新建文字样式】对话框

(3) 单击 确定 按钮，返回【文字样式】对话框，在【字体名】下拉列表中选择“楷体”，单击 应用(A) 按钮完成，如图 7-3 所示。

(4) 书写单行文字。选择菜单命令【绘图】/【文字】/【单行文字】，AutoCAD 提示如下。

命令：_dtext

指定文字的起点或 [对正(J)/样式(S)]：　　//单击 A 点，如图 7-4 所示

指定高度 <2.5000>：3.5　　//输入文字高度

指定文字的旋转角度 <0>：　　//按 Enter 键

输入文字：单行文字　　//输入文字

输入文字：多行文字　　//单击 B 点，输入文字

输入文字：文字样式　　//单击 C 点，输入文字

输入文字：　　//按 Enter 键结束

结果如图 7-4 所示。

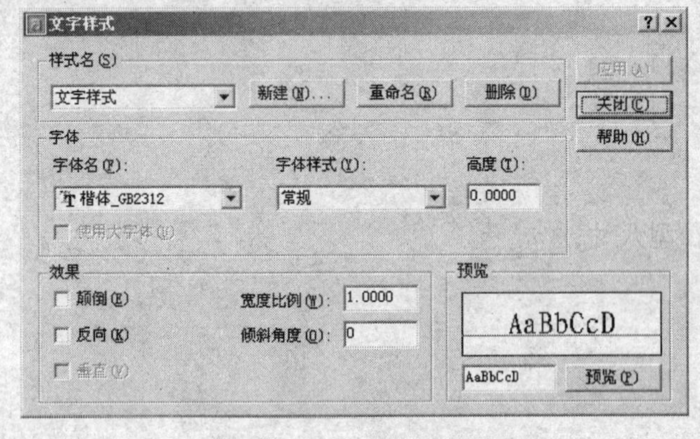

图7-3 【文字样式】对话框

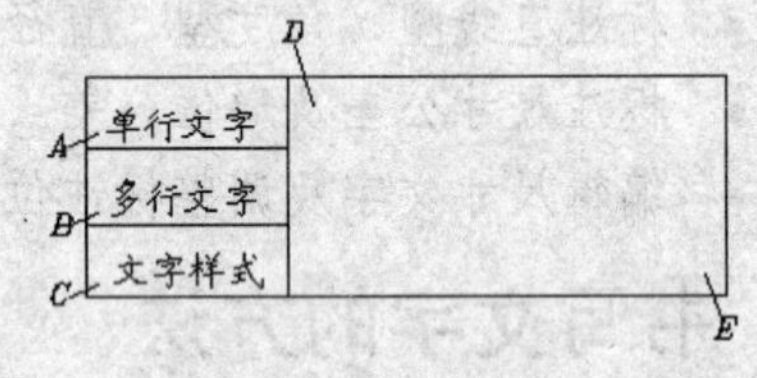

图7-4 输入文字

(5) 书写多行文字。单击【绘图】工具栏上的 A 按钮，或输入 MTEXT 命令，AutoCAD 提示如下。

指定第一角点：　　//在 D 点处单击一点，如图 7-4 所示

指定对角点：　　//在 E 点处单击一点

(6) AutoCAD 打开【多行文字编辑器】对话框，在【字符】选项卡的【字体】下拉列表中选择“楷体”，在【字体高度】文本框中输入数值“5”，然后输入文字，如图 7-5 所示。

(7) 单击 确定 按钮，结果如图 7-6 所示。

图7-5 输入文字

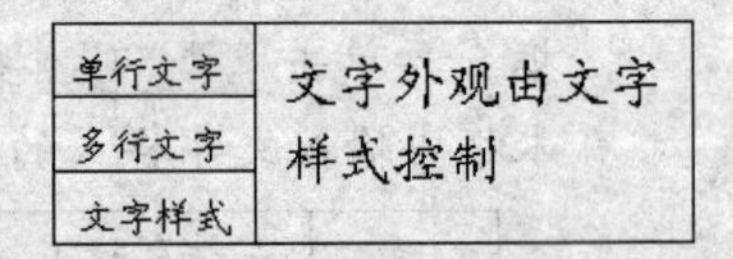

图7-6 创建多行文字

7.1.2 创建文字样式

文字样式主要是控制与文本连接的字体文件、字符宽度、文字倾斜角度及高度等项目，另外，还可通过文字样式设计出相反的、颠倒的以及竖直方向的文本。用户可以针对每一种不同风格的文字创建对应的文字样式，这样在输入文本时就可用相应的文字样式来控制文本的外观。例如，用户可建立专门用于控制尺寸标注文字及技术说明文字外观的文本样式。

【例7-2】 创建文字样式。

(1) 选择菜单命令【格式】/【文字样式】，或输入 STYLE 命令，打开【文字样式】对话框，如图 7-7 所示。

(2) 单击 新建(N)... 按钮，打开【新建文字样式】对话框，在【样式名】文本框中输入文字样式的名称“文字样式-1”，如图 7-8 所示。

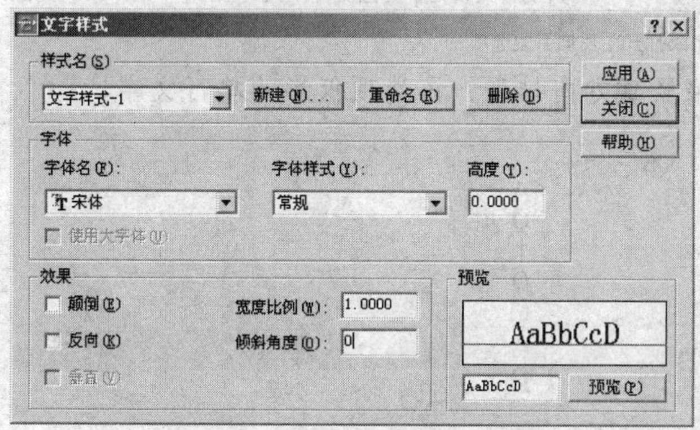

图7-7　【文字样式】对话框

图7-8　【新建文字样式】对话框

(3) 单击 确定 按钮，返回【文字样式】对话框，在【字体名】下拉列表中选择“宋体”，如图 7-7 所示。

(4) 单击 应用(A) 按钮完成。

设置字体、字高、特殊效果等外部特征以及修改、删除文字样式等操作是在【文字样式】对话框中进行的。为了让用户更好地了解文字样式，下面对该对话框的常用选项做详细介绍。

- 【样式名】：该下拉列表显示图样中所有文字样式的名称，用户可从中选择一个，使其成为当前样式。
- 新建(N)... 按钮：单击此按钮，就可以创建新文字样式。
- 重命名(R) 按钮：在【样式名】下拉列表中选择要重命名的文字样式，然后单击此按钮修改文字样式名称。
- 删除(D) 按钮：在【样式名】下拉列表中选择一个文字样式，再单击此按钮就删除它。当前样式以及正在使用的文字样式不能被删除。
- 【字体名】：在此下拉列表中罗列了所有字体的清单。带有双“T”标志的字体是 TrueType 字体，其他字体是 AutoCAD 自己的字体。
- 【字体样式】：如果用户选择的字体支持不同的样式，如粗体、斜体等，就可在【字体样式】下拉列表中选择一个。
- 【高度】：输入字体的高度。如果用户在文本框中指定了文本高度，则当使用 DTEXT（单行文字）命令时，AutoCAD 将不提示“指定高度”。

- 【颠倒】：选中此复选项，文字将上下颠倒显示，该选项仅影响单行文字，如图 7-9 所示。

AutoCAD 2000　　AutoCAD 2000

关闭【颠倒】复选项　　打开【颠倒】复选项

图7-9　关闭或打开【颠倒】复选项

- 【反向】：选中此选项，文字将首尾反向显示，该选项仅影响单行文字，如图 7-10 所示。

AutoCAD 2000　　AutoCAD 2000

关闭【反向】选项　　打开【反向】复选项

图7-10　关闭或打开【反向】复选项

- 【垂直】：选中复选项，文字将沿竖直方向排列，该选项仅影响单行文字，如图 7-11 所示。

AutoCAD　　A u t o C A D

关闭【垂直】复选项　打开【垂直】复选项

图7-11　关闭或打开【垂直】复选项

- 【宽度比例】：默认的宽度因子为 1。若输入小于 1 的数值，则文本将变窄，否则，文本变宽，如图 7-12 所示。

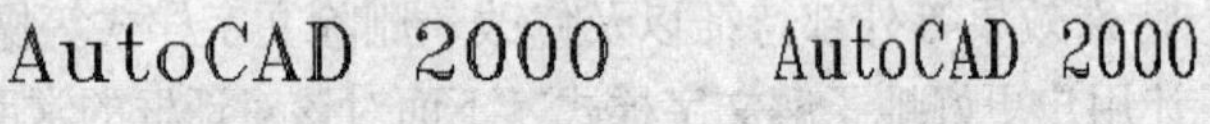

AutoCAD 2000　　AutoCAD 2000

宽度比例因子为 1.0　　宽度比例因子为 0.7

图7-12　调整宽度比例因子

- 【倾斜角度】：该选项用于指定文本的倾斜角度，角度值为正时向右倾斜，为负时向左倾斜，如图 7-13 所示。

AutoCAD 2000　　AutoCAD 2000

倾斜角度为 30°　　倾斜角度为－30°

图7-13　设置文字倾斜角度

7.1.3 修改文字样式

修改文字样式也是在【文字样式】对话框中进行的，其过程与创建文字样式相似，这里不再重复。

修改文字样式时，用户应注意两点。

- 修改完成后，单击【文字样式】对话框的 应用(A) 按钮，则修改生效，AutoCAD 立即更新图样中与此文字样式关联的文字。
- 当修改文字样式连接的字体及文字的【颠倒】、【反向】、【垂直】等特性时，AutoCAD 将改变文字外观，而修改文字高度、宽度比例及倾斜角时，则不会引起原有文字外观的改变，但将影响此后创建的文字对象。

如果发现图形中的文本没有正确地显示出来，多数情况是由于文字样式所连接的字体不合适。

7.1.4 创建单行文字

用 DTEXT 命令可以非常灵活地创建文字项目。发出此命令后，用户不仅可以设定文本的对齐方式及文字的倾斜角度，而且还能用十字光标在不同的地方选取点以定位文本的位置，该特性使用户只发出一次命令就能在图形的任何区域放置文本。另外，DTEXT 命令还提供了屏幕预演的功能，即在输入文字的同时该文字也将在屏幕上显示出来，这样用户就能很容易地发现文本输入的错误，以便及时修改。

默认情况下，单行文字关联的文字样式是“Standard”，采用的字体是“txt.shx”。如果用户要输入中文，应修改当前文字样式，使其与中文字体相关联。此外，也可创建一个采用中文字体的新文字样式。

1. 命令启动方法

- 下拉菜单:【绘图】/【文字】/【单行文字】。
- 命令: DTEXT 或 DT。

【例7-3】 练习 DTEXT 命令的使用。

输入 DTEXT 命令后，AutoCAD 提示如下。

```
命令: dtext
指定文字的起点或 [对正(J)/样式(S)]:
                              //拾取 A 点作为单行文字的起始位置，如图 7-14 所示
指定高度 <2.5000>:             //输入文字的高度值或按 Enter 键接收默认值
指定文字的旋转角度 <0>:         //输入文字的倾斜角或按 Enter 键接收默认值
输入文字: AutoCAD 单行文字      //输入一行文字
输入文字:                  //可移动鼠标指针到图形的其他区域并单击一点以指定文本的位置
                           //按 Enter 键结束
```

结果如图 7-14 所示。

A AutoCAD单行文字

图7-14　创建单行文字

2. 命令选项

- 样式(S): 指定当前文字样式。
- 对正(J): 设定文字的对齐方式，详见 7.1.5 小节。

用 DTEXT 命令可连续输入多行文字，每行按 Enter 键结束，但用户不能控制各行的间距。DTEXT 命令的优点是文字对象的每一行都是一个单独的实体，因而对每行进行重新定位或编辑都很容易。

7.1.5 单行文字的对齐方式

发出 DTEXT 命令后，AutoCAD 提示用户输入文本的插入点，此点与实际字符的位置关系由对齐方式（对正(J)）所决定。对于单行文字，AutoCAD 提供了 10 多种对正选项，默认情况下，文本是左对齐的，即指定的插入点是文字的左基线点，如图 7-15 所示。

如果要改变单行文字的对齐方式，就使用“对正(J)”选项。在“指定文字的起点或[对正(J)/样式(S)]:”提示下，输入“j”，则 AutoCAD 提示如下。

```
[对齐(A)/调整(F)/中心(C)/中间(M)/右(R)/左上(TL)/中上(TC)/右上(TR)/左中(ML)/
正中(MC)/右中(MR)/左下(BL)/中下(BC)/右下(BR)]:
```

下面对以上选项给出详细的说明。

- 对齐(A)：使用这个选项时，AutoCAD 提示指定文本分布的起始点和结束点。当用户选定两点并输入文本后，AutoCAD 把文字压缩或扩展使其充满指定的宽度范围，而文字的高度则按适当比例进行变化以使文本不致于被扭曲。
- 调整(F)：与选项“对齐(A)”相比，使用此选项时，AutoCAD 增加了“指定高度:”提示。“调整(F)”也将压缩或扩展文字使其充满指定的宽度范围，但保持文字的高度值等于指定的数值。

分别利用“对齐(A)”和“调整(F)”选项在矩形框中填写文字，结果如图 7-16 所示。

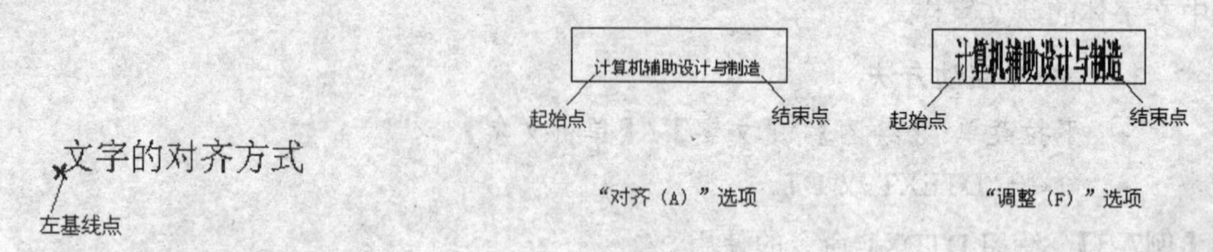

图7-15　左对齐方式

图7-16　利用“对齐(A)”及“调整(F)”选项

- 中心(C)/中间(M)/右(R)/左上(TL)/中上(TC)/右上(TR)/左中(ML)/正中(MC)/右中(MR)/左下(BL)/中下(BC)/右下(BR)：通过这些选项设置文字的插入点，各插入点位置如图 7-17 所示。

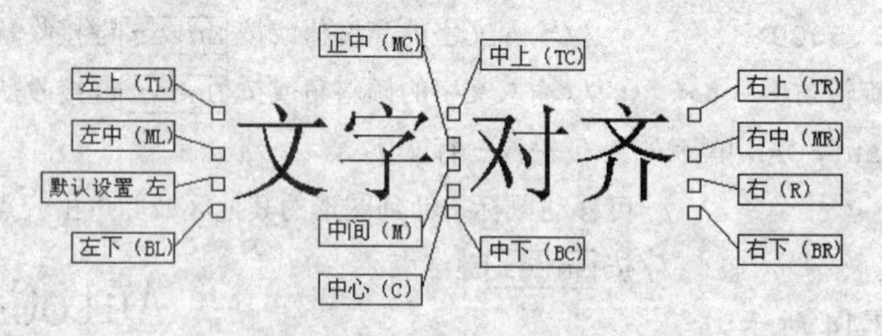

图7-17　设置插入点

7.1.6 在单行文字中加入特殊符号

工程图中用到的许多符号都不能通过标准键盘直接输入，如文字的下画线、直径代号等。当用户利用 DTEXT 命令创建文字注释时，必须输入特殊的代码来产生特定的字符，这些代码及对应的特殊符号如表 7-1 所示。

表 7-1　　特殊字符的代码

代码	字符
%%o	文字的上画线
%%u	文字的下画线
%%d	角度的度符号
%%p	表示“±”
%%c	直径代号

使用表中代码生成特殊字符的样例如图 7-18 所示。

添加%%u特殊%%u字符　　添加特殊字符

%%c100　　ϕ100

%%p0.010　　±0.010

图7-18　创建特殊字符

7.1.7　创建多行文字

MTEXT 命令可以创建复杂的文字说明。用 MTEXT 命令生成的文字段落称为多行文字，它可由任意数目的文字行组成，所有的文字构成一个单独的实体。使用 MTEXT 命令时，首先要指定一个文本边框，此边框限定了段落文字的左右边界，但文字沿竖直方向可无限延伸。另外，多行文字中单个字符或某一部分文字的属性（包括文本的字体、倾斜角度和高度等）也能进行设定。

要创建多行文字，首先要了解多行文字编辑器，以下先介绍多行文字编辑器的使用方法及常用选项的功能。

命令启动方法

- 下拉菜单:【绘图】/【文字】/【多行文字】。
- 工具栏:【绘图】工具栏上的 **A** 按钮。
- 命令：MTEXT 或简写 MT。

【例7-4】 练习 MTEXT 命令的使用。

(1) 单击【标准】工具栏上的 **A** 按钮，AutoCAD 提示如下。

指定第一角点:　　　　//在 A 点处单击一点，如图 7-19 所示

指定对角点:　　　　//指定文本边框的对角点 B

(2) 当指定了文本边框的第 1 个角点后，再拖动鼠标指针指定矩形分布区域的另一个角点。一旦建立了文本边框，AutoCAD 就打开【多行文字编辑器】对话框，如图 7-20 所示。在【字体】下拉列表中选择“宋体”，在【字体高度】文本框中输入数值“5”，然后输入文字，当文字到达定义边框的右边界时，AutoCAD 将自动换行。

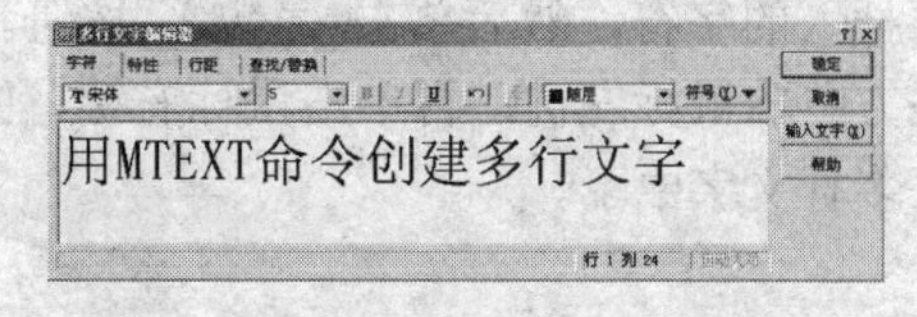

A

用MTEXT命令创建多行文字

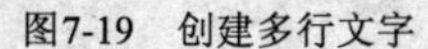

B

图7-19　创建多行文字

图7-20　输入多行文字

(3) 单击 确定 按钮，结果如图 7-19 所示。

下面对【多行文字编辑器】对话框中主要选项的功能作出说明。

1. 【字符】选项卡

- 【字体】下拉列表：从这个列表中选择需要的字体。
- 【字体高度】：用户从这个下拉列表中选择或输入文字高度。
- **B** 按钮：如果所用字体支持粗体，就可通过此按钮将文本修改为粗体形式，按下按钮为打开状态。
- *I* 按钮：如果所用字体支持斜体，就可通过此按钮将文本修改为斜体形式，按下按钮为打开状态。
- U 按钮：可利用此按钮将文字修改为下画线形式。
- $\frac{a}{b}$ 按钮：打开此按钮就使可层叠的文字堆迭起来，如图 7-21 所示，这对创建分数及公差形式的文字很有用。AutoCAD 通过特殊字符“/”及“^”表明多行文字是可层叠的。输入层叠文字的方式为“左边文字+特殊字符+右边文字”，堆叠后，左面文字被放在右边文字的上面。

输入可堆叠的文字	堆叠结果
1/3	$\frac{1}{3}$
100+0.021^-0.008	$100^{+0.021}_{-0.008}$

图7-21 堆叠文字

- 符号(Y) ▾ 按钮：单击该按钮打开一个列表，该列表包含以下一些选项。

度数：在鼠标指针定位处插入特殊字符“%%d”，它表示度数符号“°”。

正/负：在鼠标指针定位处插入特殊字符“%%p”，它表示加、减符号“±”。

直径：在鼠标指针定位处插入特殊字符“%%c”，它表示直径符号“∅”。

不间断空格：插入一个不间断空格。

其他：选择该选项，AutoCAD 打开【字符映射表】对话框，在此对话框的【字体】下拉列表中选取字体，则对话框显示所选字体包含的各种字符，如图 7-22 所示。

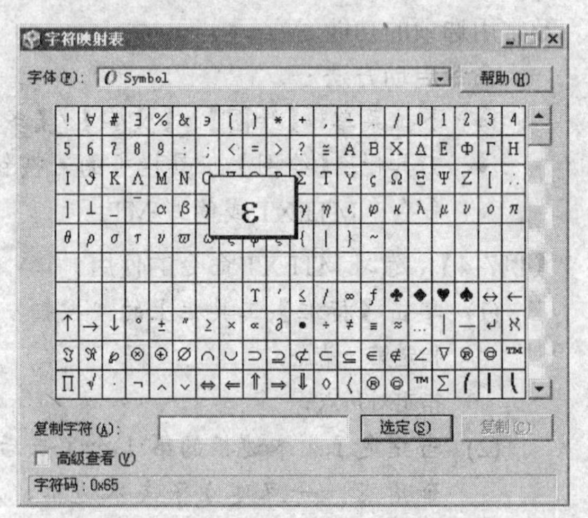

图7-22 【字符映射表】对话框

若要插入一个字符，请选择它并单击 选定(S) 按钮，此时 AutoCAD 将选取的字符放在【复制字符】文本框中，按这种方法选取所有要插入的字符，然后单击 复制(C) 按钮。返回【多行文字编辑器】对话框，在要插入字符的地方单击鼠标左键，再单击鼠标右键，弹出快捷菜单，选择【粘贴】命令，这样就将字符插入多行文字中了。

2. 【特性】选项卡

在这个选项卡中可以指定段落文字的文本样式、修改文字分布的宽度、文本的对齐方式及文字的倾斜角度等，如图7-23所示。

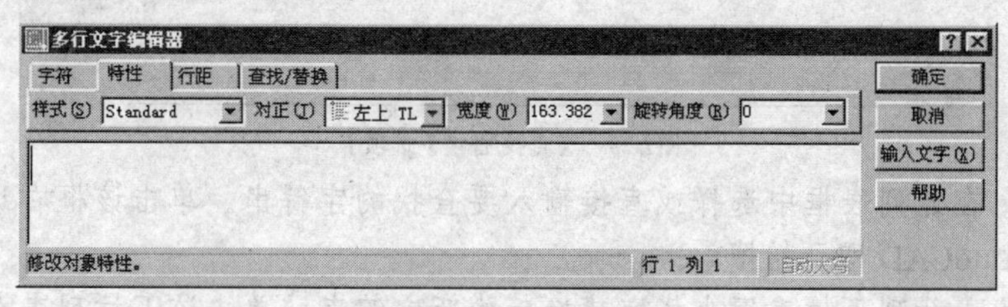

图7-23　【特性】选项卡

- 【样式】：设置多行文字的文字样式。若将一个新样式与现有多行文字相关联，将不会影响文字的某些特殊格式，如粗体、斜体、堆叠等。
- 【对正】：指定多行文字的对齐方式。
- 【宽度】：在此下拉列表中选择或输入段落宽度。
- 【旋转角度】：在此下拉列表中选择或输入多行文字旋转角度，旋转中心为对正点。

3. 【行距】选项卡

【行距】选项卡如图7-24所示，该选项卡用于调整多行文字的行间距。

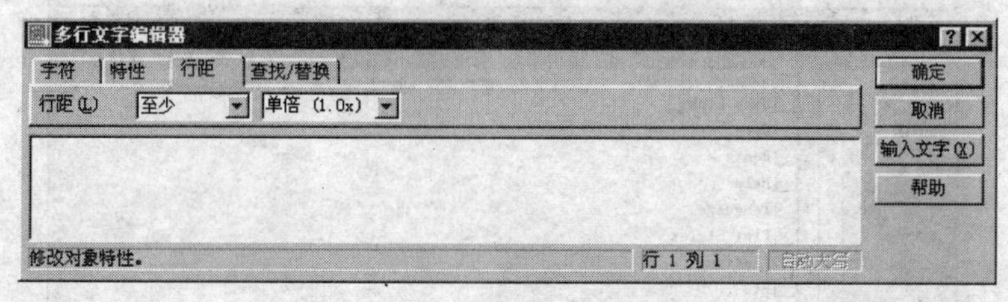

图7-24　【行距】选项卡

(1) 【行距】下拉列表：通过此下拉列表指定多行文字行间距的调整规则，该列表有两个选项。

- 至少：若选择该项，AutoCAD将根据一行中最大文字的高度自动调整行间距。
- 精确：选择此选项，则强制多行文字中各行保持相同间距。

(2) 【间距】下拉列表（在【行距】下拉列表的右边）：通过该列表可设置多行文字的行间距。用户可通过下面两种方法修改行间距值。

- 直接输入各行间的距离值或是以“倍数+x”的形式设定实际行间距为单倍行间距的多少倍。
- 从下拉列表中指定实际行间距为单倍行间距的多少倍，如选择“1.5x”，则表示新行间距为单倍行间距的1.5倍。

4. 【查找/替换】选项卡

【查找/替换】选项卡如图7-25所示，该选项卡用于搜索及替换指定的字符串。

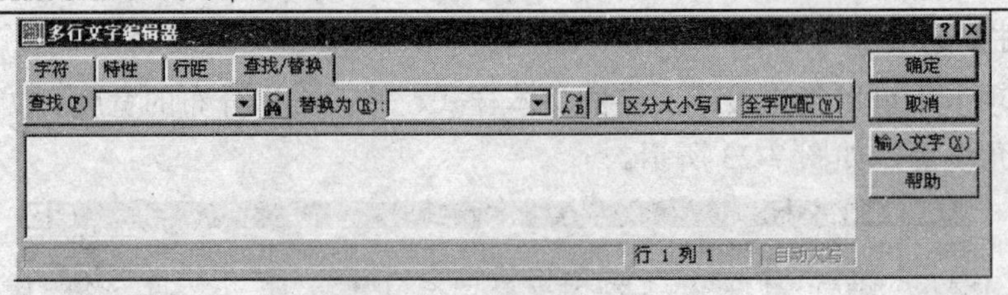

图7-25 【查找/替换】选项卡

- 查找：在此列表框中选择或直接输入要查找的字符串。单击该框右边的按钮，AutoCAD 即开始搜索。
- 替换为：此列下拉表用来指定替换后的新字符串。单击该下拉列表右边的按钮，AutoCAD 即进行替换。
- 区分大小写：指定搜索字符串时是否区分大小写。
- 全字匹配：若要寻找特定的文本，就选择此选项。例如，用户想搜索文本“one”，则应选中“全字匹配”，否则，AutoCAD 把“money”和“tone”也找出来。

5. 输入文字(X)按钮

单击此按钮，AutoCAD 打开【选择文件】对话框，如图 7-26 所示。用户可通过此对话框将其他文字处理器创建的文本文件输入当前图形中。

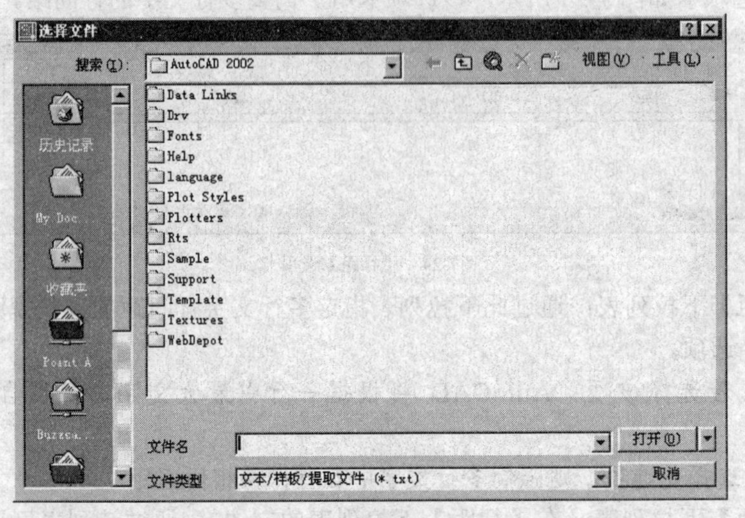

图7-26 【选择文件】对话框

7.1.8 添加特殊字符

以下过程演示了如何在多行文字中加入特殊字符，文字内容如下。

直径=ϕ100 角度β=20°

【例7-5】 添加特殊字符。

(1) 单击【绘图】工具栏上的A按钮，AutoCAD 打开【多行文字编辑器】对话框，在【字体】下拉列表中选择“宋体”，在【字体高度】文本框中输入数值“5”，然后输入文字，如图 7-27 所示。

图7-27　书写多行文字

(2) 在要插入直径符号的地方单击鼠标左键，再指定当前字体为“Txt”，然后单击 符号(Y)▼ 按钮，选择【直径】选项，如图 7-28 所示。

(3) 单击 符号(Y)▼ 按钮，选择【其他】选项，打开【字符映射表】对话框，如图 7-29 所示。

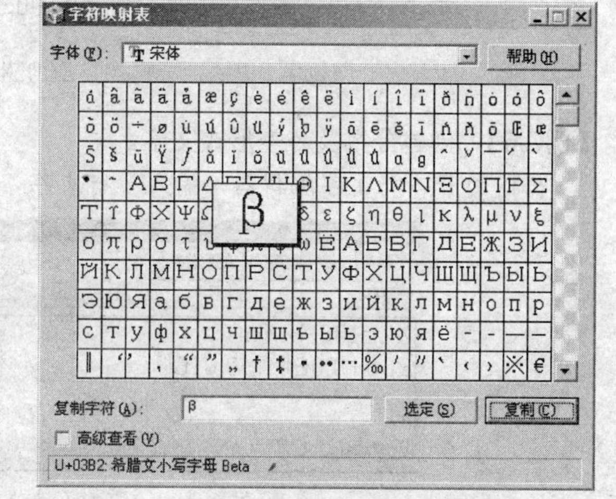

图7-28　插入直径符号

图7-29　选择需要的字符“β”

(4) 在对话框的【字体】下拉列表中选择“宋体”字体，然后选取需要的字符“β”，如图 7-29 所示。

(5) 单击 选定(S) 按钮，再单击 复制(C) 按钮。

(6) 返回【多行文字编辑器】对话框，在要插入“β”符号的地方单击鼠标左键，然后单击鼠标右键，弹出快捷菜单，选择【粘贴】命令，结果如图 7-30 所示。

图7-30　插入“β”符号

(7) 选中符号“β”，然后在【字体高度】文本框中输入数值“5”并按 Enter 键，结果如图 7-31 所示。

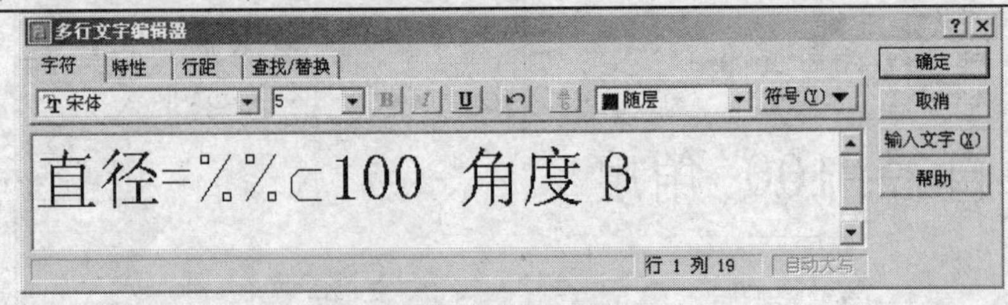

图7-31 书写多行文字

(8) 输入其余文字及符号，单击 确定 按钮完成。

7.1.9 创建分数及公差形式文字

下面使用多行文字编辑器创建分数及公差形式文字，文字内容如下。

$$\phi 100\frac{H7}{m6}$$

$$200^{+0.020}_{-0.016}$$

【例7-6】 创建分数及公差形式文字。

(1) 打开多行文字编辑器，输入多行文字，如图 7-32 所示。

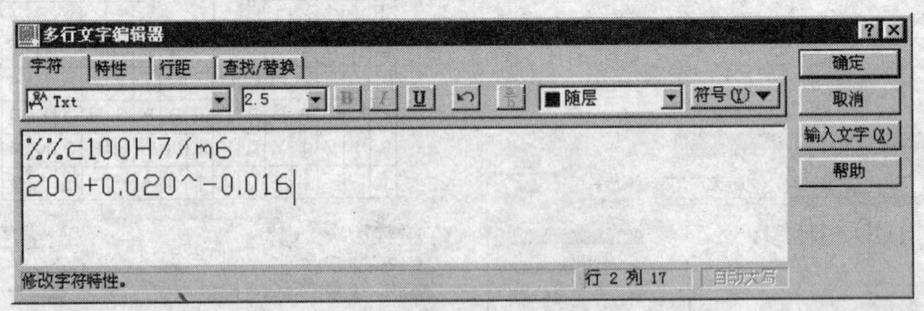

图7-32 输入多行文字

(2) 选择文字“H7/m6”，然后单击按钮，结果如图 7-33 所示。

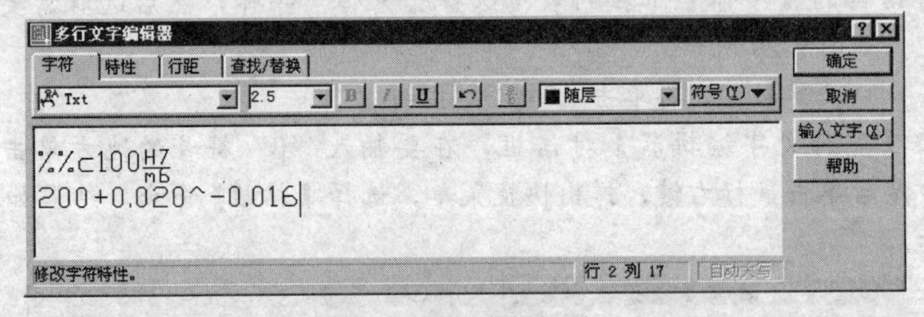

图7-33 创建分数形式文字

(3) 选择文字“+0.020^ - 0.016”，然后单击按钮，结果如图 7-34 所示。

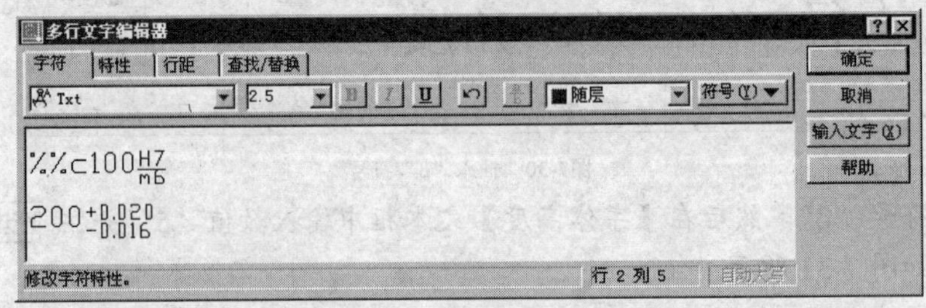

图7-34 创建公差形式文字

(4) 单击 确定 按钮完成。

通过堆叠文字的方法也可创建文字的上标或下标，输入方式为“上标^”、“^下标”。

7.2 编辑文字

编辑文字的常用方法有两种。

(1) 使用 DDEDIT 命令编辑单行或多行文字。选择的对象不同，AutoCAD 将打开不同的对话框。对于单行或多行文字，AutoCAD 分别打开【编辑文字】对话框和【多行文字编辑器】对话框。用 DDEDIT 命令编辑文本的优点是，此命令连续地提示用户选择要编辑的对象，因而只要发出 DDEDIT 命令就能一次修改许多文字对象。

(2) 用 PROPERTIES 命令修改文本。选择要修改的文字后，再发出 PROPERTIES 命令，AutoCAD 打开【特性】对话框，在这个对话框中，用户不仅能修改文本的内容，还能编辑文本的其他许多属性，如倾斜角度、对齐方式、高度、文字样式等。

【例7-7】修改单行及多行文字内容。

(1) 打开素材文件“7-7.dwg”，该文件所包含的文字内容如下。

变速器箱体零件图

技术要求

未注圆角半径 R3。

(2) 输入 DDEDIT 命令，AutoCAD 提示“选择注释对象:”，选择第 1 行文字，AutoCAD 打开【编辑文字】对话框，在此对话框中输入文字“变速器箱体零件图”，如图 7-35 所示。

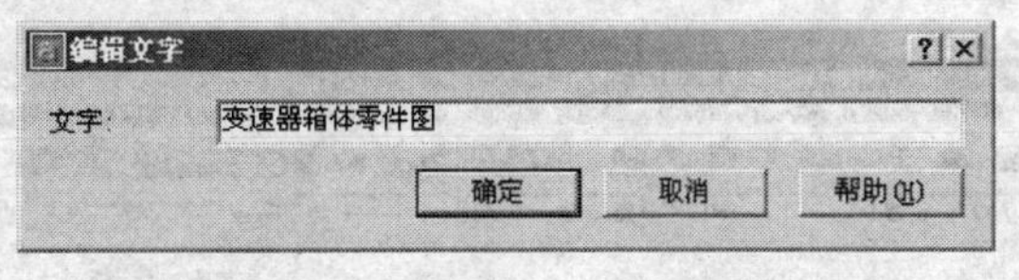

图7-35 修改单行文字内容

(3) 单击 确定 按钮，AutoCAD 继续提示“选择注释对象:”，选择第 2 行文字，AutoCAD 打开【多行文字编辑器】对话框，如图 7-36 所示，选中文字“未注”，将其修改为“所有”。

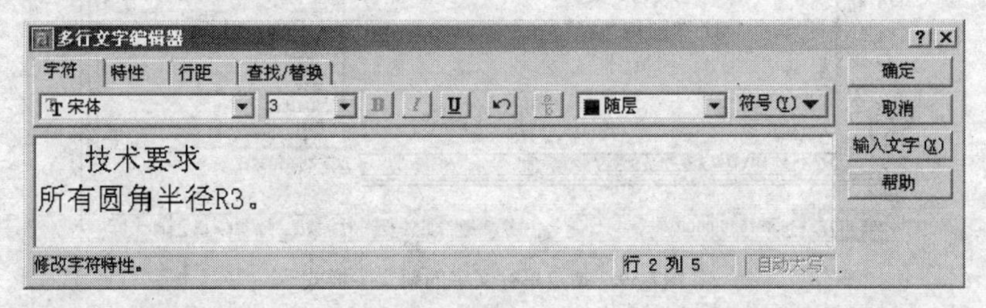

图7-36 修改多行文字内容

(4) 单击 确定 按钮完成。

【例7-8】 改变多行文字的字体及字高。

(1) 接上例。输入 DDEDIT 命令，AutoCAD 提示："选择注释对象:"，选择第 2 行文字，AutoCAD 打开【多行文字编辑器】对话框。

(2) 选中文字"技术要求"，然后在【字体】下拉列表中选择"黑体"，再在【字体高度】文本框中输入数值"4"，按 Enter 键，结果如图 7-37 所示。

(3) 单击 确定 按钮完成。

可以使用 MATCHPROP（属性匹配）命令将某些文字的字体、字高等属性传递给另一些文字。

【例7-9】 为文字指定新的文字样式。

(1) 接上例。选择菜单命令【格式】/【文字样式】，打开【文字样式】对话框，利用此对话框创建新文字样式，样式名为"样式-1"，再使该文字样式连接中文字体"楷体"，如图 7-38 所示。

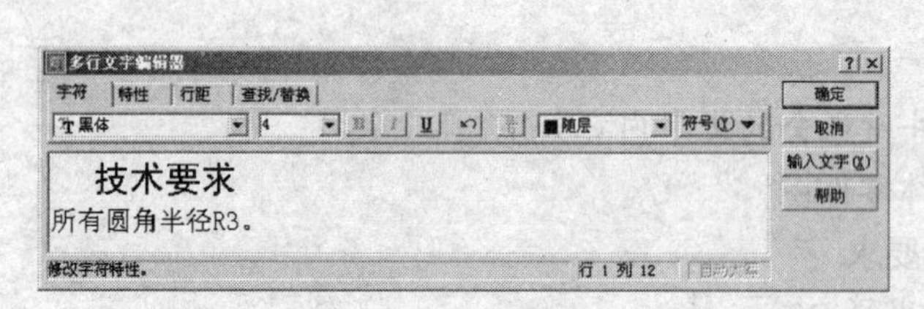

图7-37 修改字体及字高

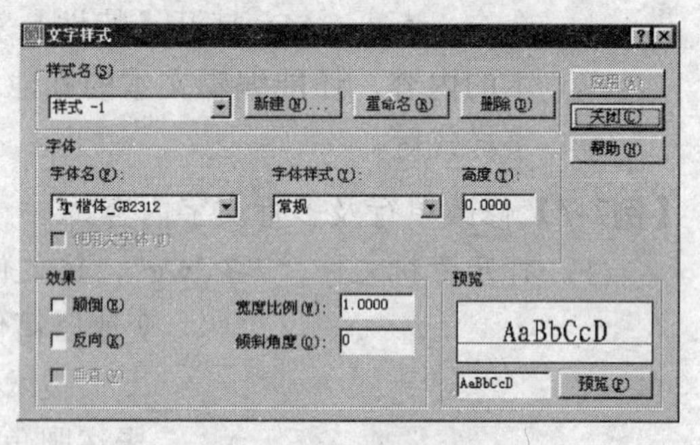

图7-38 创建新文字样式

(2) 选择所有文字，单击【标准】工具栏上的按钮，打开【特性】对话框。在此对话框上边的下拉列表中选择"文字（1）"，再在【样式】栏中选择"样式-1"，如图 7-39 所示。

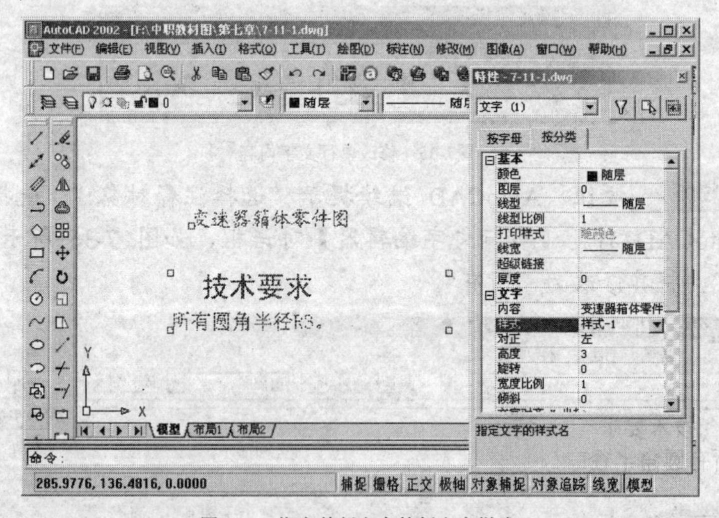

图7-39 指定单行文字的新文字样式

(3) 在【特性】对话框上边的下拉列表中选择"多行文字（1）"，然后在【样式】栏中选择"样式-1"，如图 7-40 所示。

(4) 文字采用新样式后，外观如图 7-41 所示。

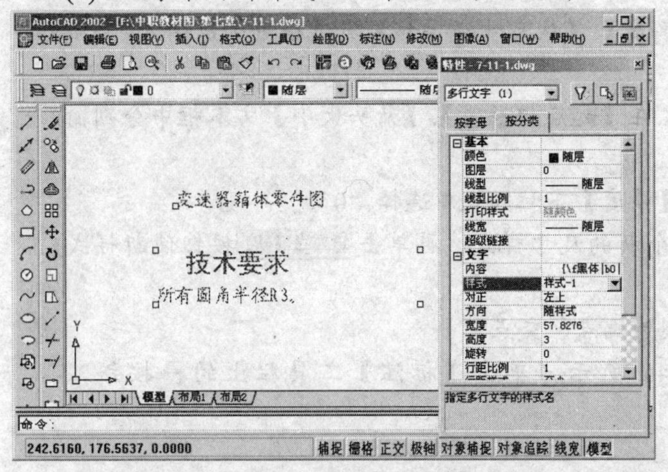

图7-40　指定多行文字的新文字样式

变速器箱体零件图

技术要求

所有圆角半径R3。

图7-41　使文字采用新样式

建立多行文字时，如果在文字中连接了多个字体文件，那么当把段落文字的文字样式修改为其他样式时，只有一部分文本的字体发生变化，而其他文本的字体保持不变，前者在创建时使用了旧样式中指定的字体。

7.3 标注尺寸的方法

AutoCAD 的尺寸标注命令很丰富，可以轻松地创建出各种类型的尺寸。所有尺寸与尺寸样式关联，通过调整尺寸样式，就能控制与该样式关联的尺寸标注的外观。以下介绍创建尺寸样式的方法及 AutoCAD 的尺寸标注命令。

7.3.1 标注尺寸范例

【例7-10】 按以下操作步骤，标注如图 7-42 所示的图形。

(1) 打开素材文件"7-10.dwg"。

(2) 创建一个名为"标注层"的图层，并将其设置为当前层。

(3) 新建一个标注样式。单击【标注】工具栏上的按钮，打开【标注样式管理器】对话框，再单击此对话框的 新建(N)... 按钮，打开【创建新标注样式】对话框，在该对话框的【新样式名】文本框中输入新的样式名称"标注样式"，如图 7-43 所示。

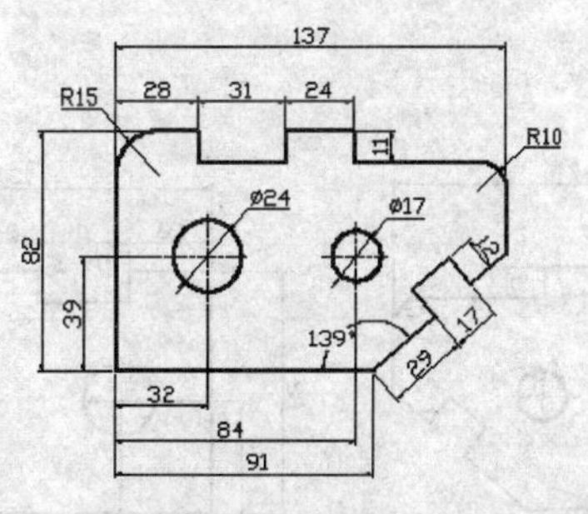

图7-42　标注尺寸

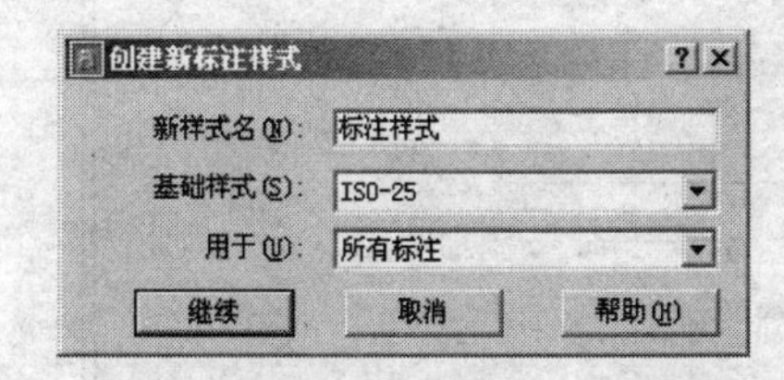

图7-43　【创建新标注样式】对话框

(4) 单击 继续 按钮，打开【新建标注样式】对话框，如图 7-44 所示。在该对

话框中进行以下设置。

① 在【文字】选项卡的【文字高度】、【从尺寸线偏移】数值框中分别输入“5”和“1.5”。

② 进入【直线和箭头】选项卡，在【起点偏移量】、【箭头大小】文本框中分别输入“1.2”和“2.2”。

③ 进入【主单位】选项卡，在【精度】下拉列表中选择“0”。

(5) 单击 确定 按钮就得到一个新的尺寸样式，再单击 置为当前(U) 按钮使新样式成为当前样式。

(6) 打开自动捕捉，设置捕捉类型为端点、交点。

(7) 标注直线型尺寸，如图 7-45 所示。单击【标注】工具栏上的 按钮，AutoCAD 提示如下。

```
命令: _dimlinear
指定第一条尺寸界线起点或 <选择对象>:        //捕捉交点 A，如图 7-45 所示
指定第二条尺寸界线起点:                      //捕捉交点 B
指定尺寸线位置:                              //移动鼠标指针指定尺寸线的位置
标注文字 =28
```

继续标注尺寸“137”、“39”、“32”、“82”、“11”，结果如图 7-45 所示。

(8) 创建连续标注，如图 7-46 所示。单击【标注】工具栏上的 按钮，AutoCAD 提示如下。

```
命令: _dimcontinue                                          //建立连续标注
指定第二条尺寸界线起点或 [放弃(U)/选择(S)]<选择>:           //按 Enter 键
选择连续标注:                                       //选择尺寸界限 D，如图 7-46 所示
指定第二条尺寸界线起点或 [放弃(U)/选择(S)]<选择>:           //捕捉交点 E
标注文字 =31
指定第二条尺寸界线起点或 [放弃(U)/选择(S)]<选择>:           //捕捉交点 F
标注文字 =24
指定第二条尺寸界线起点或 [放弃(U)/选择(S)] <选择>:          //按 Enter 键
选择连续标注:                                               //按 Enter 键结束
```

结果如图 7-46 所示。

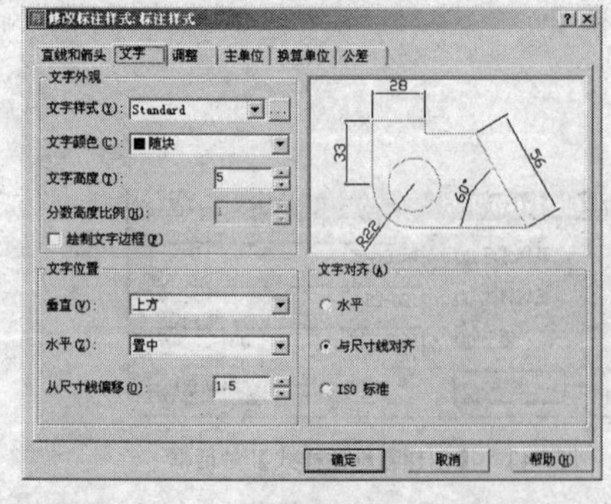

图7-44 【新建标注样式】对话框

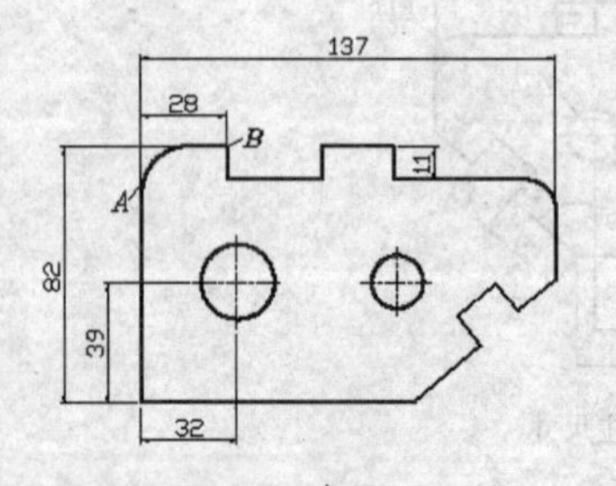

图7-45 标注尺寸“28”、“137”等

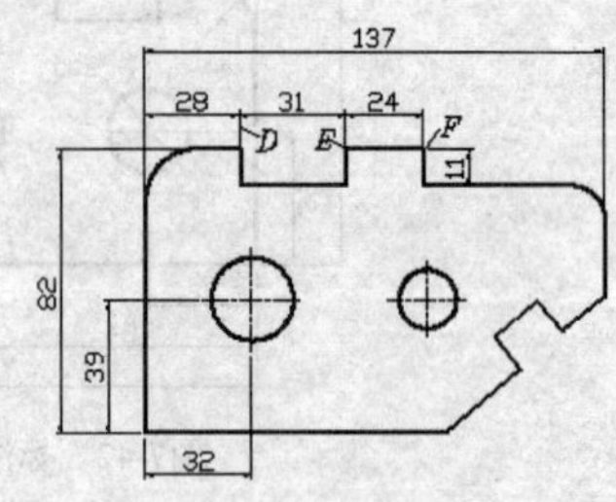

图7-46 连续标注

(9) 创建基线标注，如图 7-47 所示。单击【标注】工具栏上的按钮，AutoCAD 提示如下。

命令：_dimbaseline　　//建立基线标注

指定第二条尺寸界线起点或 [放弃(U)/选择(S)] <选择>:　　//按 Enter 键

选择基准标注:　　//选择尺寸界限 A

指定第二条尺寸界线起点或 [放弃(U)/选择(S)] <选择>:　　//捕捉端点 B

标注文字 =84

指定第二条尺寸界线原点或 [放弃(U)/选择(S)] <选择>:　　//捕捉端点 C

标注文字 =91

指定第二条尺寸界线起点或 [放弃(U)/选择(S)] <选择>:　　//按 Enter 键

选择基准标注:　　//按 Enter 键结束

结果如图 7-47 所示。

(10) 激活尺寸“84”、“91”的关键点，利用关键点拉伸模式调整尺寸线位置，结果如图 7-48 所示。

(11) 创建对齐尺寸“29”、“17”、“12”，如图 7-49 所示。单击【标注】工具栏上的按钮，AutoCAD 提示如下。

命令：_dimaligned

指定第一条尺寸界线原点或 <选择对象>:　　//捕捉交点 D，如图 7-49 所示

指定第二条尺寸界线原点:　　//捕捉交点 E

指定尺寸线位置或[多行文字(M)/文字(T)/角度(A)]:　　//移动鼠标指针指定尺寸线的位置

标注文字 =29

继续标注尺寸“17”、“12”，结果如图 7-49 所示。

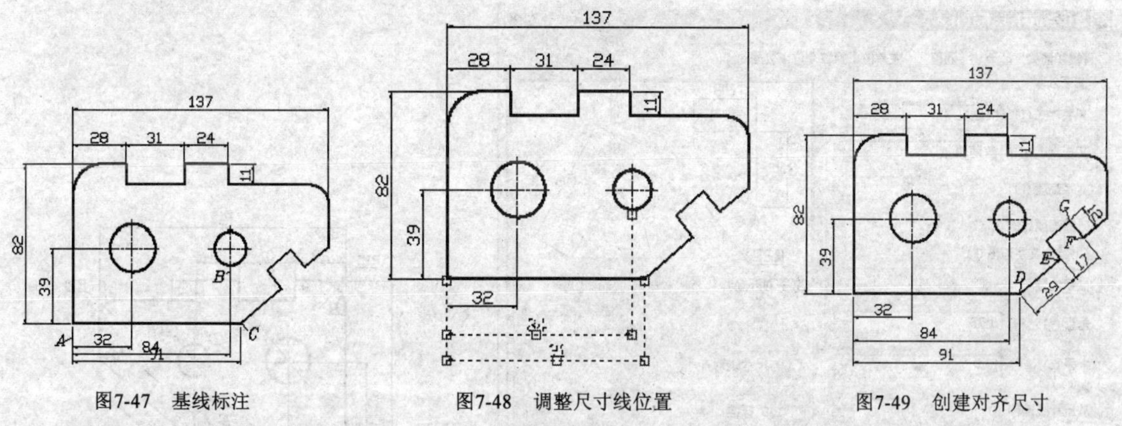

图7-47　基线标注　　图7-48　调整尺寸线位置　　图7-49　创建对齐尺寸

(12) 建立尺寸样式的覆盖方式。单击按钮，打开【标注样式管理器】对话框，再单击 替代(O)... 按钮（注意不要使用 修改(M)... 按钮），打开【替代当前样式】对话框。进入【文字】选项卡，在该选项卡的【文字对齐】分组框中选择【水平】单选项，如图 7-50 所示。

(13) 返回绘图窗口，利用当前样式的覆盖方式标注半径、直径及角度尺寸，如图 7-51 所示。

命令：_dimradius　　//单击【标注】工具栏上的按钮

选择圆弧或圆：　　//选择圆弧 A，如图 7-51 所示

标注文字 =10

指定尺寸线位置或 [多行文字(M)/文字(T)/角度(A)]：　　//移动鼠标指针指定标注文字位置

命令：DIMRADIUS　　//重复命令

选择圆弧或圆：　　//选择圆弧 B

标注文字 =15

指定尺寸线位置或 [多行文字(M)/文字(T)/角度(A)]：　　//移动鼠标指针指定标注文字位置

命令：_dimdiameter　　//单击【标注】工具栏上的按钮

选择圆弧或圆：　　//选择圆 C

标注文字 =24

指定尺寸线位置或 [多行文字(M)/文字(T)/角度(A)]：　　//移动鼠标指针指定标注文字位置

命令：DIMDIAMETER　　//重复命令

选择圆弧或圆：　　//选择圆 D

标注文字 =17

指定尺寸线位置或 [多行文字(M)/文字(T)/角度(A)]：　　//移动鼠标指针指定标注文字位置

命令：_dimangular　　//单击【标注】工具栏上的按钮

选择圆弧、圆、直线或 <指定顶点>：　　//选择线段 E

选择第二条直线：　　//选择线段 F

指定标注弧线位置或 [多行文字(M)/文字(T)/角度(A)]：//移动鼠标指针指定标注文字位置

标注文字 =139

结果如图 7-51 所示。

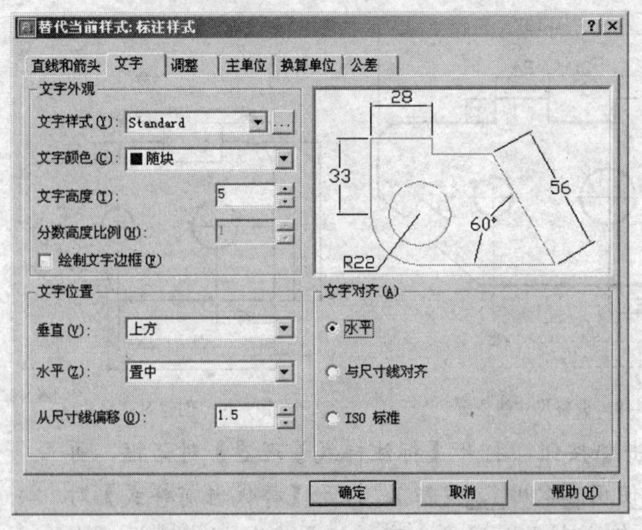

图7-50　【替代当前样式】对话框

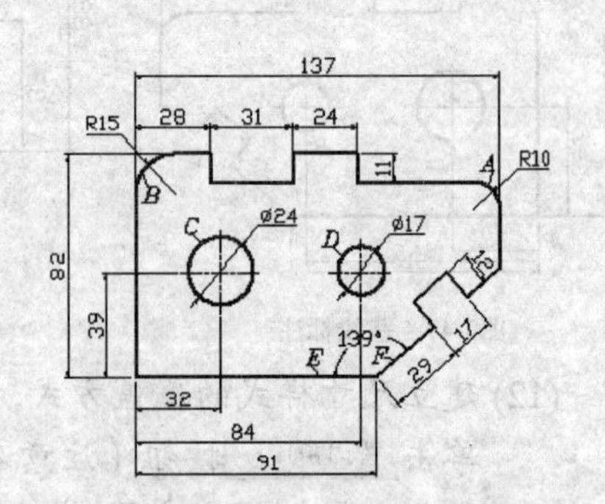

图7-51　标注半径、直径及角度尺寸

7.3.2 创建尺寸样式

尺寸标注是一个复合体，它以块的形式存储在图形中，其组成部分包括尺寸线、尺寸界线、标注文字、箭头等，如图 7-52 所示，所有这些组成部分的格式都由尺寸样式来控制。

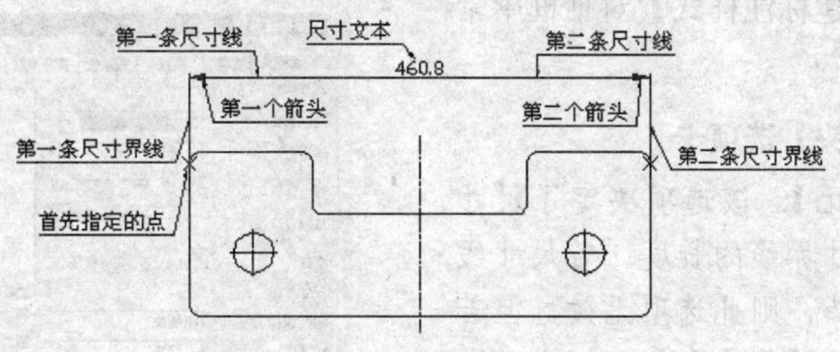

图7-52　标注组成

在标注尺寸前，一般都要创建尺寸样式，否则，AutoCAD 将使用默认样式 ISO-25 生成尺寸标注。AutoCAD 中可以定义多种不同的标注样式并为之命名，标注时，用户只需指定某个样式为当前样式，就能创建相应的标注形式。

【例7-11】 建立新的尺寸样式。

(1) 创建一个新文件。

(2) 单击【标注】工具栏上的按钮，或选择菜单命令【格式】/【标注样式】，打开【标注样式管理器】对话框，如图 7-53 所示。该对话框是管理尺寸样式的地方，通过这个对话框可以命名新的尺寸样式或修改样式中的尺寸变量。

(3) 单击 新建(N)... 按钮，打开【创建新标注样式】对话框，如图 7-54 所示。在该对话框的【新样式名】文本框中输入新的样式名称。在【基础样式】下拉列表中指定某个尺寸样式作为新样式的副本，则新样式将包含副本样式的所有设置。此外，还可在【用于】下拉列表中设定新样式对某一种类尺寸的特殊控制。默认情况下，【用于】下拉列表的选项是“所有标注”，意思是指新样式将控制所有类型尺寸。

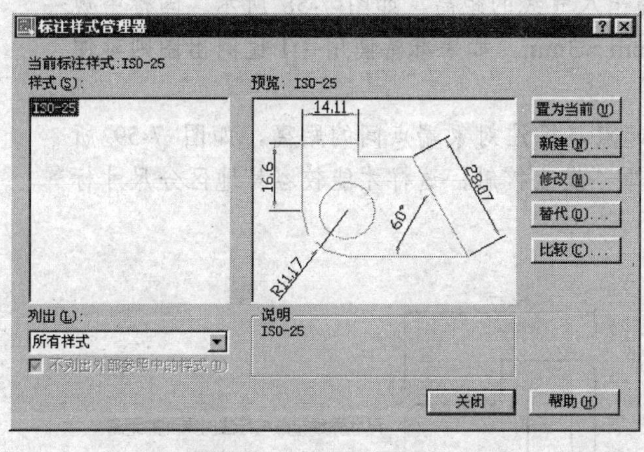

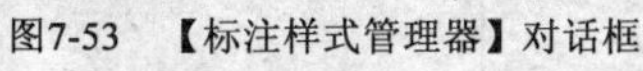

图7-53　【标注样式管理器】对话框

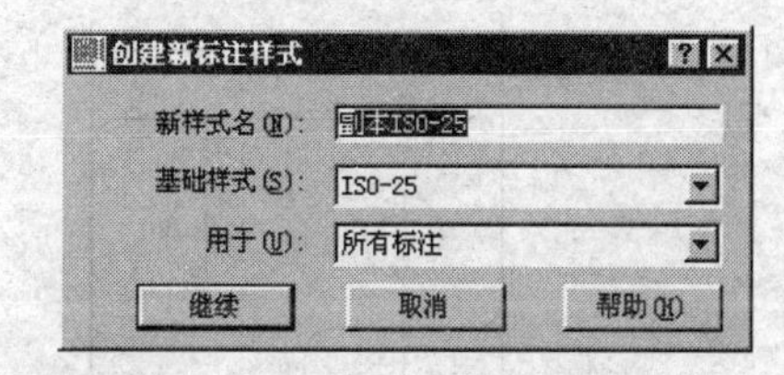

图7-54　【创建新标注样式】对话框

(4) 单击 继续 按钮，打开【新建标注样式】对话框，如图 7-55 所示。该对话框有 6 个选项卡，在这些选项卡中用户可设置各个尺寸变量，完成设置后，单击 确定 按钮就得到一个新的尺寸样式。

(5) 在【标注样式管理器】对话框的列表框中选择新样式，然后单击 置为当前(U) 按钮使其成为当前样式。

以下介绍【新建标注样式】对话框中常用选项的功能。

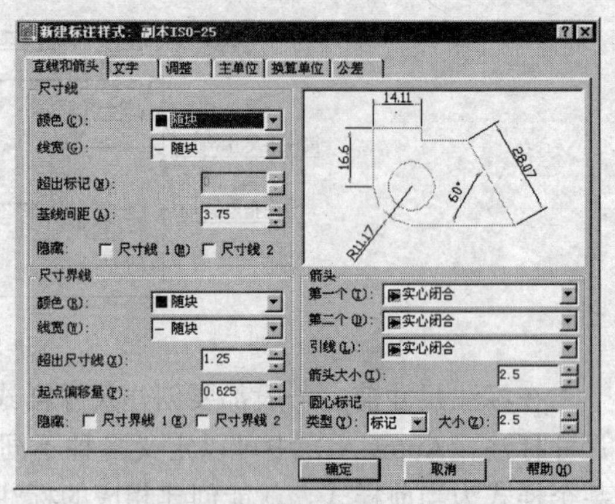

图7-55 【新建标注样式】对话框

1.【直线和箭头】选项卡

- 【超出标记】：该选项决定了尺寸线超过尺寸界线的长度。若尺寸线两端是箭头，则此选项无效，但若在对话框的【箭头】分组框中设定了箭头的形式是“倾斜”或“建筑标记”时，该选项是有效的。在建筑图的尺寸标注中经常用到这两个选项，如图 7-56 所示。
- 【基线间距】：此选项决定了平行尺寸线间的距离，例如，当创建基线型尺寸标注时，相邻尺寸线间的距离由该选项控制，如图 7-57 所示。

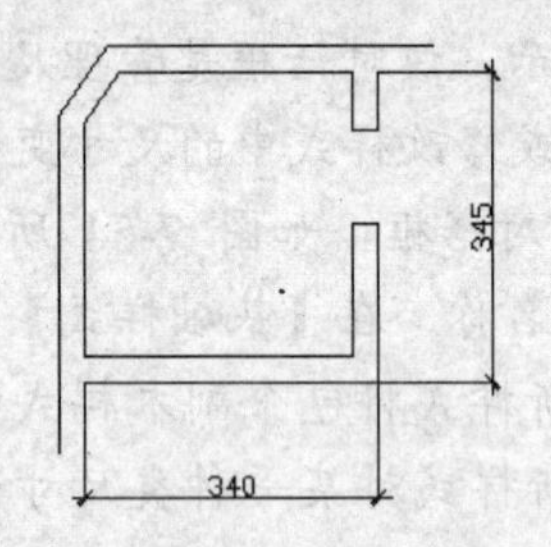

图7-56 尺寸线超出尺寸界线

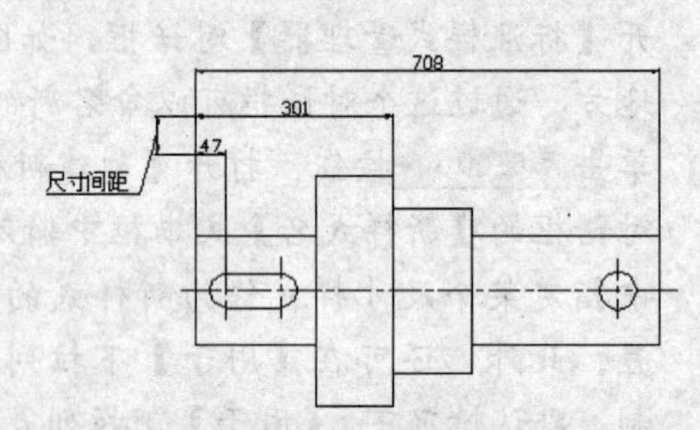

图7-57 控制尺寸线间的距离

- 【超出尺寸线】：控制尺寸界线超出尺寸线的距离，如图 7-58 所示。国标中规定，尺寸界线一般超出尺寸线 2mm～3mm，如果准备使用 1:1 比例出图则延伸值要输入 2 或 3。
- 【起点偏移量】：控制尺寸界线起点与标注对象端点间的距离，如图 7-59 所示。通常应使尺寸界线与标注对象不发生接触，这样才能较容易地区分尺寸标注和被标注的对象。

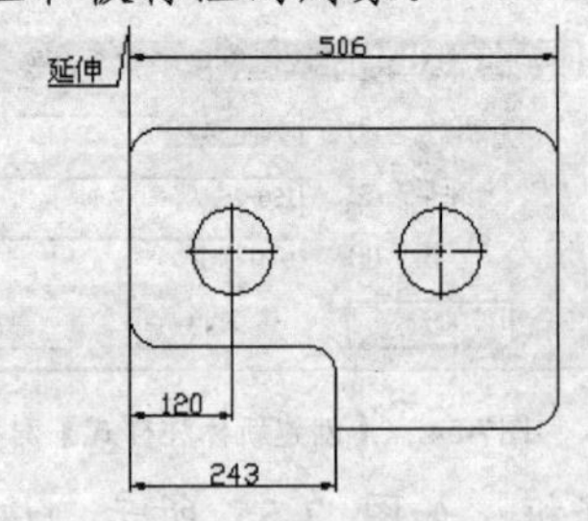

图7-58 延伸尺寸界线

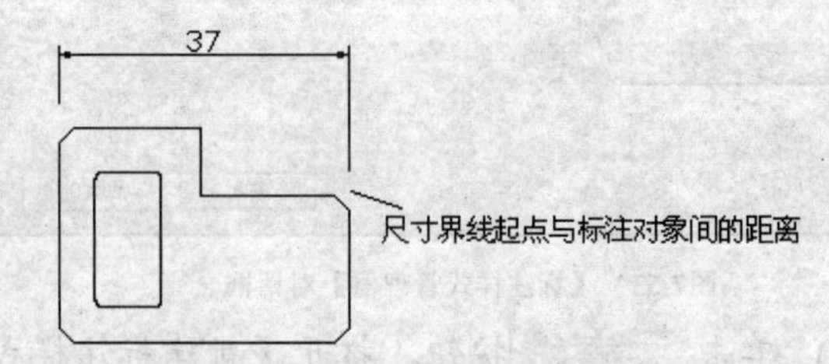

图7-59 控制尺寸界线起点与标注对象间的距离

- 【第一个】及【第二个】：这是两个用于选择尺寸线两端箭头的样式。AutoCAD 中提供了 18 种标准的箭头类型，通过调整【箭头】分组框的选项“第一个”或“第二个”箭头就可控制尺寸线两端箭头的类型。如果选择了第一个箭头的形式，第二个箭头也将采用相同的形式，要想使它们不同，就需要在第一个下拉列表和第二个下拉列表中分别进行定制。

- 【引线】：通过此下拉列表设置引线标注的箭头样式。
- 【箭头大小】：利用此选项设定箭头大小。

2.【文字】选项卡

- 【文字样式】：在这个下拉列表中选择文字样式，或单击其右边的...按钮，打开【文字样式】对话框，创建新的文字样式。
- 【文字高度】：在此文本框中指定文字的高度。若在文本样式中已设定了文字高度，则此文本框中设置的文本高度将是无效的。
- 【分数高度比例】：该选项用于设定分数形式字符与其他字符的比例。只有当选择了支持分数的标注格式时（标注单位为“分数”），此选项才可用。
- 【绘制文字边框】：通过此选项用户可以给标注文本添加一个矩形边框，如图 7-60 所示。
- 【从尺寸线偏移】：该选项设定标注文字与尺寸线间的距离，如图 7-61 所示。若标注文本在尺寸线的中间（尺寸线断开），则其值表示断开处尺寸线端点与尺寸文字的间距。另外，该值也用来控制文本边框与其中文本的距离。

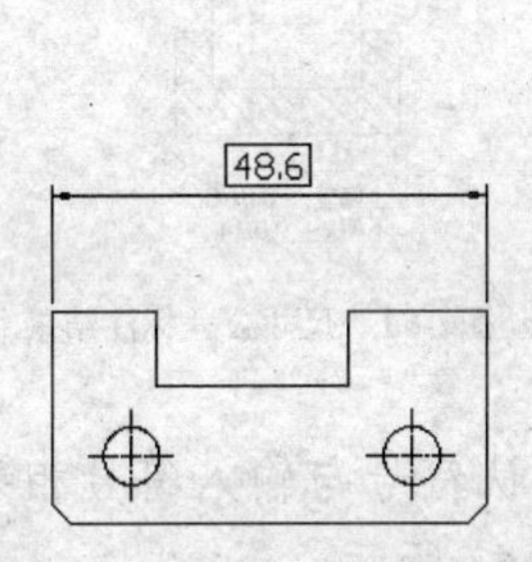

图7-60　给标注文字添加矩形框

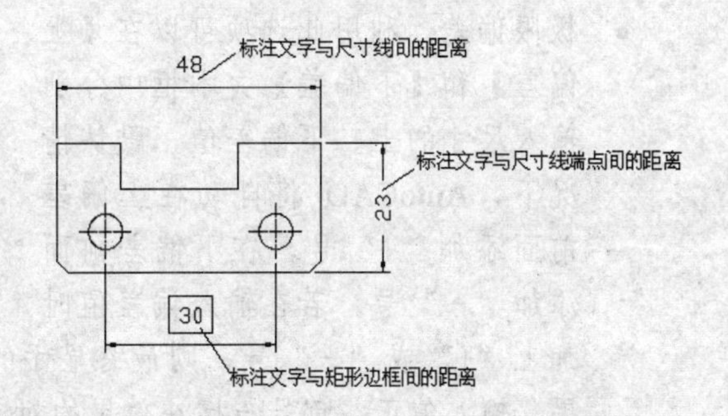

图7-61　控制文字相对于尺寸线的偏移量

3.【调整】选项卡

- 【文字或箭头，取最佳效果】：对标注文本及箭头进行综合考虑，自动选择将其中之一放在尺寸界线外侧，以达到最佳标注效果。
- 【箭头】：选择此选项后，AutoCAD 尽量将箭头放在尺寸界线内，否则，文字和箭头都放在尺寸界线外。
- 【文字】：选择此选项后，AutoCAD 尽量将文字放在尺寸界线内，否则，文字和箭头都放在尺寸界线外。
- 【箭头和文字】：当尺寸界线间不能同时放下文字和箭头时，就将文字及箭头都放在尺寸界线外。
- 【文字始终保持在尺寸界线间：选择此选项后，AutoCAD 总是把文字放置在尺寸界线内。
- 【使用全局比例】：全局比例值将影响尺寸标注所有组成元素的大小，如标注文字、尺寸箭头等，如图 7-62 所示。

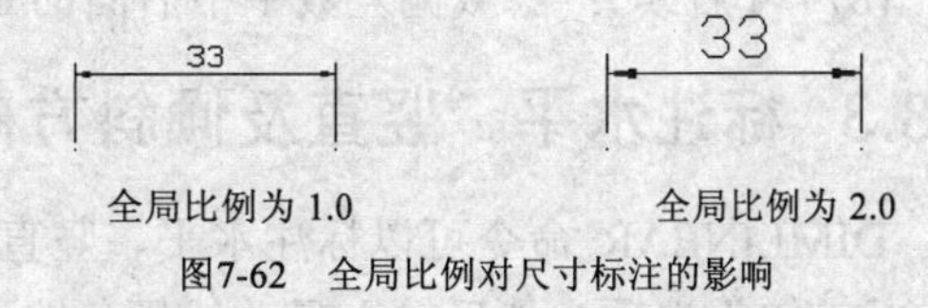

图7-62　全局比例对尺寸标注的影响

4.【主单位】选项卡

- 线性尺寸的【单位格式】: 在此下拉列表中选择所需的长度单位类型。
- 线性尺寸的【精度】: 设定长度型尺寸数字的精度（小数点后显示的位数）。
- 比例因子: 可输入尺寸数字的缩放比例因子。当标注尺寸时，AutoCAD 用此比例因子乘以真实的测量数值，然后将结果作为标注数值。
- 角度尺寸的【单位格式】: 在此下拉列表中选择角度的单位类型。
- 角度尺寸的【精度】: 设置角度型尺寸数字的精度（小数点后显示的位数）。

5.【公差】选项卡

(1) 【方式】下拉列表中包含 5 个选项。

- 无: 只显示基本尺寸。
- 对称: 如果选择“对称”，则只能在【上偏差】文本框中输入数值，标注时 AutoCAD 自动加入“±”符号，结果如图 7-63 所示。
- 极限偏差: 利用此选项可以在【上偏差】和【下偏差】文本框中分别输入尺寸的上、下偏差值，默认情况下，AutoCAD 将自动在上偏差前面添加“+”号，在下偏差前面添加“-”号。若在输入偏差值时加上“+”或“-”号，则最终显示的符号将是默认符号与输入符号相乘的结果。输入值正、负号与标注效果的对应关系如图 7-63 所示。

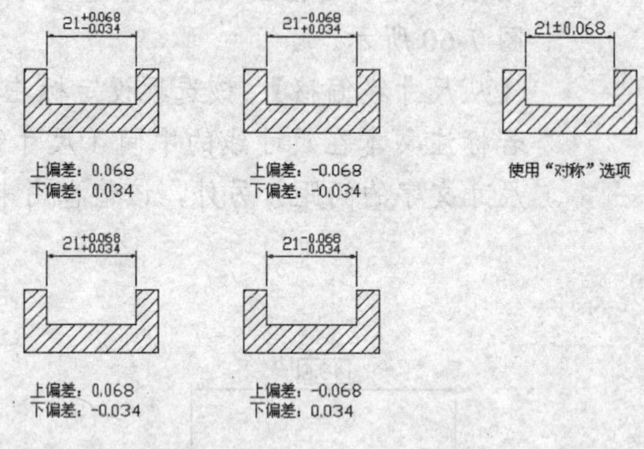

图7-63 尺寸公差标注结果

- 极限尺寸: 同时显示最大极限尺寸和最小极限尺寸。
- 基本尺寸: 将尺寸标注值放置在一个长方形的框中（理想尺寸标注形式）。

(2) 【精度】: 设置上、下偏差值的精度（小数点后显示的位数）。

(3) 【上偏差】: 在此文本框中输入上偏差数值。

(4) 【下偏差】: 在此文本框中输入下偏差数值。

(5) 【高度比例: 该选项能让用户调整偏差文本相对于尺寸文本的高度，默认值是 1，此时偏差文本与尺寸文本高度相同。在标注机械图时，建议将此数值设定为 0.7 左右，但若使用【对称】选项，则“高度”值仍选为 1。

(6) 【垂直位置】: 在此下拉列表中可指定偏差文字相对于基本尺寸的位置关系。当标注机械图时，建议选择【中】选项。

(7) 【前导】: 隐藏偏差数字中前面的 0。

(8) 【后续】: 隐藏偏差数字中后面的 0。

7.3.3 标注水平、竖直及倾斜方向尺寸

DIMLINEAR 命令可以标注水平、竖直及倾斜方向尺寸。标注时，若要使尺寸线倾斜，则输入“R”选项，然后输入尺寸线倾角即可。

1. 命令启动方法

- 下拉菜单：【标注】/【线性】。
- 工具栏：【标注】工具栏上的⊢⊣按钮。
- 命令：DIMLINEAR 或简写 DIMLIN。

【例7-12】 练习 DIMLINEAR 命令的使用。

打开素材文件“7-12.dwg”，用 DIMLINEAR 命令创建尺寸标注，如图 7-64 所示。

命令：_dimlinear

指定第一条尺寸界线原点或 <选择对象>：

//指定第一条尺寸界线的起始点 A，或按 Enter 键，选择要标注的对象，如图 7-64 所示

指定第二条尺寸界线原点：　　　　//选取第二条尺寸界线的起始点 B

指定尺寸线位置或[多行文字(M)/文字(T)/角度(A)/水平(H)/垂直(V)/旋转(R)]：

//拖动鼠标指针将尺寸线放置在适当位置，然后单击一点，完成操作

2. 命令选项

- 多行文字(M)：使用该选项则打开【多行文字编辑器】对话框，如图 7-65 所示。其中尖括号表示 AutoCAD 自动生成的标注文字，用户可以删除尖括号，然后输入新的数值，或在尖括号前面、后面加入其他内容。

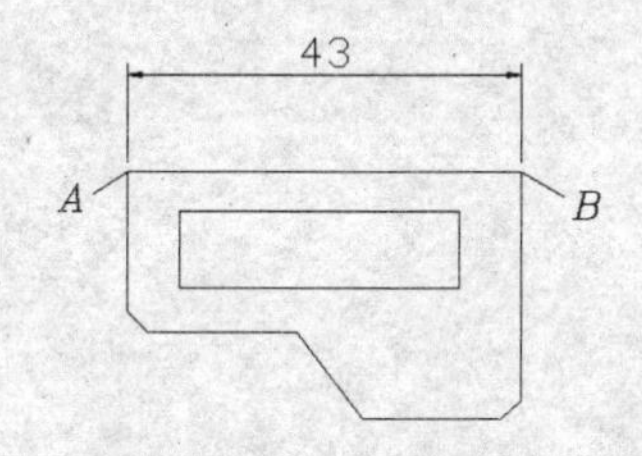

图7-64　标注水平方向尺寸

图7-65　【多行文字编辑器】对话框

删除尖括号，并输入其他数值，则会失去尺寸标注的关联性，即尺寸数字不随标注对象的改变而自动调整。

- 文字(T)：此选项使用户可以在命令行中输入新的尺寸文字。
- 角度(A)：通过该选项设置文字的放置角度。
- 水平(H)/垂直(V)：创建水平或垂直型尺寸。用户也可通过移动鼠标指针指定创建何种类型尺寸。若左右移动鼠标指针，将生成垂直尺寸；上下移动鼠标指针，则生成水平尺寸。
- 旋转(R)：使用 DIMLINEAR 命令时，AutoCAD 自动将尺寸线调整成水平或竖直方向。“旋转(R)”选项可使尺寸线倾斜一个角度，因此，可利用这个选项标注倾斜的对象，如图 7-66 所示。

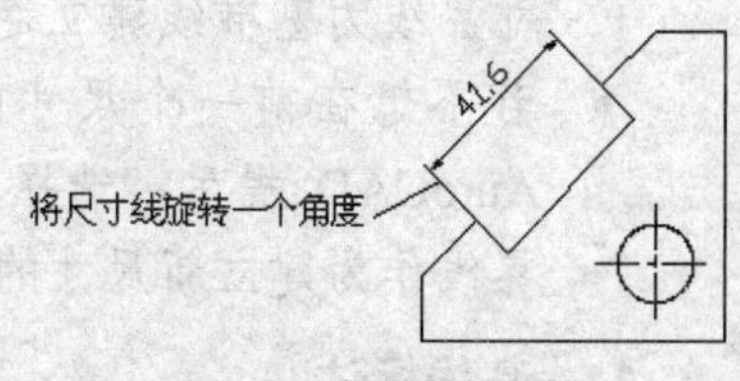

图7-66　标注倾斜对象

7.3.4 创建对齐尺寸

要标注倾斜对象的真实长度可使用对齐尺寸，对齐尺寸的尺寸线平行于倾斜的标注对象。如果用户是选择两个点来创建对齐尺寸，则尺寸线与两点的连线平行。

命令启动方法

- 下拉菜单：【标注】/【对齐】。
- 工具栏：【标注】工具栏上的按钮。
- 命令：DIMALIGNED 或简写 DIMALI。

【例7-13】 练习 DIMALIGNED 命令的使用。

打开素材文件“7-13.dwg”，用 DIMALIGNED 命令创建尺寸标注，如图 7-67 所示。

```
命令: _dimaligned
指定第一条尺寸界线原点或 <选择对象>:
                         //捕捉交点 A，或按 Enter 键选择要标注的对象，如图 7-67 所示
指定第二条尺寸界线原点:                              //捕捉交点 B
指定尺寸线位置或[多行文字(M)/文字(T)/角度(A)]:   //移动鼠标指针指定尺寸线的位置
```

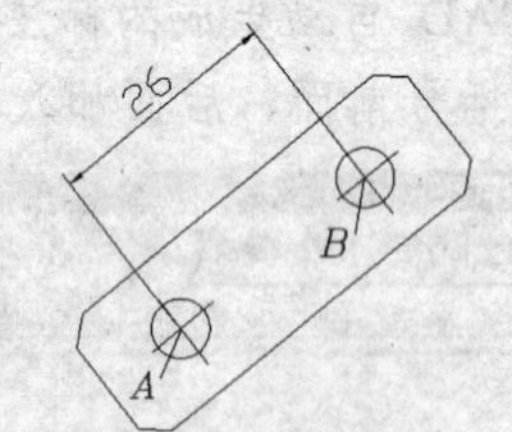

图7-67 标注对齐尺寸

DIMALIGNED 命令各选项的功能参见 7.3.3 小节。

7.3.5 创建连续型及基线型尺寸标注

连续型尺寸标注是一系列首尾相连的标注形式，而基线型尺寸是指所有的尺寸都从同一点开始标注，即它们公用一条尺寸界线。连续型和基线型尺寸的标注方法是类似的，在创建这两种形式的尺寸时，应首先建立一个尺寸标注，然后发出标注命令，当 AutoCAD 提示“指定第二条尺寸界线起点或 [放弃(U)/选择(S)] <选择>:”时，用户采取下面的某种操作方式。

- 直接拾取对象上的点。由于用户已事先建立了一个尺寸，因此 AutoCAD 将以该尺寸的第一条尺寸界线为基准线生成基线型尺寸，或者以该尺寸的第二条尺寸界线为基准线建立连续型尺寸。
- 若不想在前一个尺寸的基础上生成连续型或基线型尺寸，就按 Enter 键，AutoCAD 提示“选择连续标注:”或“选择基准标注:”。此时，选择某条尺寸界线作为建立新尺寸的基准线。

1. 基线标注

命令启动方法

- 下拉菜单：【标注】/【基线】。

- 工具栏：【标注】工具栏上的按钮。
- 命令：DIMBASELINE 或简写 DIMBASE。

【例7-14】 练习 DIMBASELINE 命令的使用。

打开素材文件“7-14.dwg”，用 DIMBASELINE 命令创建尺寸标注，如图 7-68 所示。

```
命令: _dimbaseline
          //AutoCAD 以最后一次创建尺寸标注的起始点 A 作为基点，如图 7-68 所示
指定第二条尺寸界线原点或 [放弃(U)/选择(S)] <选择>:   //指定基线标注第二点 B
指定第二条尺寸界线原点或 [放弃(U)/选择(S)] <选择>:   //指定基线标注第三点 C
指定第二条尺寸界线原点或 [放弃(U)/选择(S)] <选择>:   //按 Enter 键
选择基准标注:                                        //按 Enter 键结束
```

2. 连续标注

命令启动方法

- 下拉菜单：【标注】/【连续】。
- 工具栏：【标注】工具栏上的按钮。
- 命令：DIMCONTINUE 或简写 DIMCONT。

【例7-15】 练习 DIMCONTINUE 命令的使用。

打开素材文件“7-15.dwg”，用 DIMCONTINUE 命令创建尺寸标注，如图 7-69 所示。

```
命令: _dimcontinue
          //AutoCAD 以最后一次创建尺寸标注的终止点 A 作为基点，如图 7-69 所示
指定第二条尺寸界线原点或 [放弃(U)/选择(S)] <选择>:   //指定连续标注第二点 B
指定第二条尺寸界线原点或 [放弃(U)/选择(S)] <选择>:   //指定连续标注第三点 C
指定第二条尺寸界线原点或 [放弃(U)/选择(S)] <选择>:   //按 Enter 键
选择连续标注:                                        //按 Enter 键结束
```

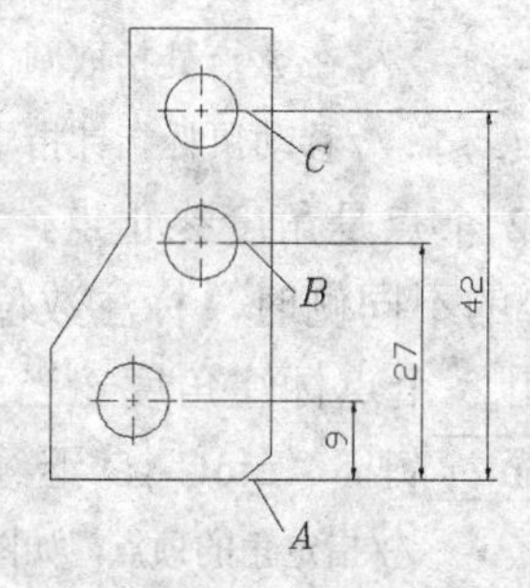

图7-68 基线标注

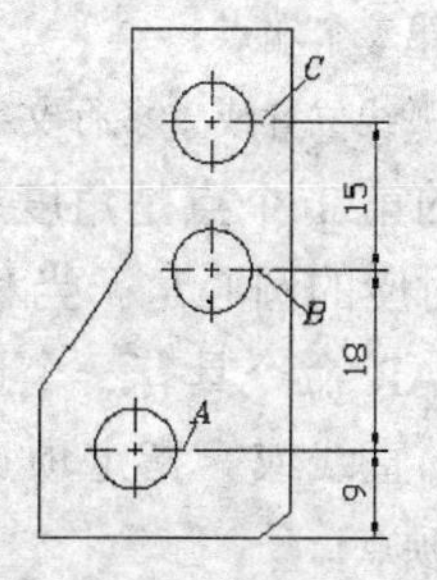

图7-69 连续标注

可以对角度型尺寸使用 DIMBASELINE 和 DIMCONTINUE 命令。

7.3.6 创建角度尺寸

标注角度时，用户通过拾取两条边线、三个点或一段圆弧来创建角度尺寸。

命令启动方法

- 下拉菜单：【标注】/【角度】。
- 工具栏：【标注】工具栏上的按钮。
- 命令：DIMANGULAR 或简写 DIMANG。

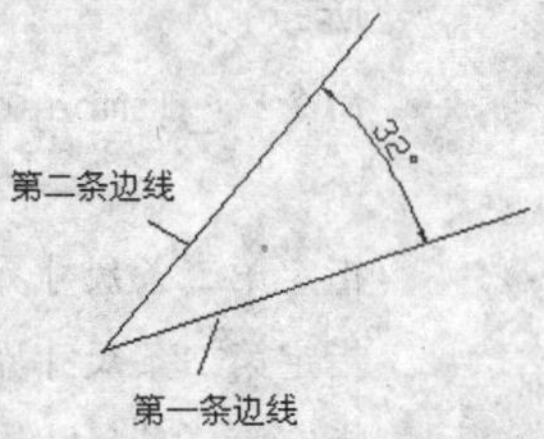

图7-70 指定角边标注角度

【例7-16】 练习 DIMANGULAR 命令的使用。

打开素材文件“7-16.dwg”，用 DIMANGULAR 命令创建尺寸标注，如图 7-70 所示。

命令：_dimangular

选择圆弧、圆、直线或 <指定顶点>: //选择角的第一条边，如图 7-70 所示

选择第二条直线: //选择角的第二条边

指定标注弧线位置或 [多行文字(M)/文字(T)/角度(A)]://移动鼠标指针指定尺寸线的位置

DIMANGULAR 命令各选项的功能参见 7.3.3 小节。

以下两个练习演示了圆上两点或某一圆弧对应圆心角的标注方法。

【例7-17】 标注圆弧所对应的圆心角。

命令：_dimangular

选择圆弧、圆、直线或 <指定顶点>: //选择圆弧，如图 7-71 左图所示

指定标注弧线位置或 [多行文字(M)/文字(T)/角度(A)]://移动鼠标指针指定尺寸线位置

选择圆弧时，AutoCAD 直接标注圆弧所对应的圆心角，移动鼠标指针到圆心的不同侧时标注数值不同。

【例7-18】 标注圆上两点所对应圆心角。

命令：_dimangular

选择圆弧、圆、直线或 <指定顶点>:

//在 *A* 点处拾取圆，如图 7-71 右图所示

指定角的第二个端点: //在 *B* 点处拾取圆

指定标注弧线位置或 [多行文字(M)/文字(T)/角度(A)]://移动鼠标指针指定尺寸线位置

在圆上选择的第 1 个点是角度起始点，选择的第 2 个点是角度终止点，AutoCAD 标出这两点间圆弧所对应的圆心角。当移动鼠标指针到圆心的不同侧时，标注数值不同。

DIMANGULAR 命令具有一个选项，允许用户利用 3 个点标注角度。当 AutoCAD 提示“选择圆弧、圆、直线或 <指定顶点>:”时，直接按 Enter 键，AutoCAD 继续提示如下。

指定角的顶点: //指定角的顶点，如图 7-72 所示

指定角的第一个端点: //拾取角的第一个端点

指定角的第二个端点: //拾取角的第二个端点

指定标注弧线位置或 [多行文字(M)/文字(T)/角度(A)]://移动鼠标指针指定尺寸线位置

用户应注意，当鼠标指针移动到角顶点的不同侧时，标注值将不同。

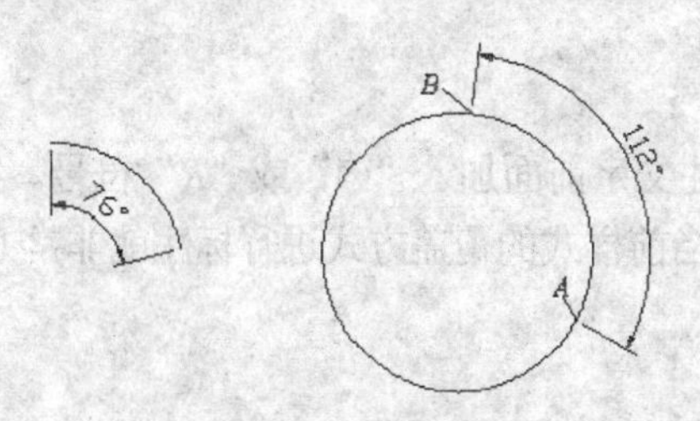

图7-71　标注圆弧和圆

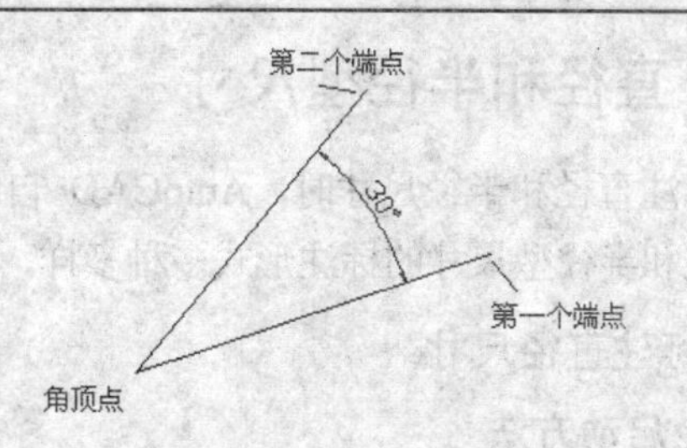

图7-72　通过 3 点标注角度

小技巧：可以使用角度尺寸或长度尺寸的标注命令来查询角度值和长度值。当发出命令并选择对象后，就能看到标注文本，此时按 Esc 键取消正在执行的命令，就不会将尺寸标注出来。

7.3.7 将角度数值水平放置

国标中对于角度标注有规定，如图 7-73 所示。角度数字一律水平书写，一般注写在尺寸线的中断处，必要时可注写在尺寸线上方或外面，也可画引线标注。显然角度文本的注写方式与线性尺寸文本是不同的。

为使角度数字的放置形式符合国标规定，用户可采用当前样式覆盖方式标注角度。

【例7-19】 用当前样式覆盖方式标注角度。

(1) 单击按钮，打开【标注样式管理器】对话框。

(2) 再单击 替代(O)... 按钮（注意不要使用 修改(M)... 按钮），打开【替代当前样式】对话框。

(3) 进入【文字】选项卡，在【文字对齐】分组框中选择【水平】单选项，如图 7-74 所示。

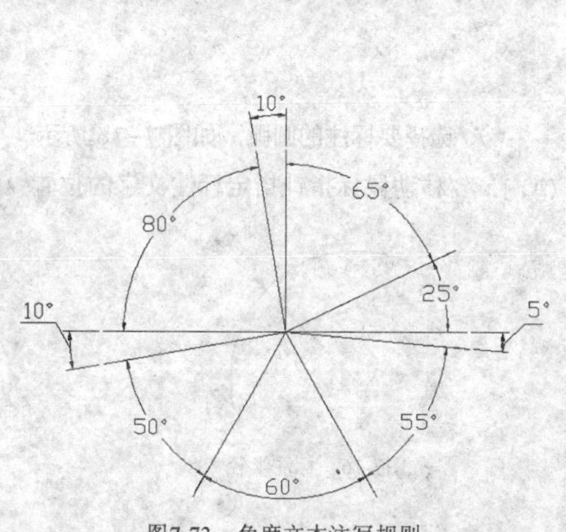

图7-73　角度文本注写规则

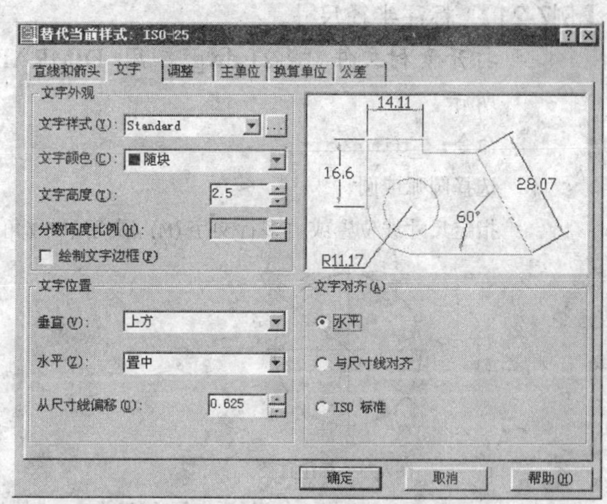

图7-74　【替代当前样式】对话框

(4) 返回 AutoCAD 主窗口，标注角度尺寸，角度数字将水平放置。

(5) 角度标注完成后，若要恢复原来的尺寸样式，就进入【标注样式管理器】对话框，在此对话框的列表栏中选择尺寸样式，然后单击 置为当前(U) 按钮，此时，AutoCAD 打开一个提示性对话框，继续单击 确定 按钮完成。

7.3.8 直径和半径型尺寸

在标注直径和半径尺寸时，AutoCAD 自动在标注文字前面加入“∅”或“*R*”符号。实际标注中，直径和半径型尺寸的标注形式多种多样，若通过当前样式的覆盖方式进行标注就非常方便。

1. 标注直径尺寸

命令启动方法

- 下拉菜单:【标注】/【直径】。
- 工具栏:【标注】工具栏上的按钮。
- 命令：DIMDIAMETER 或简写 DIMDIA。

【例7-20】 标注直径尺寸。

打开素材文件“7-20.dwg”，用 DIMDIAMETER 命令创建尺寸标注，如图 7-75 所示。

```
命令: _dimdiameter
选择圆弧或圆:                                    //选择要标注的圆，如图 7-75 所示
指定尺寸线位置或 [多行文字(M)/文字(T)/角度(A)]://移动鼠标指针指定标注文字的位置
```

DIMDIAMETER 命令各选项的功能参见 7.3.3 小节。

2. 标注半径尺寸

命令启动方法

- 下拉菜单:【标注】/【半径】。
- 工具栏:【标注】工具栏上的按钮。
- 命令：DIMRADIUS 或简写 DIMRAD。

【例7-21】 标注半径尺寸。

打开素材文件“7-21.dwg”，用 DIMRADIUS 命令创建尺寸标注，如图 7-76 所示。

```
命令: _dimradius
选择圆弧或圆:                                    //选择要标注的圆弧，如图 7-76 所示
指定尺寸线位置或 [多行文字(M)/文字(T)/角度(A)]://移动鼠标指针指定标注文字的位置
```

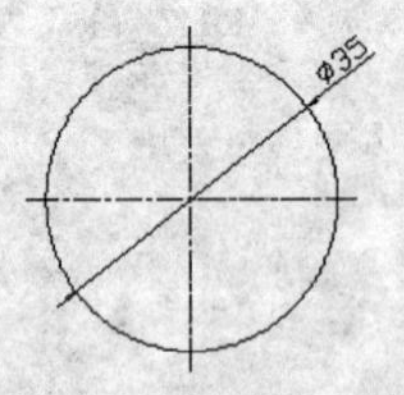

图7-75　标注直径

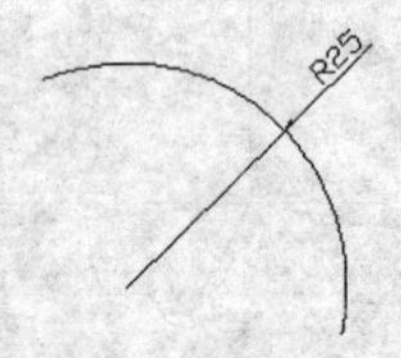

图7-76　标注半径

DIMRADIUS 命令各选项的功能参见 7.3.3 小节。

7.3.9 引线标注

LEADER 命令可以画出一条引线来标注对象，在引线末端可输入文字、添加形位公差框格、图形元素等。此外，在操作中还能设置引线的形式（直线或曲线）、控制箭头外观及

注释文字的对齐方式。该命令在标注孔、形位公差及生成装配图的零件编号时特别有用，下面详细介绍引线标注命令的用法。

命令启动方法

- 下拉菜单:【标注】/【引线】。
- 工具栏:【标注】工具栏上的按钮。
- 命令: QLEADER 或简写 LE。

【例7-22】 创建引线标注。

打开素材文件“7-22.dwg”，用 QLEADER 命令创建尺寸标注，如图 7-77 所示。

```
命令: _qleader
指定第一个引线点或 [设置(S)]<设置>: //指定引线起始点 A，如图 7-77 所示
指定下一点:                          //指定引线下一个点 B
指定下一点:                          //按 Enter 键
指定文字宽度 <7.9467>:               //把鼠标指针向右移动适当距离并单击一点
输入注释文字的第一行 <多行文字(M)>:  //按 Enter 键，启动多行文字编辑器，然后输入标注文
                                       字，如图 7-77 所示。也可在此提示下直接输入文字
```

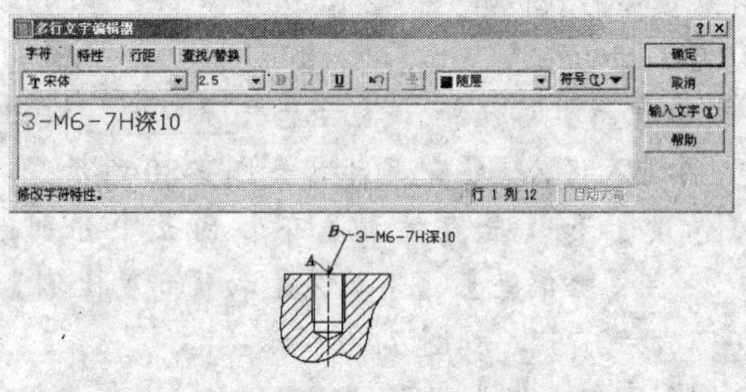

图7-77　引线标注

创建引线标注时，若文本或指引线的位置不合适，可利用关键点编辑方式进行调整。当激活标注文字的关键点并移动时，指引线将跟随移动，而通过关键点移动指引线时，文本将保持不动。

该命令有一个“设置(S)”选项，此选项用于设置引线和注释的特性。当提示“指定第一条引线点或 [设置(S)]<设置>:”时，按 Enter 键，打开【引线设置】对话框，如图 7-78 所示。该对话框包含了 3 个选项卡。其中【注释】选项卡主要用于设置引线注释的类型；【引线和箭头】选项卡用于控制引线及箭头的外观特征；当指定引线注释为多行文字时，【附着】选项卡才显示出来，通过此选项卡可设置多行文本附着于引线末端的位置。

以下说明【注释】选项卡中常用选项的功能。

- 【多行文字】: 该选项使用户能够在引线的末端加入多行文本。
- 【复制对象】: 将其他图形对象复制到引线的末端。
- 【公差】: 打开【形位公差】对话框，使用户可以方便地标注形位公差，如图 7-79 所示。
- 【块参照】: 在引线末端插入图块。
- 【无】: 引线末端不加入任何图形对象。

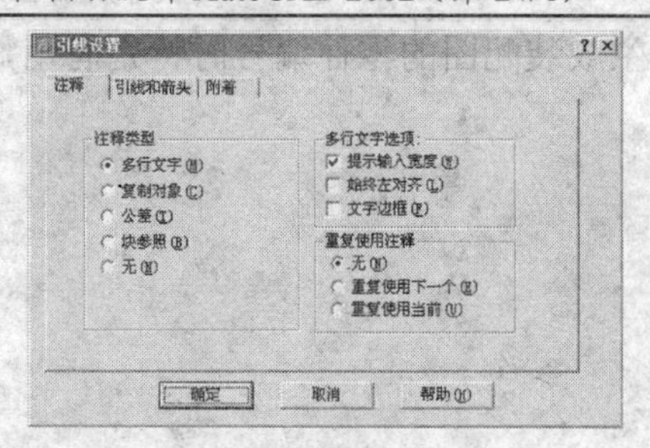

图7-78 【引线设置】对话框

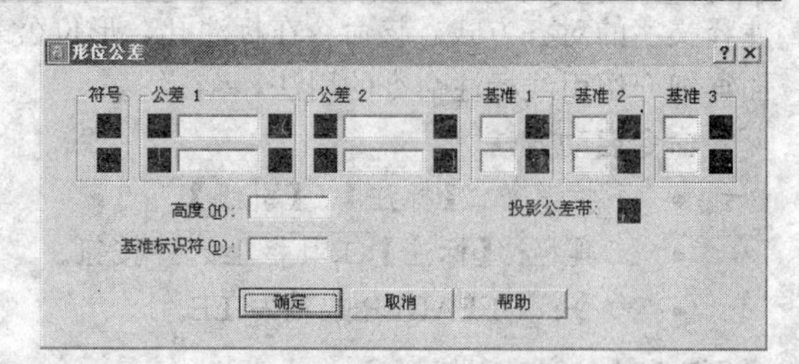

图7-79 【形位公差】对话框

7.3.10 尺寸及形位公差标注

创建尺寸公差的方法有两种。

- 在【替代当前样式】对话框的【公差】选项卡中设置尺寸上、下偏差。
- 标注时，利用“多行文字(M)”选项打开【多行文字编辑器】，然后采用堆叠文字方式标注公差。

标注形位公差可使用 TOLERANCE 和 QLEADER 命令，前者只能产生公差框格，而后者既能形成公差框格又能形成标注指引线。

【例7-23】 利用当前样式覆盖方式标注尺寸公差。

(1) 打开素材文件“7-23.dwg”。

(2) 打开【标注样式管理器】对话框，然后单击 替代(O)... 按钮，打开【替代当前样式】对话框，再进入【公差】选项卡，如图 7-80 所示。

(3) 在【方式】、【精度】和【垂直位置】下拉列表中分别选择“极限偏差”、“0.000”、“中”，在【上偏差】、【下偏差】和【高度比例】文本框中分别输入“0.039”、“0.015”、“0.75”，如图 7-80 所示。

(4) 返回 AutoCAD 图形窗口，发出 DIMLINEAR 命令，AutoCAD 提示如下。

```
命令: _dimlinear
指定第一条尺寸界线原点或 <选择对象>:            //捕捉交点 A，如图 7-81 所示
指定第二条尺寸界线原点:                        //捕捉交点 B
指定尺寸线位置或[多行文字(M)/文字(T)/角度(A)/水平(H)/垂直(V)/旋转(R)]:
                                            //移动鼠标指针指定标注文字的位置
```

结果如图 7-81 所示。

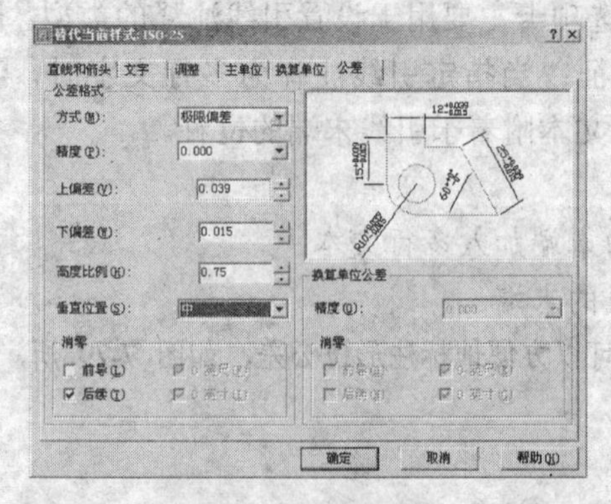

图7-80 【公差】选项卡

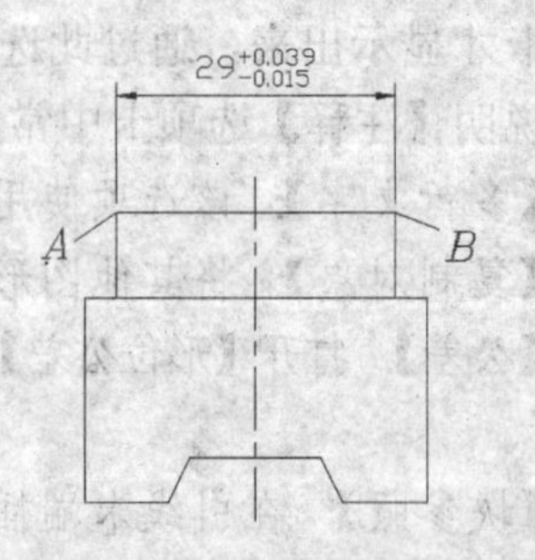

图7-81 标注尺寸公差

【例7-24】 通过堆叠文字方式标注尺寸公差。

```
命令: _dimlinear
指定第一条尺寸界线原点或 <选择对象>:          //捕捉交点 A，如图 7-81 所示
指定第二条尺寸界线原点:                      //捕捉交点 B
指定尺寸线位置或[多行文字(M)/文字(T)/角度(A)/水平(H)/垂直(V)/旋转(R)]:m
                                    //打开【多行文字编辑器】对话框，在此编辑器中
                                      采用堆叠文字方式输入尺寸公差，如图 7-82 所示
指定尺寸线位置或[多行文字(M)/文字(T)/角度(A)/水平(H)/垂直(V)/旋转(R)]:
                                      //指定标注文字位置，结果如图 7-82 所示
```

【例7-25】 用 QLEADER 命令标注形位公差。

(1) 打开素材文件“7-25.dwg”。

(2) 单击按钮，AutoCAD 提示：“指定第一条引线点或 [设置(S)]<设置>：”，直接按 Enter 键，打开【引线设置】对话框，在【注释】选项卡中选择【公差】单选项，如图 7-83 所示。

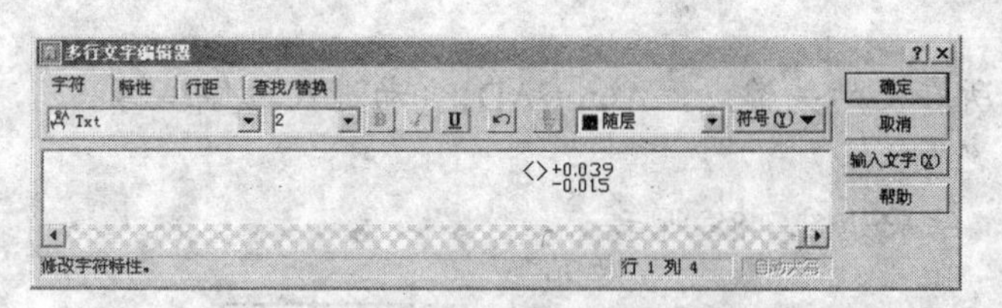

图7-82 【多行文字编辑器】对话框

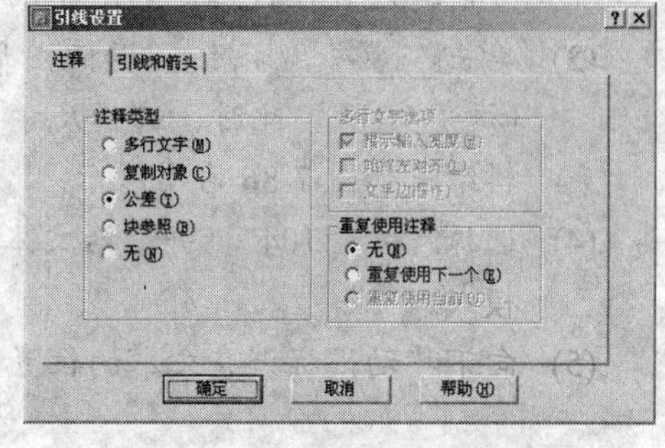

图7-83 【引线设置】对话框

(3) 单击 确定 按钮，AutoCAD 提示如下。

```
指定第一个引线点或 [设置(S)]<设置>:           //在轴线上捕捉点 A，如图 7-84 所示
指定下一点:                                 //打开正交并在 B 点处单击一点
指定下一点:                                 //在 C 点处单击一点
```

AutoCAD 打开【形位公差】对话框，在此对话框中输入公差值，如图 7-85 所示。

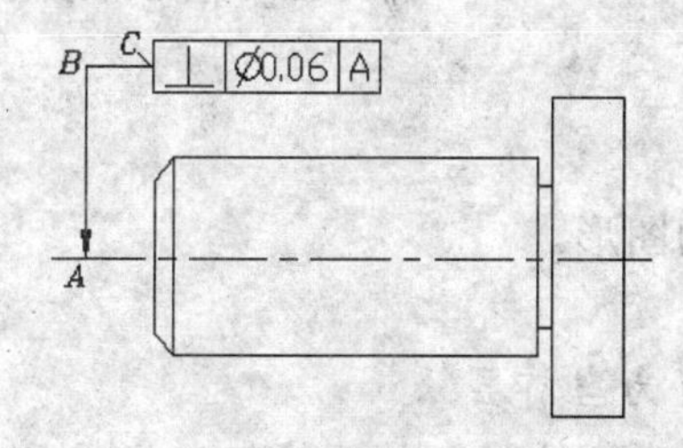

图7-84 标注形位公差

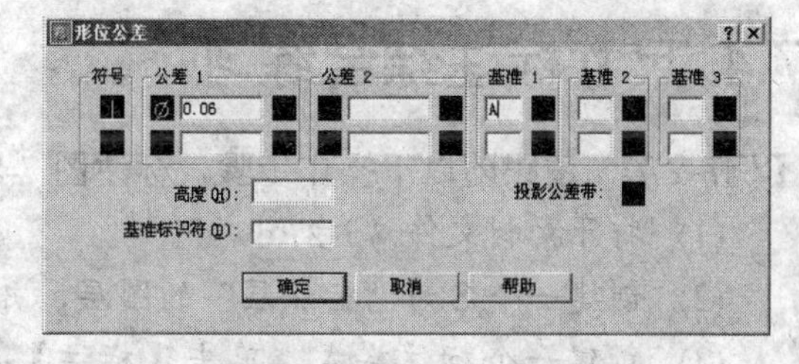

图7-85 【形位公差】对话框

(4) 单击 确定 按钮，结果如图 7-84 所示。

7.3.11 修改标注文字及调整标注位置

修改尺寸标注文字的最佳方法是使用 DDEDIT 命令，发出该命令后，可以连续地修改

想要编辑的尺寸。关键点编辑方式非常适合于移动尺寸线和标注文字，进入这种编辑模式后，一般利用尺寸线两端或标注文字所在处的关键点来调整标注位置。

【例7-26】 修改标注文字内容及调整标注位置。

(1) 打开素材文件“7-26.dwg”，如图 7-86 左图所示。

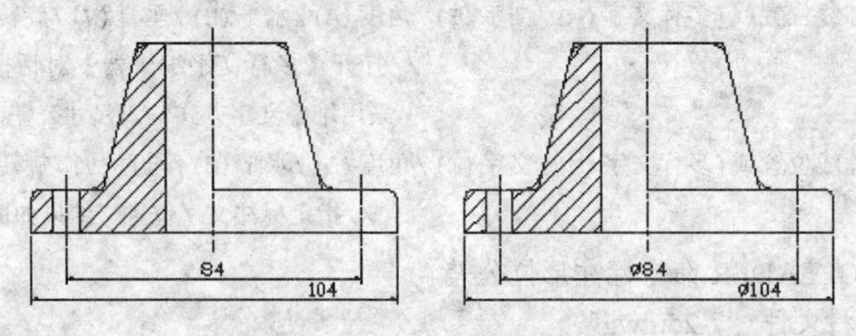

图7-86　修改尺寸文本

(2) 输入 DDEDIT 命令，AutoCAD 提示：“选择注释对象或 [放弃(U)]:”，选择尺寸“84”后，AutoCAD 打开【多行文字编辑器】对话框，在此对话框的尖括号前输入直径代码，如图 7-87 所示。

(3) 单击 确定 按钮，返回图形窗口，AutoCAD 继续提示“选择注释对象或[放弃(U)]:”。此时，选择尺寸“104”，然后在该尺寸文字前加入直径代码。编辑结果如图 7-86 右图所示。

(4) 选择尺寸“104”，并激活文本所在处的关键点，AutoCAD 自动进入拉伸编辑模式。

(5) 向下移动鼠标调整文本的位置，结果如图 7-88 所示。

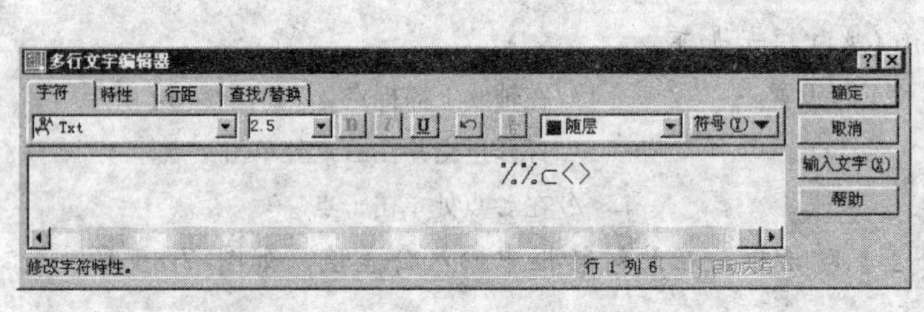

图7-87　【多行文字编辑器】对话框

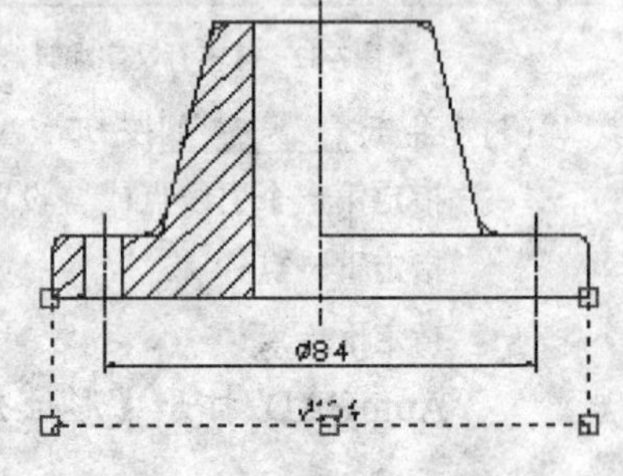

图7-88　调整文本的位置

7.4 尺寸标注综合练习

【例7-27】 请跟随以下操作步骤，标注图 7-89 所示的图形。

(1) 打开素材文件“7-27.dwg”。

(2) 创建一个名为“标注层”的图层，并将其设置为当前层。

(3) 新建一个标注样式。单击【标注】工具栏上的按钮，打开【标注样式管理器】对话框，再单击此对话框中的 新建(N)... 按钮，打开【创建新标注样式】对话框，在该对话框的【新样式名】文本框中输入新的样式名称“标注-1”，如图 7-90 所示。

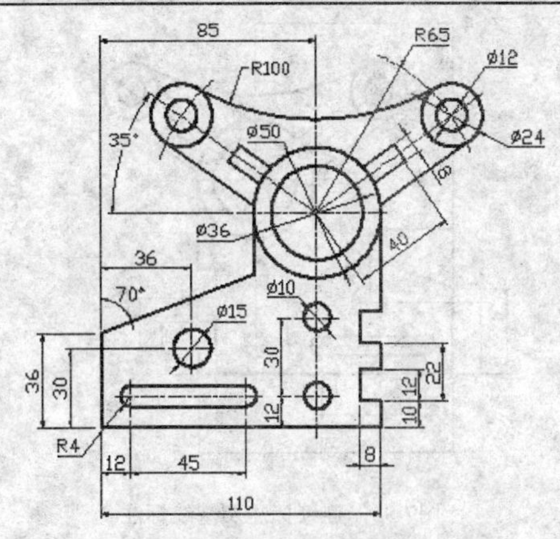

图7-89　标注尺寸

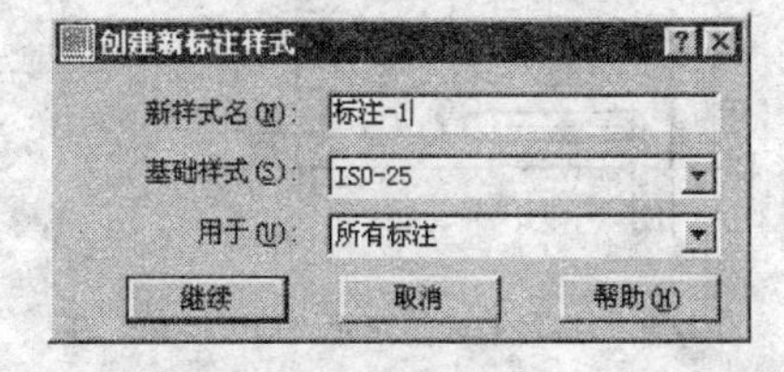

图7-90　【创建新标注样式】对话框

(4) 单击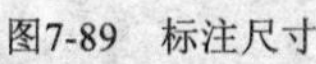按钮，打开【新建标注样式】对话框，如图 7-91 所示。在该对话框中作以下设置。

① 在【文字】选项卡的【文字高度】、【从尺寸线偏移】数值框中分别输入“3.5”和“1.2”。

② 进入【直线与箭头】选项卡，在【起点偏移量】、【箭头大小】文本框中分别输入“1.5”和“2”。

③ 进入【调整】选项卡，在【使用全局比例】文本框中输入“1.35”。

④ 进入【主单位】选项卡，在【精度】下拉列表中选择“0”。

(5) 单击 确定 按钮就得到一个新的尺寸样式，再单击 置为当前(U) 按钮使新样式成为当前样式。

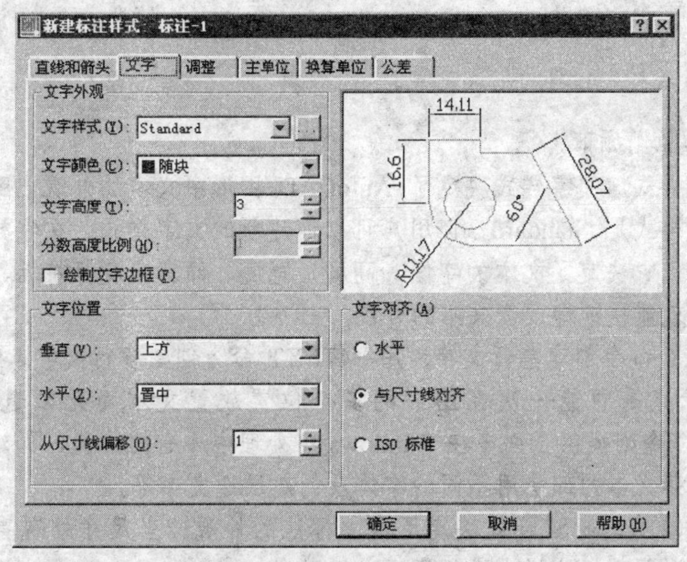

图7-91　【新建标注样式】对话框

(6) 打开自动捕捉，设置捕捉类型为端点、交点。

(7) 标注直线型尺寸“12”、“30”、“85”、“36”等，如图 7-92 所示。

(8) 创建连续标注及基线标注，如图 7-93 所示。

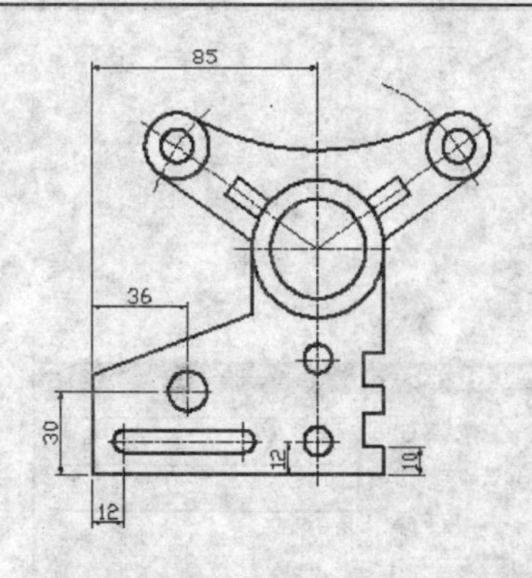

图7-92　标注直线型尺寸“12”、“30”等

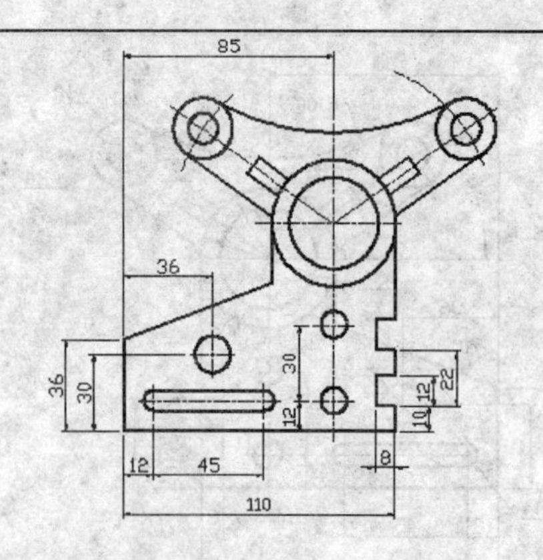

图7-93　连续标注及基线标注

(9) 创建对齐尺寸，如图 7-94 所示。

(10) 利用标注样式的覆盖方式创建角度、半径及直径尺寸，如图 7-95 所示。

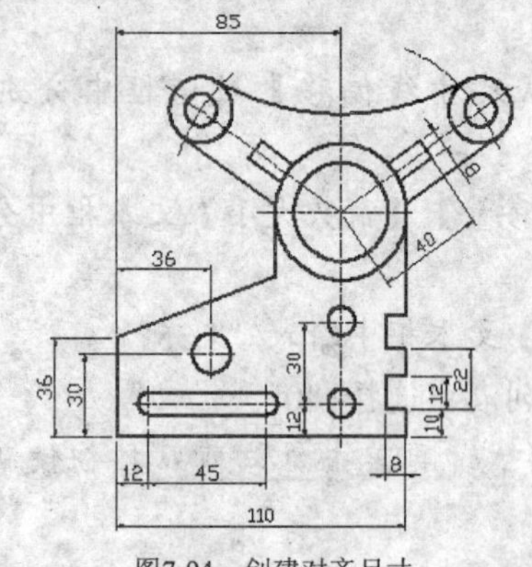

图7-94　创建对齐尺寸

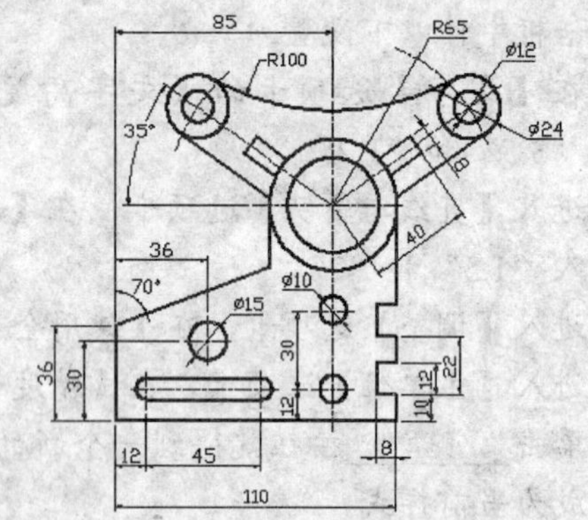

图7-95　创建角度、半径及直径尺寸

7.5 小结

本章主要内容总结如下。

- 创建文字样式。文字样式决定了 AutoCAD 图形中文本的外观，默认情况下，当前文字样式是 Standard，但用户可以创建新的文字样式。文字样式是文本设置的集合，它决定了文本的字体、高度、宽度、倾斜角度等特性，通过修改某些设定，就能快速地改变文本的外观。
- 用 DTEXT 命令创建单行文字；用 MTEXT 命令创建多行文字。DTEXT 命令的最大优点是它能一次在图形的多个位置放置文本而无须退出命令。而 MTEXT 命令则提供了许多在 Windows 字处理中才有的功能，如建立下画线文字、在段落文本内部使用不同的字体及创建层迭文字等。
- 创建标注样式。标注样式决定了尺寸标注的外观。当尺寸外观看起来不合适时，可通过调整标注样式进行修正。
- 在 AutoCAD 中可以标注出多种类型的尺寸，如直线型、平行型、直径型、半径型等。此外，还能方便地标注尺寸公差及形位公差。
- 用 DDEDIT 命令修改标注文字内容；利用关键点编辑方式调整标注位置。

7.6 习题

1. 打开素材文件“7-28.dwg”，如图7-96所示。请标注该图样。

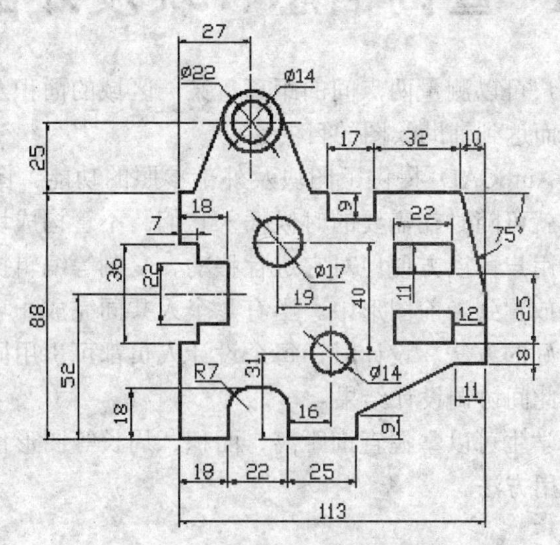

图7-96 尺寸标注练习（1）

2. 打开素材文件“7-29.dwg”，如图7-97所示。请标注该图样。

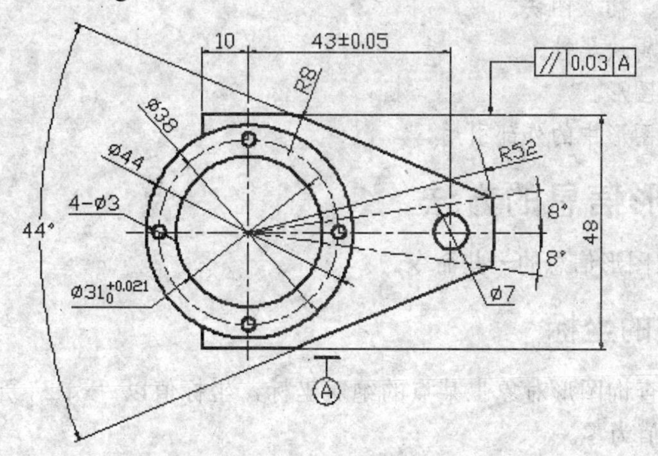

图7-97 尺寸标注练习（2）

第8章 查询信息、块及外部参照

在 AutoCAD 中用户可以测量两点间的距离、某一区域的面积及周长，这些功能有助于用户了解图形信息，从而达到辅助绘图的目的。

为提高设计效率，AutoCAD 提供了图块及外部参照的功能。图块是用户命名并保存的一组对象。创建块后，就可随时在需要的时候插入它们。不管构成块的对象有多少，块本身只是一个单独的对象，用户可以方便地对它进行移动、复制等编辑操作。外部参照使用户能以引用方式将外部图形放置到当前图形中。当有几个人共同完成一项设计任务时，利用外部参照来辅助工作是非常好的方法。设计时，每个设计人员都可引用同一张图形，这使大家能够共享设计数据并能彼此间协调设计结果。

通过本章的学习，学生可以掌握查询距离、面积、周长等图形信息的方法，了解块、外部参照的概念及基本使用方法。

本章学习目标

- 查询距离、面积及周长等信息。
- 创建图块、插入图块。
- 创建及编辑块属性。
- 引用外部图形。
- 更新当前图形中的外部引用。

8.1 获取图形信息的方法

本节介绍获取图形信息的一些命令。

8.1.1 获取点的坐标

ID 命令用于查询图形对象上某点的绝对坐标，坐标值以“*x,y,z*”形式显示出来。对于二维图形，*z* 坐标值为零。

命令启动方法

- 下拉菜单:【工具】/【查询】/【点坐标】。
- 工具栏:【查询】工具栏上的按钮。
- 命令: ID。

【例8-1】 练习 ID 命令的使用。

启动 ID 命令，AutoCAD 提示如下。

```
命令: '_id 指定点: cen 于                              //捕捉圆心 A，如图 8-1 所示
 X = 191.4177    Y = 121.9547    Z = 0.0000         //AutoCAD 显示圆心坐标值
```

ID 命令显示的坐标值与当前坐标系的位置有关。如果用户创建新坐标系，则 ID 命令测量的同一点坐标值将不同。

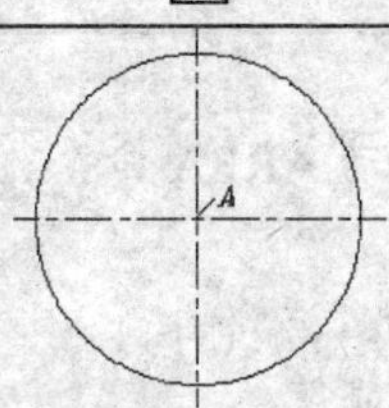

图8-1 查询点的坐标

8.1.2 测量距离

DIST 命令用于测量两点之间的距离，同时，还能计算出与两点连线相关的某些角度。

命令启动方法

- 下拉菜单:【工具】/【查询】/【距离】。
- 工具栏:【查询】工具栏上的按钮。
- 命令: DIST 或简写 DI。

【例8-2】 练习 DIST 命令的使用。

启动 DIST 命令，AutoCAD 提示如下。

```
命令: '_dist 指定第一点: end 于            //捕捉端点 A，如图 8-2 所示
指定第二点: end 于                         //捕捉端点 B
距离 = 87.8544，XY 平面中的倾角 = 106，  与 XY 平面的夹角 = 0
X 增量 = -24.4549，  Y 增量 = 84.3822，   Z 增量 = 0.0000
```

DIST 命令显示的测量值有如下意义。

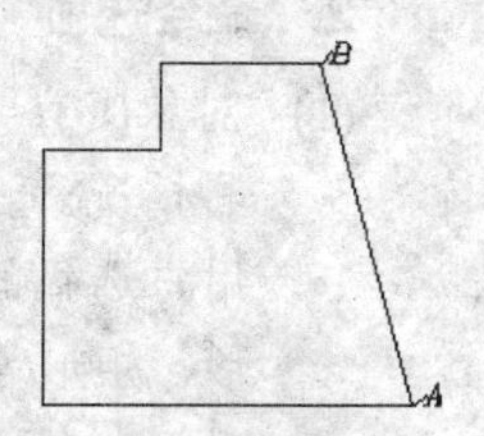

图8-2 测量距离

- 距离: 两点间的距离。
- XY 平面中的倾角: 两点连线在 *xy* 平面上的投影与 *x* 轴间的夹角。
- 与 XY 平面的夹角: 两点连线与 *xy* 平面间的夹角。
- X 增量: 两点的 *x* 坐标差值。
- Y 增量: 两点的 *y* 坐标差值。
- Z 增量: 两点的 *z* 坐标差值。

使用 DIST 命令时，两点的选择顺序不影响距离值，但影响该命令的其他测量值。

8.1.3 计算图形面积及周长

使用 AREA 命令可以计算出圆、面域、多边形或是一个指定区域的面积及周长，还可以进行面积的加、减运算。

1. 命令启动方法

- 下拉菜单:【工具】/【查询】/【面积】。
- 工具栏:【查询】工具栏上的按钮。
- 命令: AREA 或简写 AA。

【例8-3】练习 AREA 命令的使用。

打开素材文件“8-3.dwg”。启动 AREA 命令，AutoCAD 提示如下。

```
命令: _area
指定第一个角点或 [对象(O)/加(A)/减(S)]:          //捕捉交点 A，如图 8-3 所示
指定下一个角点或按 ENTER 键全选:                //捕捉交点 B
指定下一个角点或按 ENTER 键全选:                //捕捉交点 C
指定下一个角点或按 ENTER 键全选:                //捕捉交点 D
指定下一个角点或按 ENTER 键全选:                //捕捉交点 E
指定下一个角点或按 ENTER 键全选:                //捕捉交点 F
指定下一个角点或按 ENTER 键全选:                //按 Enter 键结束
面积 = 7567.2957，周长 = 398.2821
命令:                                         //重复命令
AREA
指定第一个角点或 [对象(O)/加(A)/减(S)]:          //捕捉端点 G
指定下一个角点或按 ENTER 键全选:                //捕捉端点 H
指定下一个角点或按 ENTER 键全选:                //捕捉端点 I
指定下一个角点或按 ENTER 键全选:                //按 Enter 键结束
面积 = 2856.7133，周长 = 256.3846
```

2. 命令选项

(1) 对象(O)：求出所选对象的面积，有以下几种情况。

- 用户选择的对象是圆、椭圆、面域、正多边形、矩形等闭合图形。
- 对于非封闭的多段线及样条曲线，AutoCAD 将假定有一条连线使其闭合，然后计算出闭合区域的面积，而所计算出的周长却是多段线或样条曲线的实际长度。

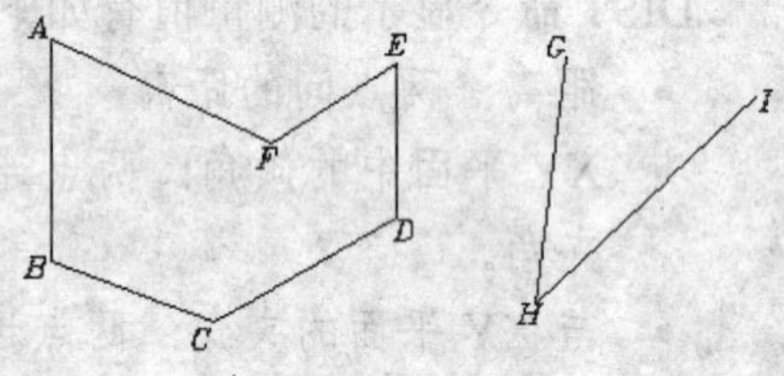

图8-3 计算面积

(2) 加(A)：进入“加”模式。该选项使用户可以将新测量的面积加入总面积中。

(3) 减(S)：利用此选项可使 AutoCAD 把新测量的面积从总面积中扣除。

可以将复杂的图形创建成面域，然后利用“对象(O)”选项查询面积及周长。

8.1.4 列出对象的图形信息

使用 LIST 命令将列表显示对象的图形信息，这些信息随对象类型不同而不同，一般包括以下内容。

- 对象类型、图层、颜色。
- 对象的一些几何特性，如直线的长度、端点坐标、圆心位置、半径大小、圆的面积及周长等。

命令启动方法

- 下拉菜单：【工具】/【查询】/【列表显示】。
- 工具栏：【查询】工具栏上的按钮。
- 命令：LIST 或简写 LI。

【例8-4】练习 LIST 命令的使用。

图8-4　列表显示对象的图形信息

启动 LIST 命令，AutoCAD 提示如下。

```
命令: _list
选择对象: 找到 1 个            //选择圆，如图 8-4 所示
选择对象:                      //按 Enter 键结束，AutoCAD 打开【AutoCAD 文本窗口】
    CIRCLE  图层: 0
            空间: 模型空间
            句柄 = 8C
            圆心 点，X= 402.6691  Y=  67.3143  Z=   0.0000
            半径   47.7047
            周长  299.7372
            面积 7149.4317
```

可以将复杂的图形创建成面域，然后用 LIST 命令查询面积和周长。

8.1.5 查询图形信息综合练习

【例8-5】 打开文件“8-5.dwg”，如图 8-5 所示，计算该图形面积及周长。

(1) 用 REGION 命令将图形外轮廓线框及内部线框创建成面域。

(2) 用外轮廓线框构成的面域“减去”内部线框构成的面域。

(3) 用 LIST 查询面域的面积和周长，结果为面积等于 12825.2162、周长等于 643.8560。

8.2 图块

在工程图中有大量反复使用的图形对象，如机械图中的螺栓、螺钉、垫圈等，建筑图中的门、窗等。由于这些对象的结构形状相同，只是尺寸有所不同，因而作图时常常将它们生成图块，这样在以后的作图中会带来以下优点。

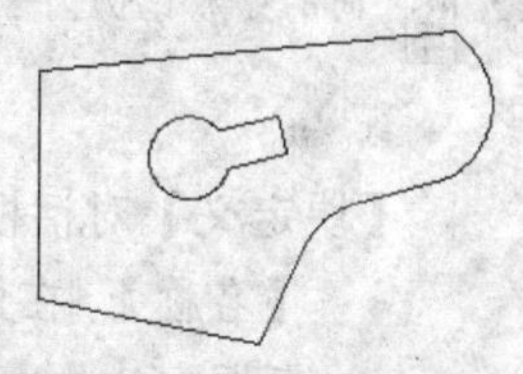

图8-5　计算图形面积及周长

(1) 减少重复性劳动并实现“积木式”绘图

将常用件、标准件定制成标准库，作图时在某一位置插入已定义的图块就可以了，因而不必反复绘制相同的图形元素，这样就实现了“积木式”的作图方式。

(2) 节省存储空间

每当图形中增加一个图元，AutoCAD 就必须记录此图元的信息，从而增大了图形的存

储空间。对于反复使用的图块，AutoCAD 仅对其作一次定义。当用户插入图块时，AutoCAD 只是对已定义的图块进行引用，这样就可以节省大量的存储空间。

(3) 方便编辑

在 AutoCAD 中，图块是作为单一对象来处理的，常用的编辑命令如 MOVE、COPY、ARRAY 等都适用于图块。图块还可以嵌套，即在一个图块中包含其他的一些图块。此外，如果对某一图块进行重新定义，则会引起图样中所有引用的图块都自动更新。

8.2.1 创建图块

用 BLOCK 命令可以将图形的一部分或整个图形创建成图块，用户可以给图块起名，并可定义插入基点。

命令启动方法

- 下拉菜单:【绘图】/【块】/【创建】。
- 工具栏:【绘图】工具栏上的按钮。
- 命令: BLOCK 或简写 B。

【例8-6】 创建图块。

(1) 打开素材文件“8-6.dwg”。

(2) 选择菜单命令【绘图】/【块】/【创建】，或单击【绘图】工具栏上的按钮，AutoCAD 打开【块定义】对话框，如图 8-6 所示。

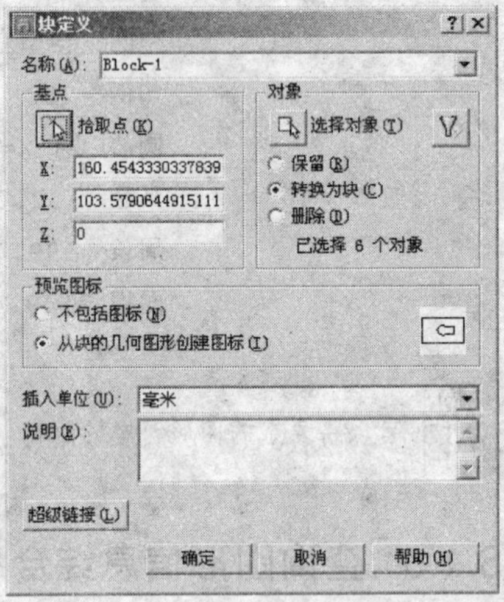

(3) 在【名称】文本框中输入新建图块的名称“Block-1”，如图 8-6 所示。

块定义
名称(A): Block-1
基点
拾取点(K)
X: 160.4543330337839
Y: 103.5790644915111
Z: 0
对象
选择对象(T)
保留(R)
转换为块(C)
删除(D)
已选择 6 个对象
预览图标
不包括图标(N)
从块的几何图形创建图标(I)
插入单位(U): 毫米
说明(E):
超级链接(L)...
确定 取消 帮助(H)

图8-6 【块定义】对话框

(4) 选择构成块的图形元素。单击按钮（选择对象），AutoCAD 返回绘图窗口，并提示：“选择对象”，选择线框 *A*、*B*，如图 8-7 所示。

(5) 指定块的插入基点。单击按钮（拾取点），AutoCAD 返回绘图窗口，并提示“指定插入基点”，拾取点 *C*，如图 8-7 所示。

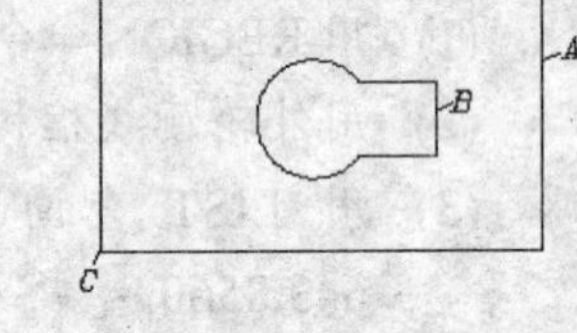

图8-7 创建图块

(6) 单击 确定 按钮，AutoCAD 生成图块。

在定制符号块时，一般将块图形画在 1×1 的正方形中，这样就便于在插入块时确定图块沿 *x*、*y* 方向的缩放比例因子。

【块定义】对话框中的常用选项的功能如下。

- 【名称】: 在此列表框中输入新建图块的名称，最多可使用 255 个字符。单击列表框右边的按钮，打开下拉列表，该列表中显示了当前图形的所有图块。
- 【拾取点】: 单击此按钮，AutoCAD 切换到绘图窗口，用户可直接在图形中拾取某点作为块的插入基点。
- 【X: 】、【Y: 】、【Z: 】文本框：在这 3 个文本框中分别输入插入基点的 *x*、*y*、*z* 坐标值。

- 【选择对象】：单击此按钮，AutoCAD 切换到绘图窗口，用户在绘图区中选择构成图块的图形对象。
- 【保留】：选中该选项，则 AutoCAD 生成图块后，还保留构成块的源对象。
- 【转换为块】：选中该选项，则 AutoCAD 生成图块后，把构成块的源对象也转化为块。
- 【删除】：该选项使用户可以设置创建图块后，删除构成块的源对象。
- 【不包括图标】：设定是否在块定义中包含预览图标。如果有预览图标，则通过 AutoCAD 设计中心就能预览该块。
- 【从块的几何图形创建图标】：使用构成块的几何对象创建图标。
- 【插入单位】：在该下拉列表中设置图块的插入单位（也可以是无单位）。当将图块从 AutoCAD 设计中心拖入当前图形文件中时，AutoCAD 将根据插入单位及当前图形单位来缩放图块。

8.2.2 插入图块或外部文件

用户可以使用 INSERT 命令在当前图形中插入块或其他图形文件，无论块或被插入的图形多么复杂，AutoCAD 将它们作为一个单独的对象，如果用户需编辑其中的单个图形元素，就必须分解图块或文件块。

命令启动方法

- 下拉菜单：【插入】/【块】。
- 工具栏：【绘图】工具栏上的按钮。
- 命令：INSERT 或简写 I。

【例8-7】 练习 INSERT 命令的使用。

(1) 启动 INSERT 命令后，AutoCAD 打开【插入】对话框，如图 8-8 所示。

(2) 在【名称】下拉列表中选择所需图块，或单击 浏览(B)... 按钮，选择要插入的图形文件。

(3) 单击 确定 按钮完成。

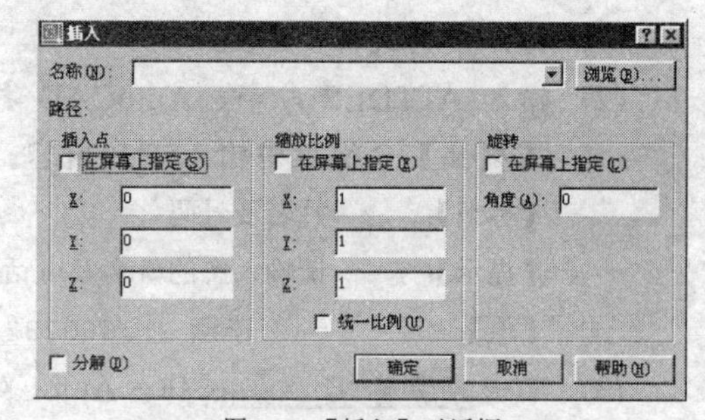

图8-8 【插入】对话框

当把一个图形文件插入当前图中时，被插入图样的图层、线型、图块、字体样式等也将加入到当前图中。如果二者中有重名的这类对象，那么当前图中的定义优先于被插入的图样。

【插入】对话框中的常用选项的功能如下。

- 【名称】：该区域的下拉列表罗列了图样中的所有图块，通过这个列表，用户选择要插入的块。如果要将".dwg"文件插入的当前图形中，就单击 浏览(B)... 按钮，然后选择要插入的文件。
- 【插入点】：确定图块的插入点。可直接在【X:】、【Y:】、【Z:】文本框中输入插入点的绝对坐标值，或是选择【在屏幕上指定】复选项，然后在屏幕上指定。
- 【缩放比例】：确定块的缩放比例。可直接在【X:】、【Y:】、【Z:】文本框中输入沿这 3 个方向的缩放比例因子，也可选择【在屏幕上指定】复选项，然后在屏幕上指定。

可以指定 x、y 方向的负比例因子，此时插入的图块将作镜像变换。

- 【统一比例】：该选项使块沿 x、y、z 方向的缩放比例都相同。
- 【旋转】：指定插入块时的旋转角度。可在【角度】文本框中直接输入旋转角度值，或是通过【在屏幕上指定】复选项在屏幕上指定。
- 【分解】：若用户选择该选项，则 AutoCAD 在插入块的同时分解块对象。

8.2.3 创建及使用块属性

在 AutoCAD 中，可以使块附带属性，属性类似于商品的标签，包含了图块所不能表达的一些文字信息，如材料、型号、制造者等，存储在属性中的信息一般称为属性值。当用 BLOCK 命令创建块时，将已定义的属性与图形一起生成块，这样块中就包含属性了。当然，用户也能仅将属性本身创建成一个块。

属性有助于用户快速产生关于设计项目的信息报表，或者作为一些符号块的可变文字对象。其次，属性也常用来预定义文本位置、内容或提供文本默认值等，如把标题栏中的一些文字项目定制成属性对象，就能方便地填写或修改。

命令启动方法

- 下拉菜单：【绘图】/【块】/【定义属性】。
- 命令：ATTDEF 或简写 ATT。

【例8-8】 在下面的练习中，将演示定义属性及使用属性的具体过程。

(1) 打开素材文件"8-8.dwg"。

(2) 输入 ATTDEF 命令，AutoCAD 打开【属性定义】对话框，如图 8-9 所示。在【属性】分组框中输入下列内容。

【标记】：　　姓名及号码

【提示】：　　请输入您的姓名及电话号码

【值】：　　　　李燕　 2660732

(3) 单击 拾取点(K) < 按钮，AutoCAD 提示如下。

起点：　　　　　　　//在电话机的下边拾取 A 点，如图 8-10 所示

(4) 在【文字样式】下拉列表中选择"样式-1"；在【高度】文本框中输入数值"3"，然后单击 确定 按钮，结果如图 8-10 所示。

(5) 将属性与图形一起创建成图块。单击【绘图】工具栏上的按钮，AutoCAD 打开【块定义】对话框，如图 8-11 所示。

(6) 在【名称】文本框栏中输入新建图块的名称"电话机"；在【对象】分组框中选择【保留】单选项，如图 8-11 所示。

(7) 单击按钮（选择对象），AutoCAD 返回绘图窗口，并提示"选择对象"，选择"电话机"及属性，如图 8-10 所示。

(8) 指定块的插入基点。单击按钮（拾取点），AutoCAD 返回绘图窗口，并提示"指定插入基点"，拾取点 B，如图 8-10 所示。

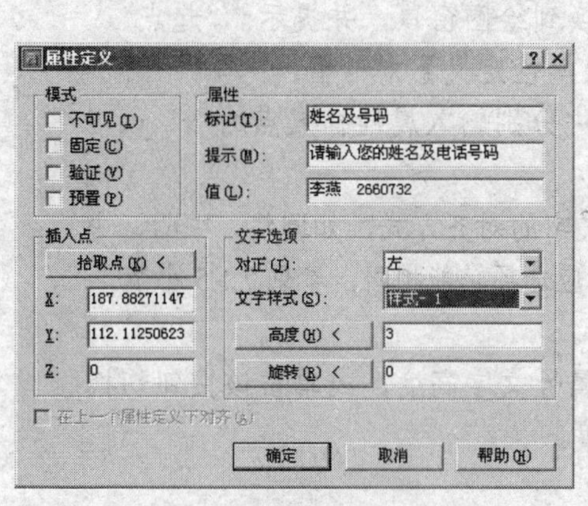

图8-9　【属性定义】对话框

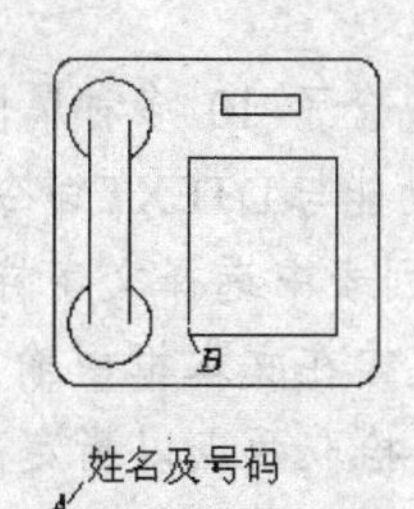

图8-10　定义属性

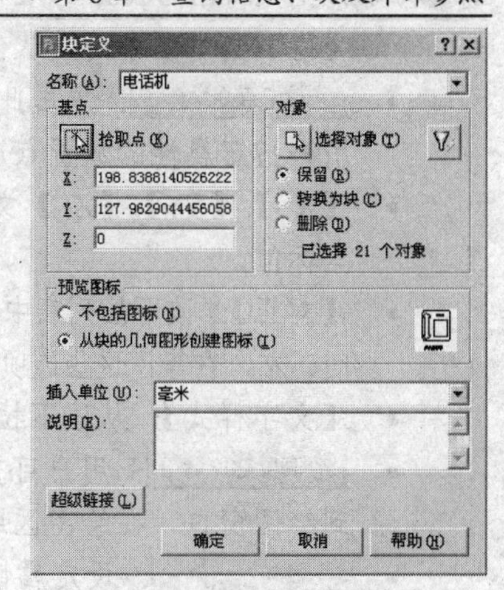

图8-11　【块定义】对话框

(9) 单击 确定 按钮，AutoCAD 生成图块。

(10) 插入带属性的块。单击【绘图】工具栏上的按钮，AutoCAD 打开【插入】对话框，在【名称】下拉列表中选择“电话机”，如图 8-12 所示。

(11) 单击 确定 按钮，AutoCAD 提示如下。

指定插入点或 [比例(S)/X/Y/Z/旋转(R)/预览比例(PS)/PX/PY/PZ/预览旋转(PR)]:

//在屏幕上的适当位置指定插入点

请输入您的姓名及电话号码 <李燕　2660732>: 张涛　5895926

//输入属性值

结果如图 8-13 所示。

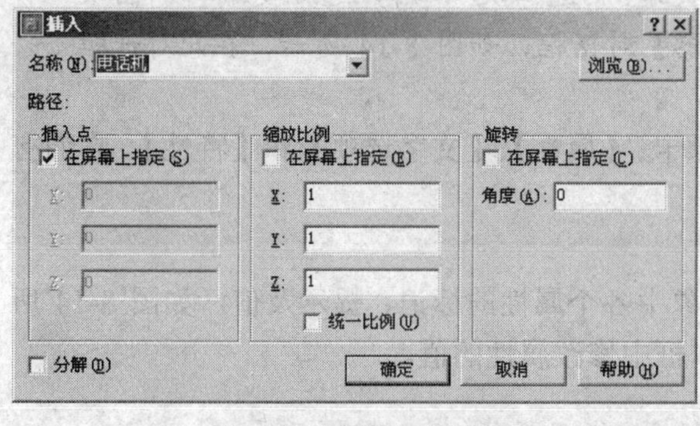

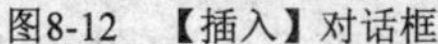

图8-12　【插入】对话框

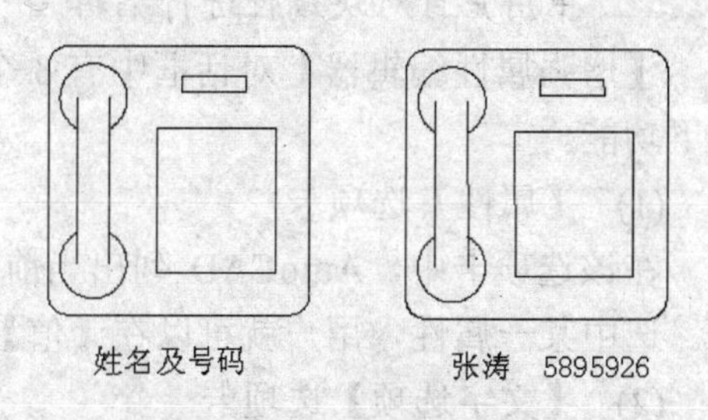

图8-13　插入附带属性的图块

【属性定义】对话框（见图 8-9）中的常用选项的功能如下。

- 【不可见】：控制属性值在图形中的可见性。如果想使图中包含属性信息，但又不想使其在图形中显示出来，就选中这个选项。有一些文字信息，如零部件的成本、产地、存放仓库等，常不必在图样中显示出来，就可设定为不可见属性。
- 【固定】：选中该复选框，属性值将为常量。
- 【验证】：设置是否对属性值进行校验。若选择此复选框，则插入块并输入属性值后，AutoCAD 将再次给出提示，让用户校验输入值是否正确。
- 【预置】：该复选框用于设定是否将实际属性值设置成默认值。若选中此复选框，则插入块时，AutoCAD 将不再提示用户输入新属性值，实际属性值等于

【值】文本框中的默认值。

- 拾取点(K) <：单击此按钮，AutoCAD 切换到绘图窗口，并提示："起点"。用户指定属性的放置点后，按Enter键返回【属性定义】对话框。
- 【X:】、【Y:】、【Z:】文本框：在这 3 个框中分别输入属性插入点的 *x*、*y*、*z* 坐标值。
- 【对正】：该下拉列表中包含了 10 多种属性文字的对齐方式，如调整、中心、中间、左、右等。这些选项功能与 DTEXT 命令对应选项功能相同，参见 7.1.5 小节。
- 【文字样式】：从该下拉列表中选择文字样式。
- 高度(H) <：用户可直接在文本框中输入属性文字高度，或单击该按钮切换到绘图窗口，在绘图区中拾取两点以指定高度。
- 旋转(R) <：设定属性文字旋转角度。

8.2.4 编辑块的属性

若属性已被创建成为块，则用户可用 EATTEDIT 命令来编辑属性值及属性的其他特性。

命令启动方法

- 下拉菜单：【修改】/【对象】/【属性】/【单个】。
- 工具栏：【修改Ⅱ】工具栏上的按钮。
- 命令：EATTEDIT。

【例8-9】 练习 EATTEDIT 命令的使用。

启动 EATTEDIT 命令，AutoCAD 提示："选择块"，用户选择要编辑的图块后，AutoCAD 打开【增强属性编辑器】对话框，如图 8-14 所示，在此对话框中用户可对块属性进行编辑。

【增强属性编辑器】对话框中有 3 个选项卡：【属性】、【文字选项】和【特性】，它们有如下功能。

(1) 【属性】选项卡

在该选项卡中，AutoCAD 列出当前块对象中各个属性的标记、提示及值，如图 8-14 所示。选中某一属性，用户就可以在【值】文本框中修改属性的值。

(2) 【文字选项】选项卡

该选项卡用于修改属性文字的一些特性，如文字样式、字高等，如图 8-15 所示。选项卡中各选项的含义与【文字样式】对话框中同名选项含义相同，参见 7.1.2 小节。

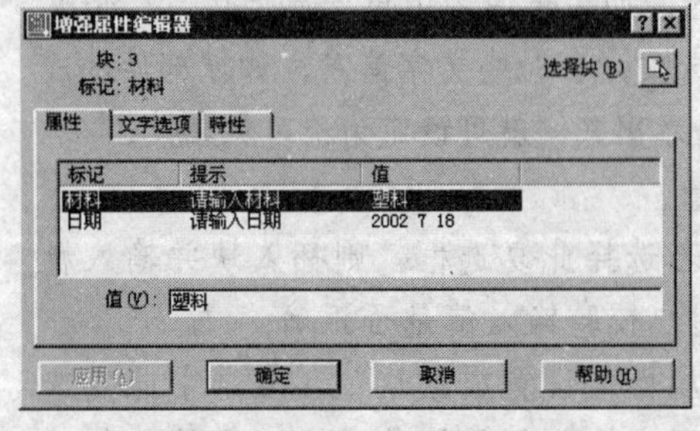

图8-14 【增强属性编辑器】对话框

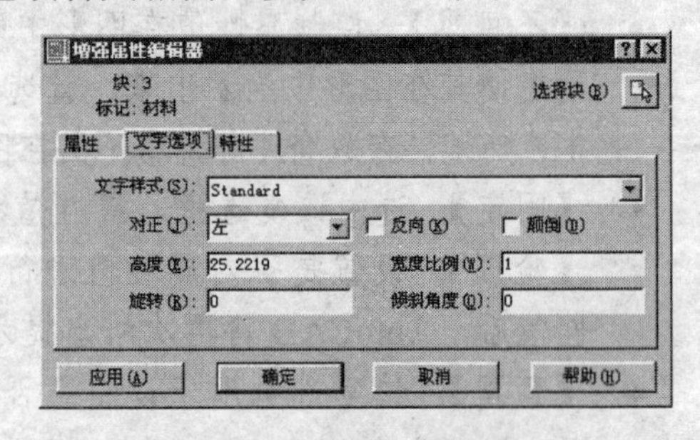

图8-15 【文字选项】选项卡

(3) 【特性】选项卡

在该选项卡中，用户可以修改属性文字的图层、线型、颜色等，如图 8-16 所示。

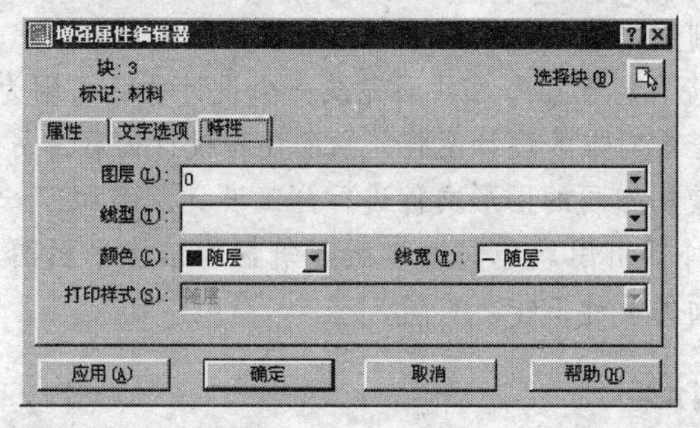

图8-16　【特性】选项卡

8.2.5 块及属性综合练习

【例8-10】 此练习的内容包括创建块、属性及插入带属性的图块。

(1) 打开素材文件“8-10.dwg”。

(2) 定义属性“粗糙度”，该属性包含以下内容。

【标记】:　　粗糙度

【提示】:　　请输入粗糙度值

【值】:　　12.5

(3) 设定属性的高度为“3”，字体为“楷体”，对齐方式为“调整”，分布宽度在 *A*、*B* 两点间，如图 8-17 所示。

(4) 将粗糙度符号及属性一起创建成图块。

(5) 插入粗糙度块并输入属性值，结果如图 8-18 所示。

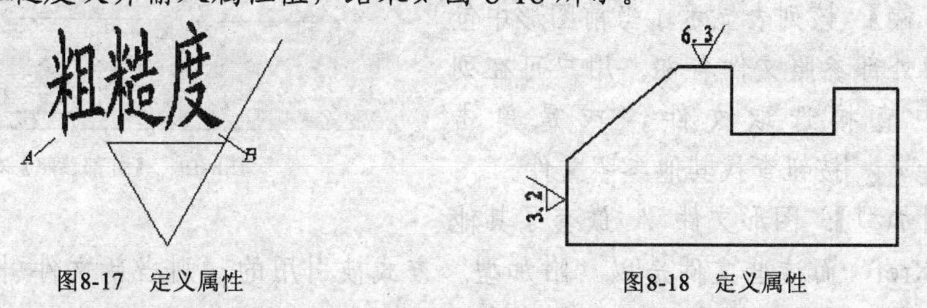

图8-17　定义属性　　图8-18　定义属性

8.3 使用外部参照

当用户将其他图形以块的形式插入当前图样中时，被插入的图形就成为当前图样的一部分，但用户可能并不想如此，而仅仅是要把另一个图形作为当前图形的一个样例，或者想观察一下正在设计的模型与相关的其他模型是否匹配，此时就可通过外部引用（也称为 Xref）将其他图形文件放置到当前图形中。

Xref 使用户能方便地在自己的图形中以引用的方式看到其他图样，被引用的图并不成为当前图样的一部分，当前图形中仅记录了外部引用文件的位置和名称，虽然如此，用户仍然可以控制被引用图形层的可见性，并能进行对象捕捉。

利用 Xref 获得其他图形文件比插入文件块有更多的优点。

- 由于外部引用的图形并不是当前图样的一部分，因而利用 Xref 组合的图样比通过文件块构成的图样要小。

- 每当 AutoCAD 装载图样时，都将加载最新的 Xref 版本，因此，若外部图形文件有所改动，则用户装入的引用图形也将跟随着变动。
- 利用外部引用将有利于几个人共同完成一个设计项目，因为 Xref 使设计者之间可以容易地查看对方的设计图样，从而协调设计内容。另外，Xref 也使设计人员可以同时使用相同的图形文件进行分工设计。例如，一个建筑设计小组的所有成员通过外部引用就能同时参照建筑物的结构平面图，然后分别开展电路、管道等方面的设计工作。

8.3.1 引用外部图形

命令启动方法

- 下拉菜单：【插入】/【外部参照】。
- 工具栏：【参照】工具栏上的按钮。
- 命令：XATTACH 或简写 XA。

【例8-11】 练习 XATTACH 命令的使用。

启动 XATTACH 命令，AutoCAD 打开【选择参照文件】对话框，用户在此对话框中选择所需文件后，单击 打开(O) 按钮，弹出【外部参照】对话框，如图 8-19 所示。通过此对话框，用户可将外部文件插入到当前图形中。

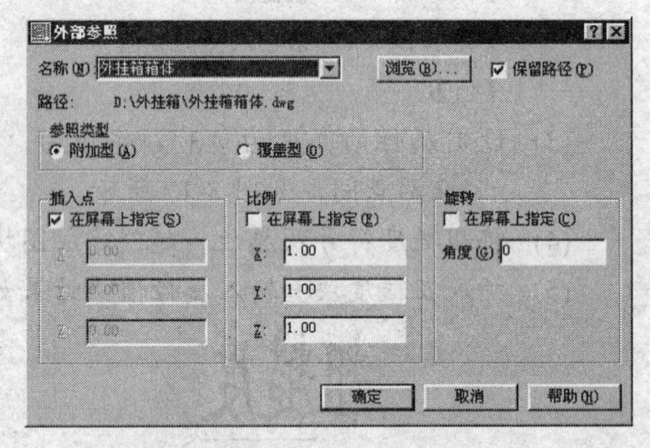

图8-19 【外部参照】对话框

该对话框中各选项有如下功能。

- 【名称】：该列表显示了当前图形中包含的外部参照文件名称。用户可在列表中直接选取文件，或是单击 浏览(B)... 按钮查找其他参照文件。
- 【附加型】：图形文件 A 嵌套了其他的 Xref，而这些文件是以“附加型”方式被引用的，则当新文件引用图形 A 时，用户不仅可以看到 A 图形本身，还能看到 A 图中嵌套的 Xref。附加方式的 Xref 不能循环嵌套，即如果 A 图形引用了 B 图形，而 B 又引用了 C 图形，则 C 图形不能再引用图形 A。
- 【覆盖型】：图形 A 中有多层嵌套的 Xref，但它们均以“覆盖型”方式被引用，则当其他图形引用 A 图时，就只能看到 A 图形本身，而其包含的任何 Xref 都不会显示出来。覆盖方式的 Xref 可以循环引用，这使设计人员可以灵活地察看其他任何图形文件，而无须为图形之间的嵌套关系而担忧。
- 【插入点】：在此区域中指定外部参照文件的插入基点，可直接在【X:】、【Y:】、【Z:】文本框中输入插入点坐标，或是选择【在屏幕上指定】复选项，然后在屏幕上指定。
- 【比例】：在此区域中指定外部参照文件的缩放比例，可直接在【X:】、【Y:】、

【Z:】文本框中输入沿这 3 个方向的比例因子，或是选择【在屏幕上指定】复选项，然后在屏幕上指定。

- 【旋转】：确定外部参照文件的旋转角度，可直接在【角度】文本框中输入角度值，或是选中“在屏幕上指定”选项，然后在屏幕上指定。

8.3.2 更新外部引用文件

当被引用的图形作了修改后，AutoCAD 并不自动更新当前图样中的 Xref 图形，用户必须重新加载以更新它。在【外部参照管理器】对话框中，可以选择一个引用文件或者同时选取几个文件，然后单击 重载(R) 按钮以重新加载图形，如图 8-20 所示。由于可以随时进行更新，因此，用户在设计过程中能及时获得最新的 Xref 文件。

命令启动方法

- 下拉菜单：【插入】/【外部参照管理器】。
- 工具栏：【参照】工具栏上的按钮。
- 命令：XREF 或简写 XR。

【例8-12】练习 XREF 命令的使用。

调用 XREF 命令，AutoCAD 弹出【外部参照管理器】对话框，如图 8-20 所示。利用此对话框，用户可将外部图形重新加载。

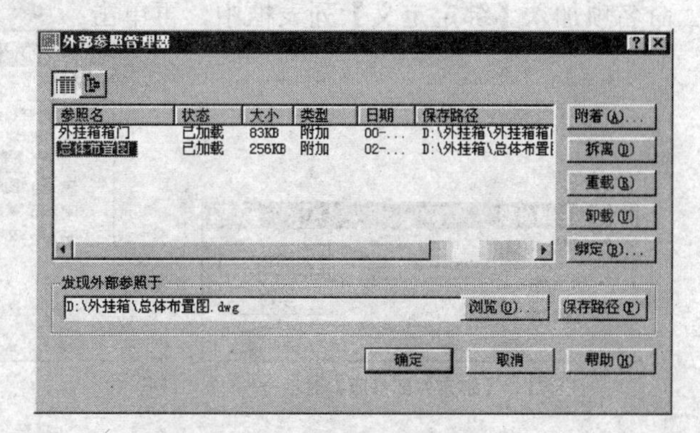

图8-20 【外部参照管理器】对话框

该对话框中的常用选项有如下功能。

- 附着(A)...：单击此按钮，AutoCAD 弹出【选择参照文件】对话框，用户通过此对话框选择要插入的图形文件。
- 拆离(D)：若要将某个外部参照文件去除，可先在列表框中选中此文件，然后单击此按钮。
- 重载(R)：在不退出当前图形文件的情况下更新外部引用文件。
- 卸载(U)：暂时移走当前图形中的某个外部参照文件，但在列表框中仍保留该文件的路径，当希望再次使用此文件时，直接单击此按钮即可。
- 绑定(B)...：通过此按钮将外部参照文件永久地插入当前图形中，使之成为当前文件的一部分。

8.3.3 转化外部引用文件的内容为当前图样的一部分

由于被引用的图形本身并不是当前图形的内容，因此，被引用图形的命名项目，如图层、文本样式、尺寸标注样式等都以特有的格式表示出来。Xref 的命名项目表示形式为“Xref 名称|命名项目”。通过这种方式，AutoCAD 将引用文件的命名项与当前图形的命名项目区别开来。

用户可以把外部引用文件转化为当前图形的内容，转化后 Xref 就变为图样中的一个图块。另外，也能仅把引用图形的命名项目如图层、文字样式等转变为当前图形的一部分。通过这种方法，用户可以容易地使所有图纸的图层、文字样式等命名项保持一致。

在【外部参照管理器】对话框中（见图 8-20），选择要转化的图形文件，然后单击绑定(B)...按钮，打开【绑定外部参照】对话框，如图 8-21 所示。

对话框中有两个选项，它们有如下功能。

- 【绑定】：选择该选项时，引用图形的所有命名项目的名称由"Xref 名称|命名项目"变为"Xref 名称N命名项目"，其中字母 N 是可自动增加的整数，以避免与当前图样中的项目名称重复。
- 【插入】：使用这个选项类似于先拆离引用文件，然后再以块的形式插入外部文件。当合并外部图形后，命名项目的名称前不加任何前缀。例如，外部引用文件中有图层 WALL，当利用【插入】单选项转化外部图形时，若当前图形中无 WALL 层，AutoCAD 就创建 WALL 层，否则继续使用原来的 WALL 层。

在命令行上输入 XBIND 命令，AutoCAD 打开【外部参照绑定】对话框，如图 8-22 所示，在对话框左边的区域中选择要添加到当前图形中的项目，然后单击添加(A) ->按钮，把命名项加入【绑定定义】列表框中，再单击确定按钮完成。

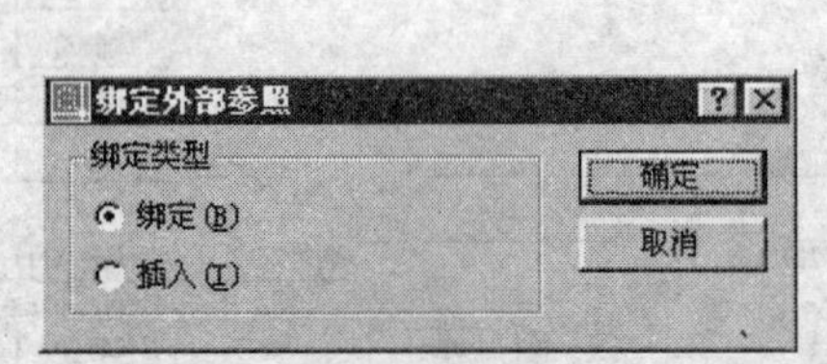

图8-21 【绑定外部参照】对话框

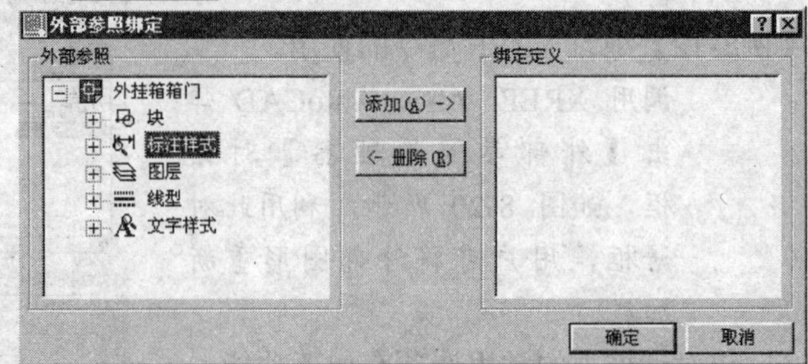

图8-22 【外部参照绑定】对话框

用户可以通过 Xref 连接一系列的库文件，如果想要使用库文件中的内容，就用 XBIND 命令将库文件中的有关项目（如尺寸样式、图块等）转化成当前图样的一部分。

8.4 小结

本章主要内容总结如下。

(1) 获取对象数据库信息主要有以下命令。

- ID：查询点的坐标。
- DIST：计算两点间的距离。
- AREA：计算面积及周长。当图形很复杂时，可先将图形创建成面域，然后进行查询。
- LIST：列表显示对象的图形信息。

(2) 用 BLOCK 命令创建图块。块是将一组实体放置在一起形成的单一对象。把重复出现的图形创建成块可使设计人员大大提高工作效率，并减小图样的规模。生成块后，每当要绘制与块相同的图形时，就插入已定义的块，这时 AutoCAD 并不生成新的图形元素，而仅仅是记录块的引用信息。

(3) 用 ATTDEF 命令创建属性。属性是附加到图块中的文字信息，在定义属性时，用户需要输入属性标签、提示信息及属性的默认值。属性定义完成后，将它与有关图形放置在一起创建成图块，这样就建立了带有属性的块。

(4) 创建标注样式。标注样式决定了尺寸标注的外观。当尺寸外观看起来不合适时，可通过调整标注样式进行修正。

(5) 用 XATTACH 引用外部图形。外部引用在某些方面与块是类似的，但图块保存在当前图形中，而 Xref 则存储在外部文件里，因此，采用 Xref 将使图形更小一些。Xref 的一个重要的用途是使多个用户可以同时使用相同的图形数据开展设计工作，并且相互间能随时观察对方的设计结果，这些优点对于在网络环境下进行分工设计是特别有用的。

8.5 习题

1. 打开素材文件“8-13.dwg”，如图 8-23 所示。请计算该图形的面积和周长。

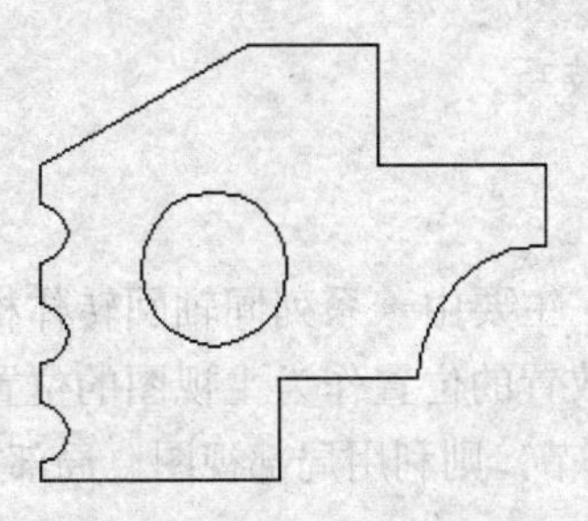

图8-23　计算该图形的面积和周长

2. 下面这个练习的内容包括创建块、插入块和外部引用。

(1) 打开素材文件“8-14.dwg”，如图 8-24 所示。将图形定义为图块，块名为“Block”，插入点在点 *A*。

(2) 在当前文件中引用外部文件“8-15.dwg”，然后插入“Block”块，结果如图 8-25 所示。

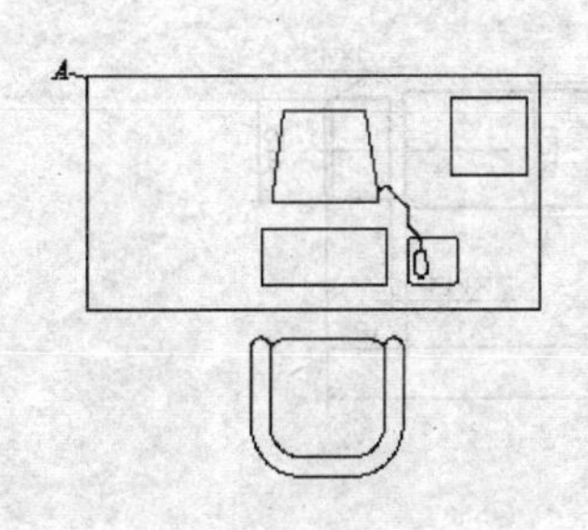

图8-24　创建图块

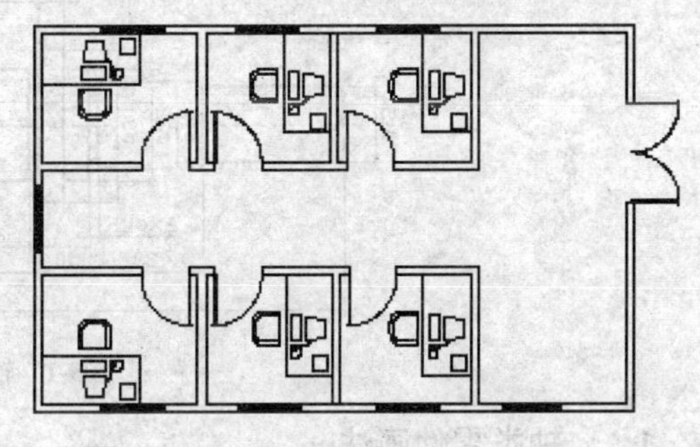

图8-25　插入图块

第9章　绘制机械图

本章将介绍一些典型零件的绘制方法，通过这些内容的学习，使大家在 AutoCAD 绘图方面得到更深入的训练，提高解决实际问题的能力。

通过本章的学习，学生可以了解用 AutoCAD 绘制机械图的一般方法，并掌握一些实用作图技巧。

本章学习目标

- 画轴类零件的方法和技巧。
- 画叉架类零件的方法和技巧。
- 画箱体类零件的方法和技巧。

9.1 画轴类零件

轴类零件相对来讲较为简单，主要由一系列同轴回转体构成，其上常分布孔、槽等结构。它的视图表达方案是将轴线水平放置的位置作为主视图的位置。一般情况下，仅主视图就可表现其主要的结构形状，对于局部细节，则利用局部视图、局部放大图和剖面图来表现。

9.1.1 轴类零件的画法特点

轴类零件的视图有以下特点。

- 主视图表现了零件的主要结构形状，主视图有对称轴线。
- 主视图图形是沿轴线方向排列分布的，大部分线条与轴线平行或垂直。

图 9-1 所示的图形是一轴类零件的主视图，对于该图形一般采取下面两种绘制方法。

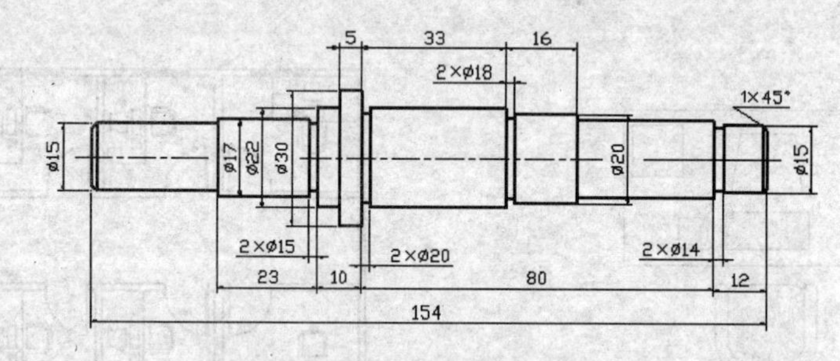

图9-1　轴类零件主视图

1.　**轴类零件画法一**

第 1 种画法是用 OFFSET 和 TRIM 命令作图，具体绘制过程如下。

(1) 用 LINE 命令画主视图的对称轴线 *A* 及左端面线 *B*，如图 9-2 所示。

(2) 平移线段 *A*、*B*，然后修剪多余线条，形成第一轴段，如图 9-3 所示。

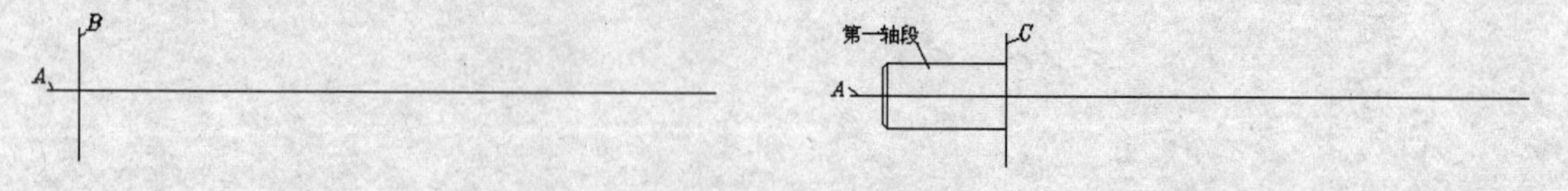

图9-2　画对称轴线及左端面线　　　　图9-3　画第一轴段

(3) 平移线段 *A*、*C*，然后修剪多余线条，形成第二轴段，如图 9-4 所示。

(4) 平移线段 *A*、*D*，然后修剪多余线条，形成第三轴段，如图 9-5 所示。

图9-4　画第二轴段　　图9-5　画第三轴段

(5) 用上述同样的方法画出轴类零件主视图的其余细节，结果如图 9-6 所示。

2.　轴类零件画法二

第 2 种画法是用 LINE 和 MIRROR 命令作图，具体绘制过程如下。

(1) 打开极轴追踪、对象捕捉及自动追踪功能。设定对象捕捉方式为端点、交点。

(2) 用 LINE 命令并结合极轴追踪、自动追踪功能画出零件的轴线及外轮廓线，如图 9-7 所示。

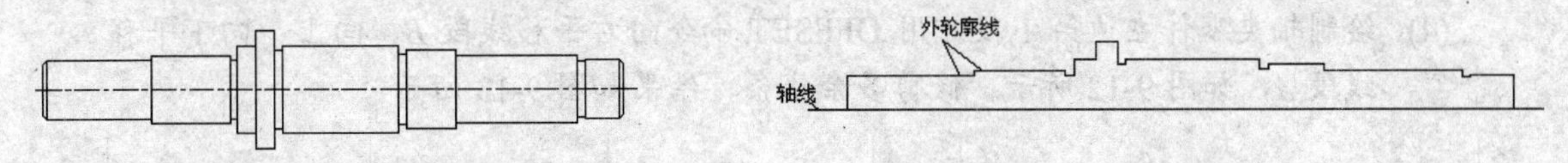

图9-6　画其余细节　　图9-7　画轮廓线

(3) 以轴线为镜像线镜像轮廓线，结果如图 9-8 所示。

(4) 补画主视图的其余线条，结果如图 9-9 所示。

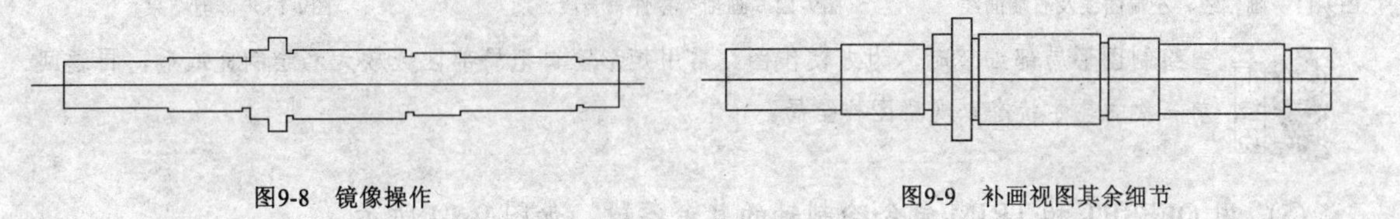

图9-8　镜像操作　　图9-9　补画视图其余细节

9.1.2　轴类零件绘制实例

【例9-1】 绘制如图 9-10 所示的轴类零件。

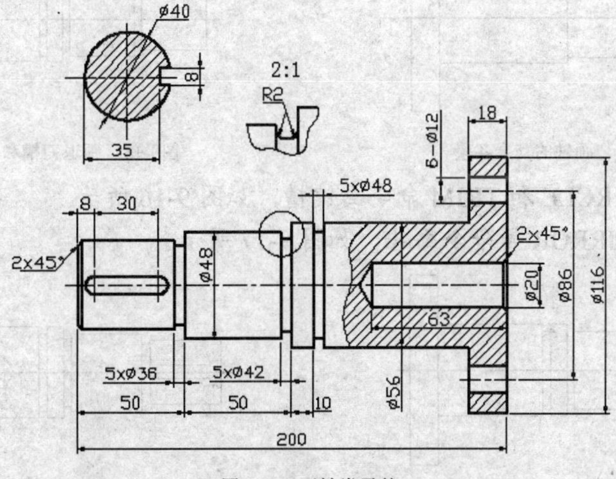

图9-10　画轴类零件

(1) 创建以下图层。

名称	颜色	线型	线宽
轮廓线层	白色	Continuous	0.50
中心线层	蓝色	CENTER	默认
剖面线层	红色	Continuous	默认
标注层	红色	Continuous	默认

(2) 打开极轴追踪、对象捕捉及捕捉追踪功能。设置极轴追踪角度增量为 30°；设定对象捕捉方式为端点、交点；设置沿所有极轴角进行捕捉追踪。

(3) 切换到轮廓线层。画轴线 *A*、左端面线 *B* 及右端面线 *C*。这些线条是绘图的主要基准线，如图 9-11 所示。

有时也用 XLINE 命令画轴线及零件的左、右端面线，这些线条构成了主视图的布局线。

(4) 绘制轴类零件左边第 1 段。用 OFFSET 命令向右平移线段 *B*，向上、向下平移线段 *A*，如图 9-12 所示。修剪多余线条，结果如图 9-13 所示。

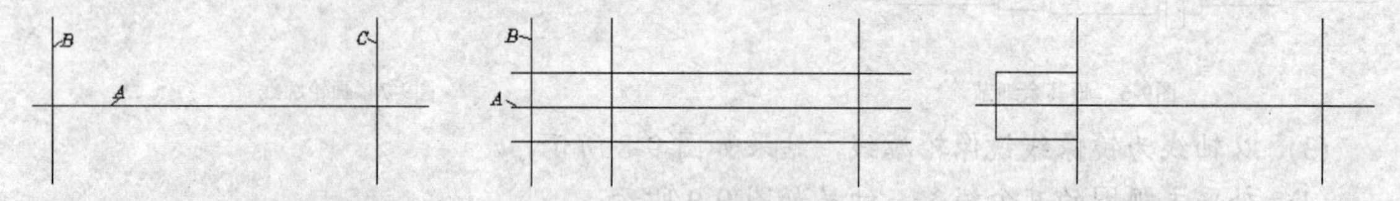

图9-11　画轴线、左端面线及右端面线　　图9-12　画轴类零件第一段　　图9-13　修剪结果

当绘制图形局部细节时，为方便作图，常用矩形窗口把局部区域放大，绘制完成后，再返回前一次的显示状态以观察图样全局。

(5) 用 OFFSET 和 TRIM 命令绘制轴的其余各段，如图 9-14 所示。

(6) 用 OFFSET 和 TRIM 命令画退刀槽和卡环槽，如图 9-15 所示。

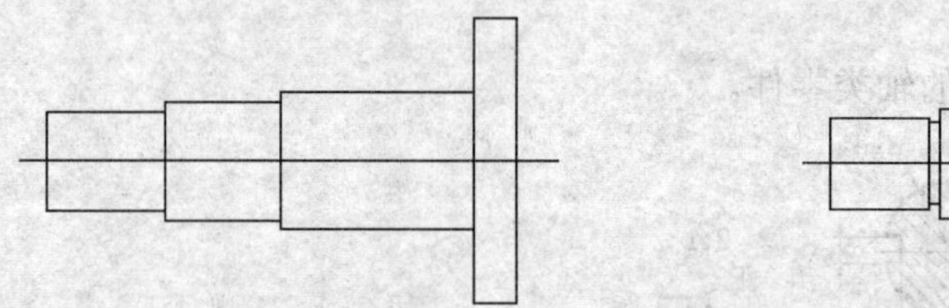

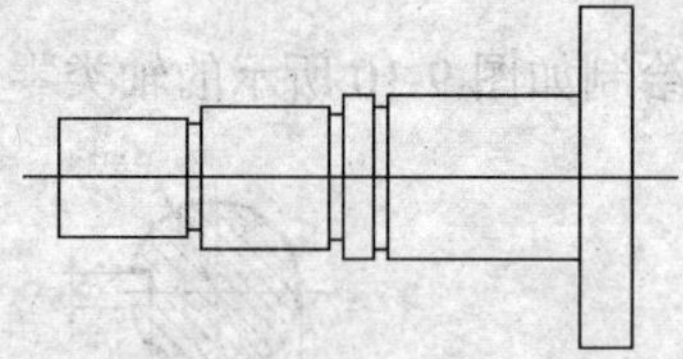

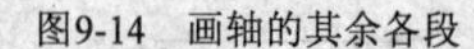

图9-14　画轴的其余各段　　图9-15　画退刀槽和卡环槽

(7) 用 LINE、CIRCLE 和 TRIM 命令画键槽，如图 9-16 所示。

(8) 用 LINE、MIRROR 等命令画孔，如图 9-17 所示。

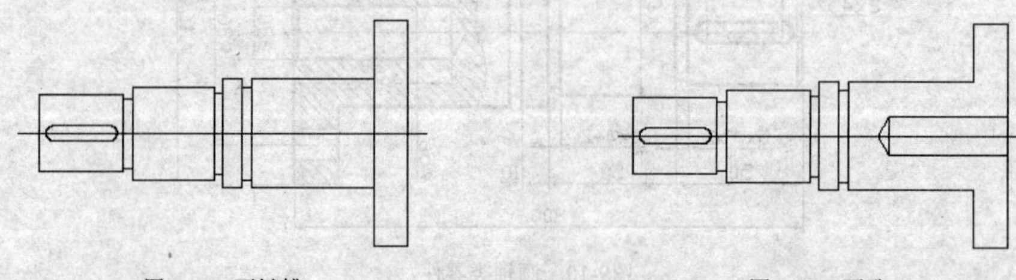

图9-16　画键槽　　图9-17　画孔

(9) 用 OFFSET、TRIM 和 BREAK 命令画孔，如图 9-18 所示。

(10) 画线段 *A*、*B* 及圆 *C*，如图 9-19 所示。

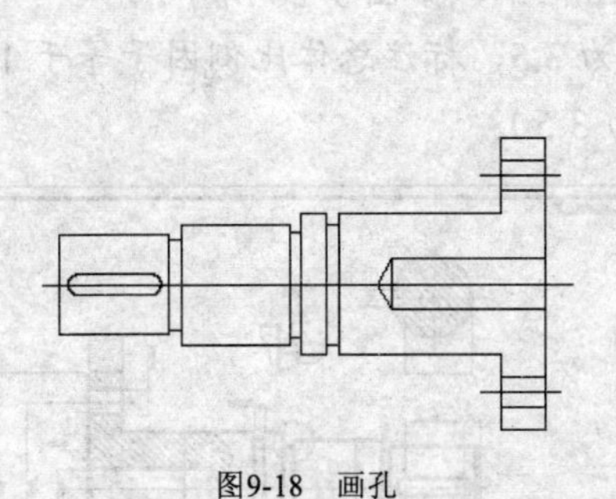

图9-18　画孔

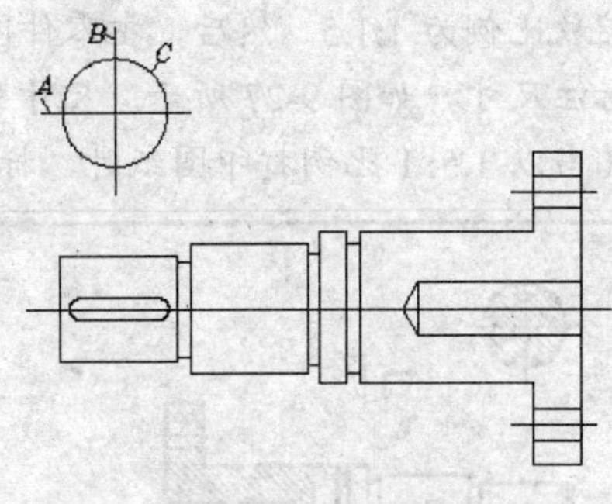

图9-19　画直线及圆

(11) 用 OFFSET 和 TRIM 命令画键槽剖面图，如图 9-20 所示。

(12) 复制线段 *D*、*E* 等，如图 9-21 所示。

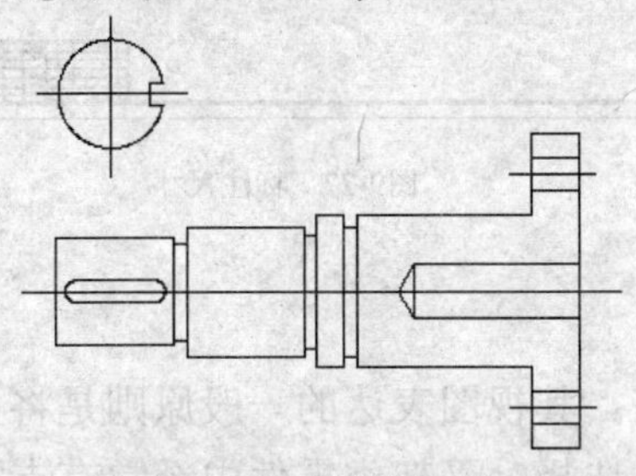

图9-20　画键槽剖面图

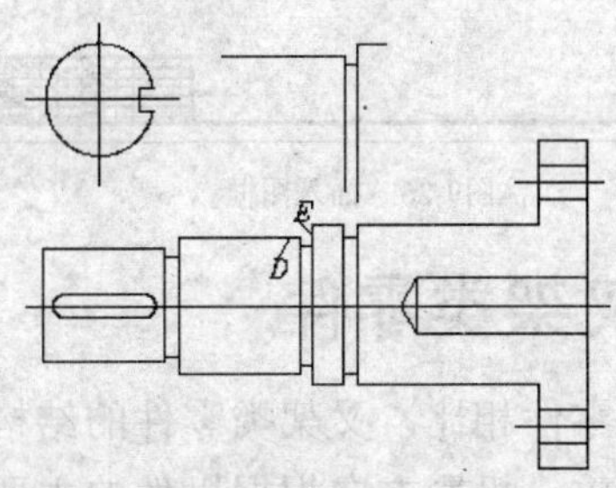

图9-21　复制直线

(13) 用 SPLINE 命令画断裂线，再绘制过渡圆角 *G*，然后用 SCALE 命令放大图形 *H*，如图 9-22 所示。

(14) 画断裂线 *K*，再倒斜角，如图 9-23 所示。

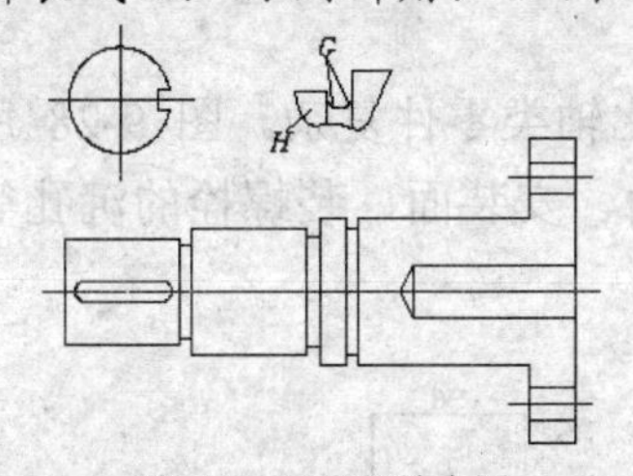

图9-22　画局部放大图

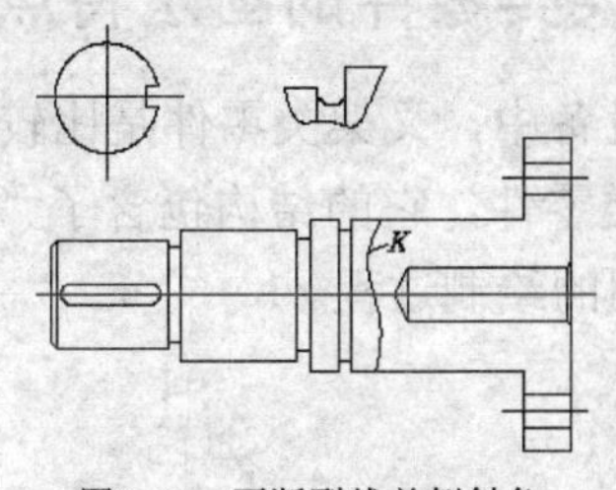

图9-23　画断裂线并倒斜角

(15) 画剖面图案，如图 9-24 所示。

(16) 将轴线、圆的定位线等修改到中心线层上；将剖面图案修改到剖面线层上，如图 9-25 所示。

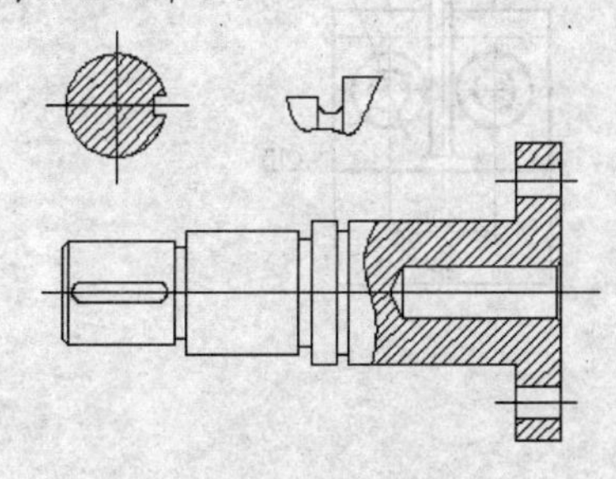

图9-24　画剖面线

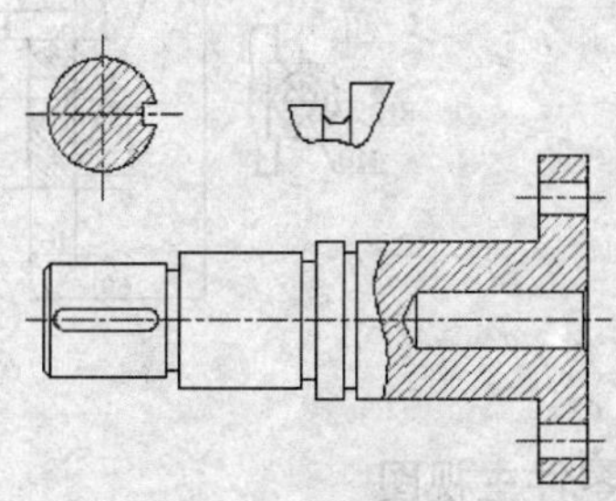

图9-25　改变对象所在图层

(17) 打开素材文件“9-A2.dwg”，该文件包含一个 A2 幅面的图框。利用 Windows 的复制/粘贴功能将 A2 幅面图纸复制到零件图中。用 SCALE 命令缩放图框，缩放比例为 1:1.5。然后，把零件图布置在图框中，如图 9-26 所示。

(18) 标注尺寸，如图 9-27 所示。尺寸文字字高为 3.5，标注总体比例因子等于 1/1.5（当以 1.5: 1 比例打印图纸时，标注字高为 3.5）。

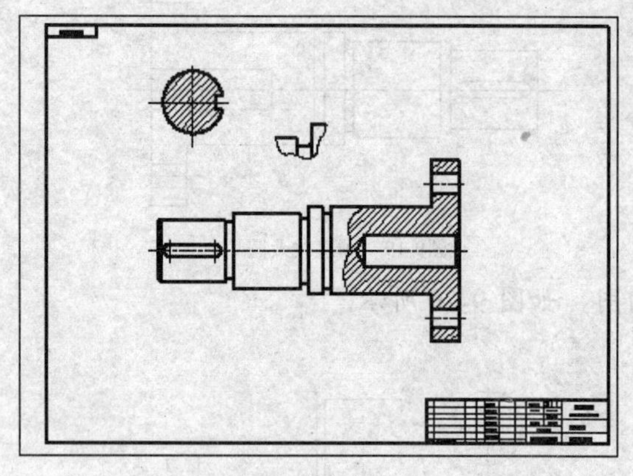

图9-26　插入图框

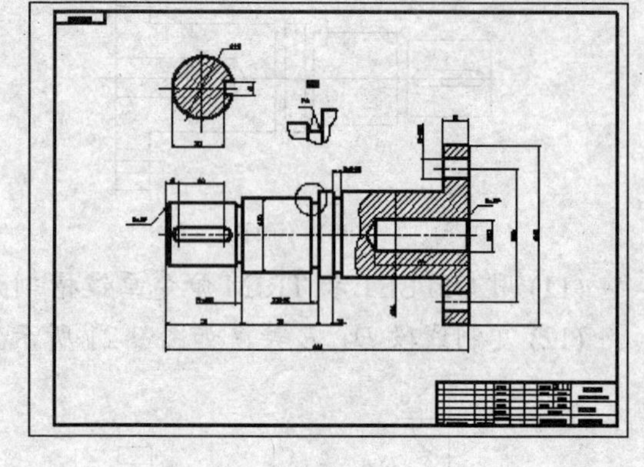

图9-27　标注尺寸

9.2 画叉架类零件

与轴类零件相比，叉架类零件的结构要复杂一些。其视图表达的一般原则是将主视图以工作位置摆放，投影方向根据机件的主要结构特征去选择。叉架类零件中经常有支撑板、支撑孔、螺孔及相互垂直的安装面等结构，对于这些局部特征则采用局部视图、局部剖视图或剖面图等来表达。

9.2.1 叉架类零件的画法特点

在机械设备中，叉架类零件是比较常见的，它比轴类零件复杂。图 9-28 所示的托架是典型的叉架类零件，它的结构包含了“T”形支撑肋、安装面、装螺栓的沉孔等，下面简要介绍该零件图的绘制过程。

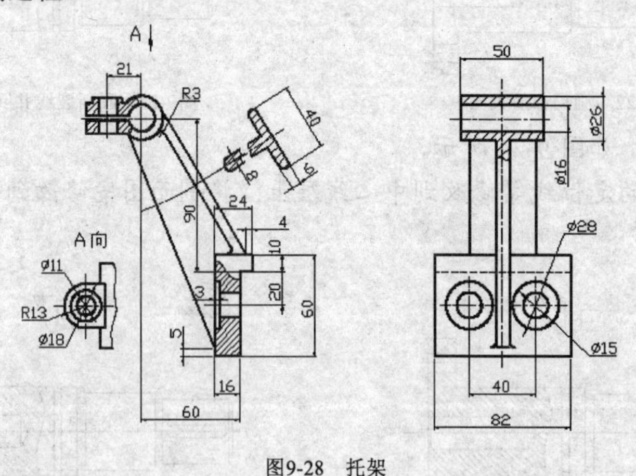

图9-28　托架

1. 绘制零件主视图

先画托架左上部分圆柱体的投影，再以投影圆的轴线为基准线，使用 OFFSET 和 TRIM

命令画出主视图的右下部分，这样就形成了主视图的大致形状，如图 9-29 所示。

接下来，使用 LINE、OFFSET、TRIM 等命令形成主视图的其余细节特征，如图 9-30 所示。

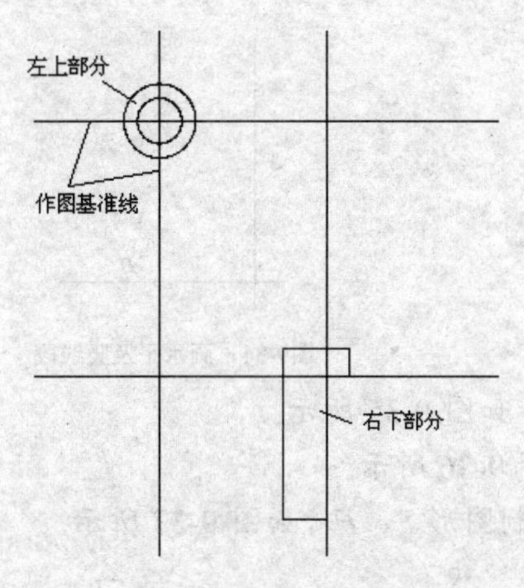

图9-29　画主视图的大致形状

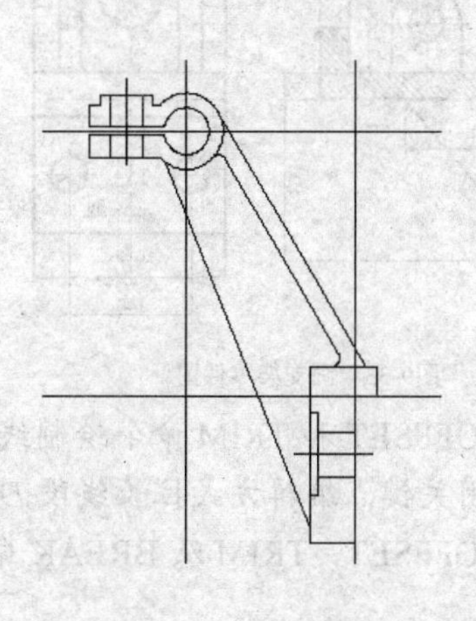

图9-30　画其余细节特征

2. 从主视图向左视图投影几何特征

左视图可利用画辅助投影线的方法来绘制，如图 9-31 所示，用 XLINE 命令画水平构造线把主要的形体特征从主视图向左视图投影，再在屏幕的适当位置画左视图的对称线，这样就形成了左视图的主要作图基准线。

3. 绘制零件左视图

前面已经绘制了左视图的主要作图基准线，接下来就可用 LINE、OFFSET、TRIM 等命令画出左视图的细节特性，如图 9-32 所示。

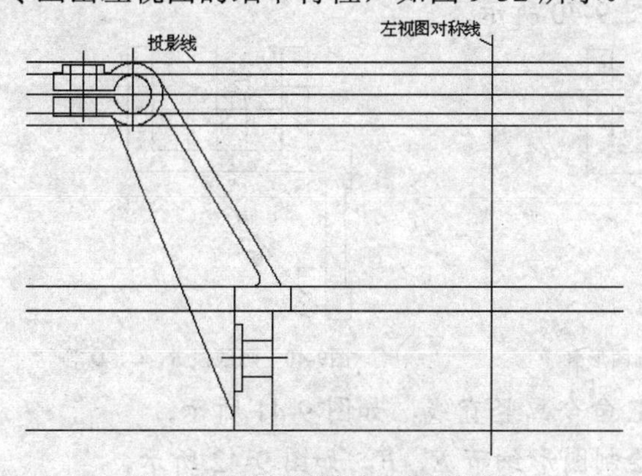

图9-31　形成左视图的主要作图基准线

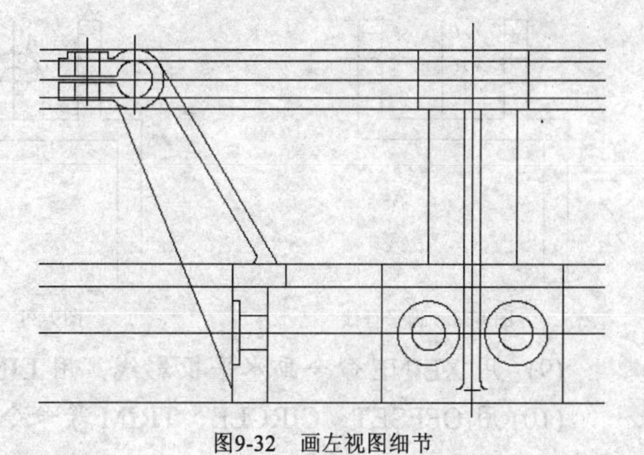

图9-32　画左视图细节

9.2.2 叉架类零件绘制实例

【例9-2】 绘制图 9-33 所示的支架零件图。

(1) 打开极轴追踪、对象捕捉及捕捉追踪功能。设置极轴追踪角度增量为 90°；设定对象捕捉方式为端点、交点；设置仅沿正交方向进行捕捉追踪。

(2) 画水平及竖直作图基准线 *A*、*B*，线段 *A* 的长度约为 450，线段 *B* 的长度约为 400，如图 9-34 所示。

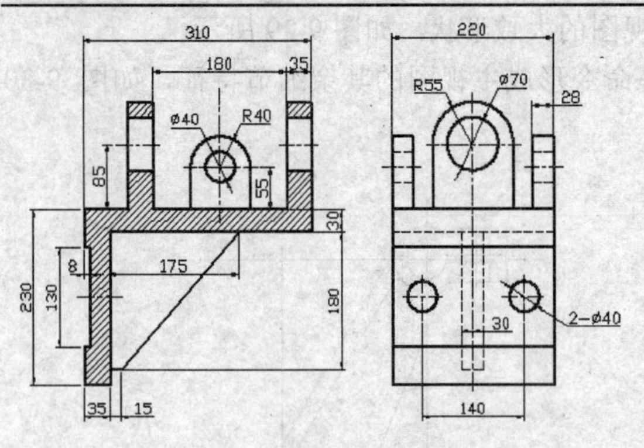

图9-33　画支架零件图

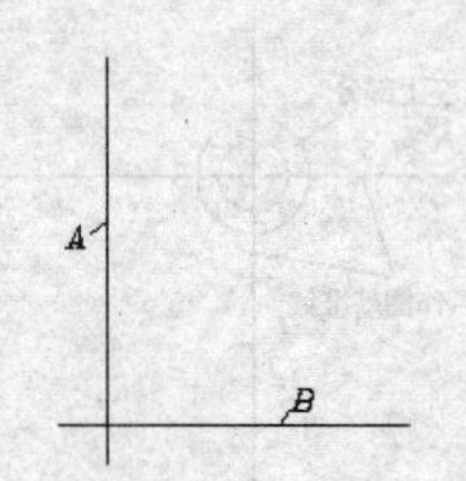

图9-34　画水平及竖线段

(3)　用 OFFSET 和 TRIM 命令绘制线框 *C*，如图 9-35 所示。

(4)　利用关键点编辑方式拉长线段 *D*，如图 9-36 所示。

(5)　用 OFFSET、TRIM 及 BREAK 命令绘制图形 *E*、*F*，如图 9-37 所示。

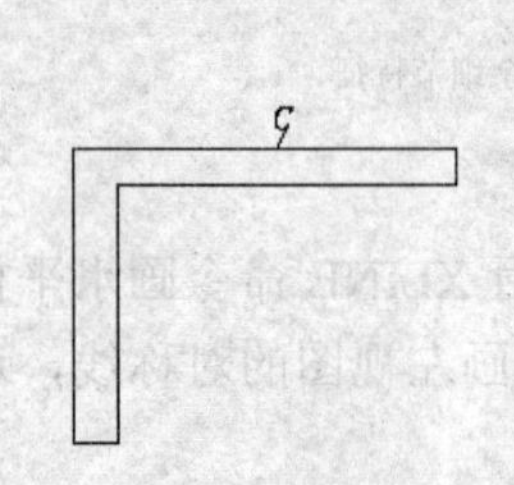

图9-35　绘制线框 *C*

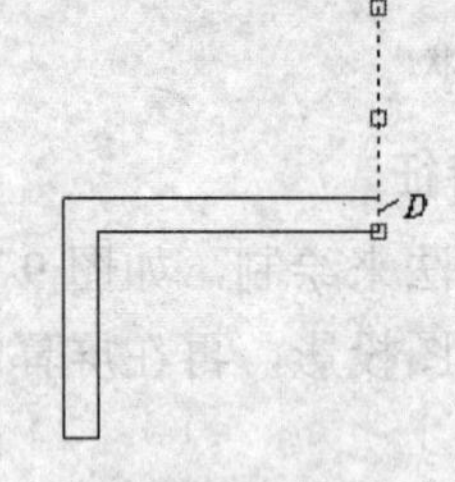

图9-36　拉长线段 *D*

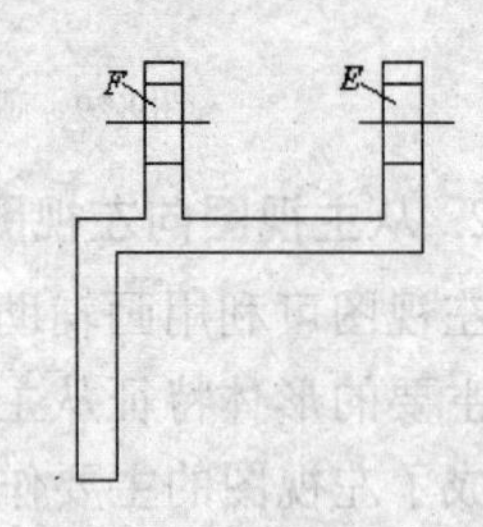

图9-37　绘制图形 *E*、*F*

(6)　画平行线 *G*、*H*，如图 9-38 所示。

(7)　用 LINE 和 CIRCLE 命令画图形 *A*，如图 9-39 所示。

(8)　用 LINE 命令画线段 *B*、*C*、*D* 等，如图 9-40 所示。

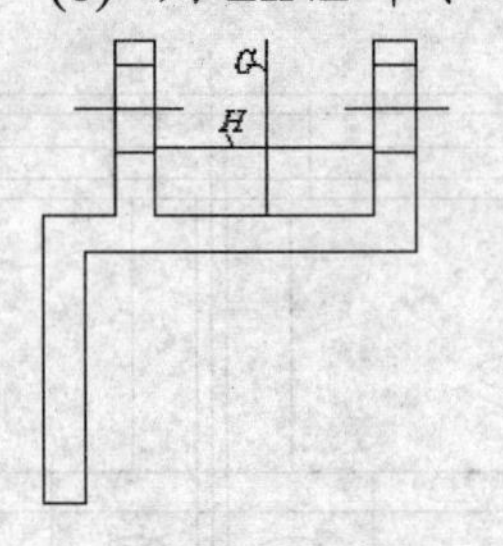

图9-38　画平行线

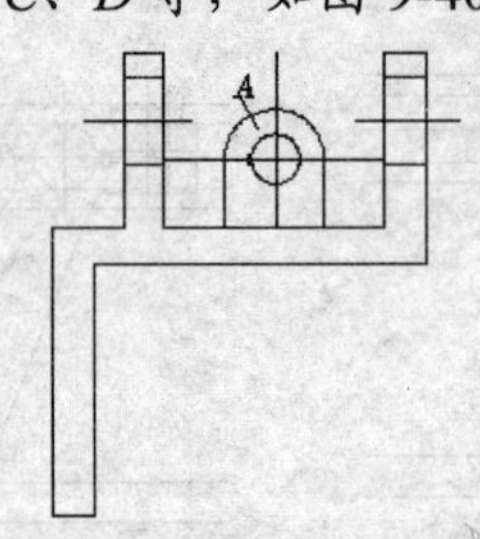

图9-39　画图形 *A*

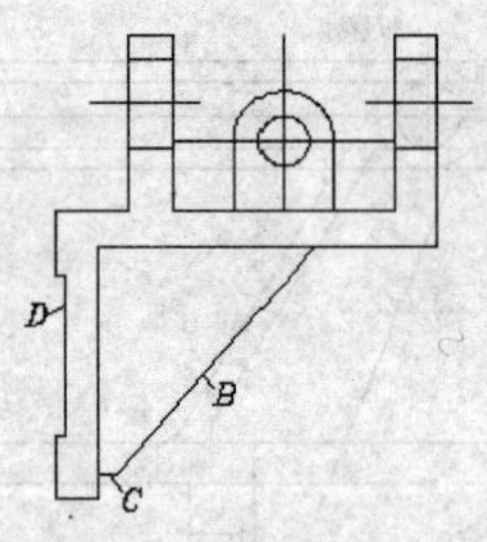

图9-40　画线段 *B*、*C*、*D* 等

(9)　用 XLINE 命令画水平投影线，用 LINE 命令画竖直线，如图 9-41 所示。

(10) 用 OFFSET、CIRCLE、TRIM 等命令绘制图形细节 *E*、*F*，如图 9-42 所示。

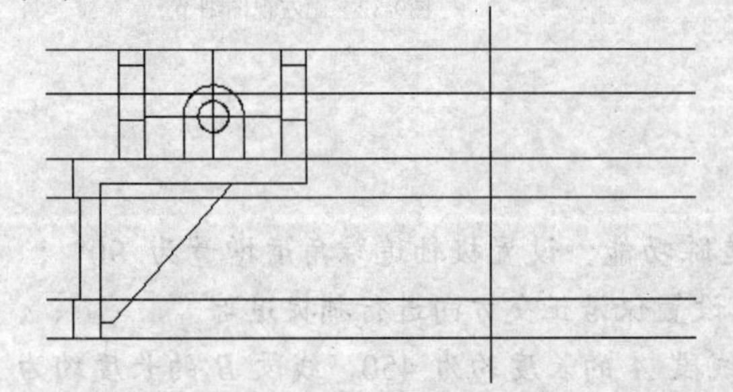

图9-41　画水平投影线及竖直线

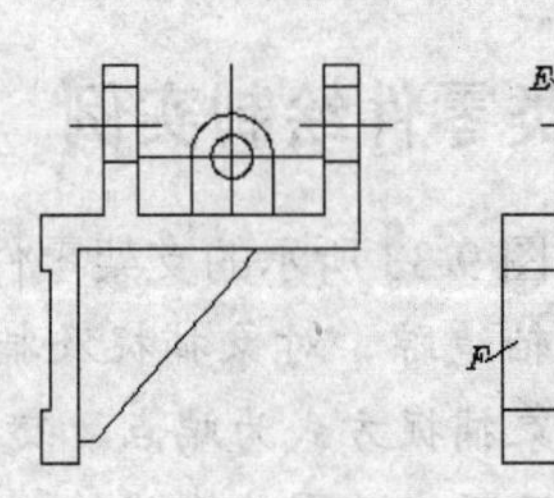

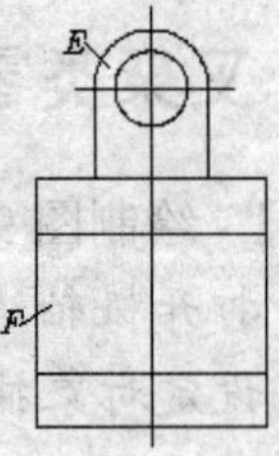

图9-42　绘制图形细节 *E*、*F*

(11) 画投影线 G、H，再画平行线 I、J，如图 9-43 所示。修剪多余线条，结果如图 9-44 所示。

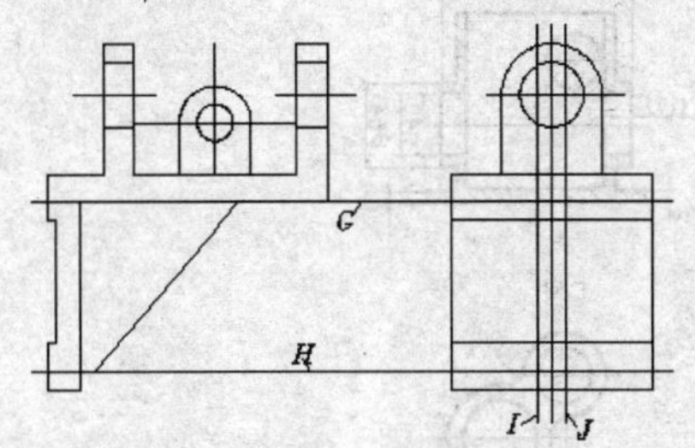

图9-43　画投影线及平行线

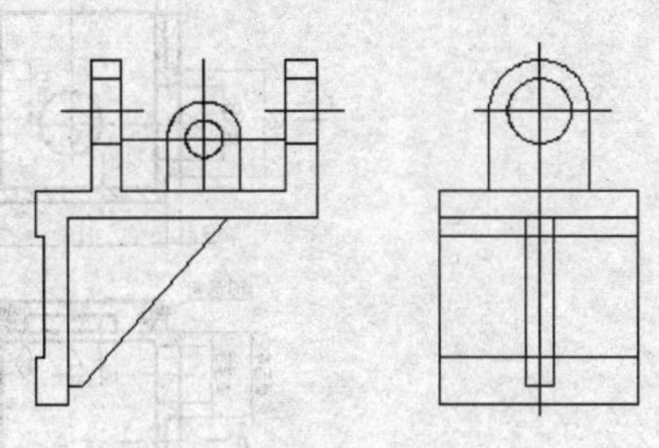

图9-44　修剪结果

(12) 画投影线及直线 A、B 等，再绘制圆 C、D，如图 9-45 所示。修剪多余线条，打断过长的直线，结果如图 9-46 所示。

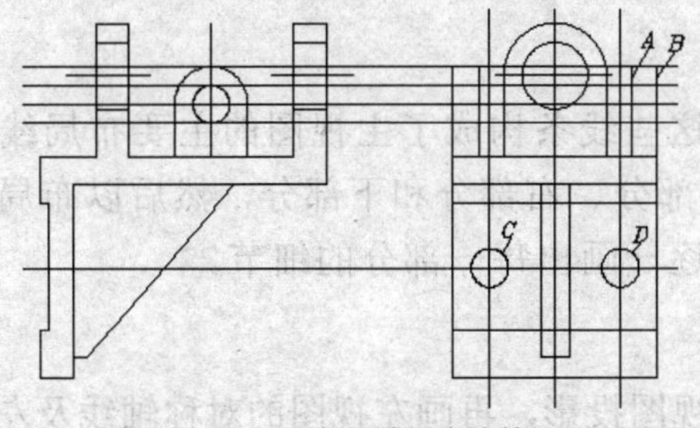

图9-45　画投影线、直线等

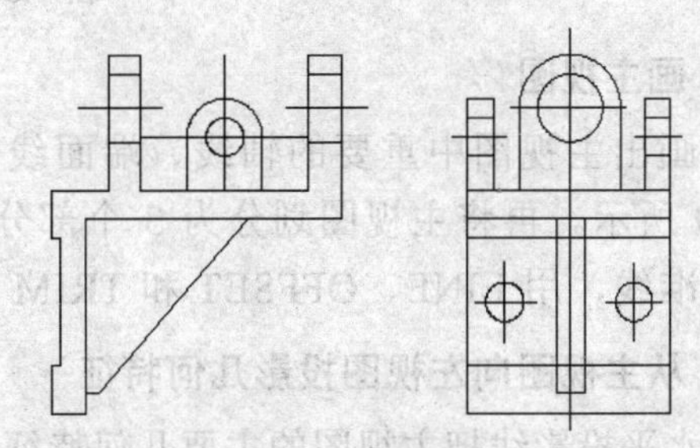

图9-46　修剪结果

(13) 修改线型，调整一些线条的长度，结果如图 9-47 所示。

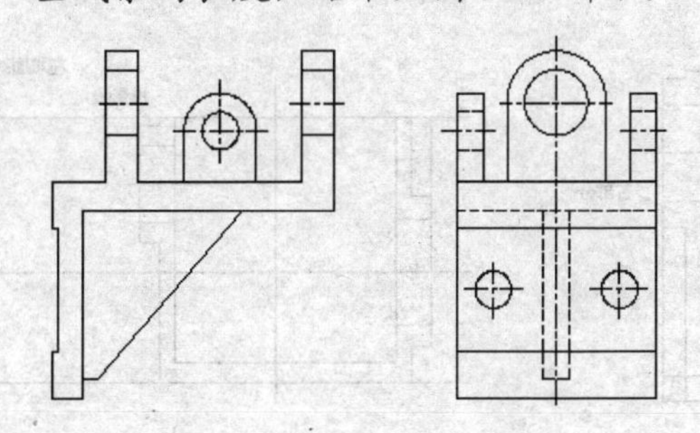

图9-47　改变线型及调整线条长度

9.3 画箱体类零件

与轴类、叉架类零件相比，箱体类零件的结构最为复杂，表现此类零件的视图往往也较多，如主视图、左视图、俯视图、局部视图、局部剖视图等。作图时，用户应考虑采取适当的作图步骤，使整个绘制工作有序地进行，从而提高作图效率。

9.3.1 箱体类零件的画法特点

箱体零件是构成机器或部件的主要零件之一，由于其内部要安装其他各类零件，因而形状较为复杂。在机械图中，为表现箱体结构所采用的视图往往较多，除基本视图外，还常使用辅助视图、剖面图、局部剖视图等。图 9-48 所示为减速器箱体的零件图，下面简要讲述该零件图的绘制过程。

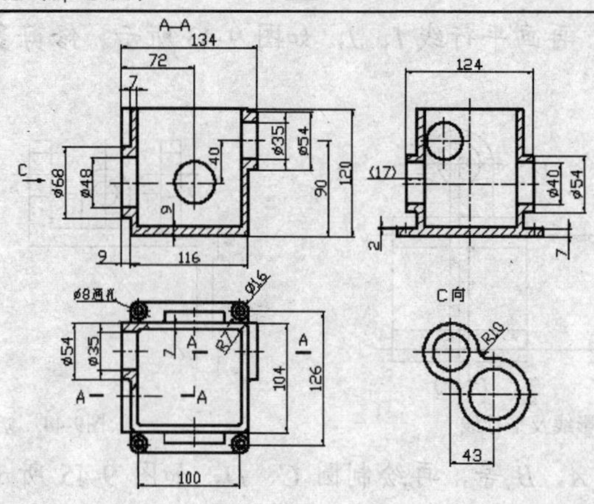

图9-48　减速器箱体

1. 画主视图

先画出主视图中重要的轴线、端面线等，这些线条构成了主视图的主要布局线，如图 9-49 所示。再将主视图划分为 3 个部分：左部分、右部分和下部分，然后以布局线为作图基准线，用 LINE、OFFSET 和 TRIM 命令逐一画出每一部分的细节。

2. 从主视图向左视图投影几何特征

画水平投影线把主视图的主要几何特征向左视图投影，再画左视图的对称轴线及左、右端面线，这些线条构成了左视图的主要布局线，如图 9-50 所示。

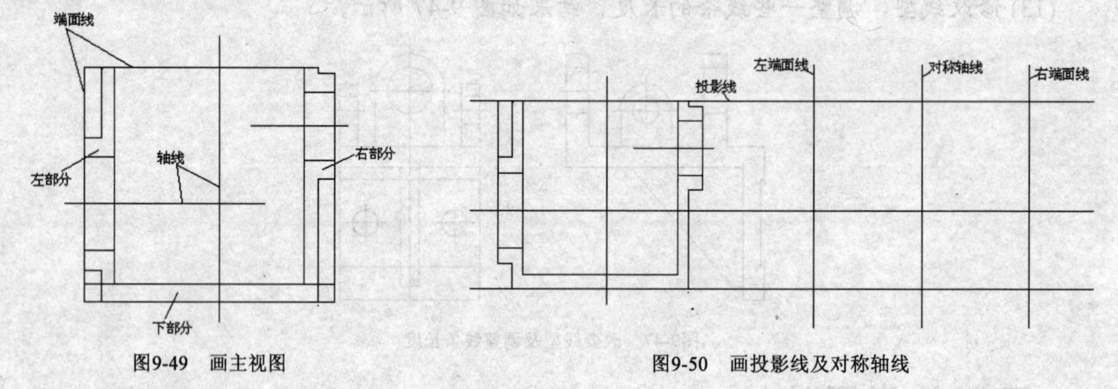

图9-49　画主视图　　图9-50　画投影线及对称轴线

3. 画左视图细节

把左视图分为两个部分（中间部分、底板部分），然后以布局线为作图基准线，用 LINE、OFFSET 和 TRIM 命令分别画出每一部分的细节特征，如图 9-51 所示。

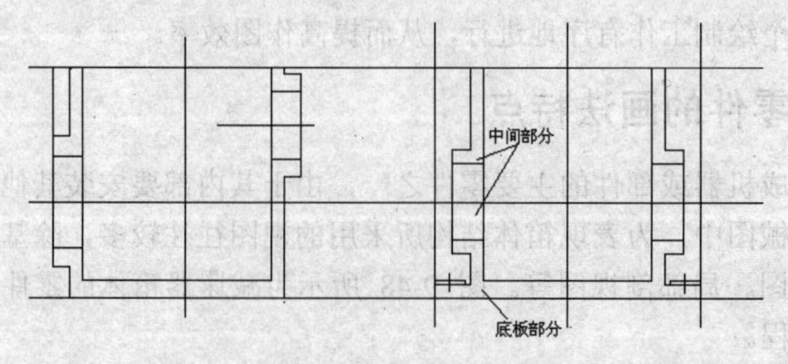

图9-51　画左视图细节

4. 从主视图、左视图向俯视图投影几何特征

绘制完成主视图及左视图后，俯视图的布局线就可通过主视图及左视图投影得到，如图 9-52 所示。为方便从左视图向俯视图投影，用户可将左视图复制到新位置并旋转－90°，这样就可以很方便地画出投影线了。

5. 画俯视图细节

把俯视图分为 4 个部分：左部分、中间部分、右部分和底板部分，然后以布局线为作图基准线，用 LINE、OFFSET 和 TRIM 命令分别画出每一部分的细节特征，或者通过从主视图及左视图投影获得图形细节，如图 9-53 所示。

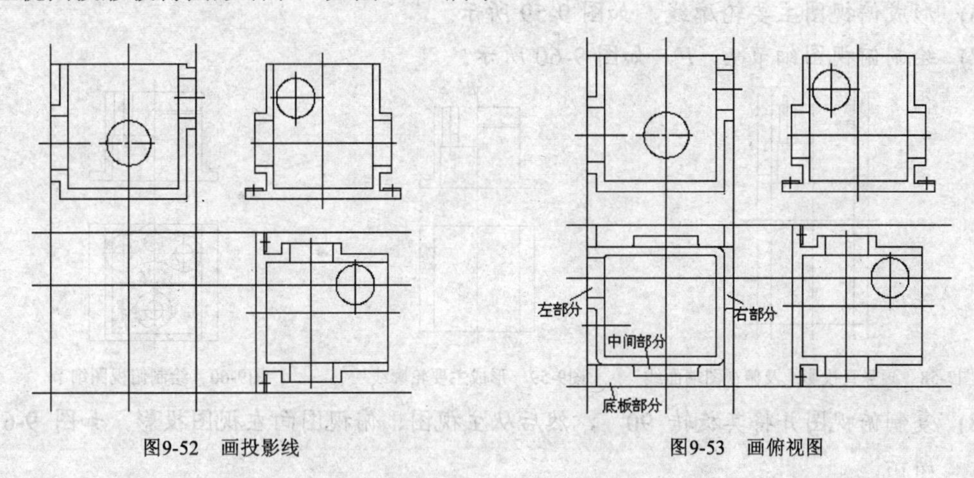

图9-52　画投影线　　　　图9-53　画俯视图

9.3.2 箱体类零件绘制实例

【例9-3】绘制如图 9-54 所示的箱体零件图。

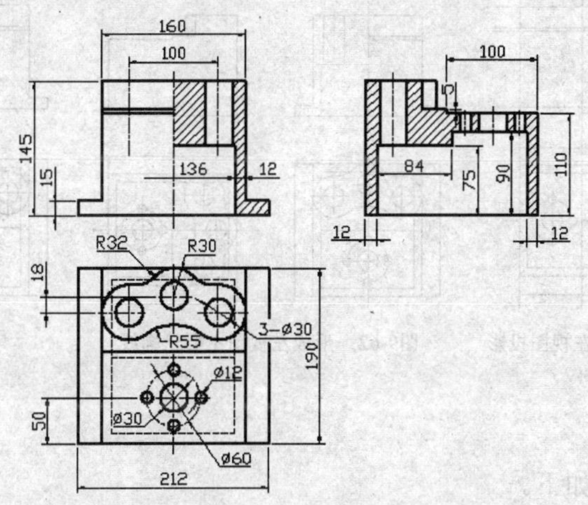

图9-54　画箱体零件图

(1) 打开极轴追踪、对象捕捉及捕捉追踪功能。设置极轴追踪角度增量为 90°；设定对象捕捉方式为端点、交点；设置仅沿正交方向进行捕捉追踪。

(2) 画主视图底边线 A 及对称线 B，如图 9-55 所示。

(3) 以线段 A、B 为作图基准线，用 OFFSET 和 TRIM 命令形成主视图主要轮廓线，如图 9-56 所示。

(4) 用 OFFSET 和 TRIM 命令绘制主视图细节 *C*、*D*，如图 9-57 所示。

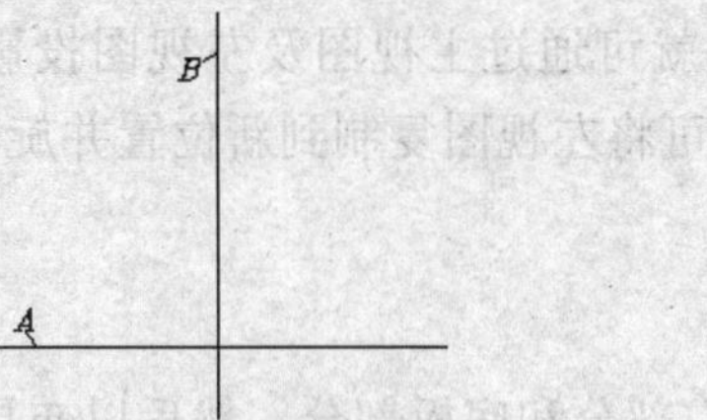

图9-55 画主视图底边线及对称线

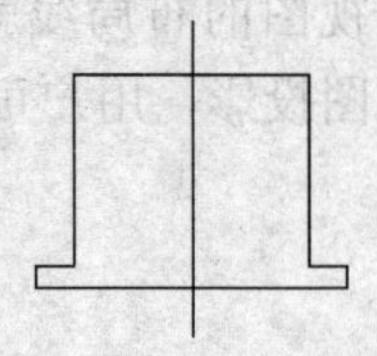

图9-56 画主要轮廓线

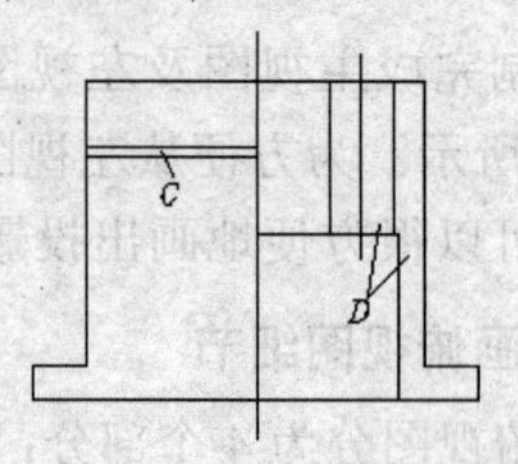

图9-57 画主视图细节

(5) 画竖直投影线及俯视图前、后端面线，如图 9-58 所示。

(6) 形成俯视图主要轮廓线，如图 9-59 所示。

(7) 绘制俯视图细节 *E*、*F*，如图 9-60 所示。

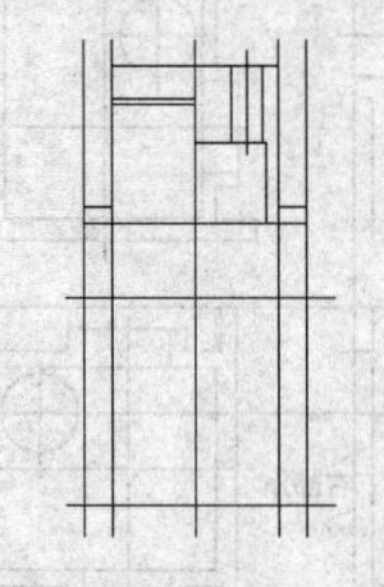

图9-58 画竖直投影线及俯视图端面线

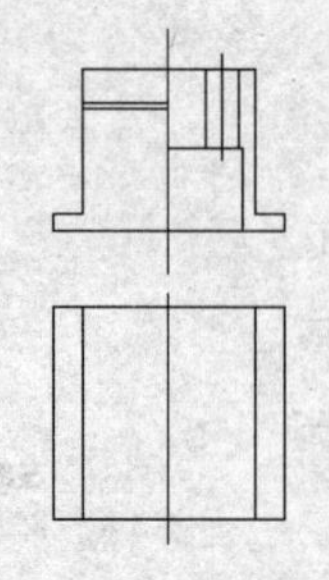

图9-59 形成主要轮廓线

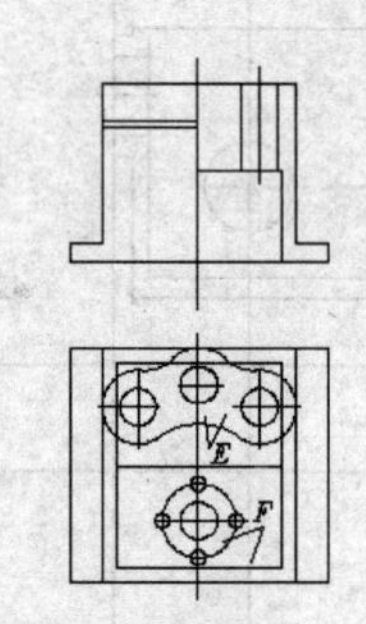

图9-60 绘制俯视图细节

(8) 复制俯视图并将其旋转 90°，然后从主视图、俯视图向左视图投影，如图 9-61 所示。

(9) 形成左视图主要轮廓线，如图 9-62 所示。

(10) 绘制左视图细节 *G*、*H*，如图 9-63 所示。

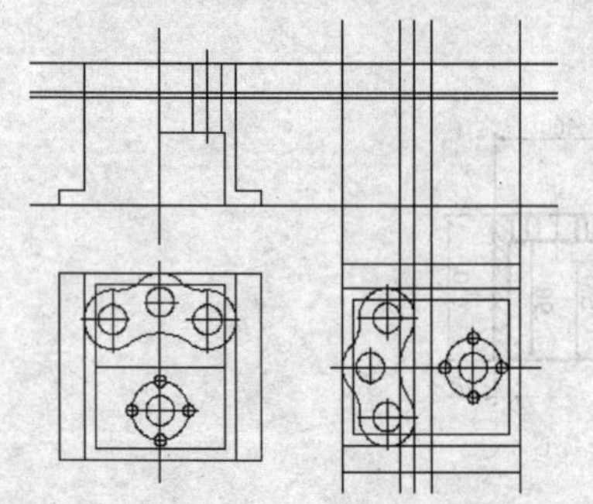

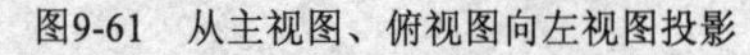

图9-61 从主视图、俯视图向左视图投影

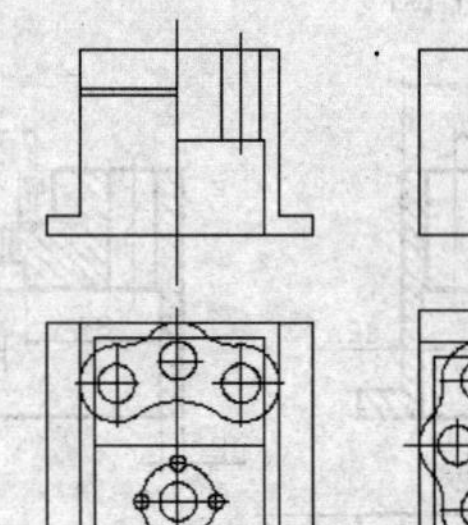

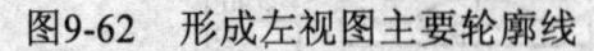

图9-62 形成左视图主要轮廓线

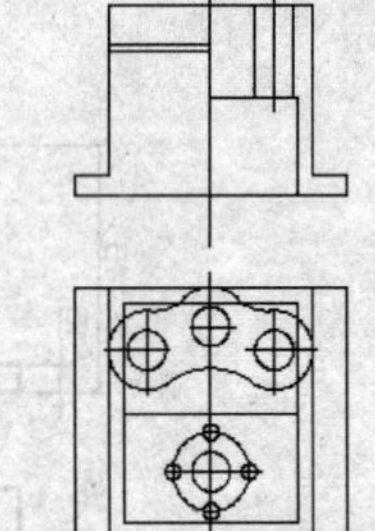

图9-63 画左视图细节

9.4 小结

本章主要内容总结如下。

1. 轴类零件的绘制方法

(1) 轴类零件画法一。

- 画出轴线及轴的一条端面线作为作图基准线。
- 用 OFFSET 和 TRIM 命令形成各轴段的细节。

(2) 轴类零件画法二。

- 画出轴线及轴的一半轮廓线。

- 沿轴线镜像已画的轮廓线形成完整轮廓线。

(3) 绘制轴的剖面图。

(4) 画局部放大图。

2.　叉架类零件的绘制方法

(1) 首先在屏幕的适当位置画水平、竖直的作图基准线，然后绘制主视图中主要组成部分的大致形状。

(1) 用窗口放大主视图某一局部区域，用 OFFSET 和 TRIM 命令绘制该区域的细节。

(2) 用 XLINE 命令从主视图向左视图画水平投影线，再绘制左视图的重要端面线及定位中心线，所有这些线条构成了左视图的布局线。

(3) 用窗口放大左视图某一局部区域，然后用 OFFSET 和 TRIM 命令形成该区域的细节。

3.　箱体类零件的绘制方法

(1) 由主视图入手，用 LINE、OFFSET 和 TRIM 命令画主视图的重要轴线、端面线等，这些线条形成了主视图的主要布局线。

(2) 将主视图分成几个部分，然后以布局线为作图基准线，用 OFFSET 和 TRIM 命令画各部分的细节特征。

(3) 用 XLINE 命令从主视图向左视图画水平投影线，再绘制左视图的重要端面线及定位中心线，这些线条构成了左视图的布局线。

(4) 将左视图分成几个部分，再以布局线为作图基准线，用 OFFSET 和 TRIM 命令画各部分的细节特征。

(5) 从主视图、左视图向俯视图投影几何特征，形成俯视图的大致形状。

(6) 将俯视图分成几个部分，然后依次画出各部分的细节特征。

9.5 习题

1. 绘制如图 9-64 所示的轴零件图。
2. 绘制如图 9-65 所示的箱体零件图。

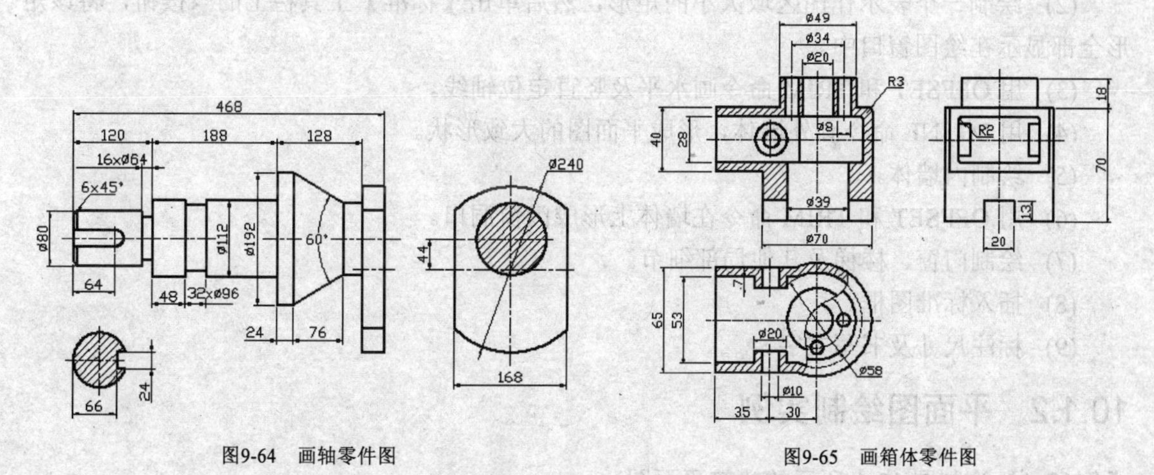

图9-64　画轴零件图　　图9-65　画箱体零件图

第10章 绘制建筑图

学习了 AutoCAD 的基础知识后，还应了解在某个专业领域内使用 AutoCAD 进行设计的方法和技巧，只有这样才能具备较强的解决实际问题的能力。本章将通过实例介绍如何绘制建筑平面图、立面图和剖面图。

通过本章的学习，学生应了解使用 AutoCAD 绘制建筑平面图、立面图和剖面图的一般步骤，掌握绘制建筑图的一些实用技巧。

本章学习目标

- 画建筑平面图的方法和技巧。
- 画建筑立面图的方法和技巧。
- 画建筑剖面图的方法和技巧。

10.1 画建筑平面图

假想用一个剖切平面在门窗洞的位置将房屋剖切开，把剖切平面以下的部分作正投影而形成的图样，就是建筑平面图。该图是建筑施工图中最基本的图样，主要用于表示建筑物的平面形状以及沿水平方向的布置、组合关系等。

建筑平面图的主要图示内容如下。

- 房屋的平面形状、大小及房间的布局。
- 墙体、柱、墩的位置和尺寸。
- 门、窗、楼梯的位置和类型。

10.1.1 用 AutoCAD 绘制平面图的步骤

用 AutoCAD 绘制平面图的总体思路是先整体、后局部。主要绘制过程如下。

(1) 创建图层，如墙体层、轴线层、柱网层等。

(2) 绘制一个表示作图区域大小的矩形，然后单击【标准】工具栏上的⊕按钮，将该矩形全部显示在绘图窗口中。

(3) 用 OFFSET 和 TRIM 命令画水平及竖直定位轴线。

(4) 用 MLINE 命令画外墙体，形成平面图的大致形状。

(5) 绘制内墙体。

(6) 用 OFFSET 和 TRIM 命令在墙体上形成门窗洞口。

(7) 绘制门窗、楼梯及其他局部细节。

(8) 插入标准图框。

(9) 标注尺寸及书写文字。

10.1.2 平面图绘制实例

【例10-1】绘制图 10-1 所示的建筑平面图。

(1) 创建以下图层。

名称	颜色	线型	线宽
定位轴线	蓝色	CENTER	默认
墙体	白色	Continuous	0.70
柱网	红色	Continuous	默认
门	白色	Continuous	默认
窗	白色	Continuous	默认
楼梯	白色	Continuous	默认
尺寸标注	红色	Continuous	默认

(2) 打开极轴追踪、对象捕捉及捕捉追踪功能。设置极轴追踪角度增量为 90°；设定对象捕捉方式为端点、交点；设置仅沿正交方向进行捕捉追踪。

(3) 切换到定位轴线层。用 RECTANG 命令绘制 20 000 × 12 500 的矩形，单击【标准】工具栏上的⊕按钮，该矩形全部显示在绘图窗口中，如图 10-2 所示。

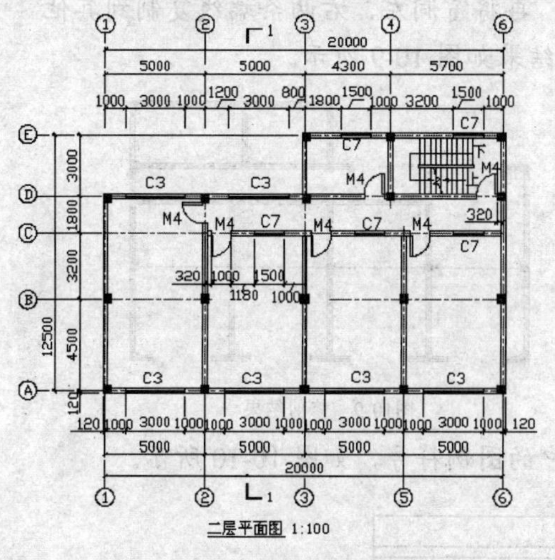

图10-1 画建筑平面图

图10-2 画矩形

(4) 用 EXPLODE 命令分解矩形，然后用 OFFSET 命令形成水平及竖直轴线，如图 10-3 所示。

(5) 创建一个多线样式，名称为“24 墙体”。该多线包含两条直线，偏移量均为 120。

(6) 切换到墙体层。指定“24 墙体”为当前样式，用 MLINE 命令绘制建筑物外墙体，如图 10-4 所示。

(7) 用 MLINE 命令绘制建筑物内墙体。用 EXPLODE 命令分解所有多线，然后修剪多余线条，如图 10-5 所示。

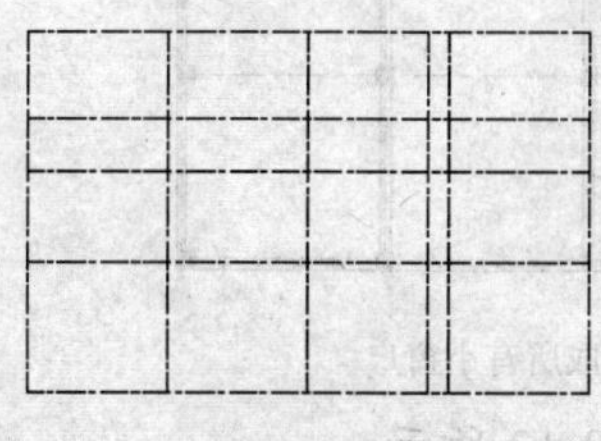

图10-3 画矩形

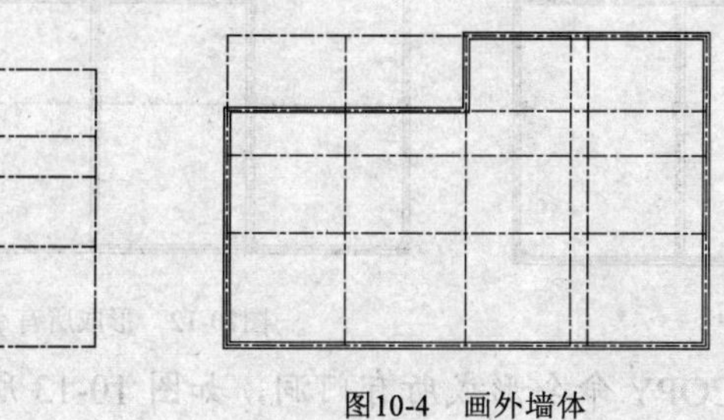

图10-4 画外墙体

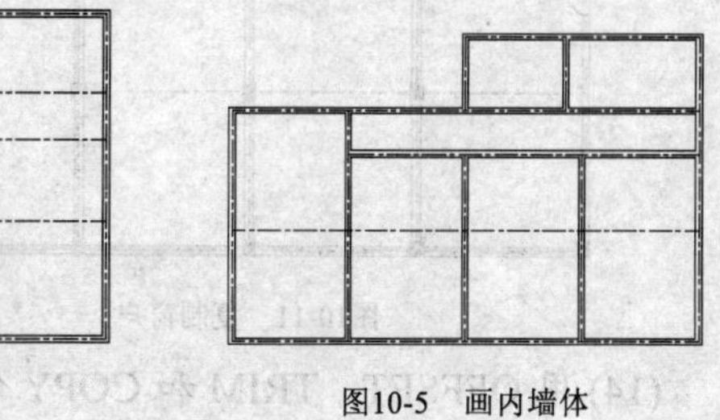

图10-5 画内墙体

(8) 切换到柱网层。在屏幕的适当位置绘制柱的横截面图，尺寸如图 10-6 左图所示。先画一个正方形，再连接两条对角线，然后用“Solid”图案填充图形，如图 10-6 右图所示。正方形两条对角线的交点可用于柱截面的定位基准点。

(9) 用 COPY、MIRROR 等命令形成柱网，如图 10-7 所示。

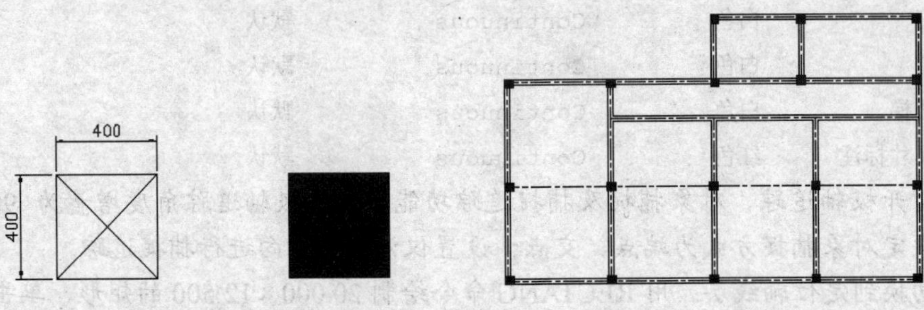

图10-6　画柱的横截面　　　　图10-7　形成柱网

(10) 用 OFFSET 和 TRIM 命令形成一个窗洞，再将窗洞左、右两条端线复制到其他位置，如图 10-8 所示。修剪多余线条，结果如图 10-9 所示。

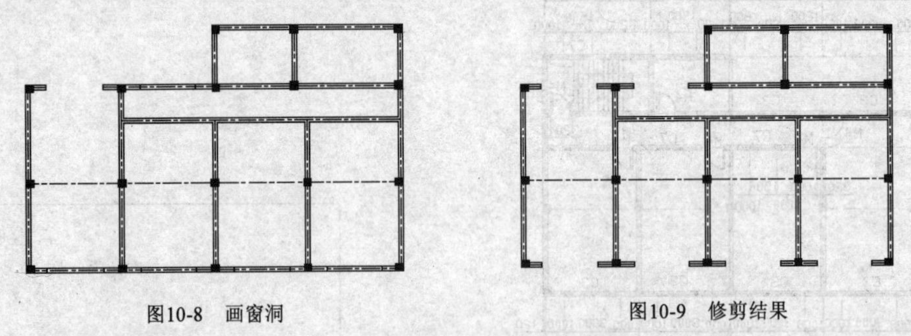

图10-8　画窗洞　　　　图10-9　修剪结果

(11) 切换到窗层。在屏幕的适当位置绘制窗户的图例符号，如图 10-10 所示。

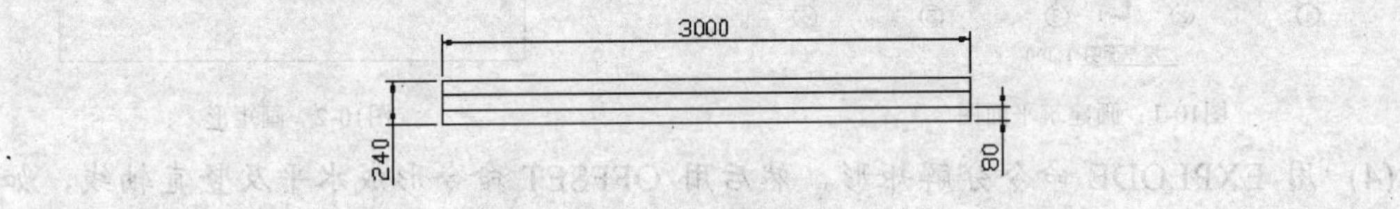

图10-10　画窗户的图例符号

(12) 用 COPY 命令将窗的图例符号复制到正确的地方，如图 10-11 所示。也可先将窗的符号创建成图块，然后利用插入图块的方法来布置窗户。

(13) 用与步骤(10) ~ (12)步相同的方法形成所有小窗户，如图 10-12 所示。

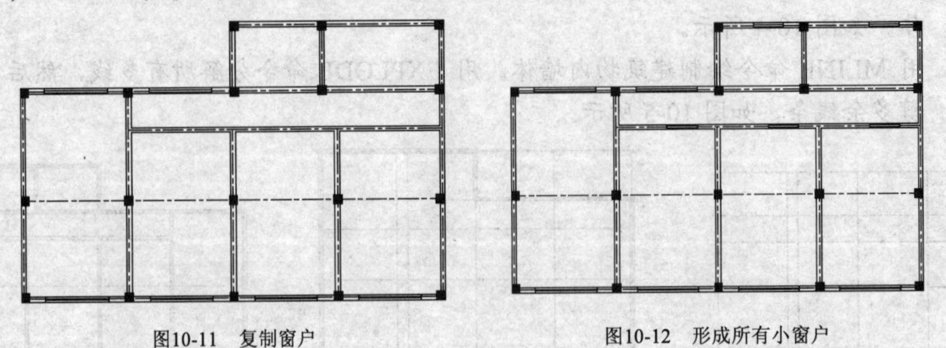

图10-11　复制窗户　　　　图10-12　形成所有小窗户

(14) 用 OFFSET、TRIM 和 COPY 命令形成所有门洞，如图 10-13 所示。

(15) 切换到门层。在屏幕的适当位置绘制门的图例符号，如图 10-14 所示。

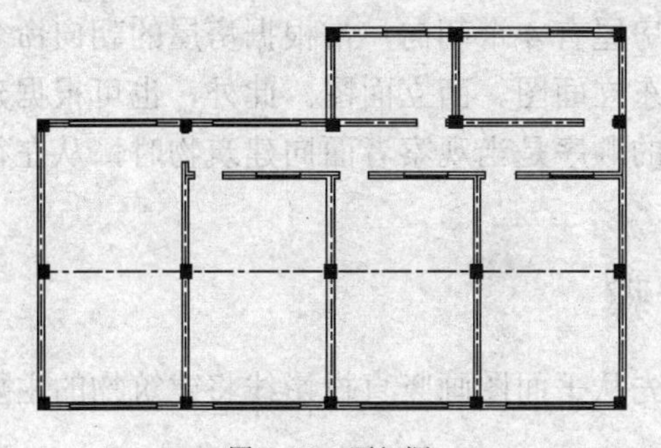

图10-13　画门洞

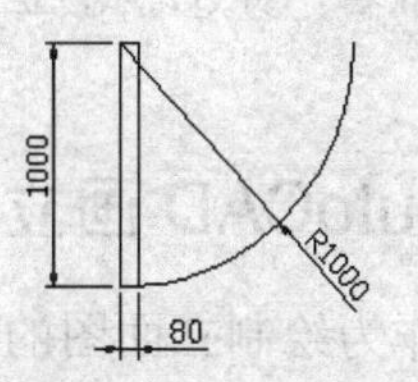

图10-14　画门的图例符号

(16) 用 COPY、ROTATE 等命令将门的图例符号布置到正确的位置，如图 10-15 所示。也可先将门的符号创建成图块，然后利用插入块的方法来布置门。

(17) 切换到楼梯层，绘制楼梯，楼梯尺寸如图 10-16 所示。

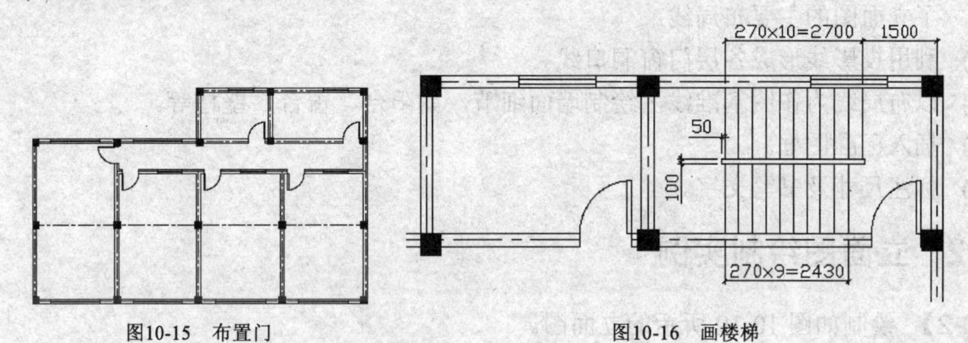

图10-15　布置门　　　　图10-16　画楼梯

(18) 打开素材文件“10-A3.dwg”，该文件包含一个 A3 幅面的图框。利用 Windows 的复制/粘贴功能将 A3 幅面图纸复制到平面图中。用 SCALE 命令缩放图框，缩放比例为 100。然后，把平面图布置在图框中，如图 10-17 所示。

(19) 切换到尺寸标注层，标注尺寸，如图 10-18 所示。尺寸文字字高为 3.5，标注总体比例因子等于 100（当以 1: 100 比例打印图纸时，标注字高为 3.5）。

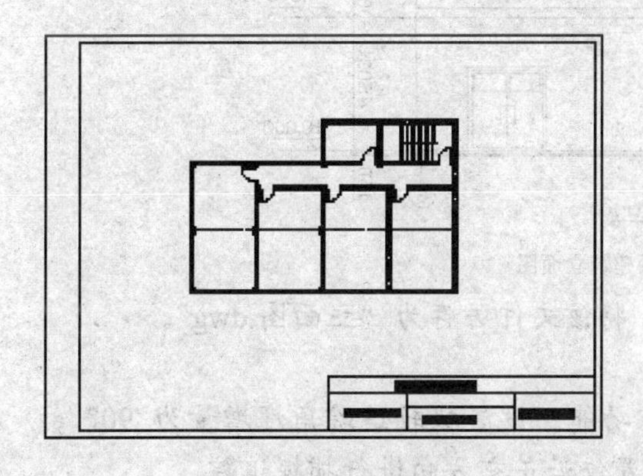

图10-17　插入图框

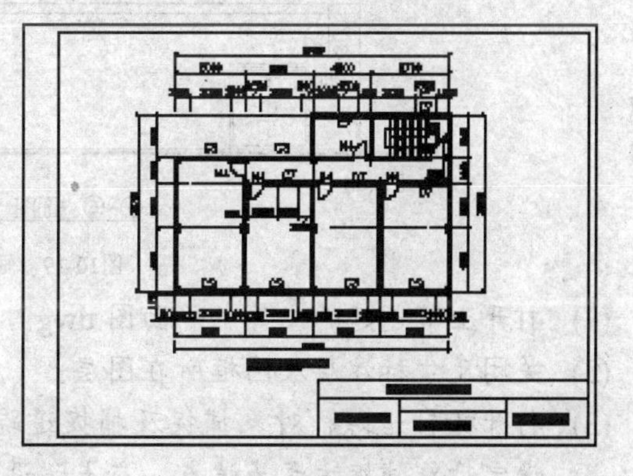

图10-18　标注尺寸

(20) 将文件以名称“平面图.dwg”保存，该文件将用于绘制立面图和剖面图。

10.2 画建筑立面图

建筑立面图是直接按不同投影方向绘制的房屋侧面外形图，它主要表示房屋的外貌和立面装饰的情况，其中反映主要入口或比较显著地反映房屋外貌特征的立面图，称为正立面图，其余立面图相应地称为背立面、侧立面。房屋有 4 个朝向，常根据房屋的朝向命名相应方向的立面图名称，如南立面图、北立面图、东立面图、西立面图。此外，也可根据建筑平面图中首尾轴线命名，如①、⑦立面图。轴线的顺序是当观察者面向建筑物时，从左往右的轴线顺序。

10.2.1 用 AutoCAD 画立面图的步骤

可将平面图作为绘制立面图的辅助图形。先从平面图画竖直投影线将建筑物的主要特征投影到立面图，然后绘制立面图各部细节。

画立面图的主要过程如下。

(1) 打开已创建的平面图，将其另存为一个文件。以该文件为基础绘制立面图。

(2) 从平面图画建筑物轮廓的竖直投影线，再画地平线、屋顶线等，这些线条构成了立面图的主要布局线。

(3) 利用投影线形成各层门窗洞口线。

(4) 以布局线为作图基准线，绘制墙面细节，如阳台、窗台、壁柱等。

(5) 插入标准图框。

(6) 标注尺寸及书写文字。

10.2.2 立面图绘制实例

【例10-2】 绘制如图 10-19 所示的立面图。

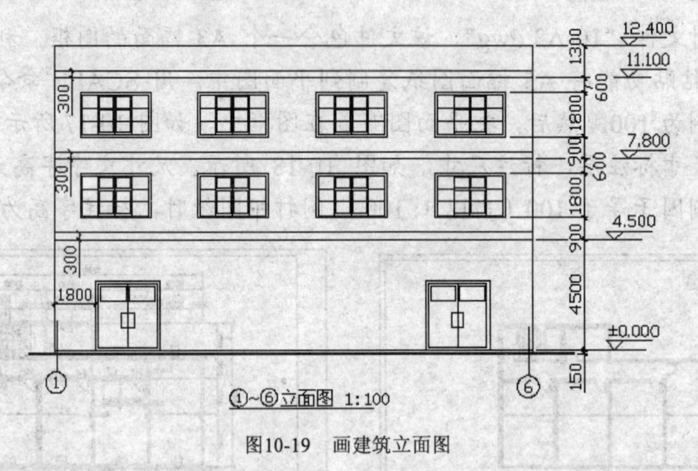

图10-19 画建筑立面图

(1) 打开上节创建的文件“平面图.dwg”，将该文件另存为“立面图.dwg”。

(2) 关闭尺寸标注层及图框所在图层。

(3) 打开极轴追踪、对象捕捉及捕捉追踪功能。设置极轴追踪角度增量为 90°；设定对象捕捉方式为端点、交点；设置仅沿正交方向进行捕捉追踪。

(4) 从平面图画竖直投影线，再画屋顶线、室外地平线和室内地平线等，如图 10-20 所示。

(5) 画外墙的细部结构，如图 10-21 所示。

10.4 小结

本章主要内容总结如下。

(1) 绘制建筑平面图的步骤。先画出轴线、墙体及柱的分布情况，然后定出门窗位置并画细部特征。

(2) 绘制建筑立面图的步骤。以平面图为绘图辅助图，先画出外墙轮廓线和屋顶线等，这些线条构成主要布局线，然后绘制墙面细节特征。

(3) 绘制建筑剖面图的步骤。以平面图、立面图为绘图辅助图，先画剖切位置处的主要轮廓线，然后形成门窗高度线、墙体厚度线、楼板厚度线及墙面细节等。

房屋建筑图的绘制具有下面的一些特点。

- 作图时先从平面图开始，然后再绘制立面图和剖面图。
- 对于某一个图样，在绘制时要先画出建筑物的大致形状及主要的作图基准线，再由整体到局部，逐步绘制完成。
- 平面图、立面图、剖面图之间必须满足投影规律，如平面图与立面图间的长度关系要一致，而立面图与剖面图间的高度关系也需一致。作图时可将平面图、立面图布置在适当的位置，然后用 XLINE 命令画竖直、水平投影线，把主要的几何特征向剖面图投影。
- 用 MLINE 命令绘制墙体，对于不同厚度的墙体可建立相应的多线样式。
- 门、窗等反复用到的建筑构件，可生成块，这样往往可提高作图效率。

10.5 习题

1. 绘制如图 10-34 所示的二层小住宅的平面图。

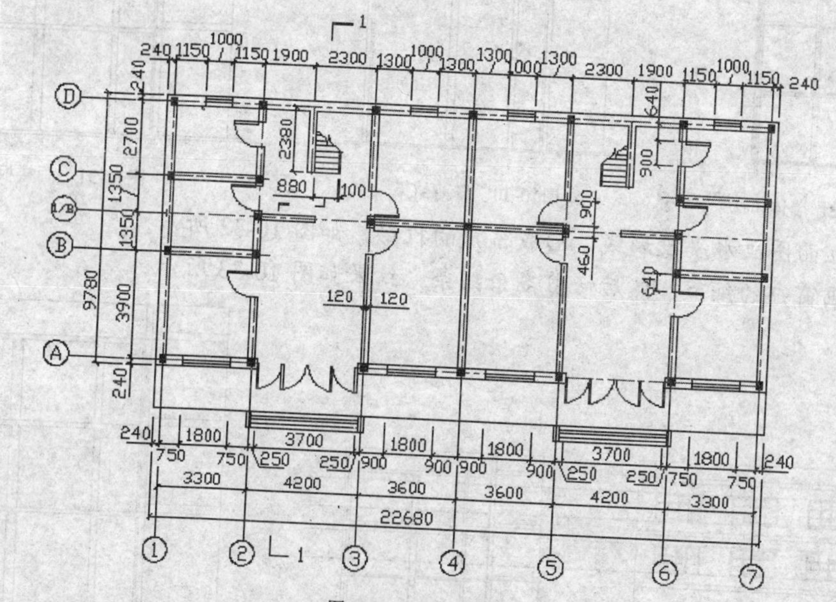

图10-34 画平面图

2. 绘制如图 10-35 所示的二层小住宅的立面图。

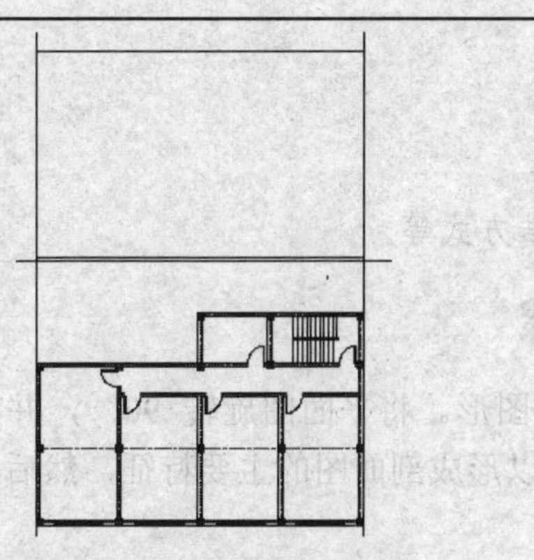

图10-20 画投影线、建筑物轮廓线等

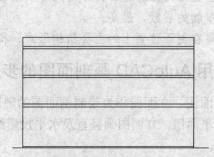

图10-21 画外墙细部结构

(6) 在屏幕的适当位置绘制窗户的图例符号，如图 10-22 所示。

(7) 用 COPY、ARRAY 命令将窗的图例符号复制到正确的地方，如图 10-23 所示。也可先将窗的符号创建成图块，然后利用插入图块的方法来布置窗户。

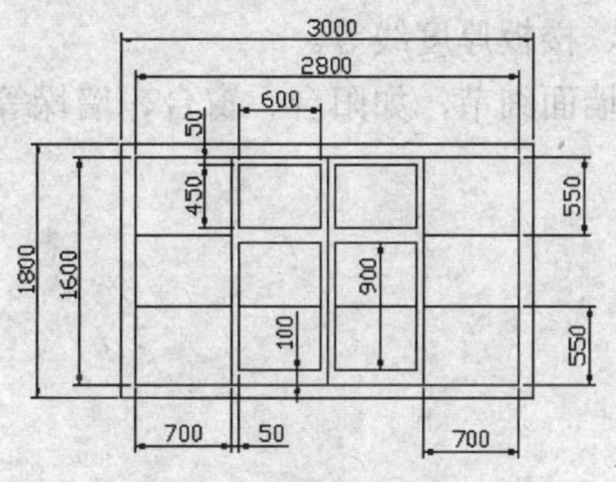

图10-22 画窗户的图例符号

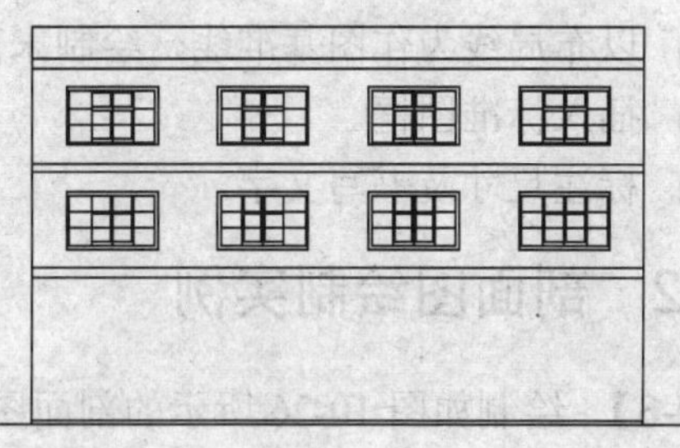

图10-23 复制窗户

(8) 在屏幕的适当位置绘制门的图例符号，如图 10-24 所示。

(9) 用 MOVE、MIRROR 命令将门的图例符号布置到正确的地方，如图 10-25 所示。

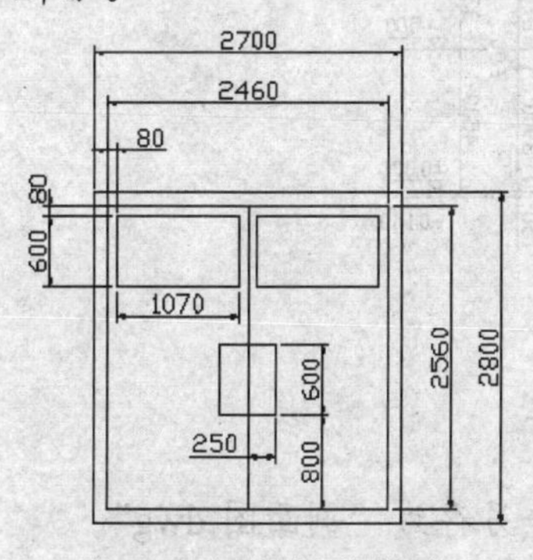

图10-24 画门的图例符号

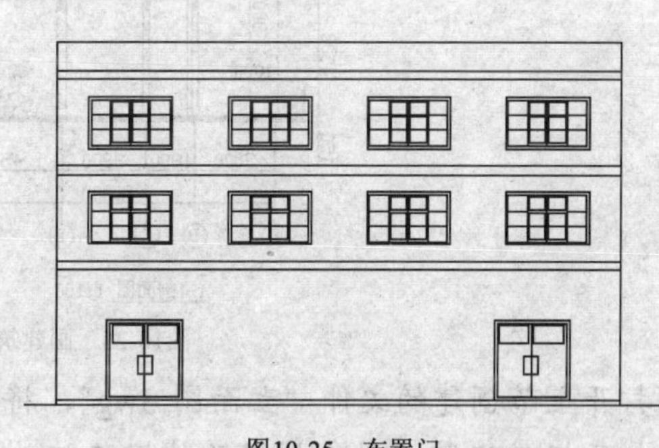

图10-25 布置门

(10) 将文件以名称“立面图.dwg”保存（请保留图样中的平面图）。该文件将用于绘制剖面图。

10.3 画建筑剖面图

剖面图主要用于表示房屋内部的结构形式、分层情况、各部分的联系等，它的绘制方法是假想一个铅垂的平面剖切房屋，移去挡住的部分，然后将剩余的部分按正投影原理绘制出来。

剖面图反映的主要内容如下。

- 在垂直方向上房屋各部分的尺寸及组合。
- 建筑物的层数、层高。
- 房屋在剖面位置上的主要结构形式、构造方式等。

10.3.1 用 AutoCAD 画剖面图的步骤

可将平面图、立面图作为绘制剖面图的辅助图形。将平面图旋转 90°，并布置在适当的地方，从平面图、立面图画竖直及水平投影线以形成剖面图的主要特征，然后绘制剖面图各部分细节。

画剖面图的主要过程如下。

(1) 将平面图、立面图布置在一个图形中，以这两个图为基础绘制剖面图。

(2) 从平面图、立面图画建筑物轮廓的投影线，修剪多余线条，形成剖面图的主要布局线。

(3) 利用投影线形成门窗高度线、墙体厚度线、楼板厚度线等。

(4) 以布局线为作图基准线，绘制未剖切到的墙面细节，如阳台、窗台、墙垛等。

(5) 插入标准图框。

(6) 标注尺寸及书写文字。

10.3.2 剖面图绘制实例

【例10-3】 绘制如图 10-26 所示的剖面图。

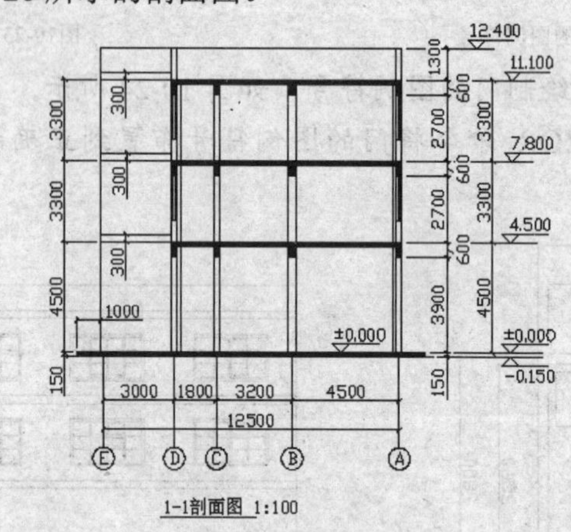

图10-26 画建筑剖面图

(1) 打开上节创建的文件“立面图.dwg”，将该文件另存为“剖面图.dwg”。

(2) 打开极轴追踪、对象捕捉及捕捉追踪功能。设置极轴追踪角度增量为 90°；设定对象捕捉方式为端点、交点；设置仅沿正交方向进行捕捉追踪。

(3) 将建筑平面图旋转 90°，并将其布置在适当位置。从立面图和平面图向剖面图画投影线，如图 10-27 所示。

(4) 修剪多余线条，再将室外地平线和室内地坪线绘制完整，结果如图 10-28 所示。

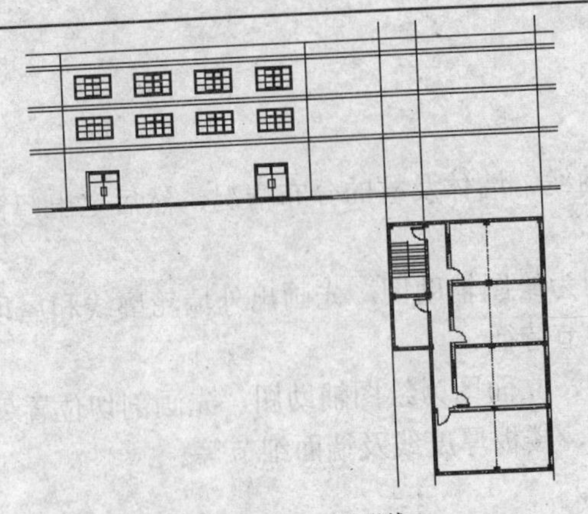
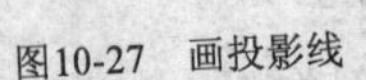

图10-27 画投影线

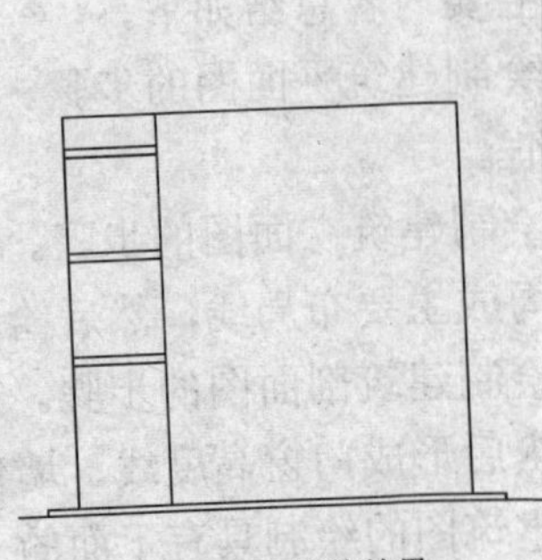

图10-28 修剪结果

(5) 从平面图画竖直投影线，投影墙体和柱，如图 10-29 所示。修剪多余线条，结果如图 10-30 所示。

(6) 画楼板，再修剪多余线条，如图 10-31 所示。

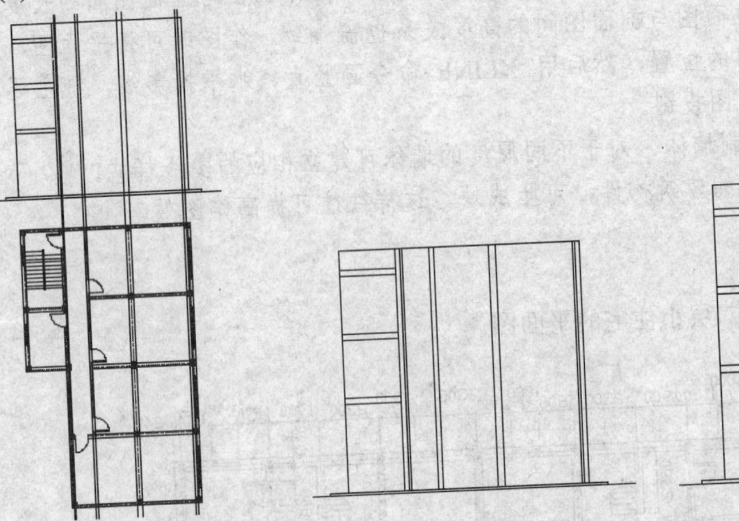

图10-29 投影墙体和柱　　图10-30 修剪结果　　图10-31 画楼板

(7) 从立面图画水平投影线，形成窗户的投影，如图 10-32 所示。

(8) 补画窗户的细节，然后修剪多余线条，结果如图 10-33 所示。

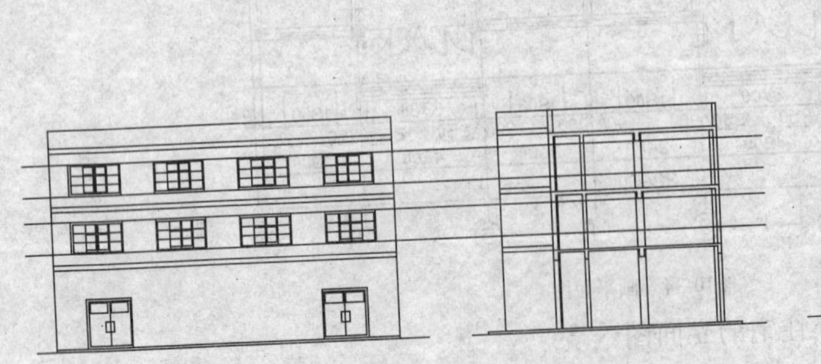

图10-32 画水平投影线

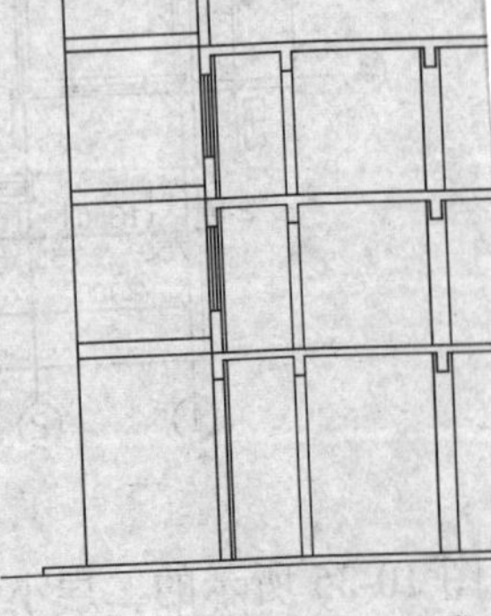

图10-33 画窗户

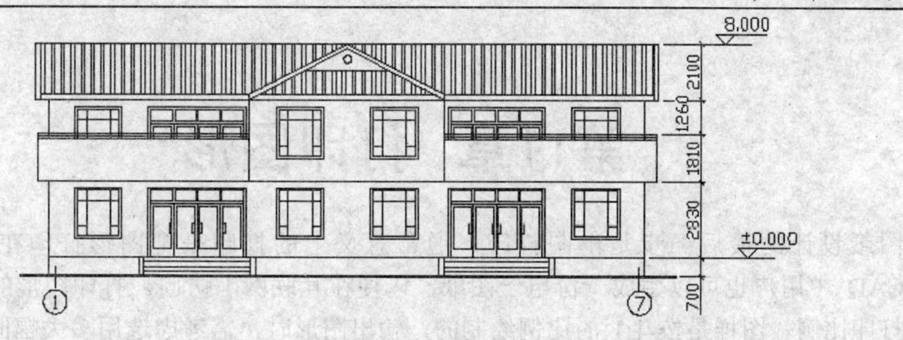

图10-35　画立面图

3.　绘制如图 10-36 所示的二层小住宅的 1-1（见图 10-34）剖面图。

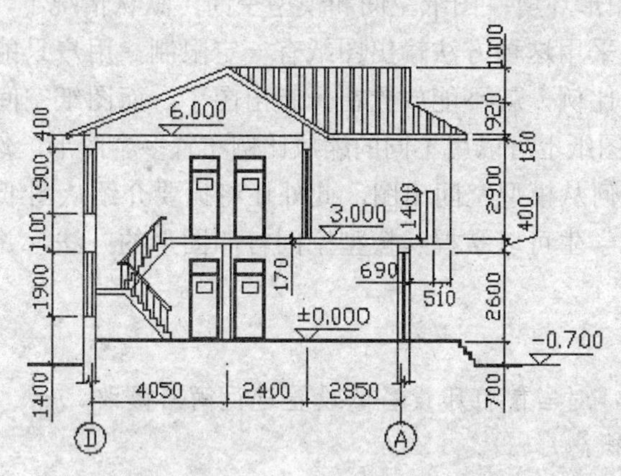

图10-36　画剖面图

第11章 打印图形

图纸设计的最后一步是出图打印，通常意义上的打印是把图形打印在图纸上，在AutoCAD中用户也可以生成一份电子图纸，以便在互联网上访问。打印图形的关键问题之一是打印比例。图样是按1:1的比例绘制的，输出图形时，需考虑选用多大幅面的图纸及图形的缩放比例，有时还要调整图形在图纸上的位置及方向。

AutoCAD有两种图形环境：图纸空间和模型空间，默认情况下，用户都是在模型空间绘图，并从该空间出图。采用这种方法输出图纸有一定限制，用户只能以单一比例进行打印，若图样采用不同的绘图比例，就不能放置在一起出图了。而图纸空间却能满足用户的这种需要，在图纸空间的虚拟图纸上可以用不同的缩放比例布置多个图形，然后按1:1比例出图。

本章将重点介绍如何从模型空间出图，此外还将扼要介绍从图纸空间出图的知识。

通过本章的学习，学生可以掌握从模型空间打印图形的方法，并学会将多张图纸布置在一起打印的技巧。

本章学习目标

- 指定打印设备，对当前打印设备的设置进行简单修改。
- 打印样式基本概念。
- 选择图纸幅面、设定打印区域。
- 调整打印方向和位置、输入打印比例。
- 将小幅面图纸组合成大幅面图纸进行打印。

11.1 设置打印参数

在AutoCAD 2002中，用户可使用内部打印机或Windows系统打印机输出图形，并能方便地修改打印机设置及其他打印参数。选择菜单命令【文件】/【打印】，AutoCAD弹出【打印】对话框，如图11-1所示。该对话框包含【打印设备】及【打印设置】两个选项卡，在前一个选项卡中可配置打印设备及选择打印样式，在后一选项卡中可设定图纸幅面、打印比例、打印区域等参数。

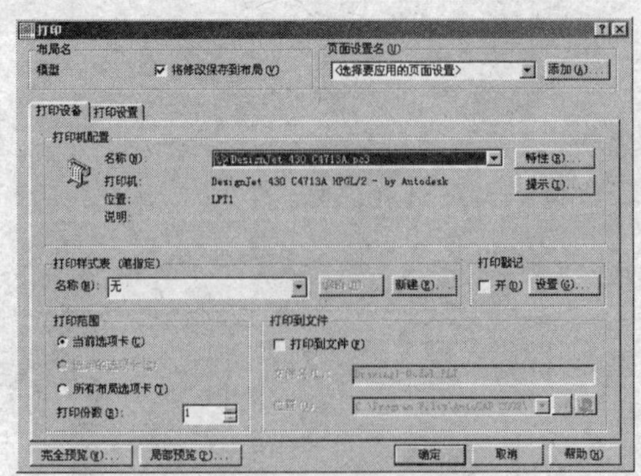

图11-1 【打印】对话框

11.1.1　选择打印设备

在【打印设备】选项卡的【名称】下拉列表中可选择 Windows 系统打印机或 AutoCAD 内部打印机（“.pc3” 文件）作为输出设备。注意，这两种打印机名称前的图标是不一样的。当选定某种打印机后，【名称】下拉列表下面将显示被选中设备的名称、连接端口、网络位置以及其他有关打印机的注释信息。

如果想修改当前打印机设置，可单击 特性(R)... 按钮，打开【打印机配置编辑器】对话框，如图 11-2 所示，在该对话框中可以重新设定打印机连接端口及其他输出设置，如打印介质、图形、物理笔配置、自定义特性、校准、自定义图纸尺寸等。

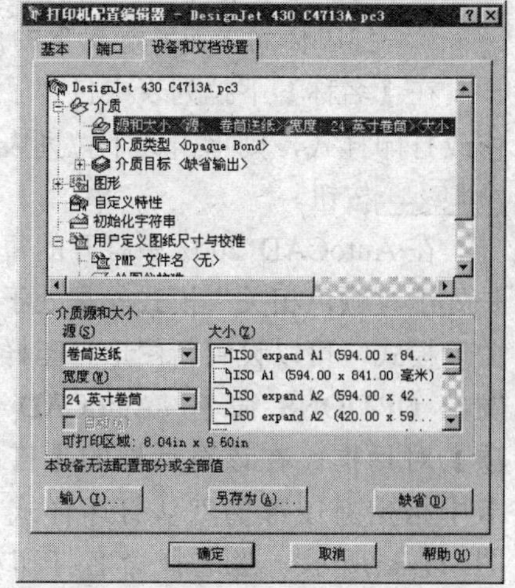

图11-2　【打印机配置编辑器】对话框

【打印机配置编辑器】对话框包含【基本】、【端口】和【设备和文档设置】3 个选项卡，下面介绍各选项卡的功能。

- 【基本】：该选项卡包含了打印机配置文件（“.pc3” 文件）的基本信息，如配置文件名称、驱动程序信息、打印机端口等，用户可在此选项卡的【说明】分组框中加入其他注释信息。
- 【端口】：通过此选项卡用户可修改打印机与计算机的连接设置，如选定打印端口、指定打印到文件、后台打印等。

若使用后台打印，则允许用户在打印的同时运行其他应用程序。

- 【设备和文档设置】：在该选项卡中可以指定图纸来源、尺寸和类型，并能修改颜色深度、打印分辨率等。

11.1.2　使用打印样式

在【打印】对话框【打印设备】选项卡的【打印样式表】分组框【名称】下拉列表中选择打印样式，如图 11-3 所示。打印样式是自 AutoCAD 2000 版开始增加的新特性，用于修改打印图形的外观。图形中每个对象或图层都具有打印样式属性，通过修改打印样式，就能改变对象原有的颜色、线型或线宽。

图11-3　使用打印样式

打印样式表有以下两种类型。

- 颜色相关打印样式表：颜色相关打印样式表以 “.ctb” 为文件扩展名保存，该表以对象颜色为基础，共包含 255 种打印样式，每种 ACI 颜色对应一个打印样式，样式名分别为 COLOR1、COLOR2 等。不能添加或删除颜色相关打印

样式，也不能改变它们的名称。

用户通过调整与颜色对应的打印样式可以控制所有具有同种颜色对象的打印方式。此外，也可通过改变对象的颜色来改变用于该对象的打印方式。

- 命名相关打印样式表：命名打印样式表以“.stb”为文件扩展名保存，该表包括一系列已命名的打印样式，可修改打印样式设置及其名称，还可添加新的样式。命名打印样式可以独立于对象的颜色使用，用户可以给对象指定任意一种打印样式，而不管对象的颜色是什么。

在【名称】下拉列表中包含了当前图形中所有打印样式表，用户可选择其中之一。若要修改打印样式，则单击此下拉列表右边的编辑(D)...按钮；若要创建新的打印样式表，则单击新建(E)...按钮。

在 AutoCAD 2002 中打开的每个图形不是处于“颜色相关”模式就是处于“命名相关”模式，可以设置新图形打印样式模式。发出 OPTIONS 命令，AutoCAD 弹出【选项】对话框，在该对话框的【打印】选项卡中指定新图形的默认打印样式模式，如图 11-4 所示。当选择命名打印样式模式时，可直接设定对象或图层所采用的打印样式。若是处在颜色相关模式下，就不能设置对象或图层的打印样式属性。

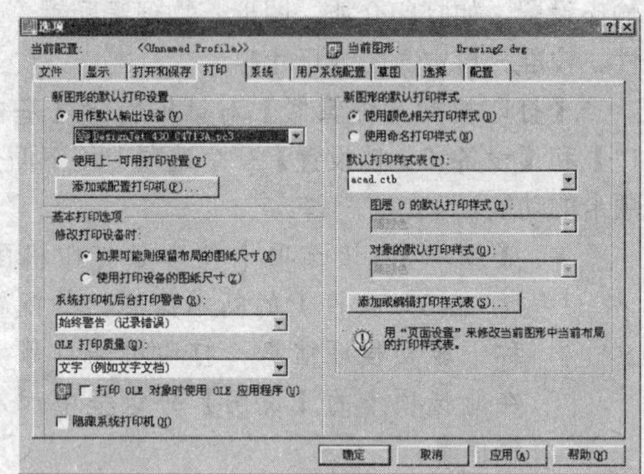

图11-4　设置新图形打印样式模式

11.1.3　选择图纸幅面

在【打印设置】选项卡的【图纸尺寸和图纸单位】分组框中指定图纸大小，如图 11-5 所示。【图纸尺寸】下拉列表中包含了选定打印设备可用的标准图纸尺寸。当选择某种幅面图纸时，该列表下面出现图纸上实际可打印区域大小。通过【英寸】、【毫米】单选项指定显示单位。

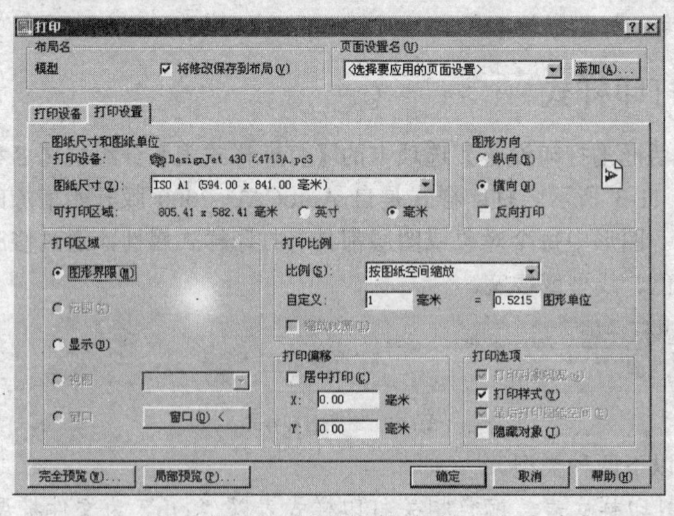

图11-5　【打印设置】选项卡

除了从【图纸尺寸】下拉列表中选择标准图纸外，用户也可以创建自定义的图纸尺寸，

此时，用户需要修改所选打印设备的配置。

【例11-1】　修改所选打印设备的配置。

(1) 在【打印设备】选项卡的【打印机配置】分组框中单击 特性(R)... 按钮，打开【打印机配置编辑器】对话框，在【设备和文档设置】选项卡中选择【自定义图纸尺寸】选项，如图 11-6 所示。

(2) 单击 添加(A)... 按钮，弹出【自定义图纸尺寸】对话框，如图 11-7 所示。

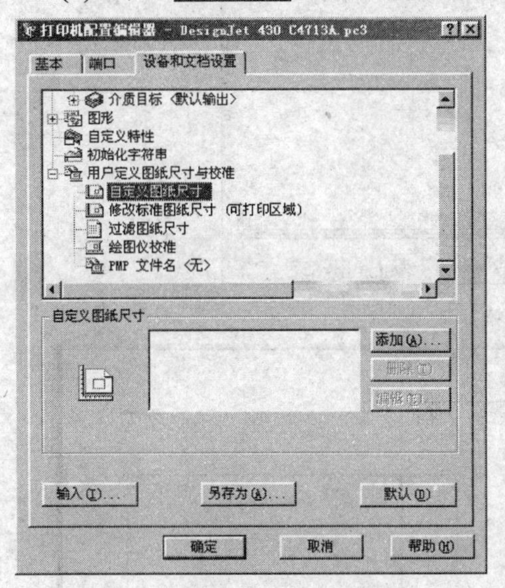

图11-6　【设备和文档设置】选项卡

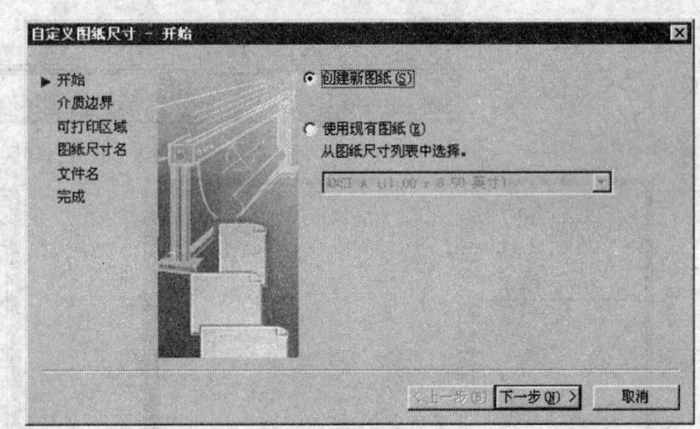

图11-7　【自定义图纸尺寸】对话框

(3) 不断单击 下一步(N) > 按钮，并根据 AutoCAD 的提示设置图纸参数，最后单击 完成(F) 按钮结束。

(4) 返回【打印】对话框，AutoCAD 将在【图纸尺寸】下拉列表中显示自定义图纸尺寸。

11.1.4　设定打印区域

在【打印设置】选项卡的【打印区域】分组框中设置要输出的图形范围，如图 11-8 所示。

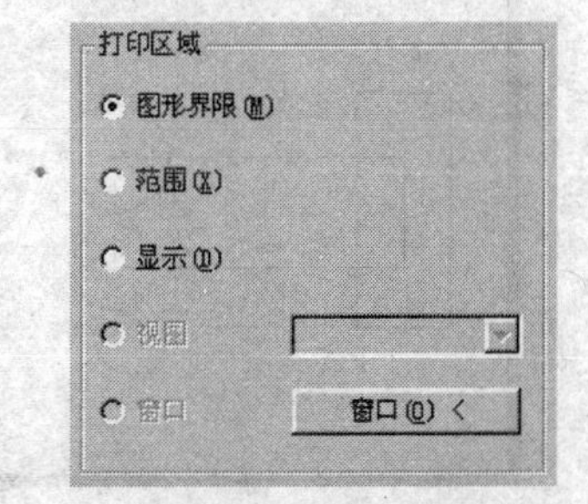

图11-8　【打印区域】分组框中的选项

该区域包含 5 个选项，下面利用图 11-9 所示图样说明这些选项的功能。

- 【图形界限】：将设定的图形界限范围（用 LIMITS 命令设置图形界限）打印在图纸上，结果如图 11-10 所示。
- 【范围】：打印图样中所有图形对象，结果如图 11-11 所示。
- 【显示】：打印整个图形窗口，打印结果如图 11-12 所示。
- 【视图】：打印用 VIEW 命令创建的命名视图。
- 【窗口】：用户自己设定打印区域，选择此单选项单击 窗口(O) < 按钮，指定一个矩形区域，如图 11-13 所示。

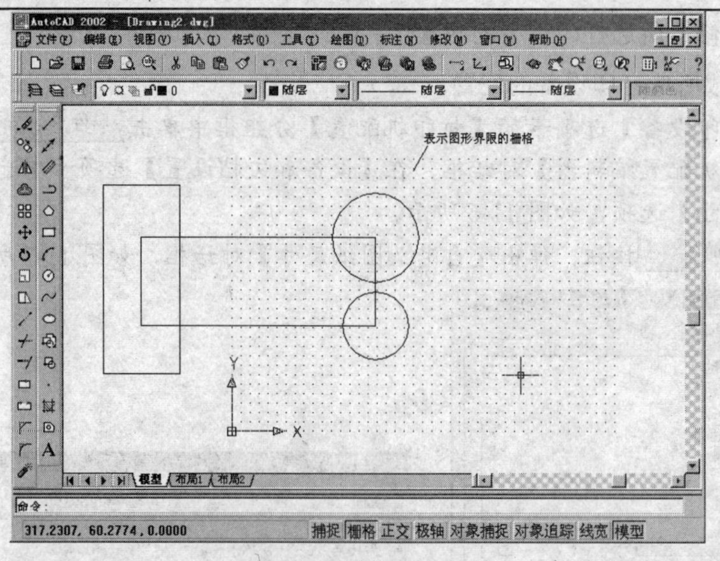

图11-9　设置打印区域

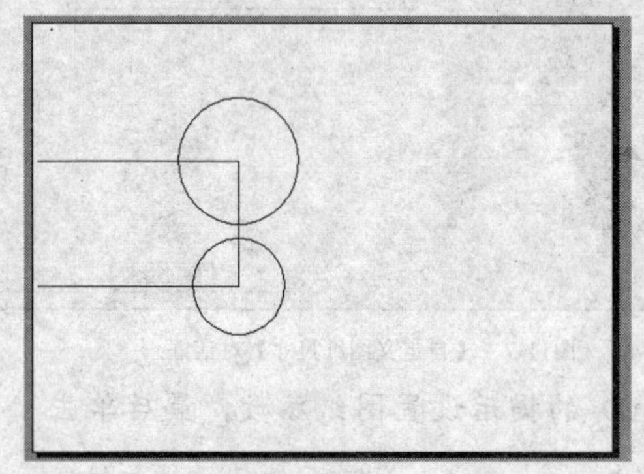

图11-10　选择【界限】单选项

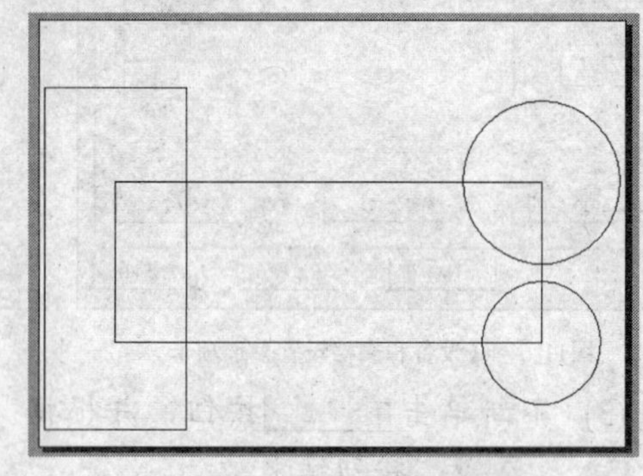

图11-11　选择【范围】单选项

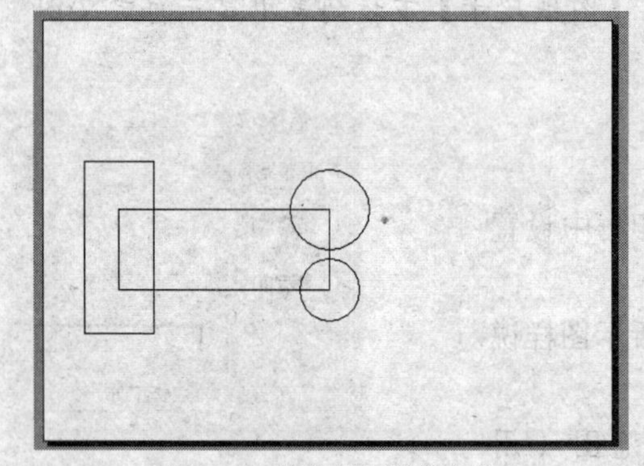

图11-12　选择【显示】单选项

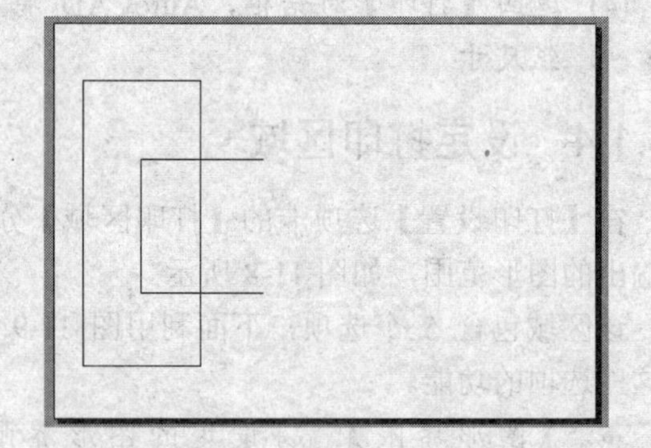

图11-13　选择【窗口】单选项

11.1.5　设定打印比例

在【打印设置】选项卡的【打印比例】分组框中设置出图比例，如图 11-14 所示。绘制阶段用户根据实物按 1:1 比例绘图，出图阶段需依据图纸尺寸确定打印比例，该比例是图纸尺寸单位与图形单位的比值。当图纸尺寸单位是毫米，打印比例设定为 1:2 时，表示图纸上的 1mm 代表两个图形单位。

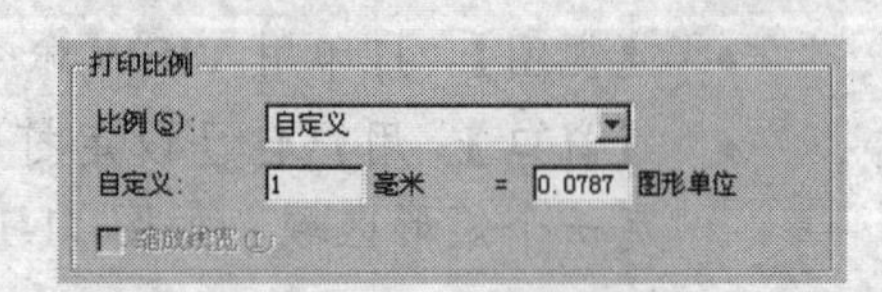

图11-14　【打印比例】分组框中的选项

在【比例】下拉列表中包含了一系列标准缩放比例值，此外，还有【自定义】和【按图纸空间缩放】选项，前者使用户可以自己指定打印比例，后者将自动缩放图形以充满所选定的图纸。

11.1.6　调整图形打印方向和位置

图形在图纸上的打印方向通过【图形方向】分组框的选项调整，如图 11-15 所示。该分组框包含一个图标，此图标表明图纸的放置方向，图标中的字母代表图形在图纸上的打印方向。

【图形方向】分组框包含以下 3 个选项。

- 纵向：图形在图纸上的放置方向是水平的。
- 横向：图形在图纸上的放置方向是竖直的。
- 反向打印：使图形颠倒打印，此选项可与【纵向】、【横向】结合使用。

图形在图纸上的打印位置由【打印偏移】确定，如图 11-16 所示。默认情况下，AutoCAD 从图纸左下角打印图形。打印原点处在图纸左下角位置，坐标是（0,0），用户可在【打印偏移】分组框中设定新的打印原点，这样图形在图纸上将沿 x 轴和 y 轴移动。

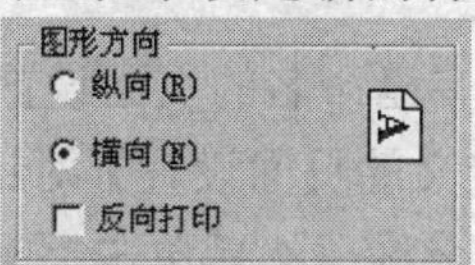

图11-15　【图形方向】分组框中的选项

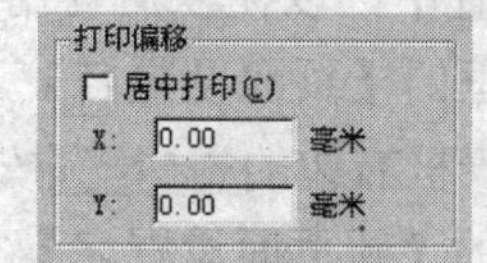

图11-16　【打印偏】分组框中的选项

该分组框包含以下 3 个选项：

- 【居中打印】：在图纸正中间打印图形（自动计算 x 和 y 的偏移值）。
- 【X】：指定打印原点在 x 方向的偏移值。
- 【Y】：指定打印原点在 y 方向的偏移值。

小技巧　如果用户不能确定打印机如何确定原点，可试着改变一下打印原点的位置并预览打印结果，然后根据图形的移动距离推测原点位置。

11.1.7　预览打印效果

打印参数设置完成后，可通过打印预览观察图形的打印效果。如果不合适可重新调整，以免浪费图纸。打印预览分为以下两种。

- 局部预览：单击【打印】对话框下面的 局部预览(P)... 按钮，AutoCAD 打开【局部打印预览】对话框，如图 11-17 所示。该对话框中黑色虚线矩形框代表实际图纸大小，蓝色区域表示图形，红色三角形代表打印原点。若图形大小超出了打印区域，AutoCAD 将在警告框中显示有关信息。
- 完全预览：单击【打印】对话框下面的 完全预览(W)... 按钮，AutoCAD 显示实际的打印效果，如图 11-18 所示。由于系统要重新生成图形，因而对于复杂图形需耗费较多时间。

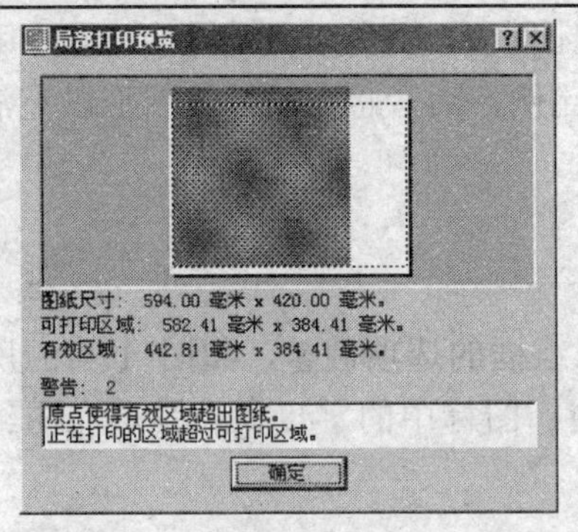

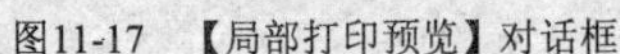

图11-17 【局部打印预览】对话框

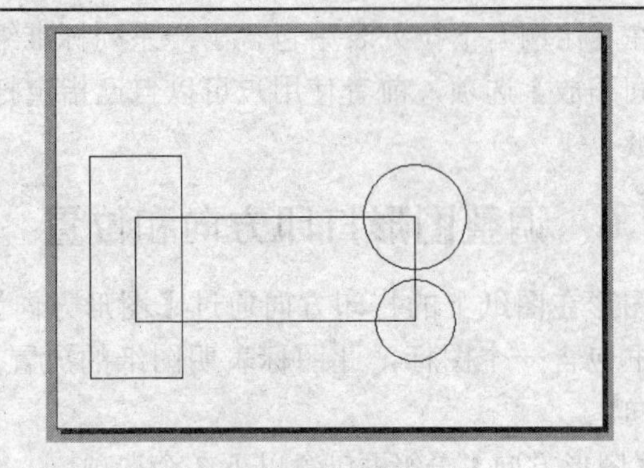

图11-18 实际的打印效果

完全预览时，鼠标指针变成“🔍+”形状，可以进行实时缩放操作。查看完毕后，按 Esc 键或 Enter 键返回【打印】对话框。

11.1.8 保存打印设置

用户选择打印设备，并设置完成打印参数后（图纸幅面、比例、方向等），可以将所有这些保存在页面设置中，以便以后使用。

【打印】对话框的【页面设置名】下拉列表中显示所有已命名的页面设置。若要保存新页面设置就单击该列表框右边的 添加(A)... 按钮，打开【用户定义的页面设置】对话框，如图 11-19 所示。在该对话框的【新页面设置名】文本框中输入页面名称，然后单击 确定 按钮，存储页面设置。

用户也可以从其他图形中输入已定义的页面设置，单击 输入(I)... 按钮，AutoCAD 打开【选择文件】对话框，选择所需的图形文件，弹出【输入用户定义的页面设置】对话框，如图 11-20 所示。该对话框显示图形文件中包含的页面设置，选择其中之一，单击 确定 按钮完成。

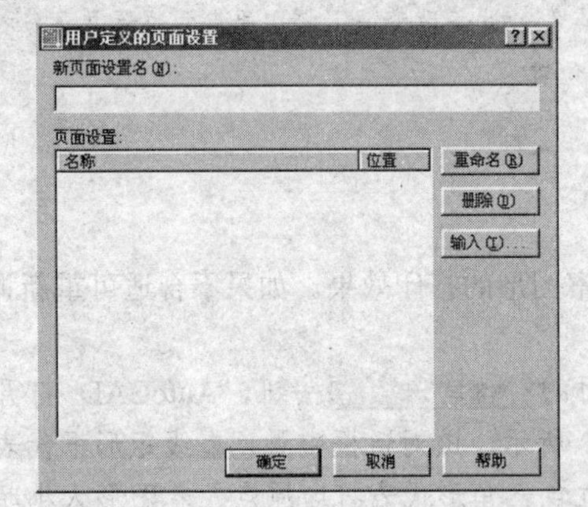

图11-19 【用户定义的页面设置】对话框

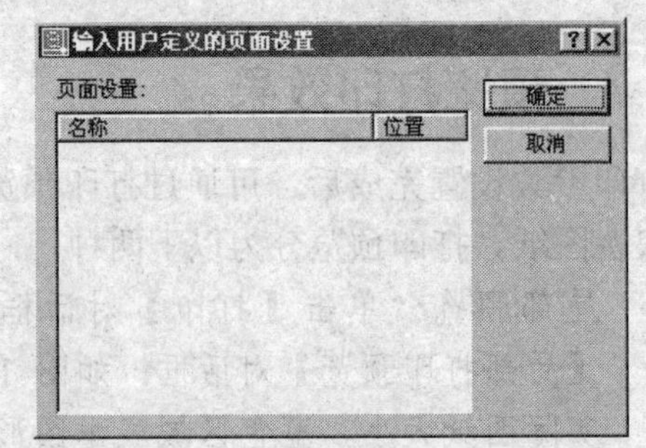

图11-20 【输入用户定义的页面设置】对话框

11.2 打印图形实例

在前面几节中，介绍了许多有关打印方面的知识，下面通过一个实例演示打印图形的全过程。

【例11-2】 打印图形。

(1) 打开素材文件“11-2.dwg”。

(2) 选择菜单命令【文件】/【打印】，打开【打印】对话框，如图 11-21 所示。

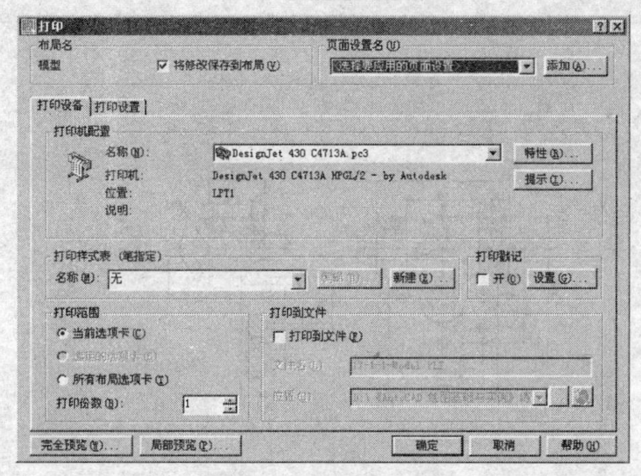

图11-21　【打印】对话框

(3) 如果想使用以前创建的页面设置，则在【页面设置名】下拉列表中选择它。

(4) 在【打印设备】选项卡【打印机配置】分组框的【名称】下拉列表中指定打印设备。若要修改打印机特性，可单击下拉列表框右边的 特性(R)... 按钮，弹出【打印机配置编辑器】对话框，通过此对话框用户可修改打印机端口、介质类型等，还可自定义图纸大小。

(5) 在【打印范围】分组框的【打印份数】文本框中指定打印份数。

(6) 如果要将图形输出到文件，则应在【打印到文件】分组框中选择【打印到文件】复选项。此时，用户可在【文件名】及【位置】文本框中键入输出文件的名称及地址。

(7) 进入【打印设置】选项卡，如图 11-22 所示。在此选项卡中作以下设置。

① 在【图纸尺寸】下拉列表中选择 A3 图纸，并设定显示单位为【毫米】。

② 在【打印区域】分组框中选择【范围】单选项。

③ 设定打印比例为“1:1.5”。

④ 指定打印原点为“(60,50)”。

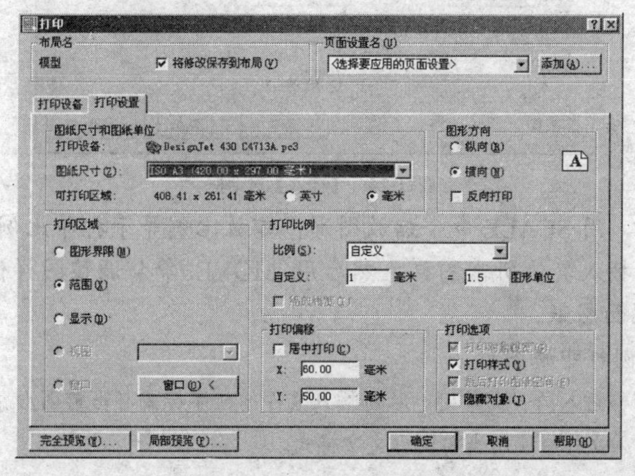

图11-22　【打印设置】选项卡

(8) 单击 完全预览(W)... 按钮，预览打印效果，如图 11-23 所示。若满意，按 Esc 键返回【打印】对话框，再单击 确定 按钮开始打印。

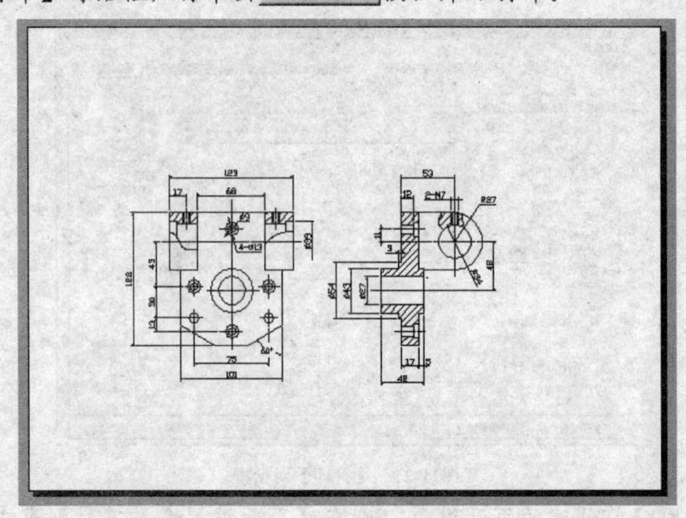

图11-23　预览打印效果

11.3 将多张图纸布置在一起打印

为了节省图纸，常常需要将几个图样布置在一起打印。

【例11-3】 将多张图纸布置在一起打印。

(1) 选择菜单命令【文件】/【新建】，建立一个新文件。

(2) 单击【绘图】工具栏上的按钮，打开【插入】对话框，如图 11-24 所示。再单击 浏览(B)... 按钮，打开【选择图形文件】对话框，通过此对话框找到要插入的图形文件。

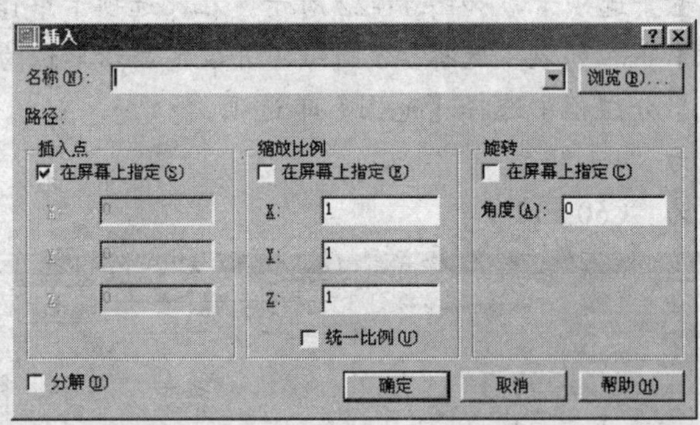

图11-24　【插入】对话框

(3) 插入图样后，用 SCALE 命令缩放图形，缩放比例等于打印比例。

(4) 用同样方法插入其他所需图样，然后用 MOVE 命令调整图样位置，让其组成 A0 或 A1 幅面图纸。

(5) 用 1:1 的比例打印新图形。

当将多个图样插入同一文件时，若新插入文件的文字样式与当前图形文件的文字样式名称相同，则新插入文件将使用当前图形文字样式。

11.4 创建电子图纸

用户可通过 AutoCAD 的电子打印功能将图形存为 Web 上可用的“.dwf”格式文件，这种格式文件可使用 Volo View 程序、Internet 浏览器或 Autodesk 公司的 whip 软件查看和打印，并能对它进行平移和缩放操作，还可控制图层、命名视图等。

AutoCAD 预先提供了两个用于创建“.dwf”文件的“.pc3”文件：“ePlot.pc3”和“eView.pc3”。前者生成的“.dwf”文件较适合于打印，而利用后者生成的“.dwf”文件则较适合于观察。所有这些“.dwf”文件都具有白色背景和图纸边界。用户可以修改预定义的配置文件或用 AutoCAD 的“添加打印机”向导创建新的“.dwf”打印机配置。

【例11-4】 创建“.dwf”文件。

(1) 选择菜单命令【文件】/【打印】，打开【打印】对话框，如图 11-25 所示。

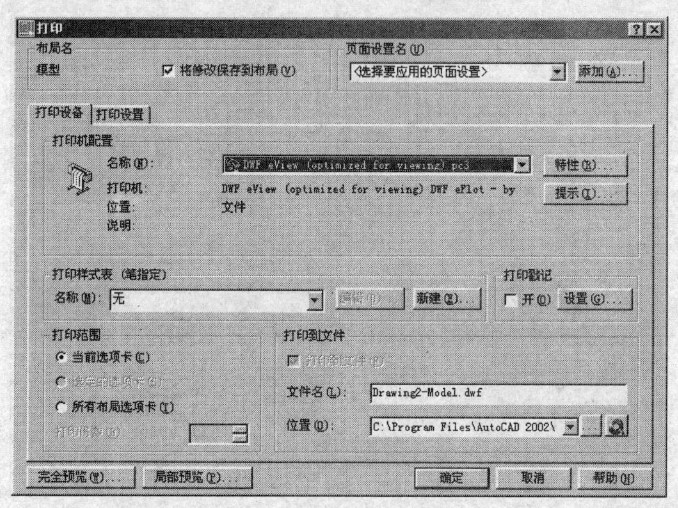

图11-25　【打印】对话框

(2) 在【名称】下拉列表中选择“ePlot”或“eView”打印机。

(3) 在【打印到文件】分组框中指定要生成的“.dwf”文件名称和位置。

(4) 单击 确定 按钮完成。

11.5 从图纸空间出图

默认状态下，AutoCAD 的图形环境是模型空间，此时可以在屏幕的左下角看到 WCS 图标。在这个作图空间中，用户按 1:1 的比例绘制图形，当绘制完成后，再把图样以放大或缩小的比例打印出来。

AutoCAD 提供的另一个图形环境是图纸空间，通过单击 模型 或 布局1 可在图纸与模型空间之间切换。如果处于图纸空间，屏幕左下角的图标将变为 。图纸空间可以认为是一张“虚拟的图纸”，当在模型空间按 1:1 的比例绘制图形后，就可切换到图纸空间，把模型空间的图样按所需的比例布置在“虚拟图纸”上，最后从图纸空间以 1:1 的出图比例将“图纸”打印出来。

进入图纸空间时，图形区出现一张空白的“图纸”，可在这张“图纸”上创建多个浮动视口以显示模型空间中绘制的图形。建立浮动视口后，再分别激活各个视口，通过平移、缩放等操作，就能使各视口显示所需的图形，并且能设定不同的显示比例。

AutoCAD 2002 提供了灵活的图面布局功能，在图纸空间中可以创建多张用于布局的“图纸”，然后把同一个图形按不同的布置形式分别布置在这些“图纸”上，从而极大地扩展了表达设计结果的能力。

前几节里，已详细介绍了从模型空间出图的方法，下面说明如何从图纸空间出图。

【例11-5】 从图纸空间出图。

(1) 打开素材文件“11-5.dwg”。

(2) 进入图纸空间。单击 布局1 选项卡，切换至图纸空间。再将鼠标指针放在此按钮上，单击鼠标右键，弹出快捷菜单，选择【页面设置】命令，打开【页面设置】对话框，在该对话框的【打印设备】选项卡中指定打印设备，在【布局设置】选项卡中选择 A1 号图纸，并设定图形方向为【纵向】，如图 11-26 所示。

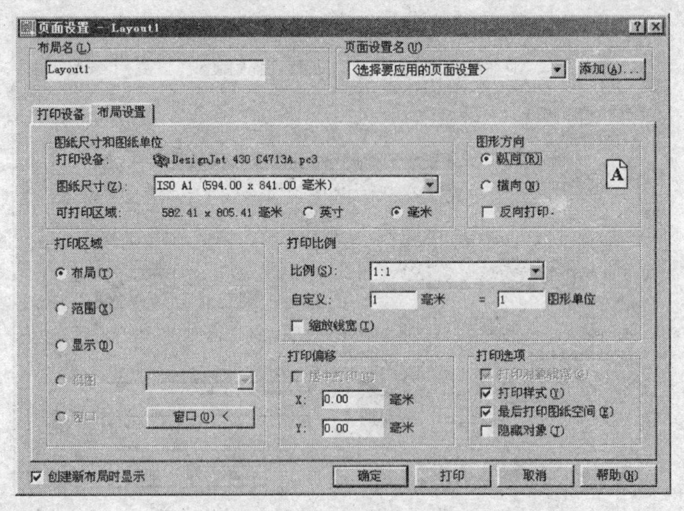

图11-26 【页面设置】对话框

(3) 单击 确定 按钮，在屏幕上出现一张虚拟“图纸”，并且 AutoCAD 还自动创建一个浮动视口，如图 11-27 所示。

(4) 用 COPY 命令将视口 *AB* 复制到 *CD*，结果如图 11-28 所示。

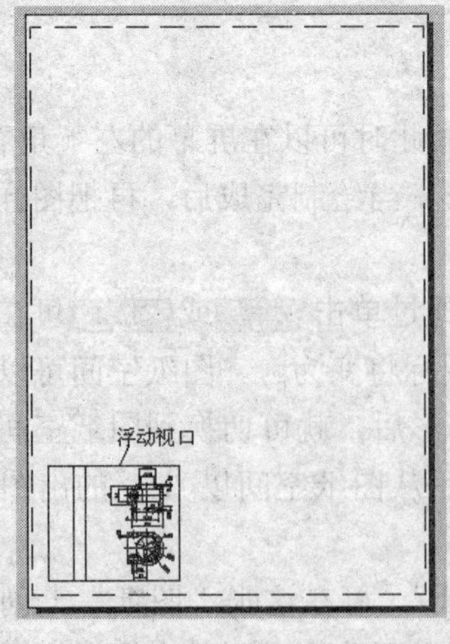

图11-27 图纸空间

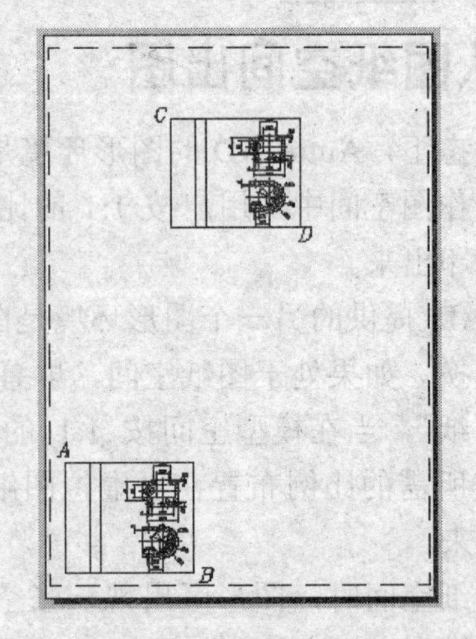

图11-28 复制视口

(5) 单击图纸按钮激活浮动视口 *AB*，在【视口】工具栏的【视口缩放比例】下拉列表中选择视口缩放比例 1:1，如图 11-29 所示。

如果缩放比例是 1:2，则表示 1 个图纸空间单位相当于两个模型空间单位。

(6) 单击视口 *CD* 以激活它，用 PAN 命令移动图形，使视口显示所需的部分，然后通过【视口缩放比例】下拉列表设定视口缩放比例为 1:1，结果如图 11-29 所示。

(7) 单击模型按钮，返回图纸空间。

(8) 单击 *AB* 视口的边框，激活关键点，进入拉伸模式，改变视口大小，再改变 *CD* 视口的大小，然后用 MOVE 命令调整两个视口的位置，结果如图 11-30 所示。

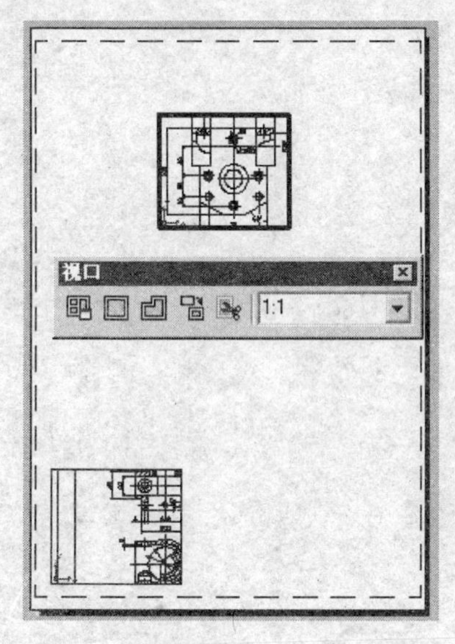

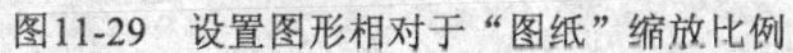

图11-29　设置图形相对于“图纸”缩放比例

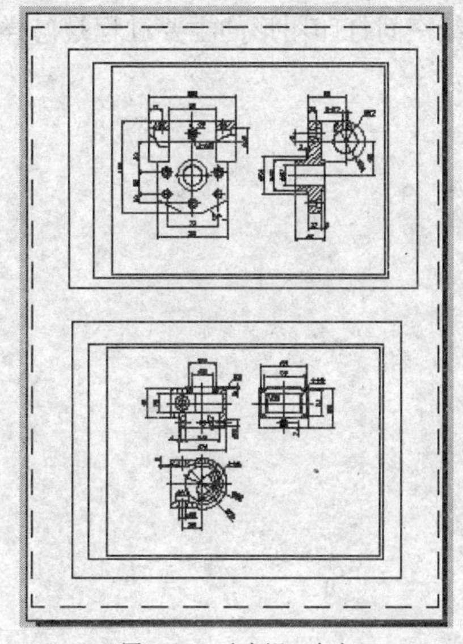

图11-30　改变视口大小

到现在已经完成了图纸布局，接下来就可以从图纸空间打印出图了，操作过程与从模型空间出图类似，这里就不再重复了。

11.6 小结

本章主要内容总结如下。

(1) 打印图形时，用户一般需作以下设置。

- 选择打印设备，包括 Windows 系统打印机及 AutoCAD 内部打印机。
- 指定图幅大小、显示单位及图形放置方向。
- 设定打印比例。
- 设置打印范围，用户可指定图形界限、所有图形对象、某一矩形区域、显示窗口等作为输出区域。
- 调整图形在图纸上的位置。通过修改打印原点可使图形沿 *x*、*y* 轴移动。
- 预览打印效果。

(2) AutoCAD 提供了两种图形环境：模型和图纸空间。用户一般是在模型空间中按 1:1 比例作图，绘制完成后，再以放大或缩小的比例打印图形。图纸空间提供了一张虚拟图纸，设计人员在这张图纸上布置模型空间的图形，并设定缩放比例。出图时，将虚拟图纸用 1:1 比例打印出来。

11.7 思考题

1. 打印图形时，一般应设置哪些打印参数？如何设置？
2. 打印图形的主要过程是怎样的？
3. 当设置完成打印参数后，应如何保存以便以后再次使用？
4. 从模型空间出图时，怎样将不同绘图比例的图纸放在一起打印？
5. 有哪两种类型的打印样式？它们的作用是什么？
6. 怎样生成电子图纸？
7. 从图纸空间打印图形的主要过程是怎样的？